NIEMANN

ELEMENTOS DE MÁQUINAS

VOLUME II

Blucher

GUSTAV NIEMANN

Doutor Engenheiro, Professor da Escola Superior de Tecnologia de München

ELEMENTOS DE MÁQUINAS

VOLUME II

Tradutor

OTTO ALFREDO REHDER

Professor da Escola de Engenharia de São Carlos da Universidade de São Paulo

MASCHINENELEMENTE
A edição em língua alemã foi publicada pela SPRINGER VERLAG.
© 1950/60 by Springer-Verlag

Elementos de máquinas – vol. 2
© 1971 Editora Edgard Blücher Ltda.
16ª reimpressão – 2019

Blucher

Rua Pedroso Alvarenga, 1245, 4º andar
04531-934 – São Paulo – SP – Brasil
Tel.: 55 11 3078-5366
contato@blucher.com.br
www.blucher.com.br

FICHA CATALOGRÁFICA

Niemann, Gustav
    Elementos de máquinas / Gustav Niemann –
São Paulo: Blucher, 1971.

    Título original: Maschinenelemente
    Conteúdo: v. 2 / tradutor Otto Alfredo Rehder

    Bibliografia.
    ISBN 978-85-212-0034-5

    1. Engenharia mecânica 2. Máquinas I. Título

04-5170   CDD-621.8

Índices para catálogo sistemático:
1. Máquinas: Engenharia mecânica   621.8

Índice

III. MANCAIS

14. Mancais de rolamento

14.1. SUMÁRIO

1) *Propriedades*. Em comparação aos mancais de deslizamento, cabe destacar um atrito muito menor de partida:

a) o coeficiente de atrito de partida (cêrca de 0,02 em vez de 0,12) e a menor influência da rotação sôbre o atrito;

b) a lubrificação continua mais fácil e quase sem necessidade de manutenção, com um consumo muito menor de lubrificante;

c) a mesma produção de calor para o mesmo regime de carga;

d) a usual maior capacidade de carga por cm de largura do mancal;

e) o amaciamento desnecessário e a maior liberdade na escolha do material do eixo;

f) a padronização e normalização das dimensões, da qualidade, das cargas permissíveis e da vida, ligadas à fabricação seriada em fábricas especializadas, e as conseqüentes vantagens que disso advêm para as aplicações e a reposição de mancais.

2) *Limites de aplicação*. Apesar das vantagens dos mancais de rolamento acima enumeradas, em certos casos são preferidos os mancais de deslizamento; p. ex. nos casos em que o ruído do mancal é inconveniente, nos casos em que o mancal sofre choques fortes no repouso, como em máquinas de reserva, nos casos de mancais bipartidos, nos grandes radiais de baixa rotação (preço relativamente alto e grande diâmetro externo dos mancais de rolamento) e em mancais axiais solicitados a grandes cargas (acima de 200 t), como em geradores e turbinas. Para os casos em que se deseja uma folga mínima (máquinas operatrizes) não se tem, ainda, uma decisão definitiva. Rotações permitidas, ver Tab. 14.1.

TABELA 14.1 — *Rotação admissível n_{ad} com lubrificação estacionária, segundo DIN 622 (agôsto de 1942). Diâmetros d, D, d_w, D_g, D_w e altura H (mm), ver Tabs. 14.5 a 14.15.*

N.°	Tipo de rolamento	n_{ad}	N.°	Tipo de rolamento	n_{ad}
1	Rolamento fixo de esferas até $d = 10$ mm	$\dfrac{650\,000}{0,5\,(d+D)+7}$	5	Rolamento axial de esferas	$\dfrac{150\,000}{0,5\,(d_w + D_g)}$
2	Rolamento fixo de esferas, com exceção de n.° 1 Rolamento de rolos cilíndricos	$\dfrac{500\,000}{0,5\,(d+D)}$	6	Rolamento axial de rolos cônicos abaulados	$\dfrac{130\,000}{\sqrt{D_g \cdot H}}$
3	Rolamento de contato angular, duas carreiras **Rolamento de rolos cônicos** Rolamento autocompensador de rolos, série 222 e 223	$\dfrac{350\,000}{0,5\,(d+D)}$	7	Rolamento de agulhas	$\dfrac{100\,000}{d}$
4	Rolamento autocompensador de rolos, série 230, 231, 232, 213	$\dfrac{250\,000}{0,5\,(d_w + D_g)}$	8	Coroa com roletes	$\dfrac{250\,000}{D_w}$

3) *Construção*. Um mancal de rolamento completo, segundo as Figs. 14.2 a 14.4, é formado por dois anéis e por elementos rolantes localizados entre os mesmos, mantidos a uma certa distância um do outro por uma gaiola de um material de menor dureza. Como corpos rolantes citam-se esferas, rolos, rolos abaulados, ou agulhas, Fig. 14.1. Esquemas construtivos dos diversos tipos de mancais de rolamento podem ser vistos nas Figs. 14.2 a 14.4. As condições construtivas para um movimento puro de rolamento são mostradas na Fig. 14.7.

Figura 14.1 — Corpos rolantes. a esferas, b rôlo cilíndrico, c agulha, d rôlo cônico, e rôlo abaulado simétrico, f rôlo cônico abaulado

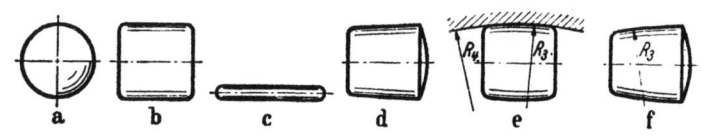

A guia lateral para o caso das es ... os rolos cilíndricos, pela guia formada ou folga entre os bordos laterais, para os abaulados simétricos, e para os rolos subabaulados assimétricos e os cônicos, pela guia forçada na qual o componente de fôrça P_B (Fig. 14.3e) comprime o rôlo abaulado contra a borda.

1

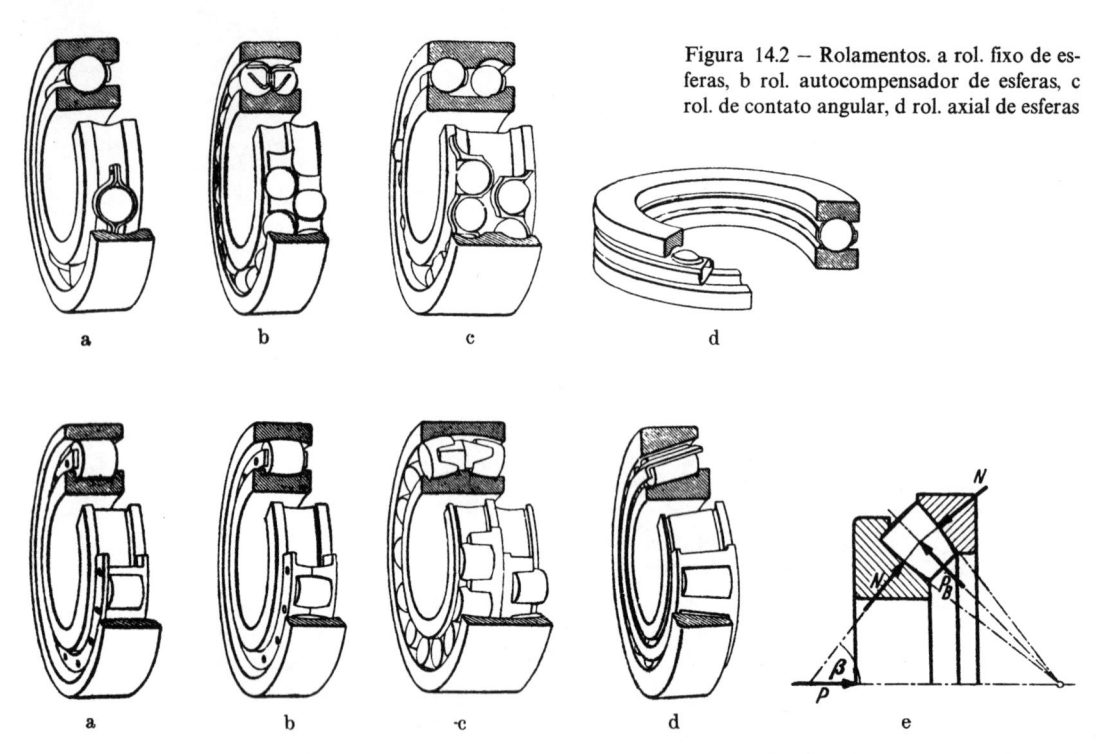

Figura 14.2 — Rolamentos. a rol. fixo de esferas, b rol. autocompensador de esferas, c rol. de contato angular, d rol. axial de esferas

a   **b**   **c**   **d**

a   **b**   **c**   **d**   **e**

Figura 14.3 — Rolamentos de rolos. a rol. de rolos cilíndricos, b rol. autocompensador de rolos, de uma carreira, c rol. autocompensador de rolos de duas carreiras, d rol. radial de rolos cônicos, e rol. axial de rolos cônicos abaulados, P_B componente de fôrça sôbre o bordo, β ângulo entre a carga P do mancal e a fôrça normal N do corpo rolante

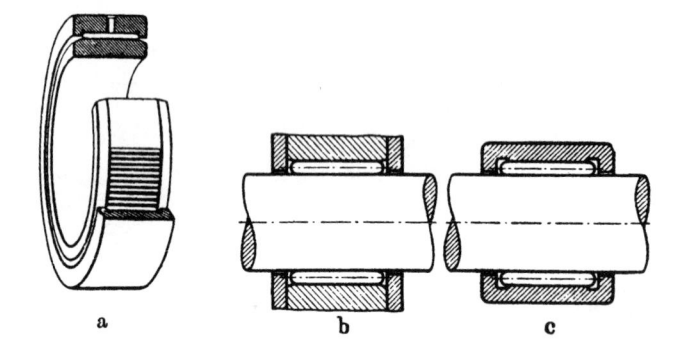

Figura 14.4 — Rolamentos de agulha. a rol. completo de agulha, b mancal direto de agulhas, c mancal semi-direto de agulhas

a   **b**   **c**

TABELA 14.2 — *Coeficientes* q_1, q_2, q_3.

Tipo de rolamento	q_1		q_2		q_3		Comprimento dos rolos
	de	a	de	a	de	a	
Rolamento fixo de esferas	0,258	0,33	0,99	0,89	1,04	1,06	—
Rolamento de contato angular, uma carreira	0,25	0,32	1,4	1,24	1,04	1,06	—
Rolamento de contato angular, duas carreiras	0,241	0,29	1,48	1,25	1,04	1,06	—
Rolamento autocompensador de esferas	0,217	0,238	1,33	1,07	1,04	1,06	—
Rolamento de rolos cilíndricos	0,205	0,257	1,24	0,97	—		$1\,D_1$
Rolamento radial de rolos cônicos	0,247	0,281	1,3	1,2	—		$1,05\,D_1 \cdots 1,5\,D_1$*
Rolamento autocompensador de rolos, uma carreira	0,259	0,289	1,36	1,15	1,02 interno	1,04 externo	$1\,D_1 \cdots 1,15\,D_1$
Rolamento autocompensador de rolos, duas carreiras	0,233	0,278	1,4	1,15	1,02 interno	1,04 externo	$0,82\,D_1 \cdots 0,88\,D_1$
Rolamento axial de esferas	0,318	0,386	1,42	1,19	0,544		—
Rolamento axial de rolos abaulados	0,237	0,253	1,12	1,07	0,51		$1\,D_1$

*No rolamento de rolos cônicos, D_1 é o diâmetro maior dos rolos.

4) *Dimensões dos rolamentos normalizados. Dimensões externas d, D e b*, ver Tabs. 14.5 a 14.15. *Ajustes*, ver Tab. 14.3. *As dimensões internas* são dadas aproximadamente por:

Diâmetro do elemento de rolamento $\boxed{D_1 = q_1(D - d)}$.

Número de elementos de rolamento de uma carreira $\boxed{z_1 = q_2(D + d)D_1}$.

Raio de curvatura do perfil da pista de rolamento $\boxed{R_4 = q_3 \cdot R_3}$.

Raio de curvatura R_3 do elemento de rolamento, segundo a Fig. 14.1.

Diâmetro d e D, ver Tabs. 14.5 a 14.15.

Exemplos de cálculo, ver pág. 7.

5) *Material.* Para os elementos rolantes e as pistas, emprega-se normalmente um aço temperável especial para rolamentos, segundo p. 89, vol. I (0,9 a 1,2% C, 0,4 a 1,8% Cr, eventualmente ainda 0,2 a 0,4% Mn); para mancais muito grandes, usa-se também aço Si-Mn duro (não temperado) com $\alpha = 120$ kgf/mm^2, e, para os casos especiais, aços inoxidáveis e bronzes não-magnéticos. As gaiolas, em geral, são de chapa de aço, bronze ou de materiais sintéticos. Para aplicações na indústria química, fabricam-se também rolamentos de material cerâmico[1].

6) *Escolha.* Para cargas radiais podem ser usados todos os mancais de anéis; para cargas axiais, os rolamentos de discos e os rolamentos de anéis com pistas guias; para cargas radiais e axiais simultâneas, os rolamentos de anéis com pistas inclinadas ou cônicas que, além disso, permitem um pré-tensionamento axial e, com êste, um reajuste da folga radial. Para eixos sujeitos a flexões apreciáveis ou desalinhamentos na direção do eixo, o mais indicado é a aplicação de rolamentos autocompensadores. Os mancais de rolos cilíndricos admitem pequenas fôrças axiais (fôrças guias) sôbre o bordo lateral; entretanto, na ausência de um dos bordos, permite-se conseqüentemente um deslocamento axial do eixo. Os rolamentos de agulha são os que necessitam o menor diâmetro externo, sendo especialmente indicados para cargas bruscas em baixa rotação, p. ex. pino de pistão; no entanto, apresentam maior atrito (Fig. 14.13) e não permitem cargas axiais (mas deslocamentos axiais). As Tabs. 14.5 a 14.15 permitem uma comparação aproximada das capacidades de carga através dos coeficientes de carga C, enquanto que a Fig. 14.12 possibilita uma comparação das perdas em atrito.

TABELA 14.3 — *Tolerâncias recomendadas para o eixo e o alojamento* quando o anel interno gira em relação à direção da carga (segundo TEN BOSCH).

As tolerâncias dos diâmetros d e D dos rolamentos são hB e kB, segundo a ISO*.

Capacidade de carga	Eixo	Alojamento
Não inteiramente aproveitada	j 6	J 7
Regularmente aproveitada	k 5	H 7
Inteiramente aproveitada, série média e pesada	m 5	H 7
Cargas de impacto elevadas	n 5	H 7
Rolamento com bucha de fixação	h 9	H 8

*Tolerâncias especiais para ajustes de rolamentos, ver R. MUNDT: Passungen für Wälzlager. Stahl und Eisen vol. 70 (1950) p. 745.

7) *Montagem.* É de grande importância a observação dos ajustes adequados[2] (impedir emperramento!). O anel que gira em relação à direção da carga deve ter um assento forçado (de preferência montagem a quente a 70°C); o outro pode ser montado com assento deslizante. A fixação dos anéis no eixo é representada na Fig. 14.5. Quando vários rolamentos são montados num mesmo eixo (Fig. 14.6), deve-se determinar exatamente qual é o rolamento "guia" e qual é o de ajuste livre (dilatação térmica!). Ao lado do rolamento deve haver espaço para o lubrificante; quando a lubrificação é de banho de óleo, apenas o elemento rolante inferior deve mergulhar até o meio (caso contrário, aumenta o aquecimento devido ao trabalho de agitação). Prever vedações contra poeira! (ver Figs. 15.6 e 15.19, pág. 32)[3]. Na montagem ou desmontagem dos rolamentos ou de outras peças do eixo, deve-se tomar cuidado para que os elementos rolantes não recebam golpes.

[1]Fabricados por Hermsdorf-Schomburg-Isolatoren-Ges., Hermsdorf. Carga de ruptura alcançada por uma esfera de cerâmica de 20 mm, aproximadamente 3 000 kgf. Ver NAUMANN, Die Technik, Vol. 2 (1947), p. 385.

[2]O ajuste nos rolamentos, devido às deformações elásticas, é quádruplo (2 ajustes internos, 2 externos). Tem influência decisiva sôbre a vida, sôbre o momento de atrito e sôbre o aquecimento do mancal. Um alojamento de mancal deformável, p. ex. de metal leve, diminui o perigo de emperramento.

[3]São também muito vantajosos e compactos os simples discos de vedação (tipo Nilos) que, por meio de um filête estreito, escorregam elàsticamente sôbre o anel de rolamento. Contra o forte salpicar de óleo proveniente dos pinhos é suficiente, em geral, prover os mancais com simples discos protetores.

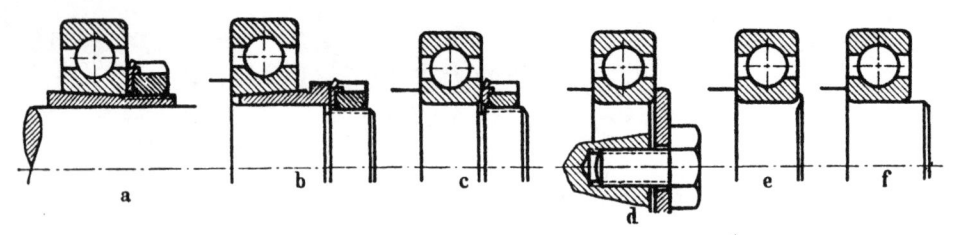

Figura 14.5 — Montagem no eixo, a com bucha de fixação, b com bucha de desmontagem, c com porca, d com arruela, e por rebordamento, f montado a quente com 70°C; a fixação axial será necessária apenas se houver fôrças axiais. O diâmetro maior do eixo deve ser menor que o diâmetro maior do anel interno, a fim de facilitar a desmontagem

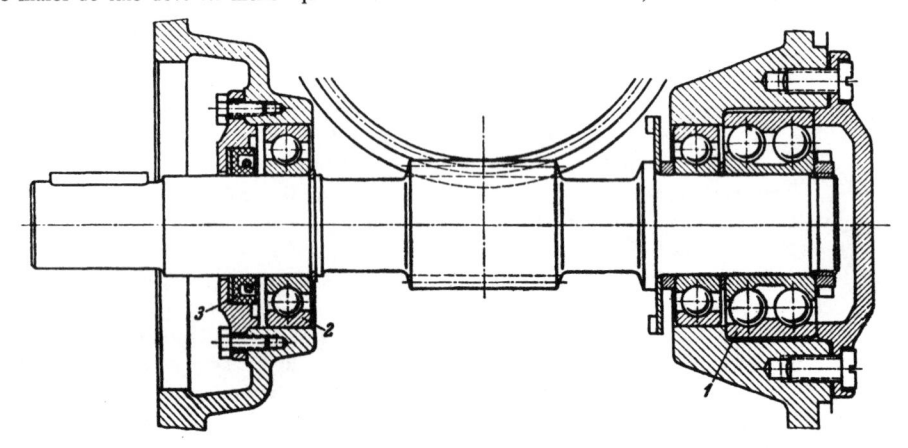

Figura 14.6 — Exemplo de montagem. Mancais de um eixo de parafuso sem fim, 1 mancal fixo, 2 mancal móvel, 3 vedação. Anel interno com ajuste forçado no eixo, anel externo com ajuste deslizante

8) *Normas DIN para mancais de rolamento*

Referente a	DIN	Referente a	DIN
Sumário	611	*Rolamentos de rolos*	
Tipos construtivos, nomenclatura	612	Rolamento de agulhas	617
Dimensões externas	616	Rolamento de rolos cilíndricos abaulados	635
Tolerâncias das dimensões, das formas e da		Rolamento de rolos cônicos	720
rotação	620	Rolamento axial de rolos abaulados	728
Pesos	621	Rolamento de rolos cilíndricos	5412
Capacidade de carga	622		
Composição, colocação, abreviações	623	*Peças e diversos*	
		Rolos cilíndricos, agulhas	5402
Rolamentos de esferas		Gaiolas com rolos cilíndricos ou agulhas	5407
Rolamento de *magneto* (Schulter)	615	Arruelas	5414
Rolamento fixo de esferas (radial)	625	Buchas de fixação	5415
Rolamento de contato angular	628	Anéis elásticos	5417
Rolamento autocompensador	630	Dimensões dos ressaltos e encostos para rola-	
Rolamento axial	711, 715	mentos	5418
		Anéis de fêltro	5419

9) *Inconvenientes*

a) Teme-se o aquecimento do rolamento, o superaquecimento ou mesmo o bloqueamento do mancal, provenientes do emperramento no mancal (ajuste demasiadamente forçado ou dilatação térmica), devido a corpos estranhos (p. ex. partículas de desgaste) ou a uma lubrificação exagerada ou escassa.

b) Ruídos crescentes ou trepidações devido à presença de partículas estranhas no mancal, a ajuste muito forçado, a folga demasiada no mancal ou lubrificação escassa, e principalmente a defeitos de pista, como impressões plásticas ou estriamento na pista, causados geralmente por cargas de impacto e por golpes no mancal em repouso, bem como pela formação de "crateras" na pista, devidas à condução de correntes elétricas, pela "corrosão" da pista e, enfim, pelo freqüente aparecimento do conhecido envelhecimento, como o "pipocamento" (cavitação) ou "descascamento" da pista: A cavitação prematura indica uma sobrecarga, e a unilateral uma montagem defeituosa (emperramento unilateral) ou carga unilateral, p. ex. como conseqüência de deformação por flexão, do eixo, ou dilatação térmica.

c) Sinais de desgaste, p. ex. nas superfícies frontais dos rolos, nos bordos e nas gaiolas.

d) Defeitos de material e de fabricação, p. ex. fissuras provenientes da têmpera ou da retífica, erros de folga ou de ajuste.

14.2. CAPACIDADE DE CARGA

1) Denominações

B	(mm)	largura útil dos rolos	P, P_0	(kgf)	máxima carga nominal do mancal, do elemento rolante
C	(kgf)	capacidade de carga			
D_1	(mm)	diâmetro dos elementos rolantes	q_1, q_2, q_3	(—)	coeficientes, ver Tab. 14.2
			P_r, P_a	(kgf)	carga radial, axial
d, D	(mm)	diâmetro do furo e diâmetro externo do mancal	R_4, R_3	(mm)	raio do perfil da pista, do elemento rolante, segundo a
f	(mm)	braço de alavanca da fôrça de atrito de rolamento			Fig. 14.1
f_L, f_n, f_t	(—)	coeficientes de vida, rotação, temperatura	t	(°C)	temperatura
			x, y	(—)	coeficientes de P_r, P_a (Tabs. 14.5 a 14.8)
H_V	(kgf/mm²)	dureza Vickers	z, z_t, z_1	(—)	número total dos elementos rolantes de uma carreira, sob carga
k_0	(kgf/mm²)	carga específica $= P_0/D_1^2$ ou $P_0/(D_1 \cdot B)$			
L	(—)	vida em milhões de rotações $= L_h \cdot n \cdot 60/10^6$	β		"ângulo da carga", entre a carga P do mancal e a fôrça normal N no elemento rolante (Fig. 14.3)
L_h	(h)	vida em horas de funcionamento			
M_r	(mmkgf)	momento de atrito	μ_i	(—)	coeficiente ideal de atrito,
m	(—)	momento de atrito específico (Fig. 14.13)			$= \dfrac{2 M_R}{P \cdot d}$
n	(rpm)	rotação			

2) *Capacidade de carga dinâmica.* Diminuindo-se a carga P de um mancal de rolamento com anel interno ou externo girante, aumenta-se a sua vida L. A capacidade de carga dinâmica é, portanto, função da vida. Segundo experiências da indústria de rolamentos, tem-se $L \sim (1/P)^3$, i.e., a um fator de carga de 0,5 corresponde um fator 8 na vida.

Fazendo-se um ensaio de 100 rolamentos iguais, nas mesmas condições de carga e rotação, a vida atingida varia ainda na relação de 1:30, i.e., o primeiro mancal sofrerá avaria após 1 milhão de rotações, e o último apenas após 30 milhões. Convencionou-se que a "vida" de um rolamento deve ser atingida por 90 % dos mancais, enquanto que 10 % poderão avariar antes. Em particular, a pista que oferece maior perigo de avaria é a de contato mais desfavorável com os elementos rolantes, i.e., a pista externa do rolamento autocompensador de esferas, e a pista interna dos rolamentos radiais restantes.

Para o caso de "carga periférica", o anel interno de um rolamento radial gira em relação à direção da carga, de maneira que o ponto de solicitação máxima, no anel interno, varia constantemente; para o de "carga concentrada", no entanto, o anel interno é fixo em relação à direção da carga, de modo que o ponto de solicitação máxima no anel interno é sempre o mesmo (desfavorável!).

A "capacidade de carga C" (kgf) dada nas tabelas de rolamentos é, segundo a DIN 622, a capacidade de carga dinâmica do rolamento para uma vida de 1 milhão de rotações ($L = 1$).

3) *Capacidade de carga estática.* Entende-se, por esta denominação, a carga estática que causa determinadas deformações plásticas. Ver detalhes à pág. 213 do vol. I; valores experimentais, ver Tab. 14.4. Nos rolamentos em movimento êsse valor é freqüentemente ultrapassado de até 100 %.

4) *Carga específica, k_0.* Da carga P do mancal resulta a carga P_0 do elemento rolante mais solicitado e a carga específica k_0 dêsse elemento, como segue[4]:

$$P_0 = \frac{P}{z_t \cdot \cos \beta} \text{ (kgf)}; \qquad k_0 = \frac{P_0}{D_1 \cdot B} = \frac{P}{D_1 \cdot B \cdot z_t \cdot \cos \beta} \text{ (kgf/mm}^2\text{)}.$$

Nessas fórmulas, D_1 (mm) é o diâmetro dos elementos rolantes; B (mm) a largura útil de apoio dos rolos, que nos rolamentos de esferas deve ser tomada igual ao diâmetro D_1 (mm); z_t é o número de elementos rolantes úteis de cálculo, $= z/r$ para os rolamentos radiais sujeitos à carga radial[5], $= z_1$ para os mancais radiais sob carga axial, $= z$ para os mancais axiais sob carga axial; β é o "ângulo da carga" entre a carga P do rolamento e a fôrça normal N dos elementos rolantes (ver Fig. 14.3).

A carga específica permissível k_0 pode ser determinada experimentalmente para cada tipo de mancal, para cargas estáticas e também para cargas dinâmicas. Valores experimentais de k_0 para rolamentos normalizados, ver Tab. 14.4. Para a capacidade de carga, $C = k_0 \cdot D \cdot B \cdot z_t \cdot \cos \beta$ torna-se k_0 para $L = 1$.

Pressão de Hertz, pressão de rolamento e tensão máxima de cisalhamento, ver págs. 210 a do vol I.

---

[4]As equações usadas pelas indústrias de rolamentos para o cálculo das capacidades de carga dos diferentes tipos de rolamentos (DIN 622) mostram-se, para cada tipo de rolamento e de carga, sob uma forma diferente; a equação acima as reduz a uma mesma forma fundamental.

[5]Na realidade, $z/5$ vale sòmente para uma determinada folga de mancal. Ver, para isto, o parágrafo 7, "Outras influências".

TABELA 14.4 — *Carga específica k_0* (kgf/mm^2) *para rolamentos normalizados**, de aço especial para rolamentos ($H_V = 750$). Para aços de menor dureza, os valores de k_0 devem ser multiplicados por ($H_V/750$)* (segundo R. MUNDT)

Tipo de rolamento	k_0 estático	k_0 dinâmico
Rolamento fixo de esferas	6,2	22,5
Rolamento autocompensador de esferas	1,7	$11,25 \cdot \dfrac{1}{(1 + 0,02\,D_1)(L \cdot z_1)^{1/3}}$
Rolamento axial de esferas	5,0	6,0
Rolamento de rolos cilíndricos	11,0	$25,0 \cdot \dfrac{1}{(L \cdot z_1)^{1/3}}$
Rolamento axial de rolos	11,0	12,5
Rolamento axial de esferas para ganchos de guindastes	$1,5 \cdots 3$**	

*Os valores de k_0 estático correspondem à capacidade de carga estática, segundo VKF [14/8], discutida na pág. 213 do vol. I.

**Segundo experiências de construção em guindastes.

Exemplos de cálculo, ver pág. 7.

5) *Carga e vida*. Nas Tabs. 14.5 a 14.15 os rolamentos foram agrupados de tal maneira que, nelas, encontram-se reunidos os diversos rolamentos segundo sua capacidade de carga para um mesmo diâmetro d e D.

Para comprovar a vida, determina-se, segundo a DIN 622:

a) *carga ideal* $\boxed{P = x \cdot P_r + y \cdot P_a}$ para rolamentos radiais

ou $\boxed{P = P_a + x \cdot P_r}$ para rolamentos axiais,

onde se substituem a carga radial P e a carga axial P_a pelos valores reais, e os coeficientes x e y pelos valores das tabelas[6];

b) *fator de vida* $\boxed{f_L = f_n \cdot f_t \cdot C/P}$ com a capacidade de carga C das tabelas de rolamento, o coeficiente de rotação f_n e o coeficiente de temperatura f_t da Fig. 14.7;

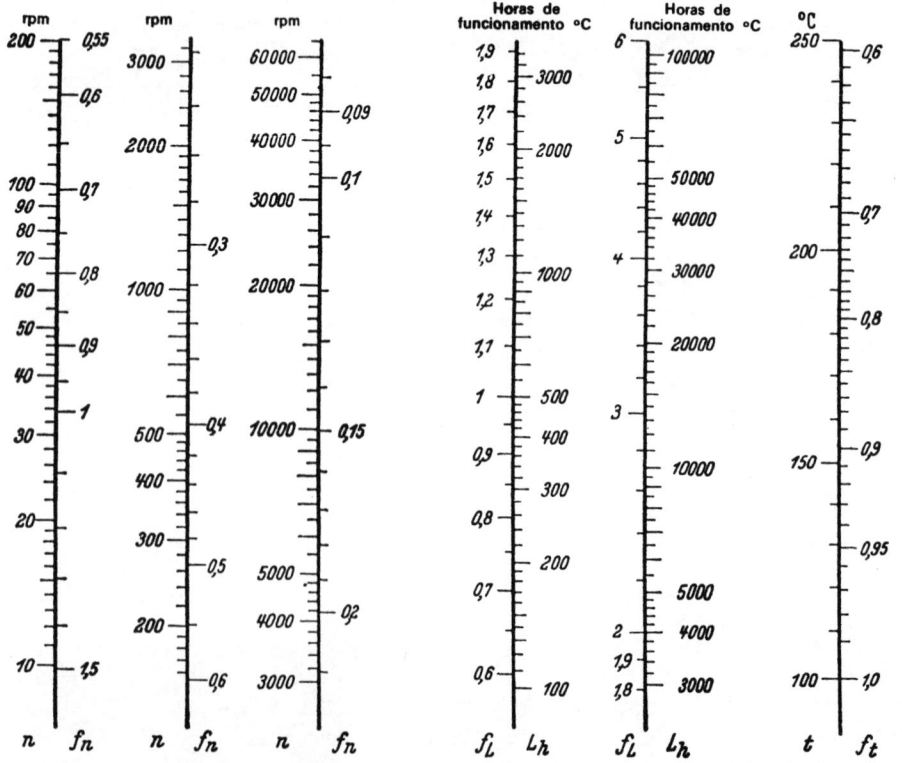

Figura 14.7 — Nomogramas para os coeficientes f_n, f_L, f_t em função da rotação n (rpm), da vida L_h em horas de serviço e da temperatura do mancal t (°C) Para $t \leqq 100$°C, tem-se $f_t = 1$

[6]Observe-se que, para cargas concentradas no anel interno, valem outros valores de x diversos daqueles para cargas periféricas, pois, numa mesma rotação, é diferente o número de ciclos de carga para o trecho de pista mais solicitado.

Valores experimentais para a vida necessária L_h em horas de funcionamento (segundo MUNDT), quando se adotam para P_r e P_a cargas correspondentes máximas de serviço

Carros de passeio	250 ··· 1 000	Mancal de eixo de vagão ferroviário	10 000 ··· 15 000
Caminhões	1 500 ··· 4 000	Máquinas elétricas	10 000 ··· 15 000
Guindastes, máquinas agrícolas	3 000 ··· 7 000	Máquinas motrizes	20 000 ··· 30 000
Máquinas para trabalhar madeira	4 000 ··· 8 000	Máquina para a indústria de papel	80 000 ··· 100 000
Máquinas operatrizes	10 000 ··· 15 000		

c) *vida do rolamento L_h* em horas de funcionamento, relacionada com f_L, segundo a Fig. 14.7.

Exemplo: Dados $P_r = 100$ kgf, $P_a = 300$ kgf, com carga periférica sôbre o anel interno; $n = 750$, donde, segundo a Fig. 14.7, $f_n = 0,355$. Para $d/D = 50/90$ em mm, têm-se, segundo a Tab. 14.6, 6 rolamentos dos quais apenas 3 (rolamento fixo de esferas e rolamento de contato angular) podem suportar cargas axiais apreciáveis.

Para o mancal 6 210, com $C = 2\,700$ kgf, $C/P_a = 9 \cdot y \cong 1,6$, obtêm-se $P = x \cdot P_r + y \cdot P_a = 1 \cdot 100 + 1,6 \cdot 300 = 580$ kgf, $f_L = 0,355 \cdot 1 \cdot 2\,700/580 = 1,65$ ou uma vida $L_h = 2\,200$ h, segundo a Fig. 14.7. Para o mancal QA 50, com $C = 2\,450$, obtêm-se $P = 0,5 \cdot 100 + 0,7 \cdot 300 = 260$ kgf, $f_L = 0,355 \cdot 1 \cdot 2\,450/260 = 3,36$ ou $L_h = 19\,000$ h, ou seja, cêrca de 8,5 vêzes a vida do mancal 6 210.

A capacidade de carga C poderia também ser calculada, aproximadamente, a partir das medidas internas, segundo a Tab. 14.2, e k_0 pela Tab. 14.4. Assim, para o mancal fixo de esferas 6 210 resulta: $D_1 = q_1(D - d) = 0,317 \cdot (90 - 50) = 12,7$ mm; $z_1 = q_2(D + d)/D_1 = 0,91 \cdot (90 + 50)/12,7 = 10$;

$$k_0 = 22,5 \frac{1}{(1 + 0,02 \cdot 12,7)(1 \cdot 10)^{\frac{1}{3}}} = 8,35 \text{ kgf/mm}^2, \text{ donde } C = k_0 \cdot D_1^2 \cdot z_t \cdot \cos \beta = 8,35 \cdot 12,7^2 \cdot \frac{10}{5} \cdot 1 = 2\,700 \text{ kgf.}$$

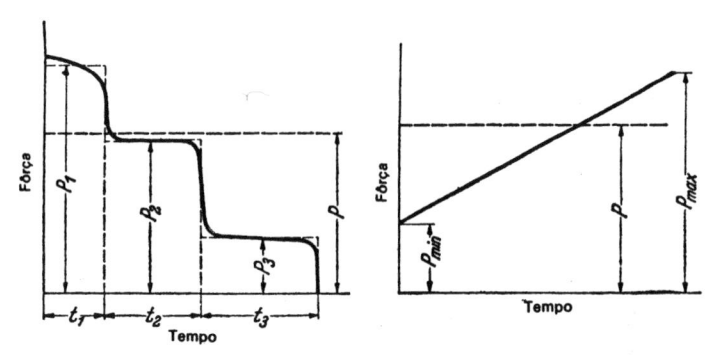

Figura 14.8 – Carga ideal P para uma carga variável P_1, P_2 ... (figura esquerda) e para uma variação linear de carga de P_{min} até P_{max} (figura direita)

6) *Casos especiais de carga*[7]

a) Nos casos de cargas variáveis $P_1, P_2, \ldots$ agindo durante os tempos $t_1, t_2, \ldots$, segundo a Fig. 14.8, à esquerda, pode-se adotar a carga ideal[8]:

$$P = \left(\frac{P_1^3 \cdot t_1 + P_2^3 \cdot t_2 + \ldots}{t_1 + t_2 + \ldots} \right)^{\frac{1}{3}}$$

Quando a carga varia linearmente de P_{min} a P_{max} (segundo a Fig. 14.8, à direita), tem-se aproximadamente:

$$P = \frac{1}{3} P_{min} + \frac{2}{3} P_{max}$$

b) Para rolamentos axiais sujeitos a uma carga axial excêntrica P_a, numa distância a, segundo a Fig. 14.9, a máxima carga P_0 no corpo rolante e a carga ideal P, tem-se:

Figura 14.9 – Rolamento axial com uma carga axial excêntrica P_a

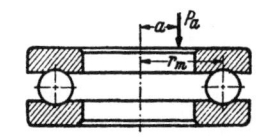

a	P_0	P
0	P_a/z	P_a
$0,6\,r_m$	$2,36\,P_a/z$	$2,36\,P_a$
$0,8\,r_m$	$3,6\,P_a/z$	$3,6\,P_a$
$1\,r_m$	P_a	$z \cdot P_a$

[7]Dados segundo a DIN 622 e PALMGREN [14/5].
[8]Freqüentemente, adota-se também para P a carga máxima nominal, elegendo-se, de acôrdo com a experiência, uma vida correspondente menor (ver, acima, valores de L_h).

c) Para rolamentos de rolos cilíndricos em movimento, a fôrça axial adicional admitida pelas faces frontais dos rolos é:

$$P_a \cong f_a \cdot z \cdot D_1^2 (3,5 - f_v \cdot n \cdot D_1) \qquad \text{(kgf)}.$$

Nessa expressão, têm-se aproximadamente $f_v = 0,000085$ para a série NUPL; $= 0,00007$ para NUPM; $= 0,00006$ para NUPS e, por outro lado,

$f_a \leq 0,02$ com carga axial intermitente ou variável, com lubrificação a graxa e temperatura média;
$\leq 0,06$ nas condições acima e com boa lubrificação a óleo;
$\leq 0,1$ com carga axial de curta duração e boa lubrificação a óleo em baixa temperatura.
$\leq 0,2$ com carga axial apenas ocasional e boa lubrificação a óleo em baixa temperatura.

d) Para rolamentos que não giram, a carga ideal é:

$$P = x_s \cdot P_r + y_s \cdot P_a \quad \cdot$$

onde x_s e y_s: (com y segundo as Tabs. 14.5 a 14.15)

		x_s	y_s
duas carreiras	Rol. autocompensador de esferas	1	$0,8\,y$
	Rol. de contato angular Rol. de rolos autocompensadores	1	$0,5\,y$
uma carreira	Rol. de contato angular Rol. radial de rolos cônicos	0,5	$0,5\,y$
	Rol. fixo de esferas	1	$0,7\,y$

7) Influências diversas. O cálculo usual da vida não leva em conta a influência apreciável da folga do mancal[9] sôbre a distribuição das fôrças no mesmo e, portanto, também sôbre a vida. Para tanto, seguem-se alguns dados experimentais:

a) Com carga puramente radial em mancais radiais, a pressão máxima nos corpos rolantes diminui com a folga, pois, nesse caso, a distribuição da carga sôbre o corpo rolante é mais uniforme. O número dos corpos rolantes "úteis" para o cálculo de z_t será, portanto, maior do que o adotado para o cálculo da vida de rolamentos radiais ($z_t = z/r$). Por conseguinte, para uma carga radial grande, tem-se uma folga muito pequena, eventualmente até um apêrto inicial ou uma pró-carga axial no mancal de efeito favorável sôbre a vida.

b) Nos mancais fixos de esferas, sujeitos à carga puramente axial, a pressão máxima sôbre os corpos rolantes comprime a pista sob um ângulo de carga β menor. Portanto, nos casos de cargas axiais grandes, uma folga maior exerce efeito favorável sôbre a vida.

c) Com cargas radiais e axiais agindo simultâneamente num rolamento fixo de esferas, sobrepõem-se as tendências acima citadas em a) e b). Dada uma certa folga e uma certa carga radial, tem-se uma determinada carga axial até a qual a vida é maior do que a sem carga axial. Além disso, tem-se, para uma carga axial adicional pequena, uma folga pequena, e para uma grande, uma folga grande, conveniente para uma vida maior.

d) Para uma carga pequena, a influência da folga do mancal sôbre a vida é grande, e menor quando a carga é grande. Conseqüentemente, mancais radiais em alta rotação, sujeitos a pequenas cargas radiais, e para tanto construídos com a necessária grande folga, atingem uma vida muito menor do que a simplesmente calculada.

Além disso, o cálculo usual da vida não leva em consideração as demais influências sôbre a mesma, tais como, p. ex., a influência do "amaciamento" pela variação de intensidade de carga, a influência do lubrificante (viscosidade e quantidade) etc. (ver pág. 215 do vol. I).

14.3. ATRITO, LUBRIFICAÇÃO E TEMPERATURA DO MANCAL

As perdas por atrito ou o trabalho perdido nos mancais de rolamentos compõem-se de:

1) "atrito de rolamento", que consta, principalmente, de um atrito interno (amortecimento do material), i.e., a energia perdida na deformação elástica dos corpos rolantes;
2) atrito adicional de deslizamento, nas superfícies de rolamento, devido à discordância das áreas de contato dos eixos instantâneos ideais do movimento de rolamento (ver Fig. 14.10);
3) atrito de deslizamento dos corpos rolantes com a gaiola e com os bordos;
4) trabalho de deslocamento na movimentação do lubrificante;
5) atrito de deslizamento das vedações adicionais (ver Fig. 14.6);
6) resistência devida a corpos estranhos (poeira, pó de desgaste).

---

[9]Experiências exaustivas sôbre o problema foram realizadas principalmente pelo Dr. PERRET, Schweinfurt. Ainda não foram publicados definitivamente os resultados obtidos. Para mais detalhes, ver [14/20] a [14/22].

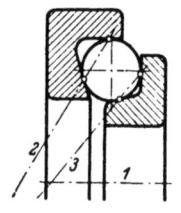

Figura 14.10 – Eixos instantâneos de movimento do rolamento. Para o caso de rolamento puro (sem deslizamento), os eixos 1, 2 e 3 devem ser cortados num só ponto ou no infinito

Correspondentemente a essas parcelas, as perdas de atrito podem ser reduzidas

1) aumentando-se a folga (desaparecendo as forças de protensão), diminuindo-se o ângulo de carga β (fôrça normal N menor, ver Fig. 14.3) e empregando-se um material isento de amortecimento;

2) coincidindo-se melhor as áreas de contato com os eixos ideais instantâneos, p. ex. nos rolamentos de esferas e de rolos abaulados com um raio R_4 da pista maior (ver Fig. 14.1);

3) diminuindo-se as fôrças de guia e o coeficiente de atrito de deslizamento;

4) lubrificando-se delicadamente, apenas com o lubrificante suficiente;

5) diminuindo-se o atrito das vedações;

6) protegendo-se o rolamento contra corpos estranhos.

Normalmente, o momento de atrito nos mancais de rolamento é escrito sob a forma $\boxed{M_r = P \cdot \mu_i \cdot d/2}$

(mmkgf), por analogia com os mancais de deslizamento, sendo μ_i o coeficiente de atrito ideal, referido ao raio interno $d/2$[10]. Obtêm-se, então, curvas para o coeficiente de atrito que, com a carga P = zero (em vazio), encontram-se no infinito, e tendem a um valor mínimo com o aumento de carga (Fig. 14.11). Essa forma de apresentação de μ_i é o resultado da formação das curvas do momento de atrito (Fig. 14.12), que, com $P = 0$, iniciam com um momento de atrito em vazio, crescendo a seguir quase linearmente com P, ou mesmo acima da grandeza. Fica como solução pouco satisfatória o fato de se necessitar, para cada tipo de rolamento, assim como para cada tamanho, uma curva especial de μ_i (Fig. 14.11), idem para a curva de M_r.

Figura 14.11 – Coeficiente de atrito μ_i para rolamentos normalizados (série média) com folga média e lubrificação esparsa, segundo JÜRGENS-MEYER [14/1]

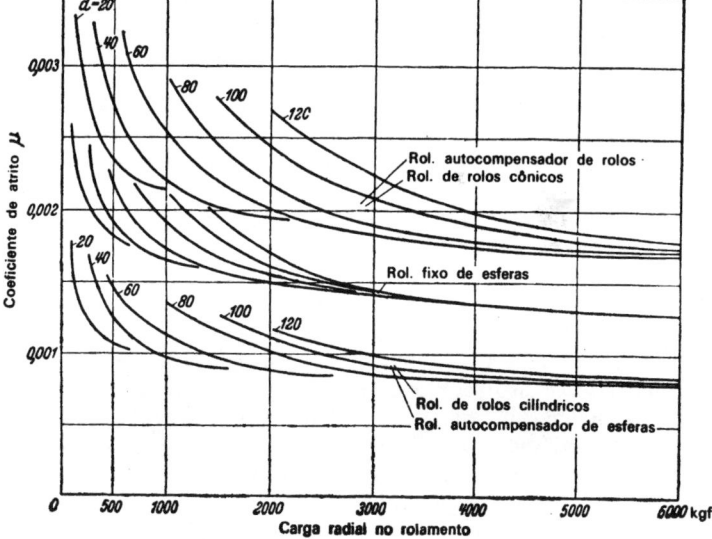

Por esta razão, prefere-se uma outra expressão para M_r:

momento de atrito $\boxed{M_r = m \cdot d^e \cdot C/1\,000}$ (mmkgf).

O expoente e é uma constante para rolamentos geomètricamente semelhantes, p. ex. $e = 3/4$, tomando-se por base as curvas do coeficiente de atrito da Fig. 14.11. Para a capacidade de carga C, recorre-se às listas de rolamentos (Tab. 14.5 e seguintes). O momento de atrito específico m (ver Fig. 14.13) é uma função de P/C, das condições de serviço e da construção do mancal, mas independente do tamanho do rolamento, sempre que se trata de rolamentos geomètricamente semelhantes para condições de serviços iguais.

Exemplo: Para o rolamento fixo de esferas 6 316 (ver Tab. 14.7), com $d = 80$ mm, $C = 9\,300$ kgf e $P = 1\,860$ kgf, resulta $m = 0{,}455$ da Fig. 14.13, curva 4 com $P/C = 0{,}2$, o momento de atrito $M_r = 0{,}455 \cdot 80^{3/4} \cdot 9\,300/1\,000 = 114$ mmkgf.

Influência da carga axial. Em rolamentos fixos de esferas, sujeitos a cargas axiais, a grandeza das fôrças normais depende do ângulo da carga β (ver Fig. 14.3) que, por sua vez, é função da folga. Além disso, com o aumento da carga, deslocam-se os pontos de contato e o ponto de intersecção dos eixos instantâneos,

[10]No rolamento axial, μ_i é referido ao raio primitivo $(D + d)/4$.

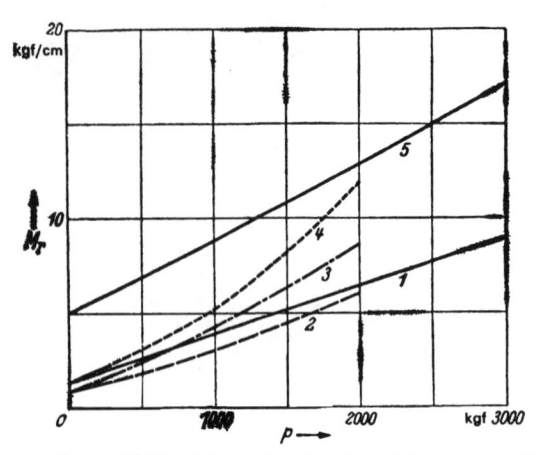

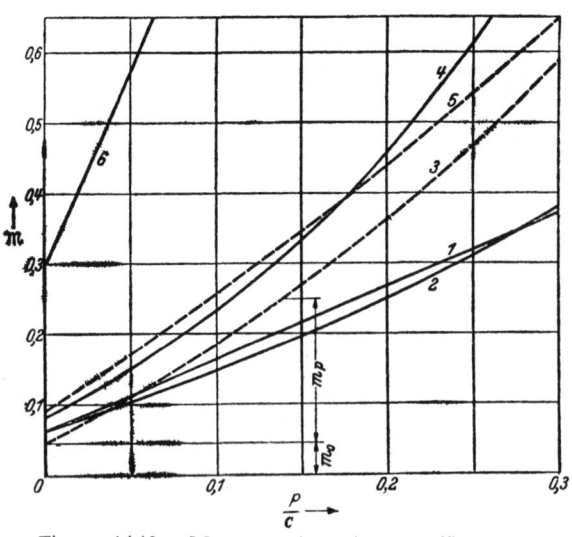

Figura 14.12 — Momentos de atrito M_r para os diferentes rolamentos com $d = 70$ mm, numa rotação média e lubrificação a óleo (corpo rolante inferior imergindo até a metade), em função da carga, segundo SKF. 1 rol. de rolos cilíndricos NM 70; 2 rol. autocompensador de esferas 1314; 3 rol. axial de esferas 51314; 4 rol. fixo de esferas 6314; 5 rol. autocompensador de rolos 22314

Figura 14.13 — Momento de atrito específico $m = = m_0 + m_p$ para os rolamentos da série média nas condições da Fig. 14.11. $m_0 = m$ para $P/C = 0$. 1 rol. de rolos cilíndricos, 2 rol. autocompensador de esferas, 3 rol. axial de esferas, 4 rol. fixo de esferas, 5 rol. autocompensador de rolos e rol. radial de rolos cônicos, 6 rol. de agulhas

dando origem a um maior atrito. Na determinação do momento de atrito, pode-se, para as folgas usuais e uma carga axial grande[11], introduzir o valor aproximado, $P \cong P_r + P_a \cdot 2,75$ na equação acima.

Influência da lubrificação, da temperatura e da rotação. O menor atrito possível em vazio se obtém com um mínimo de lubrificante. Na lubrificação a graxa (até 2,5 vêzes), no entanto, com o aumento de carga e aquecimento, diminui a parcela de atrito de deslizamento, de modo que M_r ou m crescem menos. A rotação numa lubrificação esparsa influi consideràvelmente apenas no momento de atrito quando varia a temperatura e, portanto, a viscosidade do óleo. Anàlogamente, o maior atrito de partida é conseqüência principalmente da maior resistência do lubrificante[12]. Na lubrificação a óleo, apenas o corpo rolante mais baixo deve mergulhar até a metade no óleo; caso contrário, o trabalho de atrito aumenta consideràvelmente com a rotação.

Outras influências. Na prática, o momento de atrito em vazio pode atingir valores extremamente elevados devido à montagem inadequada (apêrto exagerado, emperramento), lubrificação em demasia, sujeira no mancal e apêrto desnecessário das vedações. Convém, portanto, examinar a temperatura dos rolamentos da máquina girando em vazio.

Lubrificação adequada. Devido à facilidade de vedação contra poeira e à manutenção mais simples, prefere-se lubrificação a graxa, principalmente nas máquinas pequenas (aparelhos domésticos), em veículos: nesses casos, os nípeis de lubrificação são desnecessários, pois só na ocasião da revisão da máquina é que se limpam e lubrificam novamente os mancais com graxa.

A lubrificação a óleo é aconselhável nos casos em que outros elementos também se lubrificam com óleo, p. ex. os mancais de caixas de redutores, além disso em temperatura de funcionamento acima de 70°C, em rotações muito altas.

O nível de óleo pode ser limitado por um "ladrão" (nível admissível, ver acima), e, para se evitar as gôtas de óleo indesejáveis provenientes de peças vizinhas, pode-se recorrer a chapas protetoras. A lubrificação a óleo exige uma inspeção mais freqüente e uma vedação mais cuidadosa.

Para os mancais de aparelhos de mecânica fina, CRAMER[12] recomenda lubrificante (invarol B 10) dissolvido num solvente volátil (tetracloreto de carbono), salpicado no rolamento, ou melhor, imergir os rolamentos novos nesta solução antes da montagem, a fim de se obter uma película fina e suficiente de lubrificante.

O lubrificante não pode provocar ferrugem, conter partículas abrasivas ou atacar quimicamente os corpos rolantes, ausência de acidez e, de preferência, deve ser o mais resistente possível ao envelhecimento.

A vedação (ver Figs. 14.6 e 15.19), por um lado, deve impedir o vazamento do lubrificante e, por outro lado, proteger o rolamento contra a penetração de poeira e água[13].

[11]Com fôrças axiais pequenas, a influência de P_a é baixa.

[12]Segundo H. CRAMER: "Über die Reibung u. Schmierung von feinmechanischen Geräten", Diss. T. H. Braunschweig 1949, resultou para um eixo de 8 mm com 2 rolamentos, segundo DIN 615, para $n = 200$ a 500, lubrificado a óleo ou graxa, um momento de atrito = 6 e 20 cmgr, respectivamente, para um rolamento de contato angular E 8, = 10 e 25 para o E 13, = 15 e 30 para o E 19; em ambiente frio acompanhado de ajuste muito apertado ou para uma lubrificação exagerada, ou na partida, os valores são até 10 vêzes maiores.

[13]Ver nota 3 da pág. 3.

TABELA 14.5 — *Rolamentos radiais, grupo dimensional* 0 (séries muito leves).

Tôdas as dimensões em mm			Rolamento fixo de esferas DIN 625 (agôsto de 1942)			Rolamento de rolos cilíndricos DIN 5412 (agôsto de 1942)			
C = capacidade de carga			$P = x \cdot P_r + y \cdot P_a$ $x = 1 \quad x = 1{,}4*$			$P = x \cdot P_r$ $x = 1*$ $x = 1{,}4$ $y = 0$			
			$C : P_a$	5 10 20 40					
			y	1,4 1,6 1,8 2,0					
d	D	r	Rolamento n.°	b	C kgf	Rolamento n.°	b	r_1	C kgf
3	10	0,5	EL 3	4	40	—	—	—	—
4	13		4 **	5	80	—	—	—	—
5	16		5 **	5	140	—	—	—	—
6	19		6	6	216	—	—	—	—
7	19		7	6	156	—	—	—	—
8	22		8	7	240	—	—	—	—
9	24		9	7	260	—	—	—	—
10	26		6000x	8	340	—	—	—	—
12	28		01x	8	375	—	—	—	—
15	32		02x	9	405	—	—	—	—
17	35		03x	10	430	—	—	—	—
20	42	1	04x	12	695	—	—	—	—
25	47		05x	12	750	NUE 25	12	0,5	830
30	55	1,5	06x	13	1 000	30	13	0,8	1 100
35	62		07x	14	1 200	35	14		1 340
40	68		08x	15	1 270	40	15	1	1 560
45	75		09x	16	1 630	45	16		1 860
50	80		10x	16	1 700	50	16		2 000
55	90	2	11x	18	2 200	55	18	1,5	2 280
60	95		12x	18	2 280	60	18		2 360
65	100	2	13x	18	2 400	65	18	1,5	2 450
70	110		14x	20	3 000	70	20		3 550
75	115		15x	20	3 150	75	20		3 650
80	125		16x	22	3 750	80	22		4 500
85	130		17x	22	3 900	85	22		4 900
90	140	2,5	18x	24	4 550	90	24	2	5 500
95	145		19x	24	4 800	95	24		5 600
100	150		20x	24	4 800	100	24		5 850
105	160	3	21x	26	5 700	105	26		6 800
110	170		22x	28	6 400	110	28		8 500
120	180		24x	28	6 700	120	28		9 150
130	200		26x	33	8 300	130	33		11 200
140	210		28x	33	8 650	140	33		12 000
150	225	3,5	30x	35	9 800	150	35	2,5	13 400
160	240		32x	38	11 000	160	38		16 300
170	260		34x	42	12 900	170	42	3,5	19 600
180	280		36x	46	14 600	180	46		24 500
190	290		38x	46	15 600	190	46		25 500
200	310		40x	51	17 600	200	51		28 000
220	340	4	44x	56	20 000	220	56	4	36 500
240	360		48x	56	21 200	240	56		39 000
260	400	5	52x	65	24 500	260	65	5	48 000
280	420		56x	65	25 500	280	65		51 000
300	460		60x	74	30 500	300	74		67 000
320	480		64x	74	32 000	320	74		68 000
340	520	6	68x	82	38 000	340	82	6	83 000
360	540		72x	82	40 000	360	82		86 500
380	560		76x	82	40 000	380	82		88 000
400	600		80x	90	45 000	400	90		110 000

*Os valores pequenos de x valem para uma carga móvel, e os grandes para uma carga fixa no anel interno.
**Pertence ao grupo dimensional 2 (série leve).

TABELA 14.6 — *Rolamentos radiais,*

			Rolamento fixo de esferas			Rolamento de contato angular			Rolamento autocompensador de esferas		
Tôdas as dimensões em mm			DIN 625(agôsto de 1942)			DIN 628(agôsto de 1942)			DIN 630(agôsto de 1942)		
C = capacidade de carga			$P = x \cdot P_r + y \cdot P_a$ $x = 1 \quad x = 1,4^*$			$P = x \cdot P_r + y \cdot P_a$ $x = 0,5^*$ $x = 0,7$ $y = 0,7$			$P = P_r + y \cdot P_a$ n.° do rol. / y: 1206/07 = 3,25; 13300/04 = 2,25; 1208/09 = 3,5; 1200/03 = 2,5; 1210/12 = 4,0; 1204/05 = 2,75; 1213/22 = 4,5		
			$C : P_a$: 5, 10, 20, 40 / y: 1,4, 1,6, 1,8, 2,0								
d	D	r	Rolamento n.°	b	C kgf	Rolamento n.°	b	C kgf	Rolamento n.°	b	C kgf
4	16	0,5	R 4	5	140	—	—	—	—	—	—
5	19		R 5 }**	6	216	—	—	—	133 00	6	166
7	22	1	R 7	7	240	—	—	—	02	7	193
9	26	1	R 9	8	340	—	—	—	04	8	275
10	30		6200	9	340	QA 10	9	430	1200	9	390
12	32		01	10	530	12	10	465	01	10	415
15	35		02	11	585	15	11	540	02	11	570
17	40	1,5	03	12	720	17	12	735	03	12	640
20	47		04	14	980	20	14	1 120	04 (1 b)	14	830
25	52		05	15	1 040	25	15	1 270	05 (1 b)	15	1020
30	62		06	16	1 460	30	16	1 560	06 (1 b)	16	1400
35	72	2	07	17	1 960	35	17	1 900	07 (1 b)	17	1530
40	80		08	18	2 240	40	18	2 280	08 (1 b)	18	1930
45	85		09	19	2 500	45	19	2 360	09 (1 b)	19	2160
50	90		6210	20	2 700	50	20	2 450	1210 (1 b)	20	2320
55	100	2,5	11	21	3 250	55	21	3 150	11 (1 b)	21	2800
60	110		12	22	4 000	60	22	4 000	12 (1 b)	22	3200
65	120		13	23	4 400	65	23	4 550	13 (1 b)	23	3450
70	125		14	24	4 650	70	24	4 750	14 (1 b)	24	3800
75	130		15	25	5 000	75	25	5 000	15 (1 b)	25	4250
80	140	3	6216	26	5 500	QA 80	26	5 850	1216 (1 c)	26	4500
85	150		17	28	6 300	85	28	6 550	17 (1 c)	28	5400
90	160		18	30	7 100	90	30	7 350	18 (1 c)	30	6000
95	170	3,5	19	32	8 000	95	32	8 500	19 (1 c)	32	6800
100	180		20	34	9 000	100	34	9 500	20 (1 c)	34	7350
105	190		21	36	9 800	105	36	10 600	21 (1 c)	36	8000
110	200		22	38	10 800	110	38	11 800	22 (1 c)	38	9300
120	215		24	40	11 000	120	40	12 500	—	—	—
130	230	4	26	40	12 000	130	40	12 900	—	—	—
140	250		28	42	12 900	140	42	14 000	—	—	—
150	270		30	45	13 700	150	45	16 600	—	—	—
160	290		32	48	14 600	160	48	18 600	—	—	—
170	310	5	34	52	17 000	170	52	21 200	—	—	—
180	320		36	52	18 300	180	52	22 000	—	—	—
190	340		38	55	20 800	190	55	23 600	—	—	—
200	360		40	58	22 000	200	58	26 500	—	—	—
220	400		44	65	24 500	—	—	—	—	—	—
240	440		48	72	30 000	—	—	—	—	—	—
260	480	6	52	80	34 000	—	—	—	—	—	—
280	500		56	80	36 000	—	—	—	—	—	—

*Os valores pequenos de x valem para uma carga móvel, e os grandes para uma carga fixa no anel interno.
**Pertence ao grupo dimensional 3 (séries semipesadas).

grupo dimensional 2 (séries leves).

Rolamento de rolos cilíndricos					Rolamento autocompensador de rolos			Rolamento de contato angular			Rolamento autocompensador de rolos		
DIN 5412 (agôsto de 1942)					DIN 635(agôsto de 1942)			DIN 628(agôsto de 1942)			DIN 635(agôsto de 1942)		
$P = x \cdot P_r$					$P = x \cdot P_r + y \cdot P_a$			$P = x \cdot P_r + y \cdot P_a$			$P = x \cdot P_r + y \cdot P_a$		
$x = 1*$ $x = 1,4$					$x = 1*$ $x = 1,4$ $y = 9,5$			$x = 1*$ $x = 1,4$ $y = 1,3$			$x = 1$ $x = 1,4$	n.° do rol.: 22216/17 → 4,6; 22218/20 → 4,4; 22222/56 → 4,2	
Rolamento n.°	Rolamento n.°	b	r_1	c kgf	Rol n.°	b	c kgf	Rol n.°	b	c kgf	Rolamento n.°	b	c kgf
—	—	—	—	—	—	—	—	—	—	—	—	—	—
—	—	—	—	—	—	—	—	—	—	—	—	—	—
—	—	—	—	—	—	—	—	—	—	—	—	—	—
—	—	—	—	—	—	—	—	3200x	14,0	695	—	—	—
—	—	—	—	—	—	—	—	01x	15,9	780	—	—	—
—	—	—	—	—	—	—	—	02x	15,9	780	—	—	—
—	—	—	—	—	—	—	—	03x	17,5	1 100	—	—	—
NUL 20	NIL 20	14	1	980	—	—	—	04x	20,6	1 530	—	—	—
25	25	15		1 100	20205	15	1 500	05x	20,6	1 730	—	—	—
30	30	16		1 460	06	16	1 730	06x	23,8	2 500	—	—	—
35	35	17		2 120	07	17	2 500	07x	27,0	3 350	—	—	—
40	40	18	2	2 750	08	18	3 000	08x	30,2	3 800	—	—	—
45	45	19		2 900	09	19	3 200	09x	30,2	4 250	—	—	—
50	50	20		3 050	20210	20	3 750	10x	30,2	4 750	—	—	—
55	55	21		3 650	11	21	4 750	11x	33,3	5 400	—	—	—
60	60	22	2,5	4 400	12	22	5 500	12x	36,5	6 550	—	—	—
65	65	23		5 100	13	23	6 200	13x	38,1	7 100	—	—	—
70	70	24		5 300	14	24	7 100	14x	39,7	7 100	—	—	—
75	75	25		6 200	15	25	7 500	15x	41,3	7 800	—	—	—
NUL 80	NIL 80	26	3	7 100	20216	26	8 500	3216x	44,4	9 500	22216 (k)	33	9 500
85	85	28		8 150	17	28	10 000	17x	49,2	10 200	17 (k)	36	12 200
90	90	30		9 800	18	30	12 000	18x	52,4	11 800	18 (k)	40	15 600
95	95	32	3,5	11 400	19	32	14 000	19x	55,6	13 700	19 (k)	43	18 300
100	100	34		12 700	20	34	15 600	20x	60,3	14 600	20 (k)	46	21 200
105	105	36		14 000	21	36	16 600	21x	65,1	15 300	—	—	—
110	110	38		16 300	22	38	19 600	22x	69,8	17 300	22 (k)	53	27 500
120	120	40		18 300	24	40	21 600	—	—	—	24 (k)	58	34 000
130	130	40	4	19 000	26	40	23 200	—	—	—	26 (k)	64	42 500
140	140	42		22 400	28	42	27 500	—	—	—	28 (k)	68	48 000
150	150	45		27 000	30	45	31 000	—	—	—	30 (k)	73	54 000
160	160	48		31 000	32	48	35 500	—	—	—	32 (k)	80	65 500
170	170	52	5	35 500	34	52	42 500	—	—	—	34 (k)	86	73 500
180	180	52		36 500	36	52	47 500	—	—	—	36 (k)	86	75 000
190	190	55		41 500	38	55	51 000	—	—	—	38 (k)	92	83 000
200	200	58		45 500	40	58	55 000	—	—	—	40 (k)	98	93 000
220	220	65		57 000	44	65	67 000	—	—	—	44 (k)	108	118 000
240	240	72		72 000	48	72	81 500	—	—	—	48 (k)	120	146 000
260	260	80	6	88 000	52	80	98 000	—	—	—	52 (k)	130	170 000
280	280	80		88 000	56	80	100 000	—	—	—	56 (k)	130	180 000

TABELA 14.7 — *Rolamentos radiais,*

			Rolamento fixo de esferas DIN 625 (agôsto de 1942)			Rolamento de contato angular DIN 628 (agôsto de 1942)			Rolamento autocompensador de esferas DIN 630 (agôsto de 1942)		

Tôdas as dimensões em mm

C = capacidade de carga

Rolamento fixo de esferas: $P = x \cdot P_r + y \cdot P_a$, $x = 1,0$ $x = 1,4*$

$C : P_a$	5	10	20	40
y	1,4	1,6	1,8	2,0

Rolamento de contato angular: $P = x\, P_r + y \cdot P_a$, $x = 0,5*$, $x = 0,7$, $y = 0,7$

Rolamento autocompensador: $P = P_r + y \cdot P_a$

n.° do rol.	y		
1306/09	3,0		
1300/03	2,25	1310/13	3,25
1304/05	2,75	1314/22	3,5

d	D	r	Rolamento n.°	b	C kgf	Rolamento n.°	b	C kgf	Rolamento n.°	b	C kgf
10	35	1	6300	11	655	QB 10	11	695	1300	11	520
12	37	1,5	01	12	800	12	12	850	01	12	680
15	42		02	13	880	15	13	915	02	13	735
17	47		03	14	1 060	17	14	1 080	03	14	965
20	52	2	04	15	1 250	20	15	1 270	04 (k)	15	1 020
25	62		05	17	1 660	25	17	1 560	05 (k)	17	1 500
30	72		06	19	2 200	30	19	2 200	06 (k)	19	1 860
35	80	2,5	07	21	2 600	35	21	2 750	07 (k)	21	2 280
40	90		08	23	3 150	40	23	3 200	08 (k)	23	2 750
45	100		09	25	4 050	45	25	3 900	09 (k)	25	3 450
50	110	3	10	27	4 750	50	27	4 500	10 (k)	27	3 900
55	120		11	29	5 400	55	29	5 300	11 (k)	29	4 750
60	130	3,5	12	31	6 100	60	31	6 100	12 (k)	31	5 500
65	140		13	33	6 950	65	33	6 800	13 (k)	33	5 850
70	150		14	35	7 800	70	35	7 800	14 (k)	35	6 950
75	160		15	37	8 500	75	37	8 300	15 (k)	37	7 350
80	170		16	39	9 300	80	39	9 000	16 (k)	39	8 150
85	180	4	17	41	10 200	85	41	10 000	17 (k)	41	9 150
90	190		18	43	11 000	90	43	11 000	18 (k)	43	10 400
95	200		19	45	12 000	95	45	12 200	19 (k)	45	11 600
100	215	4	6320	47	13 700	QB 100	47	13 700	1320 (k)	47	12 500
I05	225		21	49	14 600	105	49	15 300	21 (k)	49	14 000
110	240		22	50	16 600	110	50	16 300	22 (k)	50	15 300
120	260		24	55	16 600	120	55	18 600	—	—	—
130	280	5	26	58	18 600	130	58	20 000	—	—	—
140	300		28	62	20 800	140	62	22 400	—	—	—
150	320		30	65	22 400	150	65	25 000	—	—	—
160	340		32	68	22 800	—	—	—	—	—	—
170	360		34	72	26 500	—	—	—	—	—	—
180	380		36	75	30 000	—	—	—	—	—	—
190	400	6	38	78	31 000	—	—	—	—	—	—
200	420		40	80	32 000	—	—	—	—	—	—
220	460		44	88	34 500	—	—	—	—	—	—
240	500		48	95	37 500	—	—	—	—	—	—
260	540	8	52	102	42 500	—	—	—	—	—	—
280	580		56	108	48 000	—	—	—	—	—	—
			—	—	—	—	—	—	—	—	—
			—	—	—	—	—	—	—	—	—
			—	—	—	—	—	—	—	—	—

*Os valores pequenos de x valem para uma carga móvel, e os grandes para uma carga fixa no anel interno.

grupo dimensional 3 (séries semipesadas).

Rolamento de rolos cilíndricos					Rolamento autocompensador de rolos			Rolamento de contato angular			Rolamento autocompensador de rolos		
DIN 5412 (agôsto de 1942)					DIN 635 (agôsto de 1942)			DIN 628 (agôsto de 1942)			DIN 635 (agôsto de 1942)		

$$P = x \cdot P_r \qquad P = x \cdot P_r + y \cdot P_a \qquad P = x \cdot P_r + y \cdot P_a \qquad P = x \cdot P_r + y \cdot P_a$$

Rolos cilíndricos: $x = 1^*$; $x = 1,4$

Autocompensador (DIN 635, 2ª col.): $x = 1^*$; $x = 1,4$; $y = 9,5$

Contato angular: $x = 1^*$; $x = 1,4$; $y = 1,3$

Autocompensador (DIN 635, 4ª col.): $x = 1^*$; $x = 1,4$

n.° do rol.	y
22308/12	2,9
22313/40	3,2
22344/56	3,4

Rolamento n.°	Rolamento n.°	b	r_1	C kgf	Rol. n.°	b	C kgf	Rol. n.°	b	C kgf	Rolamento n.°	b	C kgf
—	—	—	—	—	—	—	—	—	—	—	—	—	—
—	—	—	—	—	—	—	—	—	—	—	—	—	—
—	—	—	—	—	—	—	—	3302x	19,0	1 370	—	—	—
—	—	—	—	—	—	—	—	03x	22,2	1 860	—	—	—
NUM 20	NIM 20	15	1	1 370	20304	15	1 600	04x	22,2	1 860	—	—	—
25	25	17	2	1 860	05	17	2 160	05x	25,4	2 600	—	—	—
30	30	19		2 450	06	19	3 000	06x	30,2	3 450	—	—	—
35	35	21		3 000	07	21	3 650	07x	34,9	4 300	—	—	—
40	40	23	2,5	3 750	08	23	5 000	08x	36,5	5 500	22308 (k)	33	6 300
45	45	25		4 800	09	25	5 600	09x	39,7	6 550	09 (k)	36	8 000
50	50	27	3	5 850	10	27	7 100	10x	44,4	8 000	10 (k)	40	11 000
55	55	29		7 100	11	29	8 150	11x	49,2	8 650	11 (k)	43	12 900
60	60	31	3,5	8 500	12	31	10 000	12x	54,0	10 000	12 (k)	46	15 600
65	65	33		9 500	13	33	11 600	13x	58,7	11 400	13 (k)	48	17 000
70	70	35		10 400	14	35	12 900	14x	63,5	13 200	14 (k)	51	22 400
75	75	37		12 700	15	37	14 600	15x	68,3	13 700	15 (k)	55	23 200
80	80	39		13 400	16	39	16 600	16x	68,3	15 600	16 (k)	58	27 500
85	85	41	4	15 000	17	41	18 600	17x	73,0	17 300	17 (k)	60	30 000
90	90	43		17 300	18	43	21 200	18x	73,0	19 600	18 (k)	64	35 500
95	95	45	4,5	18 600	19	45	23 200	19x	77,8	21 600	19 (k)	67	38 000
100	100	47	4	21 600	20320	47	25 000	3320x	82,6	23 600	22320 (k)	73	45 500
105	105	49		25 000	21	49	27 000	21x	87,3	25 500	—	—	—
110	110	50		30 000	22	50	30 000	22x	92,1	27 500	22 (k)	80	56 000
120	120	55		34 000	24	55	35 500	—	—	—	24 (k)	86	68 000
130	130	58	5	41 500	26	58	40 090	—	—	—	26 (k)	93	78 000
140	140	62		46 500	28	62	47 500	—	—	—	28 (k)	102	86 500
150	150	65		51 000	30	65	54 000	—	—	—	30 (k)	108	96 500
160	160	68		54 000	32	68	58 500	—	—	—	32 (k)	114	106 000
170	170	72		62 000	34	72	65 500	—	—	—	34 (k)	120	122 000
180	180	75		69 500	36	75	72 000	—	—	—	36 (k)	126	132 000
190	190	78	6	76 500	38	78	80 000	—	—	—	38 (k)	132	146 000
200	200	80		76 500	40	80	81 500	—	—	—	40 (k)	138	156 000
220	220	88		95 000	44	88	106 000	—	—	—	44 (k)	145	183 000
240	240	95		114 000	48	95	120 000	—	—	—	48 (k)	155	216 000
260	260	102	8	129 000	—	—	—	—	—	—	52 (k)	165	245 000
280	280	108		146 000	—	—	—	—	—	—	56 (k)	175	280 000
—	—	—	—	—	—	—	—	—	—	—	—	—	—
—	—	—	—	—	—	—	—	—	—	—	—	—	—
—	—	—	—	—	—	—	—	—	—	—	—	—	—

15

TABELA 14.8 − *Rolamentos*

Grupo dimensional 2 (séries leves).

	Rolamento de rolos cônicos	Rolamento de rolos cônicos
	DIN 720 (Aug 1942)	DIN 720 (Áug. 1942)

Tôdas as dimensões em mm

C = capacidade de carga

$$P = x \cdot P_r + y \cdot P_a$$

$P > P_r$	$x = 0,5*$	n.° do rol.	y
$P \leqq P_r$	$x = 1*$	30203/04	1,8
$P > 1,4\,P_r$	$x = 0,7**$	30205/22	1,6
$P \leqq 1,4\,P_r$	$x = 1,4**$	30224/30	1,4

$$P = x \cdot P_r + y \cdot P_a$$

$P > P_r$	$x = 0,5*$	
$P \leqq P_r$	$x = 1*$	$y = 1,6$
$P > 1,4\,P_r$	$x = 0,7**$	
$P \leqq 1,4\,P_r$	$x = 1,4P_r$	

d	D	r	r_1	Rol. n.°	b_i	b_a	B max	B min	C kgf	Rol. n.°	b_i	b_a	B max	B min	C kgf
15	—	—	—	—						—					
17	40	1,5	0,5	30203	12	11	13,5	13	1 040	—	—	—	—	—	—
20	47			04	14	12	15,5	15	1 600	—	—	—	—	—	—
25	52			05	15	13	16,5	16	1 760	—	—	—	—	—	—
30	62			06	16	14	17,5	17	2 400	32206	20	17	21,5	21	3 250
35	72	2	0,8	07	17	15	18,5	18	3 100	07	23	19	24,5	24	4 300
40	80			08	18	16	20	19,5	3 600	08	23	19	25	24,5	4 800
45	85			09	19	16	21	20,5	4 150	09	23	19	25	24,5	5 200
50	90			10	20	17	22	21,5	4 550	10	23	19	25	24,5	5 300
55	100	2,5		11	21	18	23	22,5	5 600	11	25	21	27	26,5	6 950
60	110			12	22	19	24	23,5	6 100	12	28	24	30	29,5	8 300
65	120			13	23	20	25	24,5	7 200	13	31	27	33	32,5	10 000
70	125			14	24	21	26,5	26	7 800	14	31	27	33,5	33	10 200
75	130			15	25	22	27,5	27	8 650	15	31	27	33,5	33	10 800
80	140	3	1	16	26	22	28,5	28	9 650	16	33	28	35,5	35	12 500
85	150			17	28	24	31	30	11 400	17	36	30	39	38	14 300
90	160			18	30	26	33	32	12 700	18	40	34	43	42	17 300
95	170	3,5	1,2	19	32	27	35	34	14 000	19	43	37	46	45	19 600
100	180			20	34	29	37,5	36,5	16 300	20	46	39	49,5	48,5	22 000
105	190			21	36	30	39,5	38,5	18 300	21	50	43	53,5	52,5	25 500
110	200			22	38	32	41,5	40,5	20 400	22	53	46	56,5	55,5	28 500
120	215			24	40	34	44	43	22 800	24	58	50	62	61	34 000
130	230	4	1,5	26	40	34	44,5	43	24 500	—	—	—	—	—	—
140	250			28	42	36	46,5	45	28 500	—	—	—	—	—	—
150	270			30	45	38	50	48	32 500	—	—	—	—	—	—

*Vale para o caso de carga móvel no anel interno. Caso resultar para um $x = 0,5$ um $P < P_r$, deve-se adotar $x = 1$ e $y = 0$, em vez de $x = 0,5$.

**Vale para o caso de carga fixa no anel interno. Caso resultar para um $x = 0,7$ um $P < 1,4\,P_r$, deve-se adotar $x = 1,4$ e $y = 0$, em vez de $x = 0,7$.

14.4. BIBLIOGRAFIA (ver também bibliografia do ·Cap. 13, pág. 219)

[14/1] *JÜRGENSMEYER.:* Die Wälzlager. Berlin: Springer 1937.
 − Gestaltung von Wälzlagerungen. Berlin: Springer 1939.
[14/2] *STELLRECHT, H.:* Die Belastbarkeit der Wälzlager. Berlin: Springer 1928.
[14/3] *STRIBECK, R.:* Kugellager für beliebige Belastungen. Mitt. Forschg.-Arb. VDI 2. Berlin 1901 e Z. VDI 45 (1901) pp. 73 e 118 e Glasers Ann. n.° 577, 1 de julho de 1901 e Z. VDI 51 (1907) p. 1495.
[14/4] *PALMGREN, A.:* Die Lebensdauer von Kugellagern. Z. VDI 68 (1924) p. 339.
 − Untersuchung über die statische Tragfähigkeit von Kugellagern. Diss. Stockholm 1930.
 − Über die Tragfähigkeit und Lebensdauer der Kugellager. Tekn. T. Stockholm 66 (1936) fasc. 42 Mek.
[14/5] *PALMGREN, A.:* Ball and Roller Bearing, Engineering, Philadelphia 1946.
[14/6] − Methoden zur Berechnung der wahrscheinlichen Lebensdauer der SKF-Kugellager. Kugellager-Z. (1927) fasc. 4, p. 84.
[14/7] *MUNDT, R.:* Höchstbelastbarkeit von Wälzlagern. Forschg. Ing.-Wes. 7 (1936) p. 292 e Hütte vol. II 27.ª edição, p. 192. Berlin 1944.
 − Zur Berechnung der Tragfähigkeit... Z. VDI 85 (1941) p. 801.
[14/8] − Statische Tragfähigkeit von Wälzlagern. Das Kugellager, Hausmitt. der VKF Schweinfurt vol. 18 (1943) p. 33.
[14/9] *DIERGARTEN, H.:* Wälzlagerstähle. Z. VDI vol. 86 (1942) p. 167.

radiais de rolos cônicos

Grupo dimensional 3 (séries semipesadas).

Rolamento de rolos cônicos — DIN 720 (agôsto de 1942) (três grupos)

Grupo 1:
$$P = x \cdot P_r + y \cdot P_a$$

		n.° do rol.	y
$P > P_r$	$x = 0{,}5^*$		
$P \leq P_r$	$x = 1^*$	30302/03	2,2
$P > 1{,}4\,P_r$	$x = 0{,}7^{**}$	30304/07	2,0
$P \leq 1{,}4\,P_r$	$x = 1{,}4^{**}$	30308/24	1,8

Grupo 2:
$$P = x \cdot P_r + y \cdot P_a$$

		n.° do rol.	y
$P > P_r$	$x = 0{,}5^*$		
$P \leq P_r$	$x = 1^*$	32302/07	2
$P > 1{,}4\,P_r$	$x = 0{,}7^{**}$		
$P \leq 1{,}4\,P_r$	$x = 1{,}4^{**}$	32308/24	1,8

Grupo 3:
$$P = x \cdot P_r + y \cdot P_a$$

$P > P_r$	$x = 0{,}5^*$	
$P \leq P_r$	$x = 1^*$	$y = 0{,}75$
$P > 1{,}4\,P_r$	$x = 0{,}7^{**}$	
$P \leq 1{,}4\,P_r$	$x = 1{,}4^{**}$	

d	D	r	r_1	Rol. n.°	b_i	b_a	B max	B min	C kgf	Rol. n.°	b_i	b_a	B max	B min	C kgf	Rol. n.°	b_i	b_a	B max	B min	C kgf
15	42	1,5	0,5	30302	13	11	14,5	14	1 290	32302	17	14	18,5	18	1 900	—			—	—	—
17	47			03	14	12	15,5	15	1 630	03	19	16	20,5	20	2 320	—			—	—	—
20	52	2	0,8	04	15	13	16,5	16	2 550	04	21	18	22,5	22	3 000	—			—	—	—
25	62			05	17	15	18,5	18	3 050	05	24	20	25,5	25	4 150	31305	17	13	18,5	18	2 500
30	72			06	19	16	21	20,5	3 550	06	27	23	29	28,5	5 400	06	19	14	21	20,5	3 150
35	80	2,5		07	21	18	23	22,5	4 750	07	31	25	33	32,5	6 700	07	21	15	23	22,5	3 800
40	90			08	23	20	25,5	25	5 400	08	33	27	35,5	35	7 800	08	23	17	25,5	25	5 000
45	100			09	25	22	27,5	27	6 800	09	36	30	38,5	38	9 500	09	25	18	27,5	27	6 400
50	110	3	1	10	27	23	29,5	29	8 000	10	40	33	42,5	42	11 800	10	27	19	29,5	29	7 350
55	120			11	29	25	32	31	9 150	11	43	35	46	45	13 700	11	29	21	32	31	8 300
60	130	3,5	1,2	12	31	26	34	33	10 800	12	46	37	49	48	16 000	12	31	22	34	33	10 000
65	140			13	33	28	36,5	35,5	12 500	13	48	39	51,5	50,5	18 300	13	33	23	36,5	35,5	11 600
70	150			14	35	30	38,5	37,5	14 300	14	51	42	54,5	53,5	20 800	14	35	25	38,5	37,5	13 700
75	160			15	37	31	40,5	39,5	16 000	15	55	45	58,5	57,5	24 000	—			—	—	—
80	170			16	39	33	43	42	17 600	16	58	48	62	61	27 000	—			—	—	—
85	180	4	1,5	17	41	34	45	44	20 000	17	60	49	64	63	30 500	—			—	—	—
90	190			18	43	36	47	46	21 600	18	64	53	68	67	34 500	—			—	—	—
95	200			19	45	38	50	49	25 500	19	67	55	72	71	38 000	—			—	—	—
100	215			20	47	39	52	51	28 000	20	73	60	78	77	44 000	—			—	—	—
105	225			21	49	41	54	53	30 500	21	77	63	82	81	49 000	—			—	—	—
110	240			22	50	42	55	54	33 500	22	80	65	85	84	54 000	—			—	—	—
120	260			24	55	46	60	59	40 000	24	86	69	91	90	62 000	—			—	—	—
130	—			—			—	—	—	—			—	—	—	—			—	—	—
140	—			—			—	—	—	—			—	—	—	—			—	—	—
150	—			—			—	—	—	—			—	—	—	—			—	—	—

[14/10] *HAMPP, W.:* Neue Berechnungsverfahren für Pleuelrollenlager. Luftf.-Forschg. 20, LfJ 4 p. 116.
— Bewegungsverhältnisse in Rollenlagern. Diss. TH. Stuttgart 1941 e Ing.-Arch. vol. 12 (1941) p. 6.

[14/11] *ALLAN:* Rolling Bearing, Applications. J. Inst. Product. Engr., agôsto 1948 pp. 401 a 432.

[14/12] *GETZLAFF:* Untersuchungen an Wälzlagern. Jb. Luftf.-Forschg. (1938) tomo II p. 110.

[14/13] *VOGEL, A.:* Reibungsvorgänge in längsbeweglichen Querlagern. Forschg. Ing.-Wes. vol. 7 p. 221.

[14/14] *SCHNEIDER, E.:* Versuche über die Reibung in Gleit- und Rollenlagern. Petroleum vol. 26 (1930) p. 221.

[14/15] *BÜCHE, W.:* Eine hydrodynamische Theorie der Flüssigkeitsreibung in Rollenlagern. Forschg. Ing.-Wes. vol. 5 (1934) p. 237.

[14/16] *STYRI:* Friction Torque in Ball and Roller Bearings. Mech. Engng. dez. 1940 p. 886.

[14/17] *GOODMAN, J.:* Roller and Ball Bearings. Minut. Proc. Instn. civ. Engr. vol. 189 (1912) p. 82.

[14/18] *ROSENFELD, L.:* Friction of Ball and Roller Bearings. Inst. Autom. Eng. Motorindustrie Res. Assoc. 1942/6 pp. 1 a 13.

[14/19] *SCHATZ, A.:* Verfahren zur Schmierung schnell umlaufender Kugellager. Werkstatt u. Betrieb 82 (1949) p. 301 (Resumo de Machinery, out. 1948, p. 1723).

[14/20] *PERRET, H.:* Die Lebensdauerrechnung von Wälzlagern und ihre Anwendung auf die Belastungsverhältnisse bei Kurbelwellenlagern. Jb. 1939 dtsch. Versuchsanst. Luftf., Ausgabe Triebwerk.

[14/21] *PERRET, H.:* Die Problematik der Berechnung von Rillenkugellagern mit gleichzeitig auftretender Radial- und Axiallast. Konstruktion vol. 1 (1949) p. 145.

[14/22] *PERRET, H.:* Neue Erkenntnisse zur Verwendung von Wälzlagern. Werkstatt u. Betrieb 82 (1949). p. 280.

TABELA 14.9 — *Rolamentos de agulha segundo DIN 617 (série Na).*

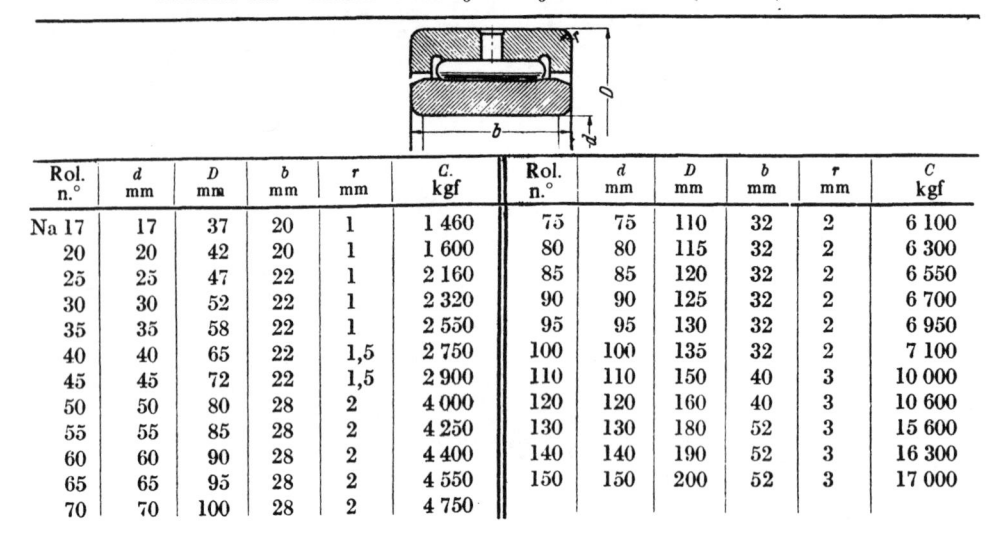

Rol. n.°	d mm	D mm	b mm	r mm	C. kgf	Rol. n.°	d mm	D mm	b mm	r mm	C kgf
Na 17	17	37	20	1	1 460	75	75	110	32	2	6 100
20	20	42	20	1	1 600	80	80	115	32	2	6 300
25	25	47	22	1	2 160	85	85	120	32	2	6 550
30	30	52	22	1	2 320	90	90	125	32	2	6 700
35	35	58	22	1	2 550	95	95	130	32	2	6 950
40	40	65	22	1,5	2 750	100	100	135	32	2	7 100
45	45	72	22	1,5	2 900	110	110	150	40	3	10 000
50	50	80	28	2	4 000	120	120	160	40	3	10 600
55	55	85	28	2	4 250	130	130	180	52	3	15 600
60	60	90	28	2	4 400	140	140	190	52	3	16 300
65	65	95	28	2	4 550	150	150	200	52	3	17 000
70	70	100	28	2	4 750						

TABELA 14.10 — *Coroas com roletes, segundo DIN 5407 (agôsto de 1942).*

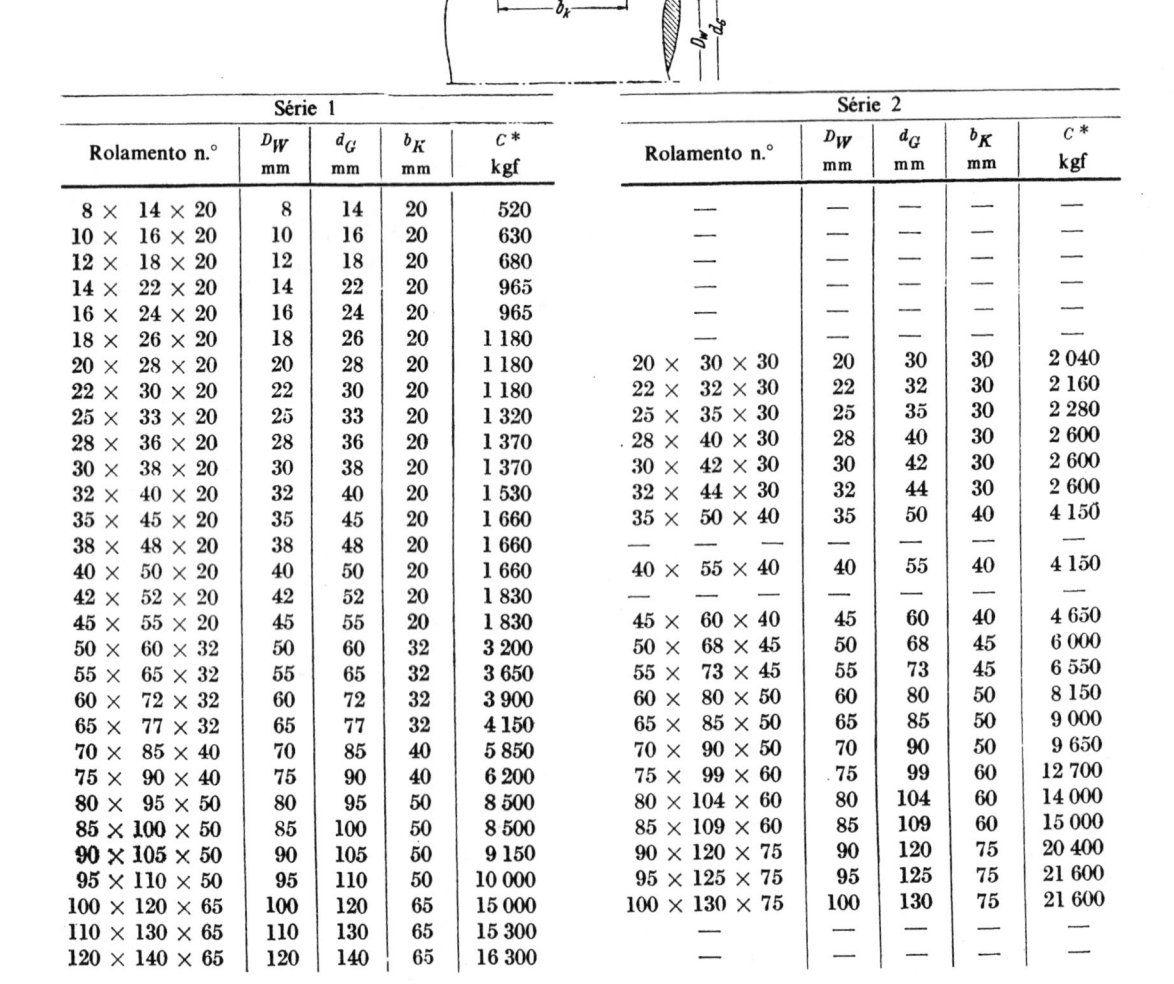

Série 1					Série 2				
Rolamento n.°	D_W mm	d_G mm	b_K mm	$C*$ kgf	Rolamento n.°	D_W mm	d_G mm	b_K mm	$C*$ kgf
8 × 14 × 20	8	14	20	520	—	—	—	—	—
10 × 16 × 20	10	16	20	630	—	—	—	—	—
12 × 18 × 20	12	18	20	680	—	—	—	—	—
14 × 22 × 20	14	22	20	965	—	—	—	—	—
16 × 24 × 20	16	24	20	965	—	—	—	—	—
18 × 26 × 20	18	26	20	1 180	—	—	—	—	—
20 × 28 × 20	20	28	20	1 180	20 × 30 × 30	20	30	30	2 040
22 × 30 × 20	22	30	20	1 180	22 × 32 × 30	22	32	30	2 160
25 × 33 × 20	25	33	20	1 320	25 × 35 × 30	25	35	30	2 280
28 × 36 × 20	28	36	20	1 370	28 × 40 × 30	28	40	30	2 600
30 × 38 × 20	30	38	20	1 370	30 × 42 × 30	30	42	30	2 600
32 × 40 × 20	32	40	20	1 530	32 × 44 × 30	32	44	30	2 600
35 × 45 × 20	35	45	20	1 660	35 × 50 × 40	35	50	40	4 150
38 × 48 × 20	38	48	20	1 660	—	—	—	—	—
40 × 50 × 20	40	50	20	1 660	40 × 55 × 40	40	55	40	4 150
42 × 52 × 20	42	52	20	1 830	—	—	—	—	—
45 × 55 × 20	45	55	20	1 830	45 × 60 × 40	45	60	40	4 650
50 × 60 × 32	50	60	32	3 200	50 × 68 × 45	50	68	45	6 000
55 × 65 × 32	55	65	32	3 650	55 × 73 × 45	55	73	45	6 550
60 × 72 × 32	60	72	32	3 900	60 × 80 × 50	60	80	50	8 150
65 × 77 × 32	65	77	32	4 150	65 × 85 × 50	65	85	50	9 000
70 × 85 × 40	70	85	40	5 850	70 × 90 × 50	70	90	50	9 650
75 × 90 × 40	75	90	40	6 200	75 × 99 × 60	75	99	60	12 700
80 × 95 × 50	80	95	50	8 500	80 × 104 × 60	80	104	60	14 000
85 × 100 × 50	85	100	50	8 500	85 × 109 × 60	85	109	60	15 000
90 × 105 × 50	90	105	50	9 150	90 × 120 × 75	90	120	75	20 400
95 × 110 × 50	95	110	50	10 000	95 × 125 × 75	95	125	75	21 600
100 × 120 × 65	100	120	65	15 000	100 × 130 × 75	100	130	75	21 600
110 × 130 × 65	110	130	65	15 300	—	—	—	—	—
120 × 140 × 65	120	140	65	16 300	—	—	—	—	—

*Vale sòmente quando os rolos e as pistas atingem uma dureza Rockwell $H_{RC} = 60$ kgf/mm²! Caso contrário, deve-se multiplicar C por $\left(\dfrac{H_R}{60}\right)^2$, onde H_R é a menor dureza dos rolos ou das pistas.

TABELA 14.11 – *Anéis de fêltro.*

TABELA 14.12 – *Rolamentos axiais, grupo dimensional 1 (séries muito leves).*

DIN 5419 (agôsto de 1942)						
d	$d_1{}^*$	d_2	l_1	l_2	b	h
20	21	31	3	4,2	3,5	5
25	26	38	4	5,5	5	6
30	31	43	4	5,5	5	6
35	36	48	4	5,5	5	6
40	41	53	4	5,5	5	6
45	46	58	4	5,5	5	6
50	51	67	5	7	6	8
55	56	72	5	7	6	8
60	61,5	77	5	7	6	8
65	66,5	82	5	7	6	8
70	71,5	89	6	8,2	7	9
75	76,5	94	6	8,2	7	9
80	81,5	99	6	8,2	7	9
85	86,5	104	6	8,2	7	9
90	92	111	7	9,5	8,5	10
95	97	116	7	9,5	8,5	10
100	102	125	8	11	9,5	12
110	112	135	8	11	9,5	12
115	117	140	8	11	9,5	12
125	127	154	9	12,4	10,5	14
135	137	164	9	12,4	10,5	14
140	142	173	10	13,9	12	16
150	152	183	10	13,9	12	16
160	162	193	10	13,9	12	16
170	172	203	10	13,9	12	16
180	182	213	10	13,9	12	16

*A medida d_1 deve ser aumentada no caso de rolamentos autocompensadores.

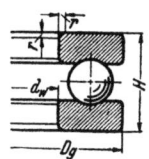

DIN 711 (agôsto de 1942)					
d_w	D_g	H	r	Rol. n.°	C kgf
10	24	9	0,5	51100	570
12	26	9		01	610
15	28	9		02	655
17	30	9		03	720
20	35	10		04	965
25	42	11	1	05	1 220
30	47	11		06	1 320
35	53	12		07	1 460
40	60	13		08	1 960
45	65	14		09	2 080
50	70	14		10	2 240
55	78	16		11	2 700
60	85	17	1,5	12	3 200
65	90	18		13	3 350
70	95	18		14	3 450
75	100	19		15	3 650
80	105	19		16	3 750
85	110	19		17	3 900
90	120	22		18	5 000
100	135	25		20	6 950
110	145	25		22	7 350
120	155	25		24	7 650
130	170	30		26	8 800
140	180	31		28	9 150
150	190	31		30	9 650
160	200	31		32	10 000
170	215	34	2	34	11 800
180	225	34		36	12 000
190	240	37		38	14 600
200	250	37		40	15 000
220	270	37		44	16 000
240	300	45	2,5	48	20 800

TABELA 14.13 – *Rolamentos axiais, grupo dimensional* 2 (séries leves).

			Rolamento axial de esferas DIN 711(agôsto 1942)			Rolamento axial de esferas DIN 715 (agôsto 1942)						Rolamento axial de rolos abaulados DIN 728 (agôsto 1942)					
$\frac{d_w}{=D}$	D_g	r	Rol. n.°	H	C kgf	Rol. n.°	d_w	H	s_w	r_1	C kgf	Rolamento n.°	D_{w_1}	d_{g_1}	H	h	C kgf
10	26	1	51200	11	720	—	—	—	—	—	—	—	—	—	—	—	—
12	28		01	11	780	—	—	—	—	—	—	—	—	—	—	—	—
15	32		02	12	950	52202	10	22	5	0,5	950	—	—	—	—	—	—
17	35		03	12	1 000	—	—	—	—	—	—	—	—	—	—	—	—
20	40		04	14	1 400	04	15	26	6	0,5	1 400	—	—	—	—	—	—
25	47		05	15	1 800	05	20	28	7		1 800	—	—	—	—	—	—
30	53		06	16	1 960	06	25	29	7		1 960	—	—	—	—	—	—
35	62	1,5	07	18	2 650	07	30	34	8		2 650	—	—	—	—	—	—
40	68		08	19	3 050	08	30	36	9	1	3 050	—	—	—	—	—	—
45	73		09	20	3 250	09	35	37	9		3 250	—	—	—	—	—	—
50	78		10	22	3 450	10	40	39	9		3 450	—	—	—	—	—	—
55	90		11	25	4 900	11	45	45	10		4 900	—	—	—	—	—	—
60	95		12	26	5 300	12	50	46	10		5 300	—	—	—	—	—	—
65	100		13	27	5 500	13	55	47	10		5 500	—	—	—	—	—	—
70	105		14	27	5 700	14	55	47	10	1,5	5 700	—	—	—	—	—	—
75	110		15	27	5 850	15	60	47	10		5 850	—	—	—	—	—	—
80	115		16	28	6 100	16	65	48	12		6 100	—	—	—	—	—	—
85	125		17	31	7 200	17	70	55	14		7 200	—	—	—	—	—	—
90	135	2	18	35	8 650	18	75	62	15		8 650	—	—	—	—	—	—
100	150		20	38	10 800	20	85	67	15		10 800	—	—	—	—	—	—
110	160		22	38	11 400	22	95	67	15		11 400	—	—	—	—	—	—
120	170		24	39	11 800	24	100	68	18	2	11 800	—	—	—	—	—	—
130	190	2,5	51226	45	15 000	26	110	80	18		15 000	—	—	—	—	—	—
140	200		28	46	15 600	28	120	81	20		15 600	—	—	—	—	—	—
150	215	2,5	30	50	17 000	52230	130	89	20	2	17 000	—	—	—	—	—	—
160	225		32	51	17 600	32	140	90	20		17 600	—	—	—	—	—	—
170	240		34	55	20 000	34	150	97	21		20 000	—	—	—	—	—	—
180	250		36	56	20 800	36	150	98	21	3	20 800	—	—	—	—	—	—
190	270	3	38	62	24 500	38	160	109	24		24 500	—	—	—	—	—	—
200	280		40	62	25 000	40	170	109	24		25 000	—	—	—	—	—	—
220	300		44	63	26 500	44	190	110	24		26 500	—	—	—	—	—	—
240	340	3,5	48	78	34 500	—	—	—	—	—	—	29248	285	305	60	57	68 000
260	360		52	79	36 500	—	—	—	—	—	—	52	305	325	60	57	72 000
280	380		56	80	38 000	—	—	—	—	—	—	56	325	345	60	57	75 000
300	420	4	60	95	49 000	—	—	—	—	—	—	50	355	380	73	69	95 000
320	440		64	95	51 000	—	—	—	—	—	—	64	375	400	73	69	98 000
340	460		68	96	52 000	—	—	—	—	—	—	68	395	420	73	69	102 000
360	500	5	72	110	64 000	—	—	—	—	—	—	72	420	455	85	81	129 000
380	520		—	—	—	—	—	—	—	—	—	76	440	475	85	81	134 000
400	540		—	—	—	—	—	—	—	—	—	80	460	490	85	81	140 000
420	580	6	—	—	—	—	—	—	—	—	—	84	490	525	95	91	186 000
440	600		—	—	—	—	—	—	—	—	—	88	510	545	95	91	193 000
460	620		—	—	—	—	—	—	—	—	—	92	530	570	95	91	200 000
480	650		—	—	—	—	—	—	—	—	—	96	555	595	103	99	220 000
500	670		—	—	—	—	—	—	—	—	—	292/500	575	615	103	99	228 000
530	710		—	—	—	—	—	—	—	—	—	/530	610	650	109	105	250 000
560	750		—	—	—	—	—	—	—	—	—	/560	645	690	115	111	290 000
600	800		—	—	—	—	—	—	—	—	—	/600	690	735	122	117	315 000
630	850	8	—	—	—	—	—	—	—	—	—	/630	730	780	132	127	375 000
670	900		—	—	—	—	—	—	—	—	—	/670	775	825	140	135	415 000
710	950		—	—	—	—	—	—	—	—	—	/710	820	870	145	140	455 000
750	1000		—	—	—	—	—	—	—	—	—	/750	860	915	150	144	500 000
800	1060	10	—	—	—	—	—	—	—	—	—	/800	915	975	155	149	540 000
850	1120		—	—	—	—	—	—	—	—	—	/850	970	1030	160	154	600 000

TABELA 14.14 — *Rolamentos axiais, grupo dimensional* 3 (séries semipesadas).

			Rolamento axial de esferas DIN 711(agôsto1942)			Rolamento axial de esferas DIN 715 (agôsto 1942)						Rolamento axial de rolos abaulados DIN 728 (agôsto 1942)					
$d_m = D$	D_g	r	Rol. n.°	H	C kgf	Rol. n.°	d_w	H	s_w	r_1	C kgf	Rolamento n.°	D_{w_1}	d_{g_1}	H	h	C kgf
15	—	—	—	—	—	—	—	—	—	—	—	—	—	—	—	—	—
20	—	—	—	—	—	—	—	—	—	—	—	—	—	—	—	—	—
25	52	1,5	51305	18	2 280	52305	20	34	8	0,5	2 280	—	—	—	—	—	—
30	60		06	21	2 800	06	25	38	9		2 800	—	—	—	—	—	—
35	68		07	24	3 600	07	30	44	10		3 600	—	—	—	—	—	—
40	78		08	26	4 500	08	30	49	12	1	4 500	—	—	—	—	—	—
45	85		09	28	5 300	09	35	52	12		5 300	—	—	—	—	—	—
50	95	2	10	31	6 300	10	40	58	14		6 300	—	—	—	—	—	—
55	105		11	35	7 650	11	45	64	15		7 650	—	—	—	—	—	—
60	110		12	35	8 150	12	50	64	15		8 150	—	—	—	—	—	—
65	115		13	36	8 500	13	55	65	15		8 500	—	—	—	—	—	—
70	125		14	40	9 800	14	55	72	16	1,5	9 800	—	—	—	—	—	—
75	135	2,5	15	44	11 200	15	60	79	18		11 200	—	—	—	—	—	—
80	140		16	44	11 600	16	65	79	18		11 600	—	—	—	—	—	—
85	150		17	49	13 200	17	70	87	19		13 200	—	—	—	—	—	—
90	155		18	50	13 200	18	75	88	19		13 200	—	—	—	—	—	—
100	170		20	55	15 600	20	85	97	21		15 600	—	—	—	—	—	—
110	190	3	22	63	18 000	22	95	110	24		18 000	—	—	—	—	—	—
120	210	3,5	24	70	21 600	24	100	123	27	2	21 600	29324	160	180	54	51	44 000
130	225		26	75	23 200	26	110	130	30		23 200	26	170	195	58	55	50 000
140	240		28	80	26 000	28	120	140	31		26 000	28	185	205	60	57	56 000
150	250		30	80	27 500	30	130	140	31		27 500	30	195	215	60	57	58 500
160	270	4	32	87	32 000	32	140	153	33		32 000	32	210	235	67	64	68 000
170	280		34	87	33 500	34	150	153	33		33 500	34	220	245	67	64	69 500
180	300	4	36	95	36 000	36	150	165	37	3	36 000	36	235	260	73	69	83 000
190	320	5	38	105	42 500	38	160	183	40	3	42 500	38	250	275	78	74	96 500
200	340		40	110	46 500	40	170	192	42	3	46 500	40	265	295	85	81	114 000
220	360		—	—	—	—	—	—	—	—	—	44	285	315	85	81	118 000
240	380		—	—	—	—	—	—	—	—	—	48	300	330	85	81	122 000
260	420	6	—	—	—	—	—	—	—	—	—	52	330	365	95	91	156 000
280	440		—	—	—	—	—	—	—	—	—	56	350	390	95	91	160 000
300	480		—	—	—	—	—	—	—	—	—	60	380	420	109	105	196 000
320	500		—	—	—	—	—	—	—	—	—	64	400	440	109	105	200 000
340	540		—	—	—	—	—	—	—	—	—	68	430	470	122	117	245 000
360	560		—	—	—	—	—	—	—	—	—	72	450	495	122	117	250 000
380	600	8	—	—	—	—	—	—	—	—	—	76	480	525	132	127	305 000
400	620		—	—	—	—	—	—	—	—	—	80	500	550	132	127	310 000
420	650		—	—	—	—	—	—	—	—	—	84	525	575	140	135	335 000
440	680		—	—	—	—	—	—	—	—	—	88	550	600	145	140	375 000
460	710		—	—	—	—	—	—	—	—	—	92	575	630	150	144	400 000
480	730		—	—	—	—	—	—	—	—	—	96	595	650	150	144	405 000
500	750		—	—	—	—	—	—	—	—	—	293/500	615	670	150	144	415 000
530	800	10	—	—	—	—	—	—	—	—	—	/530	650	710	160	154	490 000
560	850		—	—	—	—	—	—	—	—	—	/560	690	755	175	168	520 000
600	900		—	—	—	—	—	—	—	—	—	/600	735	800	180	173	600 000
630	950	12	—	—	—	—	—	—	—	—	—	/630	775	845	190	183	680 000
670	1000		—	—	—	—	—	—	—	—	—	/670	820	890	200	193	720 000
710	1060		—	—	—	—	—	—	—	—	—	/710	870	945	212	204	830 000
750	1120		—	—	—	—	—	—	—	—	—	/750	915	1000	224	216	915 000
800	1180		—	—	—	—	—	—	—	—	—	/800	970	1055	230	222	1 000 000
850	1250	15	—	—	—	—	—	—	—	—	—	/850	1030	1120	243	235	1 080 000
900	1320		—	—	—	—	—	—	—	—	—	/900	1090	1180	250	242	1 180 000
950	1400		—	—	—	—	—	—	—	—	—	/950	1150	1250	272	263	1 340 000

21

TABELA 14.15 — *Rolamentos axiais, grupo dimensional* 4 (séries pesadas).

$d_w = D$	D_g	r	Rolamento axial de esferas DIN 711 (agôsto 1942)			Rolamento axial de esferas DIN 715 (agôsto 1942)						Rolamento axial de rolos abaulados DIN 728 (agôsto 1942)					
			Rol. n.°	H	C kgf	Rol. n.°	d_w	H	s_w	r_1	C kgf	Rolamento n.°	D_{w_1}	d_{q_1}	H	h	C kgf
15	—	—	—	—	—	—	—	—	—	—	—	—	—	—	—	—	—
20	—	—	—	—	—	—	—	—	—	—	—	—	—	—	—	—	—
25	60	1,5	51405	24	3 350	52405	15	45	11	1	3 350	—	—	—	—	—	—
30	70		06	28	4 400	06	20	52	12		4 400	—	—	—	—	—	—
35	80	2	07	32	5 300	07	25	59	14		5 300	—	—	—	—	—	—
40	90		08	36	6 800	08	30	65	15		6 800	—	—	—	—	—	—
45	100		09	39	7 800	09	35	72	17		7 800	—	—	—	—	—	—
50	110	2,5	10	43	9 500	10	40	78	18		9 500	—	—	—	—	—	—
55	120		11	48	10 800	11	45	87	20		10 800	—	—	—	—	—	—
60	130		12	51	12 700	12	50	93	21		12 700	29412	91	108	42	39,5	22 000
65	140	3	13	56	14 000	13	50	101	23	1,5	14 000	13	99	115	45	42,5	26 000
70	150		14	60	15 300	14	55	107	24		15 300	14	106	125	48	45,5	28 500
75	160		15	65	17 000	15	60	115	26		17 000	15	113	132	51	48	33 500
80	170	3,5	16	68	18 300	16	65	120	27		18 300	16	120	140	54	51	36 000
85	180		17	72	19 600	17	65	128	29	2	19 600	17	128	150	58	55	41 500
90	190		18	77	21 200	18	70	135	30		21 200	18	135	137	60	57	46 500
100	210	4	20	85	26 000	20	80	150	33		26 000	20	150	175	67	64	56 000
110	230		22	95	29 000	22	90	166	37		29 000	22	165	190	73	69	67 000
120	250	5	24	102	31 000	24	95	177	40	2,5	31 000	24	180	205	78	74	78 000
130	270		26	110	38 000	26	100	192	42	3	38 000	26	195	225	85	81	91 500
140	280		28	112	38 000	28	110	196	44		38 000	28	205	235	85	81	96 500
150	300		30	120	41 500	30	120	209	46		41 500	30	220	250	90	86	110 000
160	320	6	32	130	48 000	52432	130	226	50		48 000	32	230	265	95	91	125 000
170	340		34	135	53 000	34	135	236	50	3,5	53 000	34	245	285	103	99	140 000
180	360	6	36	140	57 000	36	140	245	52	4	57 000	36	260	300	109	105	160 000
190	380		38	150	61 000	—	—	—	—	—	—	38	275	320	115	111	173 000
200	400		40	155	65 500	—	—	—	—	—	—	40	290	335	122	117	193 000
220	420	8	44	160	69 500	—	—	—	—	—	—	44	310	355	122	117	200 000
240	440		48	160	72 000	—	—	—	—	—	—	48	330	375	122	117	208 000
260	480		52	175	81 500	—	—	—	—	—	—	52	360	405	132	127	255 000
280	520		56	190	90 000	—	—	—	—	—	—	56	390	440	145	140	290 000
300	540		60	190	93 000	—	—	—	—	—	—	60	410	460	145	140	300 000
320	580	10	64	205	100 000	—	—	—	—	—	—	64	435	495	155	149	360 000
340	620		68	220	112 000	—	—	—	—	—	—	68	465	530	170	164	405 000
360	640		72	220	116 000	—	—	—	—	—	—	72	485	550	170	164	415 000
380	670		—	—	—	—	—	—	—	—	—	76	510	575	175	168	450 000
400	710		—	—	—	—	—	—	—	—	—	80	540	610	185	178	510 000
420	730		—	—	—	—	—	—	—	—	—	84	560	630	185	178	530 000
440	780	12	—	—	—	—	—	—	—	—	—	88	595	670	206	199	620 000
460	800		—	—	—	—	—	—	—	—	—	92	615	690	206	199	640 000
480	850		—	—	—	—	—	—	—	—	—	96	645	730	224	216	735 000
500	870		—	—	—	—	—	—	—	—	—	294/500	670	750	224	216	750 000
530	920		—	—	—	—	—	—	—	—	—	/530	710	800	236	228	850 000
560	980	15	—	—	—	—	—	—	—	—	—	/560	750	850	250	242	965 000
600	1030		—	—	—	—	—	—	—	—	—	/600	800	900	258	249	1 020 600
630	1090		—	—	—	—	—	—	—	—	—	/630	850	950	280	270	1 180 000
670	1150	18	—	—	—	—	—	—	—	—	—	/670	900	1000	290	280	1 290 000
710	1220		—	—	—	—	—	—	—	—	—	/710	950	1060	308	298	1 430 000
750	1280		—	—	—	—	—	—	—	—	—	/750	1000	1120	315	304	1 530 000
800	1360		—	—	—	—	—	—	—	—	—	/800	1060	1180	335	324	1 730 000

15. Mancais de escorregamento

15.1. GENERALIDADES

1) *Propriedades e aplicações.* À velha pergunta, se são melhores os mancais de rolamento ou os de escorregamento, pode-se hoje em dia responder com a afirmação de que cada um dos dois tipos tem suas qualidades particulares, e que nenhum dêles satisfaz a tôdas as exigências.

Há casos em que apenas mancais de escorregamento podem ser usados, outros em que sòmente rolamentos constituem uma boa solução e, finalmente, aquêles em que os dois tipos oferecem solução satisfatória. A decisão depende das propriedades de maior importância para cada aplicação.

Nos mancais de escorregamento, a área de lubrificação relativamente grande amortece as vibrações, os choques e os ruídos. Êstes mancais são também menos sensíveis a choques e poeira (lubrificação e graxa com efeito de vedação contra a poeira), permitem menor jôgo de mancal [1] e, por outro lado, uma tolerância relativamente grande de ajuste. Além disso, são de construção simples, fabricação fácil, tanto os inteiriços como os bipartidos, sendo os de grandes diâmetros, sobretudo, consideràvelmente mais baratos que os de rolamento. Exigem também menor diâmetro de montagem e apresentam grande flexibilidade construtiva.

Por outro lado, a película de lubrificante só se forma com o movimento de escorregamento, razão pela qual o coeficiente de atrito de partida apresenta valores sensìvelmente mais elevados (ver Tabs. 15.1 e 15.7). Acima de tudo, o atrito de escorregamento requer e consome muito mais lubrificante, exigindo, portanto, maiores cuidados de circulação de lubrificante (principalmente **para** eixos verticais) e de manutenção. Além disso, deve-se observar o tempo de amaciamento [2] necessário, o comprimento sempre maior e a influência da superfície do eixo sôbre as condições de escorregamento.

Conseqüentemente, prefere-se os mancais de escorregamento [3]

a) quando o nível de ruído deve ser baixo,

b) quando há impactos fortes e vibrações (em máquinas de reserva, colocadas ao lado de máquinas em funcionamento),

c) quando se desejam mancais bipartidos ou diâmetros pequenos,

d) quando os mancais de escorregamento satisfazem, e suas desvantagens não são decisivas.

2) *Tendências recentes.* Aplicação generalizada de resultados recentes da teoria da lubrificação no cálculo e no projeto dos mancais.

Mancais mais curtos com $b/d = 0,4$ a 1.

Mancais de escorregamento fabricados com dimensões dos rolamentos, que se podem encomendar por catálogos (Tab. 15.5).

Casquilhos de mancal de aço com uma camada fina de metal sinterizado que armazena óleo (Fig. 15.17), ou de resina sintética prensada.

Bronzinas de menor espessura e camadas finas, superficiais [4] (ver pág. 38).

Pontas de eixos temperadas, polidas, encruadas superficialmente e brunidas ou retificadas [5], ou buchas especiais sôbre os eixos (ver Tab. 15.5).

Admissão do lubrificante por "bôlsas" de lubrificação em vez de canaletes (Fig. 15.14).

Pequenas cavidades cuneiformes (oriundas do estriamento) formando bôlsas de óleo nas superfícies de escorregamento com cromeação dura [15/10].

Lubrificação por ar comprimido em vez de óleo, em altas rotações e pequenas cargas (ainda em desenvolvimento).

3) *Classificação dos mancais*

segundo a direção da fôrça: mancais radiais (mancais de apoio), para fôrças radiais; mancais axiais (mancais de escora), para fôrças axiais;

segundo a aplicação: mancais redutores, transmissões, motores, turbinas, laminadores etc.;

[1] A folga dos mancais de escorregamento pode ser reduzida a 1/3, em comparação com os rolamentos comerciais, principalmente para cargas alternativas.

[2] O tempo de amaciamento pode ser sensìvelmente encurtado pela adição de substâncias químicas ativas (p. ex. enxôfre) ao lubrificante, pela adição de grafita coloidal (p. ex. "Kollag") e, principalmente, pela pré-grafitação ou fosfatização das superfícies de escorregamento.

[3] Ver também Mancais de rolamento, pág. l.

[4] Recentemente, também camadas finas depositadas eletroliticamente sôbre o casquilho, p. ex. casquilho de aço com uma camada de cobre ou nível de 1 a 10 μ de espessura, em seguida uma camada de prata de 0,4 mm, e enfim uma camada de chumbo, estanho e índio, de 20 a 40 μ, interligadas por difusão [15/27].

[5] Experiências recentes [15/9] com eixos e mancais altamente retificados mostraram que a capacidade de carga aumenta com a diminuição da rugosidade das superfícies.

segundo a construção: mancais inteiriços, bipartidos, de pé, suspensos, autocompensadores, incorporados de colares múltiplos, embutidos, etc.;

segundo o material: mancais de metal branco, bronze, bronze vermelho, metal leve, material sinterizado, resina sintética, prensada, aglomerados de diferentes materiais;

segundo a lubrificação: mancais com lubrificação a graxa, de anel, lubrificação forçada.

4) *Cargas* dos mancais construídos, ver pág. 28.

5) *Normas,* ver pág. 33.

15.2. REGIME DE FUNCIONAMENTO, TEORIA DA LUBRIFICAÇÃO

1) *Nomenclatura e dimensões*

a	(—)	tempo relativo de funcionamento, $$= \frac{\text{tempo de funcionamento}}{\text{tempo de funcionamento + intervalo de parada durante uma hora}}$$	Q'	(l/min)	vazão de óleo por minuto
			q	(—)	coeficiente de largura $= l/b$
			R, r	(cm)	raio de curvatura da superfície comprimida do mancal, do eixo moente
b	(cm)	largura do mancal, largura da área de contato	r_a, r_i, r_m	(cm)	raio externo, interno e médio, da superfície de contato
c	(kcal/kgf °C)	calor específico do óleo $\cong 0,42 + 0,001\,\vartheta$	s	(cm)	espessura da camada de revestimento do mancal
			v	(m/s)	velocidade periférica do eixo
d, D	(cm)	diâmetro do moente, do mancal	z	(—)	número de segmentos
d_a, d_i, d_m	(cm)	diâmetro externo, interno e médio da superfície de contato	α	(kgf/cm s °C)	condutibilidade térmica do mancal
			β	(kgf/cm² s °C)	calor específico do óleo, em unidades mecânicas, $= 42\,700 \cdot c \cdot \gamma \cong 16,5$
D_a	(cm)	diâmetro externo da bucha do mancal	γ	(kgf/cm³)	densidade do óleo $= 0,86 - 10^{-3}$ a $0,945 \cdot 10^{-3}$ para óleo de mancais
E	(°E)	viscosidade em graus Engler		(kgf s/cm²)	viscosidade dinâmica, $= (74\,E - 64/E)\gamma \cdot 10^{-6}$
f	(—)	coeficiente de recobrimento $= z \cdot l/(\pi \cdot d_m)$			
h	(cm)	menor espessura da cunha do lubrificante	ϑ_a, ϑ_e	(°C)	temperatura de saída e de entrada do óleo
h_r	(—)	espessura relativa da cunha do lubrificante, $h/(R-r) = h/(\psi \cdot r)$	ϑ_f, ϑ_l	(°C)	temperatura média do filme de lubrificante, temperatura do ar
l	(cm)	comprimento médio do segmento (Fig. 15.20)	Θ	(—)	coeficiente característico de aquecimento, $= \mu \cdot \omega \cdot r \cdot d \cdot b/Q$
M_r	(cmkgf)	momento de atrito, $= P \cdot \mu \cdot r_m$			
n	(rpm)	rotação do moente	μ	(—)	coeficiente de atrito, $= M_r/(P \cdot r_m)$
p, p_i	(kgf/cm²)	pressão do óleo, pressão de alimentação	ψ	(—)	folga relativa do mancal, $(R-r)/r$
P_m	(kgf/cm²)	pressão média, $= P/(d_m \cdot b)$			
P	(kgf)	fôrça de carga	ω	(1/s)	velocidade angular do moente, $= n/9,55$
Q	(cm³/s)	vazão de óleo por segundo			

2) *Atrito e pressão do lubrificante.* No mancal radial, o coeficiente de atrito μ diminui ràpidamente com o aumento de rotação, Fig. 15.1, isto é, a partir do valor máximo (coeficiente de atrito de partida) até um mínimo μ_0 atingido no "ponto de desengate", aumentando novamente a seguir.

À esquerda do valor mínimo, na região do atrito misto, a pressão do lubrificante não é suficiente para sustentar a carga P. Coeficiente de atrito e desgaste dependem aqui das propriedades do lubrificante ("oiliness" untuosidade e poder adesivo) e das superfícies de escorregamento.

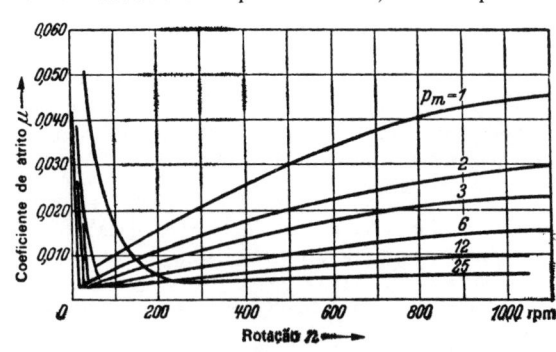

Figura 15.1 — Curvas do coeficiente de atrito em função da rotação, para diferentes pressões médias p_m, para mancais com lubrificação por anel com um diâmetro de eixo de 70 mm, segundo STRIBECK [15/12]

À direita do mínimo – região de lubrificação hidrodinâmica[6] – , as superfícies de deslizamento são separadas pelo filme de lubrificante, a pressão do lubrificante sustenta a carga P, de tal maneira que não há desgaste metálico (regime desejado). Nessa região, a única propriedade do lubrificante que é de importância é a viscosidade dinâmica η.

Por outro lado, o valor mínimo μ_0 é função da menor espessura possível do filme de lubrificante, sem contato metálico, dependendo, portanto, do acabamento superficial das superfícies deslizantes (ver nota 5, à pág. 23).

TABELA 15.1 – *Valores experimentais de* μ (ver também Fig. 15.7 e nota 12 à pág. 10).

Material	Coeficiente de atrito μ		
	Atrito de partida	Atrito misto	Atrito fluido
Mancais radiais			
Com lubrificação a graxa — Bz	0,12	0,05 ··· 0,1	—
Com lubrificação por mecha ou almofada — Bz	0,14	0,04 ··· 0,07	0,014
Mancal para eixo ferroviário — WM	0,24	—	0,006
Mancal com lubrificação por anel — WM	0,24	—	0,0017 ··· 0,003
” ” ” ” ” — Bz	0,14	—	0,003 ··· 0,005
” ” ” ” ” — GG	0,14	0,02 ··· 0,1	0,004 ··· 0,008
” ” ” ” ” — Material prensado	0,14	0,01 ··· 0,03	0,003 ··· 0,006
Mancais axiais			
Mancal de eixo guia — WM	0,25	0,03	—
Mancal de segmentos basculantes — WM	0,25	—	0,0015 ··· 0,004
Mancal de rolamento — St	0,02	—	0,0010 ··· 0,0025

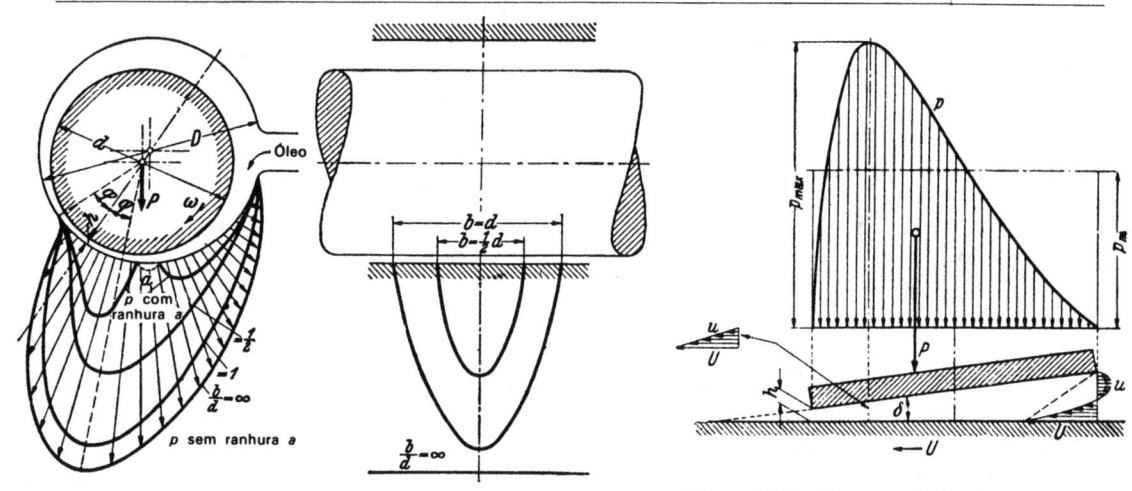

Figura 15.2 – Pressão p do lubrificante num mancal radial, com diferentes larguras b do mancal, com e sem ranhura longitudinal a, segundo KLEMENCIC [15/4]

Figura 15.3 – Pressão p do lubrificante e a distribuição das velocidades u na camada de lubrificação, numa placa plana com ângulo de ataque δ, segundo KLEMENCIC

Coeficientes de atrito de partida, ver também Fig. 15.7; coeficientes de atrito no regime hidrodinâmico, Figs. 15.1 a 15.3.

A pressão sustentadora do lubrificante é produzida hidrodinâmicamente na fenda cuneiforme, entre as superfícies de deslizamento (Fig. 15.2), arrastando o lubrificante pelo movimento de deslizamento, devido à sua adesão e viscosidade, e forçando-o para o estreitamento da fenda, de tal maneira que o moente é deslocado lateralmente, levantando-o (Fig. 15.2), até atingir um equilíbrio entre a carga e a pressão do lubrificante.

A distribuição das pressões é representada na Fig. 15.2. A pressão máxima ocorre um pouco antes do lugar mais estreito e no sentido de rotação. Atrás do lugar mais estreito pode ocorrer, também, uma pressão negativa (fôrça de sucção de até 0,25 at).

Relação hidrodinâmica na região de atrito do fluido:

Espessura relativa da fenda

$$h_r = \frac{h}{R-r} = C \cdot \frac{\eta \cdot \omega}{p_m \cdot \psi^2} \tag{1}$$

---

[6]Também chamada "atrito fluido".

Nessa expressão, R e r são os raios de curvatura do casquilho e do moente na região de pressão[7].

$$\text{Coeficiente de atrito}^{8} \qquad \boxed{\mu = C_2 \cdot \psi \sqrt{h_r}} \qquad (2)$$

A expressão $\eta \cdot \omega/(p_m \cdot \psi^2)$ mostra como podem variar as grandezas: viscosidade do óleo η, velocidade angular ω, pressão média p_m e a folga do mancal $\psi = (R - r)/r$, para se obter a mesma espessura relativa h_r. Os coeficientes C_1 e C_2 variam com a diminuição transversal da pressão (ver Fig. 15.2), aumentando com a espessura da fenda e diminuindo com a largura do mancal. Com $b/d = \infty$, tem-se $C_1 \cong 1,2$ e $C_2 \cong 2,1$.

Para outros valores de b/d as relações, para mancais geomètricamente semelhantes, podem ser representadas por meio de curvas características de h_r (ver Fig. 15.4), e servem para o cálculo dos mancais.

A capacidade de carga diminui sensivelmente quando a formação de pressão do lubrificante é prejudicada, p. ex., por desvio do lubrificante por canaletas ou ranhuras diagonais ou transversais (ver Fig. 15.2), por inclinação do moente (pressão sôbre uma das arestas) e por lubrificação deficiente (Fig. 15.5).

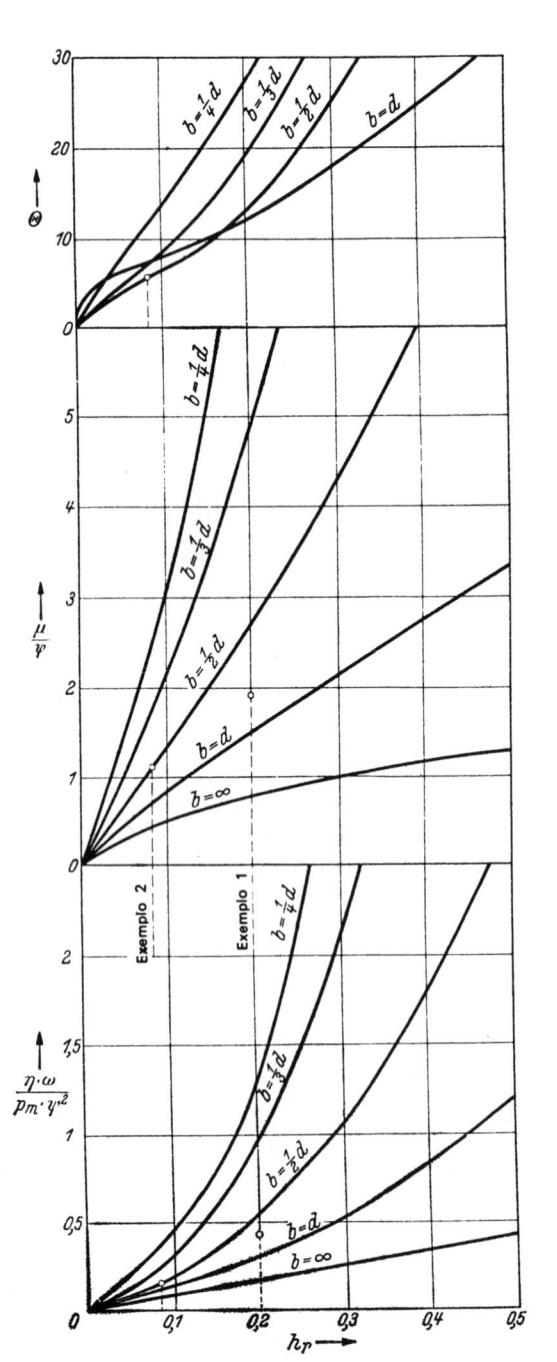

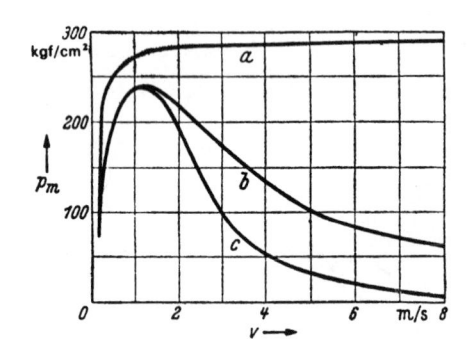

Figura 15.4 — Curvas características para o cálculo de mancais, segundo a teoria da lubrificação*

*Outra representação das curvas é adotada por BAUER [15/24] e KLEMENCIC [15/4], que supõem uma parábola do segundo grau para a distribuição transversal das pressões e um ângulo de 90° entre a pressão da carga e a alimentação do óleo, e que também consideram, no valor do atrito, o atrito adicional, devido à lubrificação total na região sem pressão.

Figura 15.5 — Carga admissível dos mancais radiais, em função da velocidade de deslizamento e da quantidade de óleo; a lubrificação completa, b lubrificação deficiente com 3 a 6 cm³ óleo/min, c com 0,2 cm³ óleo/min, segundo KLEMENCIC

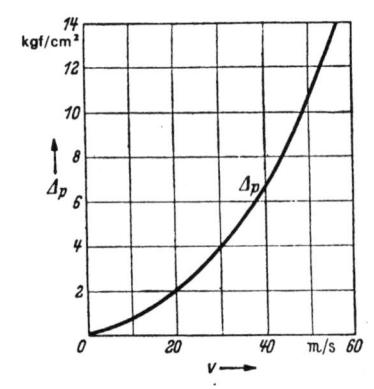

Figura 15.6 — Pressão do óleo $\Delta p = \dfrac{v^2}{2g} \cdot \gamma$, necessária na alimentação para $\gamma = 0{,}85 \cdot 10^{-3}$ kgf/ /cm³ com lubrificação completa, segundo a Fig. 15.5. (Perdas de carga na tubulação, ver Tab. 15.6)

[7]Apenas para casquilhos circulares tem-se $RD/2$. Outras possibilidades de disposição aparecem na Fig. 15.14.
[8]Desprezando o atrito na região sem pressão.

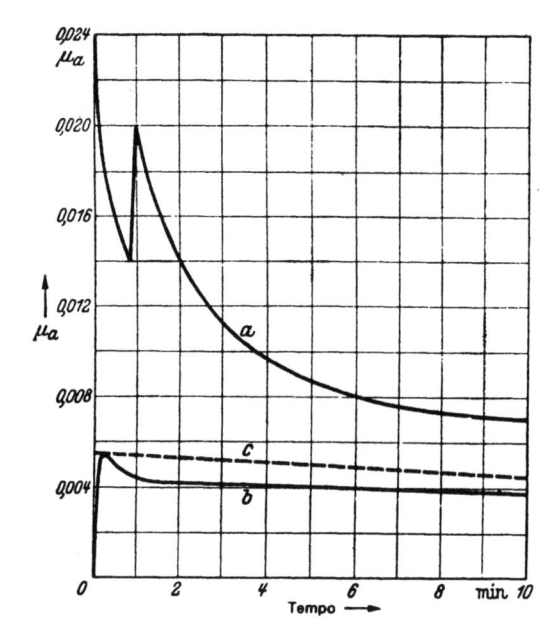

Figura 15.7 — Coeficientes de atrito de partida μ_a para diferentes mancais radiais com 120 mm de diâmetro do eixo, 6000 kgf de carga e 1,5 m/s de velocidade de deslizamento, segundo WELTER e BRASCH*; a para mancais com lubrificação por almofada, $\mu_a = 0,166$ a 0,19; b para mancais com lubrificação forçada em alta pressão (pressão do óleo 200 kgf/cm^2), $\mu_a = 0,001$ crescendo até 0,006; c para rolamentos de rolos com lubrificação a graxa $\mu_a = 0,006$

*Z. VDI 80 (1936), p. 457.

A vazão de óleo por segundo Q, e, portanto, também a quantidade de calor transportada pelo óleo, no caso de lubrificação completa, podem ser aumentadas consideràvelmente por uma folga ψ maior, mas aumentam pouco com uma maior capacidade de bomba de óleo.

Nas superfícies planas de escorregamento, consegue-se uma fenda cuneiforme através de uma chanfradura ou por meio de uma inclinação das superfícies de escorregamento (ver Fig. 15.3), como no mancal axial de segmentos (ver Fig. 15.20). Cálculo, ver pág. 37.

Dispositivos e métodos de lubrificação, ver págs. 35 e 39.

3) *Aquecimento*. No equilíbrio térmico, a potência transformada em calor $P \cdot \mu \cdot \omega \cdot r$ (kgf cm/s) é igual ao calor dissipado. A dissipação do calor dá-se através de condução, ou melhor, por refrigeração do alojamento pelo ar, e para um $p_m \cdot v$ grande através da circulação forçada com a nomenclatura da pág. 24, tem-se

$$P \cdot \mu \cdot \omega \cdot r = \underset{\substack{\text{refrigeração} \\ \text{a ar}}}{\alpha \cdot \pi \cdot d \cdot b\,(\vartheta_f + \vartheta_l)} + \underset{\substack{\text{refrigeração} \\ \text{forçada}}}{\beta \cdot Q\,(\vartheta_a - \vartheta_e)} \qquad \text{(kgf cm/s).} \tag{3}$$

Daí resulta, para os casos de refrigeração apenas pelo ar (p. ex. para mancais com lubrificação por anel, mancais lubrificados por graxa etc.),

$$\vartheta_f - \vartheta_l = \frac{p_m \cdot \mu \cdot \omega \cdot r}{\alpha \pi} \cdot a \qquad (°C). \tag{4}$$

Valores experimentais: $\vartheta_f \leq 80°C$, $\vartheta_l = 20$ a $25°C$; μ, ver Tab. 15.1 e Fig. 15.4. Segundo SCHIEBEL, com ar em repouso a $\cong 0,16$ para mancais leves, $\cong 0,44$ para mancais pesados com grande área de refrigeração e condução através da massa de ferro para o ar em movimento (veículo), os valores aumentam até 5 vêzes.

Refrigeração forçada (lubrificação suficiente):

$$\vartheta_a - \vartheta_e = \frac{P \cdot \mu \cdot \omega \cdot r}{\beta Q} = \frac{p_m}{\beta} \Theta \qquad (°C) \tag{5}$$

ou a vazão de óleo por minuto

$$Q' = \frac{P \cdot \mu \cdot n \cdot d}{320 \cdot \beta(\vartheta_a - \vartheta_e)} = \frac{M_r \cdot n}{160 \cdot \beta(\vartheta_a - \vartheta_e)} = \frac{d^2 \cdot b \cdot \mu \cdot n}{320\,\Theta} \qquad (l/min). \tag{6}$$

27

TABELA 15.2 — *Cargas dos mancais de escorregamento, fabricados para a construção na indústria mecânica*
St = aço, GG = ferro fundido cinzento, segundo DIN 1 691, WM = metal branco, segundo DIN 1 703, Bl-Bz = bronze ao chumbo, segundo DIN 1 716, Bz e Rg = bronze comum e bronze vermelho, segundo DIN 1 705, KH = resina sintética prensada, segundo DIN 7 703.

Mancal de deslizamento para	Valores máximos p_m kgf/cm²	v m/s	Material mancal/eixo	b/d
Transmissões	2	3,5	GG/St	1 ··· 2
	8	1,5	GG/St	1 ··· 2
	5	6	WM/St	1 ··· 2
	15	2	WM/St	1 ··· 2
Funcionamento contínuo	{ 6	0,5	KH/St 50	1 ··· 2
	20	0,15	KH/St 50	1 ··· 2
Funcionamento intermitente	{ 6	1	KH/St 50	1 ··· 2
	40	0,15	KH/St 50	1 ··· 2
Máquinas de levantamento				
Mancal de cremalheira	400	—	Bz/St 70	0,8 ··· 1,8
Mancal do eixo da lança móvel	150	—	GBz 20/St 70	0,8 ··· 1,8
Roda, polia, tambor	60	—	GG 21/St 50	0,8 ··· 1,8
Roda, polia, tambor	120	—	Rg 8/St 50	0,8 ··· 1,8
Roda, polia, tambor	$p_m v = 10$	—	KH/St 50	0,8 ··· 1,8
Roda, polia, tambor	$p_m v = 25$	—	KH/St temper.	0,8 ··· 1,8
Máquinas operatrizes	20 ··· 50	—	WM, Rg, Bz, GG/St	1,2 ··· 2
Britadores, trituradores, moinhos	8	1	GG/St	1 ··· 2
	8	3	WM 5/St	1 ··· 2
Os valores valem para o funcionamento contínuo	10	2	WM 10/St	1 ··· 2
Para funcionamento intermitente até 2,5 p_m	15	10	WM 10/St	1 ··· 2
	80	1	GBz 10, B -Bz/St	1 ··· 2
	20	1	KH/St	1 ··· 2
Prensa de joelho, pressão máxima	1 000	—	B -Bz/St	1 ··· 2
Laminadores	500	50	Caro-Bz/St temper.	0,5 ··· 1,2
	250	50	KH/St temper.	0,5 ··· 1,2
Máquinas elétricas e hidráulicas				
$n < 1 500$, tempo para parar < 8 min	12	10	WM 10/St 50	0,8 ··· 1,5
$n < 1 500$, tempo para parar > 8 min	7	10	WM 10/St 50	—
$n > 1 500$, tempo para parar < 8 min	5	14	WM 10/St 50	—
$n > 1 500$, tempo para parar maior	—	—	WM 80/St 50	—
Turbinas				
Mancal tipo Michell	30	60	WM, KH/St	—
Turbinas a vapor	8	60	WM/St	0,8 ··· 1,25
Turbinas a vapor	15	60	Bl-Bz/St	0,8 ··· 1,25
Outras turbinas	15	—	Bl-Bz/St	1,5 ··· 2
Máquinas a vapor, compressores e bombas de êmbolo				
Cruzeta e pino do pistão	120	—	WM, Bl-Bz/St temper.	—
Manivela, mancal de biela	90	2,5	WM, Bl-Bz/St temper.	1
Manivela, mancal de eixo	35	3,3	WM, Bl-Bz/St temper.	1,4
Manivela de eixo, mancal de biela	75	3,5	WM, Bl-Bz/St temper.	0,85
Manivela de eixo, mancal de eixo	45	3,5	WM, Bl-Bz/St temper.	1
Mancal externo (volante)	25	3	WM/St	—
Eixo motriz	15	—	WM/St	1
Sapata da cruzeta	4	—	WM/St	—
Sapata da cruzeta	3	—	GG/St	—
Locomotivas				
Biela e cruzeta	150	—	WM, Bz/St	—
Sapata da cruzeta	10	—	Rg/St	—
Motores de automóveis e aviões				
De baixa rotação, biela	120	—	WM/St	0,5 ··· 0,6
De baixa rotação, girabrequim	80	—	Bl-Bz/St	0,5 ··· 0,6
De alta rotação: 1,7 p_m } dos valores de baixa rotação			Bl-Bz/St temper.	—
Motores de avião: 2,3 p_m }			Bl-Bz/St temper.	—

TABELA 15.2 (continuação).

Mancal de deslizamento para	Valores máximos p_m kgf/cm²	v m/s	Material mancal/eixo	b/d
Motores Diesel				
Mancal de girabrequim, 4 tempos	55···130	—	—	0,45···0,9
Mancal de biela, 4 tempos	125···250	—	—	0,5···0,8
Mancal de girabrequim, 2 tempos	50···90	—	—	0,6···0,75
Mancal de biela, 2 tempos	100···150	—	—	0,55···0,6
Motores de grande potência (estacionários ou marítimos)				
De baixa rotação, biela	150	—	WM, B1-Bz/St temper.	0,65···0,8
De baixa rotação, girabrequim	90	—	—	0,7···0,9
De baixa rotação, pino do pistão (b/d apoio total)	240	—	—	1,6···1,7
De alta rotação: 1,5 p_m dos de baixa rotação				
Articulações	150	—	St temper./St temper.	—
	30	—	GG/St	—
	90	—	Rg, Bz/St temper.	—
	50	—	Rg, Bz/St	—

TABELA 15.3 — *Carga de mancais construídos para mecânica fina* (segundo LÜPFERT*).

Valores inferiores para eixo de C 60   Valores superiores para eixo de aço temperado

Material do mancal	Velocidade de escorregamento v (m/s) até	Pressão superficial p_m (kgf/cm²)		
		uma vez sòmente lubrificado	lubrificado por mecha com boa manutenção	lubrificado com circulação forçada
Bronze ao estanho	8	4···5	20···30	250···300
Latão especial	6	4···5	25···40	200···250
Bronze sinterizado, impregnado de óleo Ferro sinterizado, impregnado de óleo	4	10···12	20···25	30···40
Ferro fundido cinzento	5	3···4	8···10	40···50
Liga de alumínio	8	1···1,5	4···6	250···350
Liga de magnésio	6	1···1,5	3···4	70···100
Liga fina de estanho	5	0,5···1	10···12	120···150

*LÜPFERT, H.: Metallische Werkstoffe, p. 249. Bad Wörishofen: Verlag Banaschewski 1946.

Valores experimentais: $\vartheta_a = 90$ a 110°C, $\vartheta_e = 35$ a 55°C, $\beta \cong 16,5$ para o óleo. O volume de óleo em circulação é tomado aproximadamente $\geq 6 \cdot Q'$, a fim de evitar-se o envelhecimento do mesmo. Coeficiente característico de aquecimento $\Theta = d \cdot b \cdot \mu \cdot \omega \cdot r/Q$, segundo a Fig. 15.4; de um Θ pequeno obtém-se $h_r = \dfrac{h}{\psi \cdot r}$ comum pequeno, i.e. para um dado h/r com um ψ grande. Até um valor de $h_r = 0,17$ é mais vantajoso um $b/d \leq 0,5$ para Θ. Para os valores de μ, ver Tab. 15.1 e Fig. 15.4; para os valores de Θ, ver Fig. 15.4.

15.3. DIMENSIONAMENTO DOS MANCAIS RADIAIS

1) *A pressão média admissível* $p_m = \dfrac{P}{d \cdot b}$ depende do regime de funcionamento (tempo relativo de funcionamento, da manutenção e da vida), da construção dos materiais associados no mancal, do tipo de lubrificação e de refrigeração. Ela é limitada pela:

a) capacidade de carga hidrodinâmica. Esta pode ser aumentada segundo a Fig. 15.4, e a igualdade pelo melhor acabamento superficial (h_r menor) e maior viscosidade do óleo (maior η, melhor refrigeração); além disso, por uma menor pressão nos cantos e por uma lubrificação total (ver Fig. 15.5);

b) desgaste, função do tempo de funcionamento em regime de atrito misto, da vida e do tipo de aplicação;

c) resistência à fadiga do material do mancal, importante para carregamentos bruscos (seleção do material).

Valores experimentais de p_m, ver Tabs. 15.2 e 15.3.

2) *Diâmetro do moente d*, dado sempre por razões construtivas ou pela solicitação permissível de flexão (ver Cap. 17).

3) *Largura do mancal b*. Os mancais estreitos dão origem a uma pressão de canto menor, quando o eixo é flexionado, e uma maior vazão de óleo (refrigeração) **mas**, por outro lado, há também uma queda   29

transversal de pressão (ver Fig. 15.2). O valor ótimo da capacidade de carga é obtido aproximadamente com $b/d = 0,4$, a 1. Deve-se escolher inicialmente b/d e daí determinar b.

4) *Folga relativa* ψ. Um maior ψ para um mesmo h e para uma refrigeração forçada dá um $h_r = h/(\psi \cdot r)$ menor e, portanto, um aquecimento menor (Θ menor, Fig. 15.4); por outro lado, ψ maior requer uma maior viscosidade de óleo para se conseguir a mesma capacidade de carga (ver Fig. 15.4). A folga construtiva do mancal é então $D - d = d \cdot \psi$. Em máquinas operatrizes, toma-se $D - d = 0,001$ a $0,002$ cm.

5) *Espessura da película de lubrificante h*. Para o atrito fluido, h deve ser no mínimo igual à rugosidade média das superfícies de escorregamento, que pode ser mantida abaixo de $5/1\,000$ mm por meio de um bom acabamento. O movimento do eixo torna-se irregular quando $h_r = h/(\psi \cdot r) \geqq 0,3$[9].

6) *Viscosidade do óleo* η. Da Fig. 15.4 tem-se o valor necessário para $\eta \cdot \omega/(p_m \cdot \psi^2)$ para o desejado e, daí, pode-se calcular o η necessário para o lubrificante, na correspondente temperatura do filme de óleo, ϑ_f ou ϑ_a. Escolha do óleo, ver Fig. 16.1.

7) *Temperatura*. No cálculo da temperatura do filme de óleo ϑ_f ou ϑ_a, segundo Eqs. (4) e (5), e da quantidade necessária de óleo de refrigeração pela Eq. (6), deve-se tomar para valores médios de p_m e P quando a pressão no moente variar durante a rotação.

TABELA 15.4 — *Valores recomendados de* ψ *em* $1/1\,000$

$$\psi = \frac{R - r}{r} = \frac{D - d}{d} \text{ para eixo de secção circular associado com mancal circular.}$$

Para	Rotação		
	baixa	média	elevada
p_m médio*	$0,7 \cdots 1,2$	$1,4 \cdots 2$	$2 \cdots 3$
p_m elevado*	$0,3 \cdots 0,6$	$0,8 \cdots 1,4$	$1,5 \cdots 2,5$
Metal branco (metal patente)		$0,5 \cdots 1$	
Bronze ao chumbo		$1 \cdots 1,5$	
Liga de zinco		$1,5$	
Bronze ao estanho, bronze vermelho		$\geqq 1,7$	
Ferro sinterizado		2	
Materiais prensados		$\geqq 4,5$	

*Segundo KLEMENCIC [15/4].

8) *Exemplos*

Exemplo 1: Mancal radial para um motor elétrico, $n = 1\,500$ rpm, $P = 600$ kgf serviço contínuo, $a = 1$; $d = 8$ cm, lubrificação por um anel centrifugador ou por um banho de óleo, rugosidade das superfícies de escorregamento $\leqq 0,4/1\,000$ cm.

Escolhido: $b/d = 0,75$, $\psi = 1,5/1\,000$, segundo a Tab. 15.4, $h = 3 \cdot 0,4/1\,000$ cm para $n = 1\,500$, a fim de diminuir o desgaste na partida e na parada do motor;

Calculado: $b = 0,75 \cdot d = 6$ cm; $h_r = h/(\psi \cdot r) = 0,20$ donde, da Fig. 15.4: $\eta \cdot \omega/(p_m \cdot \psi^2) = 0,40$, $\mu/\psi = 1,9$ (interpolado entre $b/d = 0,5$ e 1), $\mu = 1,9 \cdot \psi = 0,0029$; $p_m = P/(d \cdot b) = 12,5$ kgf/cm^2, $\omega = n/9,55 = 157$ e portanto a viscosidade do óleo $\eta = 0,40 \cdot p_m \psi^2/\omega = 0,072 \cdot 10^{-6}$ kgf seg/cm^2 para uma temperatura ϑ_f; para um aumento de temperatura $\vartheta_f - \vartheta_l = p_m \cdot \mu \cdot \omega \cdot r \cdot a/(\alpha \cdot \pi) = 52°$C, segundo Eq. (4), para $\alpha \cdot \pi = 0,44$ (mancal pesado); ou para uma temperatura média do óleo $\vartheta_f = 52 + \vartheta_l = 77°$C com uma temperatura do ar $\vartheta_l = 25°$C. Para êsse caso é adequado o óleo n.° 2 da Fig. 16.2. Ao parar o regime de atrito misto seria atingido aproximadamente com $h = 0,4/1\,000$ cm ou $h_r = h/\psi \cdot r = 0,07$ ou $\eta \cdot \omega/(p_m \cdot \psi^2) = 0,13$ ou $\omega = 0,13\, p_m \psi^2/\eta = 51$ ou na rotação $n = \omega \cdot 9,55 = 488$ rpm.

Exemplo 2: Mancal de girabrequim de automóvel com lubrificação forçada, $n = 2\,000$ rpm, $b/d = 3/6 = 0,5$ cm/cm, $p_m = P/(b \cdot d) = 2\,160/(3 \cdot 6) = 120$ kgf/cm^2, $\vartheta_e = 50°$C.

Escolhido: $\psi = 2/1\,000$, $h = 0,5/1\,000$ cm para $n = 2\,000$.

Calculado: $h_r = h/(\psi \cdot r) = 0,083$, donde, da Fig. 15.4, $\Theta = 6,3$ e $\eta \cdot \omega/(p_m \cdot \psi^2) = 0,16$ e $\mu/\psi = 1,15$ ou $\mu = 1,15 \cdot \psi = 0,0023$, $\omega = n/9,55 = 210$. Disso resulta $\vartheta_a - \vartheta_e = p_m \cdot \Theta/\beta = 45,8°$C ou $\vartheta_a = 45,8 + \vartheta_e = 95,8°$C, $\eta = 0,16$; $p_m \psi^2/\omega = 0,365 \cdot 10^{-6}$; $Q' = d^2 \cdot b \cdot \mu \cdot n/(320\,\Theta) = 0,24$ l/min.

Variante: Para $\psi = 1,5/1\,000$ em vez de $2/1\,000$, ter-se-ia $h_r = 0,11$; $\Theta = 7,2$; $\vartheta_a = 102°$C, $\eta = 0,285 \cdot 10^{-6}$ e $Q' = 0,21$ l/min.

15.4. FORMA CONSTRUTIVA DOS MANCAIS RADIAIS

(Exemplos de construção, ver Figs. 15.8 e 15.9).

Ao se projetar um mancal, deve-se considerar inicialmente a sua ligação com o resto da construção (mancal de pé, de flange, embutido ou incorporado), em seguida a distribuição das fôrças e o tipo de lubrificação (ver pág. 35), a montagem e desmontagem do eixo (mancal inteiriço ou bipartido?), a deformação do eixo (mancal rígido, flexível ou autocompensador), a montagem e o desgaste do mancal (bucha inter-

[9]Ver HUMMEL: Kritische Drehzahlen als Folge... VDI-Forsch.-Fasc. 287. Berlin 1926.

cambiável em secções ou reajustável) e, finalmente, a vedação e a refrigeração do mancal. Devem também ser consideradas as dimensões dos incorporados. De acôrdo com as dimensões dos rolamentos, Fig. 15.16 e Tab. 15.5, as normas DIN (ver abaixo) e as seguintes indicações experimentais:

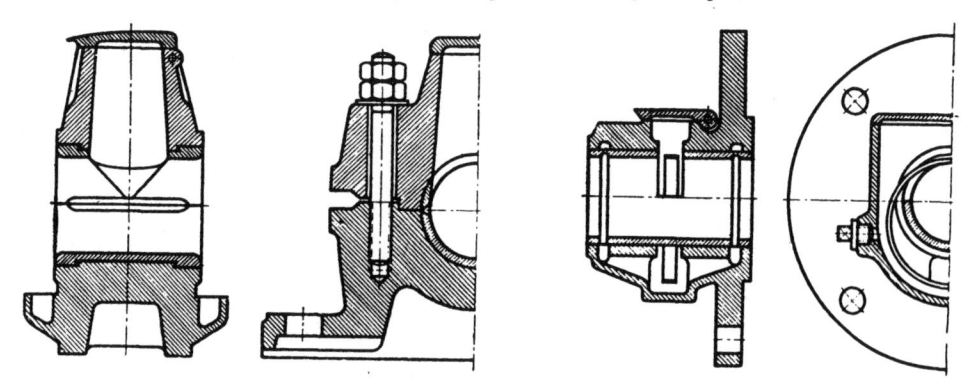

Figura 15.8 – Mancal radial, com câmara de lubrificação para graxa, segundo TEN BOSCH [15/20]

Figura 15.9 – Mancal de flange inteiriço, com lubrificação por anel, segundo TEN BOSCH

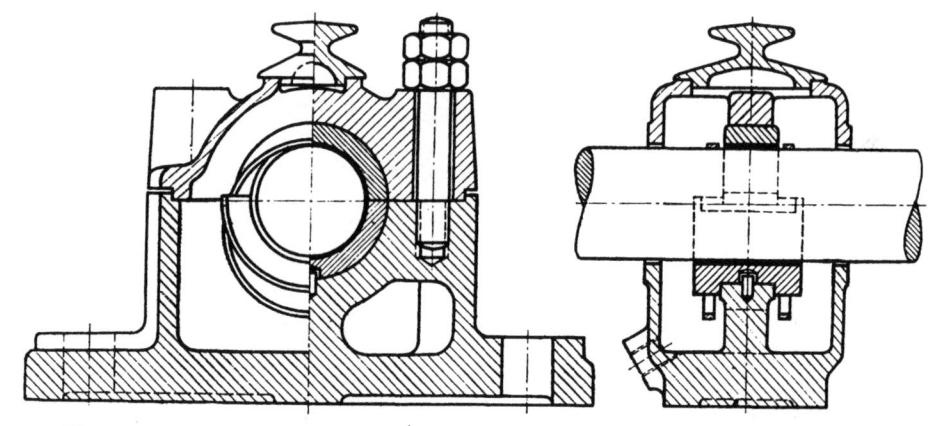

Figura 15.10 – Mancal de pé, com lubrificação por anel, segundo KLEMENCIC [15/4]

1) *Material para as superfícies de escorregamento* (eixo e mancal), ver pág. 39 e Tab. 15.2. É conveniente, para o "amaciamento", i.e., para a formação de um "leito", que a superfície de escorregamento fixa em relação à direção da carga seja constituída de um material mais mole (adaptável). Mas nem sempre o casquilho é formado dêsse modo. Assim, p. ex., a bucha do mancal de uma roda móvel, montada sôbre um eixo fixo, deveria ser fixada no eixo (até hoje é adotada a execução contrária!).

2) *Bucha de mancal ou casquilho* de ferro fundido cinzento, bronze, aço, aço fundido, partido ou não, com ou sem flange para guiar axialmente o eixo, com ou sem revestimento de outro metal (revestimento por fusão). Não localizar a emenda na região carregada; o casquilho pode ter um rebaixo na região descarregada, dando menor atrito e melhor circulação. A fixação e o travamento das buchas no alojamento são feitos por meio de um ajuste forçado, ou pela penetração do bico do copo de graxa ou do tubo de lubrificação na bucha ou, então, por meio de parafusos sem cabeça ou pinos.

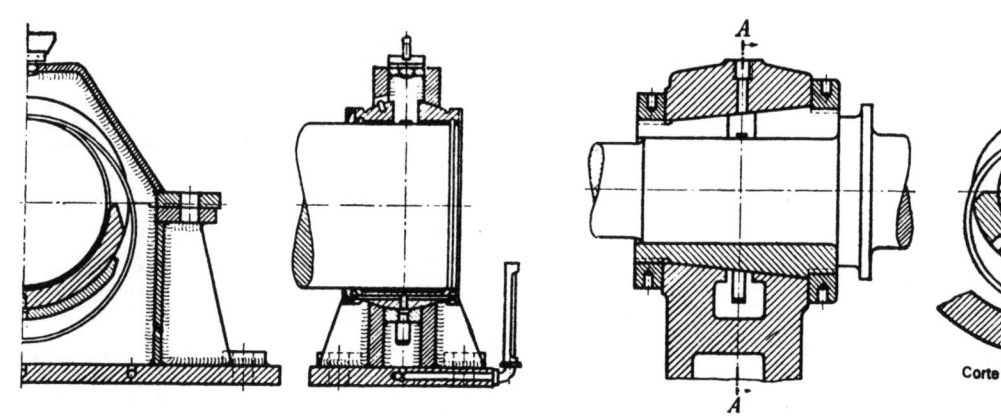

Figura 15.11 – Mancal soldado, com lubrificação por anel, segundo KLEMENCIC [15/4]

Figura 15.12 – Mancal ajustável, de tôrno, segundo TEN BOSCH

3) *Diâmetro externo da bucha do mancal* $D_a \cong 1{,}07 \cdot d + 0{,}5$ cm a $1{,}1d + 0{,}6$ cm para buchas embutidas, $\cong 1{,}1d + 1{,}5$ cm para buchas encaixadas (Fig. 15.13).

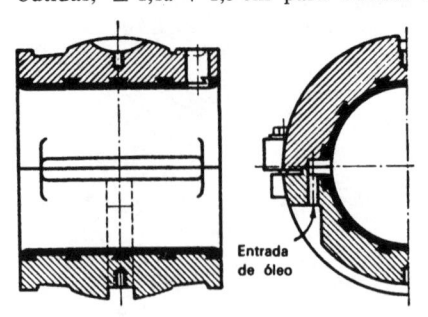

Figura 15.13 – Mancal de turbina a vapor com lubrificação forçada, segundo TEN BOSCH

4) *Revestimento metálico de material deslizante por fusão* (ver pág. 39). Espessura do revestimento $s \cong d/85 + 0{,}15$ cm para casquilho de ferro fundido, $\cong d/140 + 0{,}05$ cm para casquilhos de aço ou aço fundido, $\geq 0{,}03$ cm para revestimentos centrifugados ou fundidos sob pressão (dependendo do desgaste admissível). Quanto mais fino fôr o revestimento, tanto mais rígido, mas também menos deformável, será êle (menor a possibilidade de assentamento do eixo). Para um revestimento delgado não devem ser previstas ranhuras de ancoragem (menores concentrações de tensões); nos outros casos, deve-se arredondar bem as ranhuras.

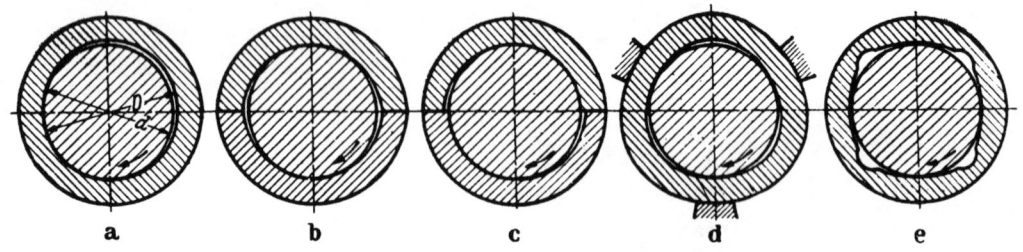

a   **b**   **c**   **d**   **e**

Figura 15.14 – Possibilidades para formar a cunha do lubrificante e guiar o eixo nos mancais radiais. a casquilho comum circular, com formação da cunha de lubrificante através da folga mancal D–d (contato linear), b casquilhos ovalizados impedem o "corte" do filme de óleo na emenda e possibilitam um contato linear duplo do eixo, para uma folga menor do mancal (os dois casquilhos são torneados com uma peça intermediária e montados sem a mesma, ou são uma bucha inteiriça dividida por uma espessura de corte maior); c casquilhos com folga excêntrica deslocada, segundo KLEMENCIC (os casquilhos são furados excentricamente e montados na posição inversa); d mancal de bucha com contato em três linhas retas, obtido por um ajuste forçado em uma bucha inicialmente circular, entre três réguas, segundo MACKENSEN; e mancal com contato em quatro linhas, segundo FRÖSSEL [15/8]

5) *Folga do mancal* $D - d = d \cdot \psi$, com ψ segundo a Tab. 15.4. Ajustes correspondentes, ver Tab. 6.3, do vol. I. Conseguindo-se a cunha de lubrificante, i.e., o valor $R - r$, por meios diferentes do que pela folga $D - d$ (ver Fig. 15.14), pode-se prever uma folga de mancal consideràvelmente menor e guiar o eixo com uma precisão muito maior, através de duas, três ou quatro linhas de contato.

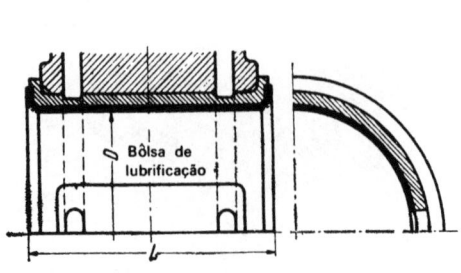

Figura 15.15 – Mancal de girabrequim de motor, segundo ERKENS [15/3]

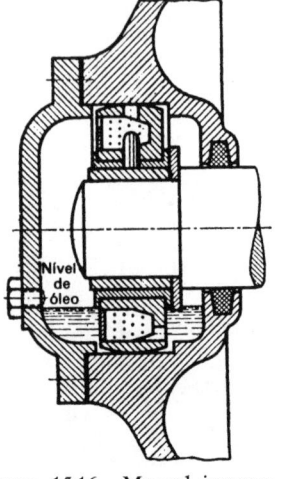

Figura 15.16 – Mancal incorporado "curto" de escorregamento com dimensões de rolamentos, segundo RIEBE-CARO

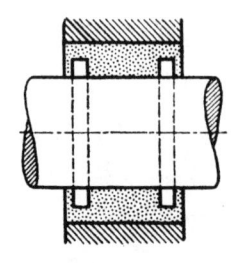

Figura 15.17 – Mancal de metal sinterizado incorporado de escorregamento (Ringsdorff-Werke), com aspiração automática do óleo

6) *Ranhuras de lubrificação* na região de pressão diminuem consideràvelmente a capacidade de carga, como mostra a Fig. 15.2. Principalmente as ranhuras diagonais e abertas devem ser evitadas também para movimentos oscilatórios. Para a distribuição do lubrificante, deve-se preferir apenas "bôlsas de lubrificação" pouco profundas, na região sem pressão.

7) *A entrada e saída do lubrificante* deve ser feita na zona sem pressão, p. ex. na emenda ou num ângulo de 90°, com a direção da carga. Logo atrás do lugar de menor espessura (ver Fig. 15.2) pode haver até uma sucção de lubrificante devida à pressão negativa que aí aparece (até uma depressão medida de 0,26 at). Para uma carga rotativa (em relação ao mancal), a alimentação do lubrificante deve ser feita através do moente, Fig. 15.18. Vale a pena, também arredondar os cantos das ranhuras e dos canais de lubrificação, antes de desmontar o mançal, e, principalmente, remover todos os restos de cavacos que, freqüentemente, provocam as avarias nos mancais. Dimensões para a ligação dos engraxadores "Stauffer" e dos nípeis para óleo:

Para os engraxadores Stauffer:

    rôsca M 10 × 1 mm;
    M 12 × 1,5 mm; M 16 × 1,5 mm;
    M 20 × 1,5 mm; M 24 × 1,5 mm.

Para os engraxadores a pressão:

    rôsca M 10 × 1 ou furo 10 mm ϕ.

Para os nípeis a óleo com tampa:

    furo terminal 5, 8, 10, 13 mm.

Para os nípeis a óleo cravados (com fechamento esférico):

    furo de 6; 8; 9,5; 12,5; 16 mm.

Para nípeis a óleo rosqueados (com fechamento esférico):

    rôsca M 10 × 1, M 14 × 1,5.

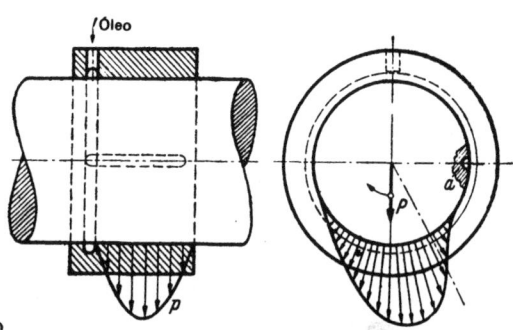

Figura 15.18 – Alimentação do óleo através do eixo, para uma carga fixa em relação ao mesmo, segundo KLEMENCIC [15/4]

8) *Vedação do mancal* (Fig. 15.19). Contra a saída de lubrificante: ranhuras coletoras nas extremidades do casquilho, discos de centrifugação sôbre o eixo, anéis raspadores de latão ou canaletes raspadores no casquilho exterior; contra a entrada de poeira e de substâncias estranhas: anéis de vedação de fêltro, cortiça, couro, borracha, plásticos (retentores, dimensões, ver pág.).

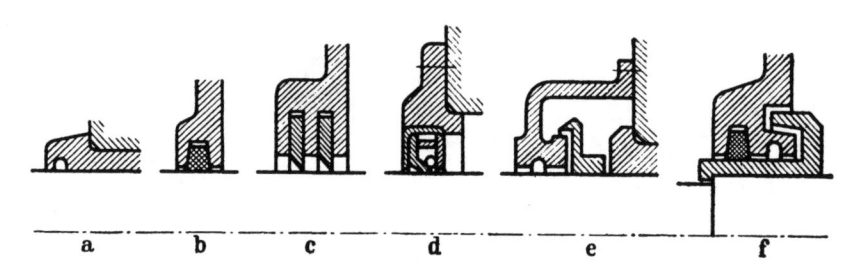

    a   **b**   **c**   **d**   **e**   **f**

Figura 15.19 – Diferentes tipos de vedação de mancais: a com canalête coletor circular, b com anel de fêltro, c com vedação por pontas, d com retentor (p. ex. anel Simmer), e com ranhura coletora e disco de centrifugação, f com anel de fêltro, ranhura coletora e labirinto

9) *Normas DIN* (Materiais antifricção, ver pág. 41.)

	DIN		DIN
Mancais de deslizamento:		*Buchas para mancais:*	
Mancais de pé para transmissões	118	De parede fina	146
Mancais suspensos para transmissões	119	De parede grossa	147
Mancais de flange	502, 503	Com revestimento interno de metal branco (metal patente)	384
Mancais com suportes inteiriços	504		
Mancais com suportes bipartidos	505, 506	Arredondamentos, chanfros, ranhuras circulares	385
Mancais de resinas sintéticas prensadas	7 703	Largura das fendas para anéis de lubrificação	322
Mancais de escorregamento curtos	733, 734, 735	Buchas de resinas sintéticas prensadas	16 902

	DIN
Acessórios para mancais:	
Suportes de parede para mancais de pé	117
Suportes angulares para mancais de pé	187
Parafusos com cabeça em T para mancais de pé	188, 261
Chapas de fundação para mancais de pé	189
Chapas de ancoragem para parafusos com cabeça em T	191, 794, 795 192, 796
Caixas de parede para mancais de pé	193
Cavaletes para mancais de pé	194
Blocos de pé para mancais de pé	195
Blocos de fundação	799

	DIN
Dispositivos de lubrificação:	
Anéis de lubrificação e difusor de ranhuras	322
Furos de lubrificação para pinos	1 442
Engraxadores "Stauffer"	3 411, 3 412
Nípeis de lubrificação	3 402, 3 403, 71 412
Copos de vidro para óleo	3 401
Copos engraxadores	35 541
Bombas de lubrificação	3 420 a 3 424 38 021
Lubrificação central	71 420 a 71 436

TABELA 15.5 — *Mancais curtos e largos, dimensões de montagem* (mm) *segundo DIN* 733, 734, 735.

Mancal de deslizamento curto, de um anel DIN 733 (agôsto 1946)			Mancal de deslizamento curto, de dois anéis DIN 734 (setembro 1947)				Mancal de deslizamento largo, de dois anéis DIN 735 (setembro 1947)				
d	*D*	*b*	*d*	*D*	*b*	d_1	*d*	*D*	b_1	b_2	d_1
3	10	4	10	30	9	20	50	90	34	20	60
4	13	5	12	32	10	22	55	100	37	21	65
5	16	5	15	35	11	24	60	110	40	22	70
	19	6	17	40	12	28	65	120	44	23	75
6	19	6	20	47	14	32	70	125	48	24	85
7	19	6	25	52	15	36	75	130	52	25	90
	22	7	30	62	16	42	80	140	56	26	95
8	22	7	35	72	17	50	90	160	65	30	105
	24	7	40	80	18	55	100	180	70	34	115
10	26	8	45	85	19	60	110	200	76	38	125
	30	9	50	90	20	65	120	215	80	40	135
	35	11									
12	28	8	10	35	11	22	50	110	40	27	60
	32	10	12	37	12	24	55	120	42	29	65
	37	12	15	42	13	28	60	130	45	31	70
15	32	9	17	47	14	32	65	140	48	33	75
	35	11	20	52	15	36	70	150	52	35	85
	42	13	25	62	17	42	75	160	58	37	90
17	35	10	30	72	19	50	80	170	62	39	95
	40	12	35	80	21	55	90	190	68	43	105
	47	14	40	90	23	65	100	215	74	47	115
20	42	12	45	100	25	72	110	240	82	50	125
	47	14	50	110	27	80	120	260	90	55	135
	52	15									

Exemplo de designação: mancal curto de escorregamento, um só anel 10 × 30, DIN 733.

Material (indicar no pedido): ferro sinterizado, ferro fundido cinzento especial, metal sinterizado. Anel interno: aço comercial.

Capacidade de carga: a carga admissível não confere com a de um rolamento de mesmas dimensões. Ela depende do material, do acabamento superficial e das condições de serviço (lubrificação e refrigeração).

A carga permissível vale $\boxed{P = P_0/S}$ (kgf).

Para mancais curtos de escorregamento com um anel de ferro sinterizado e um anel interno de St 60 temperado e retificado, com as dimensões segundo a DIN 734, tem-se P_0 (kgf) [10]:

[10]Segundo ensaios de HEIDEBROEK [15/35] e experiências exaustivas em máquinas operatrizes (Fa. Fritz Werner, Berlin-Marienfelde).

Dimensões		Na rotação (rpm)						
d	b	100	250	500	1000	1500	2500	5000
10	9	50	120	200	180	140	90	30
20	14	220	450	500	300	200	140	80
30	16	400	750	650	400	270	160	—
40	18	800	1050	750	460	320	200	—
50	20	1300	1300	900	550	380	220	

Coeficiente de segurança S:

Com	Carregamento		
	uniforme	variável	de impacto
lubrificação forçada	1,2	1,4	1,8
lubrificação de salpicamento, abundante	1,4	1,7	2,4
lubrificação de salpicamento, reduzida	1,5	2,0	3,0

As capacidades de carga acima foram ensaiadas em máquinas operatrizes e representam valores-limite superiores, sendo válidas para $d = 10$ a 80 mm para anéis externos de ferro sinterizado, e $d = 85$ a 120 mm para anéis externos compostos de aço fundido e Pb Bz 25.

As principais dimensões d, D e b conferem com as de rolamentos da série 02, segundo a DIN 616.

15.5. LUBRIFICAÇÃO DOS MANCAIS RADIAIS

1) *Tipo de lubrificação.* Além da lubrificação por graxa ou óleo, em casos especiais deve-se considerar a lubrificação com água (ver mancais de borracha em bombas, pág. 41, e mancais de madeira dura e de materiais prensados em laminadores), a seguir a adição de água ao óleo, para refrigeração por evaporação, a adição de substâncias quìmicamente ativas (p. ex. enxôfre) e de outras substâncias (p. ex. grafita, água de cal) e, finalmente, a lubrificação sêca por grafita Lubrificantes, ver pág. 44.

2) *Disposição e plano de lubrificação.* Quanto mais fácil fôr a manutenção, a limpeza e a inspeção do lugar de lubrificação, com maior segurança poder-se-á contar com uma lubrificação abundante. Portanto, os lugares-ponto de lubrificação devem ser blindados, sem vazamentos (evitar tampas de fechamento na parte baixa, fàcilmente acessíveis e eventualmente marcadas de vermelho!), caso não seja possível haver disposição para uma vigilância central. Para êsses casos, recomendam-se mapas de lubrificação afixados na própria máquina, com esquema de localização dos lugares de lubrificação e instruções sucintas para a lubrificação.

3) *A lubrificação a graxa* é vantajosa em baixa rotação e como vedação contra poeira (colar de graxa); a alimentação da graxa deve ser feita, de preferência, através de uma câmara situada acima do mancal (Fig. 15.8) ou através de uma bomba engraxadeira central; solução pior constituem os copos de graxa (os simples copos de graxa tipo "Stauffer", ou melhor, os engraxadores Schlenk ou Conrad com pressão de êmbolo) ou a lubrificação manual com uma prensa de graxa em nípeis de lubrificação. Desvantagens da lubrificação a graxa: a graxa só pode ser usada uma vez e seu excesso é freqüentemente indesejável.

4) *Lubrificação com óleo nôvo*, através de copos de mecha, copos conta-gôtas (de agulhas, de válvula), ou lubrificação manual sòmente se recomendam para aplicações não muito importantes, pois o óleo, após um único uso, perde-se e goteja, tornando-se sujo). Preferir sempre nípeis fechados em vez de furos de lubrificação abertos.

5) *Lubrificação por imersão.* A lubrificação simples, econômica e segura de imersão da superfície de deslizamento no lubrificante pode ser aplicada em eixos horizontais dotados de um colar (ver Tab. 15.3) e em mancais de escora.

6) *A lubrificação com elevação do óleo* por meio de um anel, centrifugador ou dispositivo semelhante, do coletor de óleo para o lugar de lubrificação, e posterior retenção no coletor, é econômica e segura, sendo também adequada para altas rotações e exigindo pouca manutenção. No entanto, é necessário uma boa vedação contra vazamentos de óleo e contra a sujeira. A mais conhecida é a lubrificação por anel (apenas apropriada para eixos horizontais) através de um anel móvel ou fixo, ou com uma corrente de lubrificação (ver Figs. 15.9 a 15.12); a seguir, a "lubrificação por almofada"[11] e a "lubrificação por roda de centrifugação"[12] em mancais de eixos de vagões ferroviários; a "lubrificação por mecha" no mancal "Riebe-Caro" (Fig. 15.16) e a "lubrificação por coletor de óleo" (retenção do óleo centrifugado em ranhuras nos mancais dos redutores). Nos eixos verticais, consegue-se elevar o óleo através de conhecido tubo captador giratório ou pelas ranhuras helicoidais no eixo.

[11]No caso de "lubrificação por almofada", comprime-se uma almofada de lubrificação contra o eixo cujas fibras mergulham num reservatório de óleo, levando o óleo à superfície de escorregamento por capilaridade (mecha), de maneira econômica e limpa, porém sem conseguir lubrificação completa.

[12]Na "lubrificação por roda de centrifugação", segundo PEYINGHAUS, uma roda mergulha no reservatório, jogando o óleo nos canaletes coletores que o conduzem às superfícies de deslizamento, de tal maneira que se consegue uma lubrificação completa.

TABELA 15.6*— *Resistência de carga* (kgf/cm^2) *da tubulação de lubrificantes, por 1 m de comprimento para escoamento de óleo e de graxa* (vazão = 2 g/min)

Com	Diâmetro $\emptyset$ do tubo mm	Temperatura em °C			
		−10	0	10	20
Óleo de máquina	4	3,5	0,5	0,2	0,2
5 ··· 6°E em 50°C	6	1,0	0,2	0,2	0,2
Óleo de motor	4	17	2,5	0,7	0,2
17,5°E em 20°C	6	3,0	1,0	0,2	0,2
Óleos para cilindros de vapor superaquecido	6	—	35	3	0,8
9,5°E em 100°C	8,5	50	15	1,8	0,5
	10	39	8	1,2	0,4
Graxa consistente	8	8	5	3	2
	9,5	4	2,5	2	1,5
	12,7	3	1,6	1,2	1
	19	1,6	1	0,8	0,8

*Segundo BOSCH: Kraftfahrtechn. Taschenbuch 1944. VDI-Verlag.

7) *A lubrificação com circulação forçada,* obtida por meio de bomba de lubrificação, é o sistema mais prático, seguro, econômico e eficiente; é adotado para grandes potências de atrito, e em mancais importantes. Permite também aumentar o volume de óleo em circulação e, conseqüentemente, o tempo de uso do óleo, permitindo ainda introduzir no sistema um filtro e um dispositivo de refrigeração. Nos mancais largos, a vazão de óleo pode ser aumentada por meio de uma ranhura circular central no meio do mancal. Nas tubulações de óleo, devem ser evitados os "cantos mortos" (locais de sedimentação), as estriações e zonas de aquecimento (tubulações de vapor). A pressão de óleo necessária (ver Fig. 15.6) para as perdas de carga na tubulação é aproximadamente 1,5 a 3 at (ver Tab. 15.6); vazão de óleo por minuto Q', ver pág. 27; volume de óleo em circulação $\geq 6 \cdot Q'$.

8) *A lubrificação forçada a alta pressão* possibilita um atrito de partida extraordinàriamente reduzido, ver Fig. 15.7.

15.6. MANCAIS AXIAIS

1) *Generalidades.* O mancal de escora ou de anel, com uma placa plana de guia ou com um anel-guia, pode produzir apenas uma pressão de lubrificação reduzida (atrito misto) em virtude da falta de ângulo de ataque entre as superfícies deslizantes sendo, portanto, utilizado apenas para $p_m = 3$ a 8 kgf/cm^2 e para velocidades de deslizamento $v_m = 5$ a 10 m/s, a não ser quando se introduz o óleo sob pressão (bomba de pressão!) permitindo, assim, um p mais elevado (ver Fig. 15.20). As pequenas fôrças axiais também podem ser absorvidas pelo colar do mancal radial (ressalto do eixo).

A melhor solução para qualquer carga e rotação é o mancal axial de segmentos basculantes (ver Fig. 15.21 e seguintes), que produz por si mesmo a sua pressão de lubrificação necessária para um coeficiente reduzido de atrito fluido. Projetado para cargas até 5 000 tf e para um diâmetro de vários metros. O "mancal de segmentos, de anel inteiriço", com um ângulo de ataque fixo nos segmentos, feito por retificação,

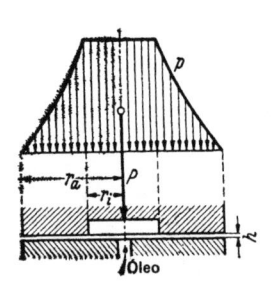

Figura 15.20 — Distribuição das pressões numa placa plana de guia, segundo SCHIEBEL [15/1]

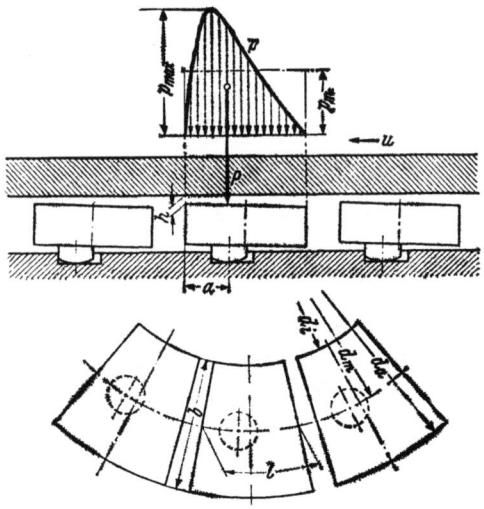

Figura 15.21 — Esquema de um mancal axial de segmentos basculantes, com uma distribuição da pressão p do lubrificante

rasqueteamento ou, recentemente, também por deformação elástica (inclinação 5/1 000 a 2/1 000), produz uma lubrificação sob pressão semelhante, porém não tão eficiente (ver Fig. 15.22).

Para cargas axiais pequenas e médias, e também em rotações muito baixas, freqüentemente são mais indicados os mancais de rolamento. Para as comparações dos coeficientes de atrito, ver Tab. 15.1.

2) *Placa plana de guia com lubrificação forçada.* Adotando-se a distribuição das pressões de dentro para fora, segundo a Fig. 15.20, a pressão superficial média[13] do anel-guia é

$$p_m = \frac{P}{\pi(r_a^2 - r_i^2)} = \frac{p_i}{2 \cdot 10^4 \cdot \ln \dfrac{r_a}{r_i}} \qquad \text{(kgf/cm}^2\text{)} \tag{7}$$

e o momento de atrito $M_r = P \cdot \mu \dfrac{r_a + r_i}{2}$ para o atrito fluido será

$$M_r = \frac{\pi}{2} \cdot \eta \frac{\omega}{h}(r_a^4 - r_i^4) \qquad \text{(cmkgf)}. \tag{8}$$

Aquecimento e vazão de óleo, ver Eqs. (5) e (6) pág. 27.

Configuração: A placa ou o anel-guia fixo de ferro fundido cinzento ou de aço temperado constrói-se geralmente ajustável e com travamento contra o movimento de rotação, prevendo-se canaletes de lubrificação radiais ou em espiral, que não atingem o bordo. A lubrificação é sempre feita de dentro para fora.

3) *Mancal-guia de segmentos* (Fig. 15.21). No mancal de segmentos basculantes, bem executado e com apoio adequado para os z segmentos, tem-se[14]

$$\text{carga admissível} \qquad P = \frac{\eta \cdot \omega \cdot d_m \cdot z \cdot b \cdot l^2}{15h^2(1 + q^2)} \qquad \text{(kgf)}; \tag{9}$$

$$\text{coeficiente de atrito} \qquad \mu = \sqrt{\frac{\eta \cdot \omega \cdot d_m \cdot \pi \cdot z \cdot b(1 + q^2)}{P}} . \tag{10}$$

Nomenclatura, ver Fig. 15.20, $q = l/b$.

Daí resulta, com a substituição de $p_m = \dfrac{P}{\pi \cdot d_m \cdot b \cdot f}$ e do coeficiente de recobrimento $f = \dfrac{z \cdot l}{d_m \cdot \pi}$, para o dimensionamento:

$$\text{dimensões} \qquad d_m \cdot b = \frac{P}{p_m \cdot f \cdot \pi} \qquad \text{(cm}^2\text{)}; \tag{11}$$

$$\text{número de segmentos} \qquad z = \frac{\pi \cdot d_m \cdot f}{q \cdot b} \tag{12}$$

$$\text{viscosidade do óleo} \qquad \eta = \frac{143 p_m \cdot h^2(1 + q^2)}{n \cdot d_m \cdot b \cdot q} \qquad \text{(kgfs/cm}^2\text{)}; \tag{13}$$

$$\text{coeficiente de atrito} \qquad \mu = 6{,}84 \frac{h}{b} \frac{1 + q^2}{q} \tag{14}$$

[13]Segundo SCHIEBEL [15/1].
[14]Segundo SCHIEBEL [15/1]. Equação deduzida para o movimento retilíneo.

Aquecimento e quantidade de óleo necessária, segundo Eqs. (5) e (6) pág. 27.

Dados experimentais: a cunha de lubrificação pode ser admitida com $h \geq 0,5 \cdot 10^{-4} \cdot d_m$ para uma rotação de regime. A relação $q = l/b = 0,6$ a $1,5$; para $q = 1$, a carga de apoio torna-se máxima, ou seja, a viscosidade necessária atinge um mínimo; para $q = 1,5$, o momento de atrito torna-se $M_r P \cdot \mu \cdot r$, portanto o aquecimento é mínimo. Número de segmentos $z \cong 4 \cdots 16$[15]; $f = 0,6$ a $0,9$ (folga para o escoamento do óleo); $p_m = 25$ a 50 kgf/cm² (em ensaio, atingiu-se até 500 kgf/cm²), dependendo do desgaste admissível de partida e do aquecimento.

Para um apoio central dos segmentos (na mudança do sentido de rotação), a carga admissível cai para $\cong 75\%$ e o coeficiente de atrito é um pouco maior[16].

Exemplo: para um eixo vertical de turbina, $P = 90000$ kgf, $n = 300$, $p_m = 30$ kgf/cm², $f = 0,8$, $h = 0,5/10^4 \cdot d_m$, $\vartheta_a - \vartheta_e = 50 - 25 = 25°C$; $d_m \cdot b = 90000/(30 \cdot 0,8 \cdot \pi) = 1200$ cm², segundo a Eq. (11).

Escolhido: $d_m = 60$ cm, $b = 1200/d_m = 20$ cm ou $d_i = d_m - b = 40$ cm, $d_a = d_m + b = 80$ cm; $h = 0,5 \cdot 10^{-4} \cdot 60 = 3 \cdot 10^{-3}$ cm; $z = \pi \cdot 60 \cdot 0,8/(0,94 \cdot 20) = 8$, segundo a Eq. (12), para $q = 0,94$;

$$\eta = \frac{143 \cdot 30 \cdot 3^2}{300 \cdot 1200 \cdot 10^6} \frac{1 + 0,94^2}{0,94} = 0,215 \cdot 10^{-6}, \text{ segundo a Eq. (13), com temperatura do óleo de } 50°C;$$

óleo adequado: n.° 2, Fig. 16.1.

$$\mu = \frac{6,84 \cdot 3}{10^3 \cdot 20} \frac{1 + 0,94^2}{0,94} = 0,00205, \text{ segundo Eq. (14); vazão de óleo por minuto}$$

$$Q' = \frac{P \cdot \mu \cdot n \cdot d_m}{320 \cdot \beta \cdot (\vartheta_a - \vartheta_e)} = \frac{90000 \cdot 0,00205 \cdot 300 \cdot 60}{320 \cdot 16,5 \cdot (50 - 25)} = 25 \; l/min.$$

4) *Configuração dos mancais axiais* (ver Figs. 15.22 a 15.24). *Ajustabilidade:* além da ajustagem **automática** do ângulo de ataque dos segmentos, procura-se obter uma distribuição igual de carga sôbre todos os segmentos (ponto 2), a seguir sôbre a direção radial dos segmentos. A Fig. 15.22 mostra as diferentes soluções com distribuição de pressões por meio de apoios abaulados, apoios elásticos ou plásticos (aço doce, metal, fibra) dos segmentos, ou de todo o anel-guia (Fig. 15.22). Os segmentos recebem uma camada superficial de metal branco (ou de material prensado), e têm as arestas de entrada arredondadas e chanfradas. A distância do ponto de apoio à aresta é $a = l/2,4$ a $l/2,6$ (Fig. 15.21). A relação $q = l/b = 0,6$ a $1,5$ (Fig. 15.21). O deslocamento eventual dos segmentos sôbre a base de apoio deve ser impedido por encostos.

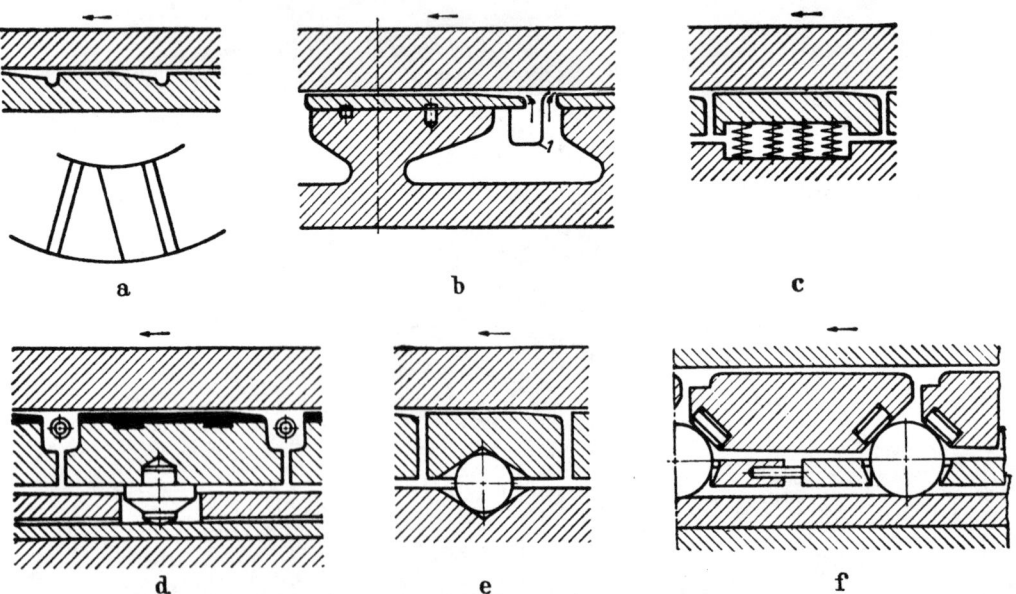

Figura 15.22 — Diferentes disposições dos segmentos em mancais axiais: a anel inteiriço com ranhuras radiais e chanfros, b anel único com elementos em forma de cogumelos de deformação elástica por flexão (Ateliers de Chamilles), c segmento basculante com apoio sôbre inúmeras molas cilíndricas (Gen. Electr. Comp.), d segmento basculante com apoio abaulado sôbre um anel de ferro doce, como compensador de pressões (ESCHER WYSS), e segmento basculante com esfera intermediária, com rebaixo cônico para a fixação e com um apoio no ferro doce (NIEMANN), f esferas de apoio entre os segmentos (BBC)

[15]Segundo experiências de V. FREUDENREICH (Brown Boveri Mitt. vol. 28 [1941], p. 366) em mancais-guia de 10 segmentos ($f = 0,73$), a carga atingia o seu valor máximo (150%) quando foram retirados 4 segmentos ($f = 0,44$). Êsse resultado chama a atenção sôbre a influência da refrigeração e da alimentação do óleo entre os segmentos. Veja, para tanto, a Fig. 15.22b, onde uma palhêta raspadora, localizada entre os segmentos, retira o óleo quente.

[16]Segundo SCHIEBEL [15/1].

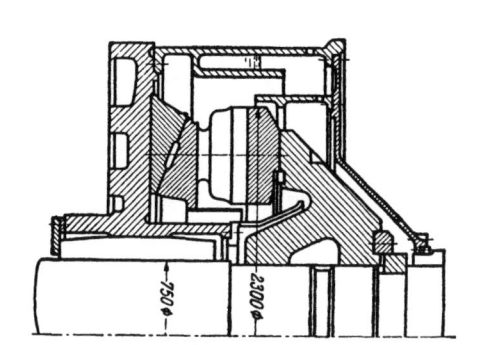

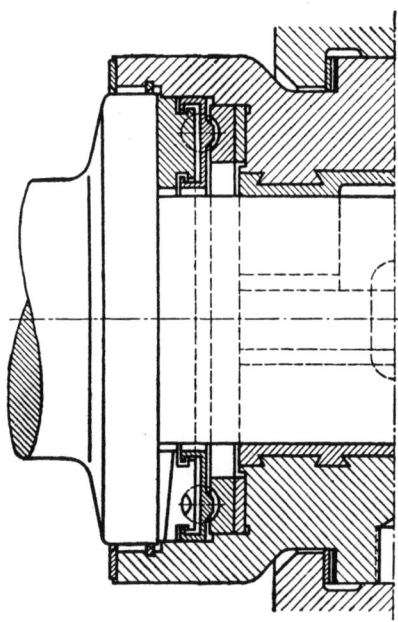

Figura 15.23 — Mancal axial com segmentos, segundo a Fig. 15.22 b, de uma turbina hidráulica, para uma carga de 900 t (Atelier des Chamilles)

Figura 15.24 — Mancal axial de segmentos em conjunto com um mancal radial (**BBC**), segmentos segundo a Fig. 15.22 f

O anel-guia superior de mancais pequenos é construído de ferro fundido fino, e de aço em mancais maiores.

A lubrificação, nos eixos verticais, efetua-se por meio de imersão ou por lubrificação forçada, em geral com tubos de óleo radiais possuindo furos para projetar óleo na direção do movimento de deslizamento, ou por meio de condução do óleo através de palhêtas raspadoras, segundo a Fig. 15.22b; e nos eixos horizontais, pelo óleo que vem do mancal radial (Fig. 15.24), ou então por lubrificação por imersão.

15.7. MATERIAIS PARA O ESCORREGAMENTO

1) *Aplicabilidade.* Uma boa adaptação das superfícies de deslizamento depende, além das condições de funcionamento (carga, velocidade, lubrificação), da associação de forma do "emparelhamento geométrico" (folga do mancal, acabamento superficial, amaciamento) e da associação de materiais das superfícies de deslizamento.

Deseja-se uma associação que
a) seja a mais lisa,
b) seja fácil de encharcar,
c) seja fácil de "amaciar",
d) não engripe no funcionamento a sêco (propriedade de emergência),
e) não se dilate nem inche irregularmente,
f) possua suficiente resistência estática e dinâmica, resistência ao calor e à corrosão,
g) tenha boa condutibilidade térmica e
h) seja um material caldeável com boa aderência ao material de apoio.

As propriedades de *a* a *d* são necessárias apenas para o regime que não é de atrito fluido[17].

Para a superfície de deslizamento do eixo (móvel em relação à direção da carga), recomenda-se de preferência uma superfície dura e lisa, p. ex. de aço temperado ou de ferro fundido grafitado (bucha de ferro fundido sôbre o eixo), enquanto que, p. ex., o aço austenítico, nesse caso, é desfavorável.

Para a superfície de deslizamento do mancal (fixa relativamente à direção da carga), usam-se sempre materiais especiais, mais moles (permitem melhor assentamento) que a superfície de deslizamento do eixo, e que, de preferência, não a atacam, tais como ligas de estanho, de chumbo ou de zinco, ou também bronze, ferro sinterizado, ferro fundido cinzento, materiais prensados etc. (ver abaixo). Elas podem ser de material inteiriço (mancal de um só material) ou compostos (mancal de diversos materiais).

Mancais compostos. Para a superfície de deslizamento, no entanto, é suficiente uma camada fina, depositada sôbre o casquilho por fusão, por jato, por galvanização etc. e, quando necessário, recorre-se ainda a camadas especiais intermediárias a fim de melhorar a aderência e o assentamento (ver nota 4, à pág. 23). Utilizam-se muito as construções de metal branco ou de bronze ou chumbo sôbre casquilhos de aço, ou também sôbre ferro fundido, aço fundido ou metal leve.

[17]Na lubrificação abundante de alta pressão (ver Fig. 15.7), poder-se-ia dispensar as propriedades de *a* a *d*, bem como as propriedades especiais de lubrificação, do lubrificante.

39

Continuando, seguem alguns dados relativos aos diferentes materiais de deslizamento.

2) *O ferro fundido cinzento* (DIN 1 691), devido à sua dureza ($H_B \cong 150$), é menos assentável, sensível à pressão das arestas, com lubrificação deficiente, e uma estrutura pouco favorável ataca fàcilmente o eixo se êste não fôr temperado (e retificado). É desejável uma estrutura com base perlítica e com grafita finamente distribuída.

Valores práticos: $p_m \leq 10$ kgf/cm², $v = 0,1$ a 3 m/s.

3) *Ferro sinterizado e metais sinterizados* de Cu, Sn, Zn, Pb podem absorver até 35% de seu volume de óleo, lubrificando por ação capilar a superfície de deslizamento. São especialmente indicados para baixas velocidades ($v = 0,5$ m/s, $p_m \leq 100$ kgf/cm²) e para movimentos arrastados ($p_m \leq 350$), nos mancais oscilantes, nas máquinas, aparelhos para fins alimentícios e domésticos, polias para corda, correias transportadoras e rodas, mas não para movimentos bruscos. Para as pressões admissíveis do ferro sinterizado, ver Tab. 15.5. Folga de mancal $\cong 2\, d/1\,000$, p. ex. ajuste H 7 · e8 (ajuste de deslizamento).

4) *Latão* (DIN 1 709) é menos recomendável como material deslizante (maior desgaste de ponta de eixo).

5) *Bronze ao estanho e bronze vermelho* (DIN 1 705) com $H_B \cong 60\text{-}75$ são adequados para cargas elevadas e de impacto; para temperaturas elevadas com perigo simultâneo de corrosão. São principalmente usados quando se tem contato com produtos alimentícios. Havendo pressão de arestas ou um aquecimento anormal, deve-se suspeitar de uma danificação do eixo. Folga do mancal = $1,7 \cdot d/1\,000$ devido a uma maior dilatação térmica.

6) *Bronze ao chumbo*, com $H_B \cong 70$, adapta-se a cargas ainda mais elevadas e de impacto, em temperatura elevada. É mais resistente ao desgaste que o metal branco e dá um atrito de partida menor. É utilizado principalmente para motores a pistão, bem como para turbinas a vapor, máquinas operatrizes, eixos de retíficas e na construção de locomotivas. São conhecidos os mancais compostos, de casquilho de aço com uma camada de bronze ao chumbo, de 0,25 a 1 mm de espessura. Em vista da maior dureza e da menor capacidade de amaciamento do bronze ao chumbo, devem-se empregar de preferência pontas de eixos temperados com superfície lisa. Folga do mancal $1 \cdot d/1\,000$ a $1,5 \cdot d/1\,000$, e pressão de alimentação do óleo, aproximadamente 3 a 6 at, carregamento admissível, p. ex. para $d = 5$ cm, $b = 5$ cm, $n = 200$ aproximadamente $p_m = 315$ kgf/cm² para lubrificação forçada, = 155 para lubrificação por anel, = 78 para lubrificação por gôtas.

7) *Bronze ao alumínio* (DIN 1 714) substitui o bronze ao estanho, e devido a sua maior dilatação térmica exige uma maior folga de mancal. Devido à sua maior dureza ($H_B = 90$) e às suas piores propriedades de funcionamento de emergência, é mais sensível à pressão de arestas e à sujeira (vedação!).

8) *Metais brancos* (DIN 1 703) são aquêles que se devem economizar! Êles possuem excelentes propriedades de escorregamento, amaciamento e propriedades de funcionamento de emergência, mas não são adequados para carregamentos por impacto. São utilizados em camadas finas de 0,55 a 2 mm para casquilhos de ferro fundido, aço, aço fundido ou metal leve. Folga do mancal $\geq 0,5\, d/1\,000$. Em substituição aos metais brancos que devem ser economizados, empregam-se comumente metais brancos (DIN 1 728) pobres em estanho (< 10% Sn). São, segundo SCHLESINGER, particularmente indicados para mancais fundidos sob pressão, com uma folga de ajuste muito pequena, para o uso em mancais de precisão de eixos-árvore de tornos [15/7].

9) *Ligas de zinco* com $H_B = 40$ a 80 apresentam boas propriedades de amaciamento e de funcionamento de emergência. Ainda estão em fase de desenvolvimento. Folga do mancal $\cong 1,5\, d/1\,000$; temperatura máxima do mancal aproximadamente 80°C. Valores de carga, para um aquecimento de 30°:

v (m/s)	2	3	4	5
p_m (kgf/cm²)	170	100	40	10

10) *Ligas lamináveis de magnésio* (DIN 1 729) utilizam-se em mancais inteiriços para carregamentos leves a médios, p. ex. para eixos excêntricos, bombas de óleo e bombas a êmbolo. Deve-se observar sua elevada dilatação térmica.

11) *Bielas de duralumínio* podem trabalhar sem preenchimento diretamente com eixos temperados (já aplicadas em caminhões Diesel).

12) *"Quarzal"* (uma liga de quartzo e alumínio) foi experimentado em mancais de biela, resultando uma vida maior em comparação ao bronze [15/39].

13) *Resinas sintéticas prensadas* (DIN 7 703 e 16 902) apresentam boas propriedades de funcionamento e baixo desgaste, quando trabalham em conjunto com eixos beneficiados ou, de preferência, temperados. No entanto, sua baixa condutibilidade térmica exige uma boa refrigeração (ou um carregamento), e sua deformação, ao inchar, uma folga maior ($\geq 4,5\, d/1\,000$ com $b/d = 1$). Para a espessura da parede das buchas de resina sintética, torna-se aproximadamente $0,1 \cdot d$ (camadas prensadas muito finas de resina sintética, incham menos ainda). Bons resultados, segundo a Tab. 15.2, deram os mancais de resinas sintéticas com cargas e rotações baixas, para transportadores contínuos, máquinas de levantamento, vagões de trem agrícolas, máquinas agrícolas e laminadores com refrigeração e lubrificação por água, até $p = 250$ kgf/cm² com $v = 1$ m/s.

Grandezas de carregamento, segundo as recomendações da VDI, a) para um bom resfriamento, b) para um resfriamento regular:

v (m/s)	~ 0	0,16	0,5	1	2
a) p_m (kgf/cm²)	20	30	20	10	5
b) p_m (kgf/cm²)	10	17	10	5	3

Para mancais de girabrequim, conhece-se também a aplicação de material prensado sôbre o eixo (ver GILBERT e LÜRENBAUM [15/36]). Mancais autolubrificantes de resinas sintéticas, ver nota de rodapé [18].

14) *Madeira dura* (guaiaco, carvalho, freixo, faia) utiliza-se em certos casos, para um v baixo e um p médio. Atualmente, preferem-se, para êstes casos, materiais prensados ou madeira prensada*. Em máquinas têxteis e gráficas, usam-se também mancais autolubrificantes de madeira prensada, que não gotejam e cujos poros são preenchidos de metal de mancal e de lubrificante [18].

15) *Borracha mole* numa camada de espessura de 7 a 20 mm, vulcanizada e com furo, retificada, dá bons resultados em mancais envoltos de líquidos, p. ex. para hélices de navios, turbinas hidráulicas, bombas, sendo insensível a impurezas duras (ranhura helicoidal para lubrificação e refrigeração!); $p \leq 5$ kgf/cm², $v = 0,5$ a 25 m/s. Para a melhor lubrificação da borracha, ver nota de rodapé [19].

16) *Vidro e pedras preciosas* são utilizados em casos especiais, p. ex. nos mancais de relógios, na mecânica fina e na indústria química. Não possuem propriedades de funcionamento de emergência.

17) *Materiais cerâmicos finos e mancais de aço esmaltados* (eixo com bucha de borracha) são empregados na indústria química em casos especiais, p. ex. em bombas para ácido e em agitadores.

18) *Metal duro* tem dado bons resultados em mancais para pontas de eixo (ponta cônica de metal duro contra mancal de metal duro com furo cônico),de fusos de retíficas etc.; para velocidades elevadas, é melhor do que o mancal de rolamento, pois não engripa e resiste a altas pressões e temperaturas [15/41].

19) *Buchas grafitadas* são adequadas para altas temperaturas (até 300°C) e para os casos em que o óleo é indesejável ($p_m \leq 4,5$ kgf/cm², $v \leq 1$ m/s, $p \cdot v \leq 1$).

20) *Normas DIN referentes a materiais de deslizamento*

	DIN			DIN
Metal branco	1 703		Bronzes ao chumbo	1 716
Chumbo, estanho e suas ligas	1 728		Ligas de magnésio	1 729
Zinco e ligas de zinco	1 724		Ferro fundido cinzento	1 691
Bronze e bronze vermelho	1 705		Aço cementado	17 210
Latão e latão especial	1 709		Aço fundido	1 681
Bronzes ao alumínio	1 714		Mancais e buchas de material prensado	7 703, 16 902

15.8. BIBLIOGRAFIA

Generalidades e configuração

[15/1] *SCHIEBEL, A. e K. KÖRNER:* Die Gleitlager. Berlin: Springer 1933.

[15/2] *RIEBE, A.:* Gleitlager mit Abmessungen von Wälzlagern. Z. VDI vol. 78 (1934) p. 444.

[15/3] *ERKENS, A.:* Konstruktive Lagerfragen. Berlin: VDI-Verlag 1940.

[15/4] *KLEMENCIC, A.:* Bemessung und Gestaltung von Gleitlagern. Z. VDI vol. 87 (1943) p. 409.

[15/5] *OSCHANITZKY, H.:* Die Traglager von elektrischen Maschinen. Elektrotechn. u. Maschinenb. 58 (1940) p. 518.

[15/6] *WOLFF, R.:* Gleitachslager für Eisenbahnfahrzeuge. Z. VDI vol. 76 (1932) pp. 529 e 1076.

[15/7] *TAIT, W. H.:* Gleitlager, einige Betrachtungen über Werkstoffe und Bauart. Automob. Engr. n? 486 (1947) p. 111.

[15/8] *FRÖSSEL, W.:* Mehrgleitflächenlager. Techn. Handwerk vol. 2 (1947) n? 11. Augsburg: Manu-Verlag.

[15/9] *BALL, M.:* Glatte Oberflächen erhöhen die Leistungsfähigkeit von Gleitlagern (erreichte Oberflächengüte 0,015 μ). Werkstatt u. Betrieb vol. 81 (1948) p. 230.

[15/10] *GEBAUER, K.:* Die Herstellung von hartverchromten Gleitflächen mit guten Laufeigenschaften. Metalloberfläche vol. 2 (1948) p. 161.

Teoria da lubrificação e experiências

[15/11] — Oswalds Klassiker n. 218. Leipzig: Akadem. Verlagsges. 1927 (contém os trabalhos clássicos de PETROW, REYNOLDS, SOMMERFELD, e MICHELL).

[15/12] *STRIBECK, R.:* Die wesentlichen Eigenschaften der Gleit- und Rollenlager. Z. VDI vol. 46 (1902) pp. 1 341, 1 432, 1 463 e VDI-Forsch.-fasc. 7.

[15/13] *MICHELL, A. G. M.:* Die Schmierung ebener Flächen. Z. Math. u. Physik vol. 52 (1905) p. 123.

[15/14] *LASCHE, O.:* Die Reibungsverhältnisse in Lagern mit hohen Umfangsgeschwindigkeiten. Z. VDI vol. 46

[18]Poliamidas para mancais autolubrificantes, ver VIEWEG: Z. VDI vol. 90 (1948) p. 331.

*Madeira prensada é aquela formada por fôlhas finas de madeira, prensadas a quente sob pressões elevadas, com camadas intermediárias de papel especial embebido em resina sintética; a densidade aumenta de 50%, a resistência mecânica cresce muito mais. (N. do T.)

[19]Segundo Machinery, fev. 1940, p. 99, o melhor lubrificante é glicerina no álcool 1 : 2, com grafita e água.

(1902) e VDI-Forsch.-fasc. 9 (1903) e Konstruktion und Material im Bau von Dampfturbinen. Berlin: Springer 1925.

[15/15] *GÜMBEL, L. e E. EVERLING:* Reibung und Schmierung im Maschinenbau. Verlag von M. Kray 1925.

[15/16] *FALZ, E.:* Grundzüge der Schmiertechnik. Berlin: Springer 1931.

[15/17] *NÜCKER, W.:* Über den Schmiervorgang in Gleitlagern. VDI-Forsch.-fasc. 352 (1932).

[15/18] *RUMPF:* Reibung und Temperatur in Gleitlagern. VDI-Forsch.-fasc. 393 (1938).

[15/19] *THOMA, H.:* Der Heisslauf der Gleitlager. Forschg. Ing.-Wes. 9 (1938) p. 149.

[15/20] *TEN BOSCH:* Die Reibung in Gleitlagern. Schweiz. Bauztg. (1932) p. 321 e Flüssigkeitsreibung bei eintuschierten Lagern. Schweiz. Bauztg. (1933) p. 241, além disso, Vorlesungen über Maschinenelemente. Berlin: Springer 1940.

[15/21] *STIEBER, W.:* Das Schwimmlager. Berlin 1933.

[15/22] *FRÖSSEL, W.:* Nachprüfung der hydrodynamischen Schmiertheorie durch Versuche. Forschg. Ing.-Wes. 9 (1938) p. 261.

[15/23] *HERSEY, M. D.:* Theorie of Lubrication. London: Chapman a. Hall Ltd. 1938 (com 400 citações bibliográficas).

[15/24] *BAUER, K.:* Einfluss der endlichen Breite des Gleitlagers auf Tragfähigkeit und Reibung. Forschg. Ing.-Wes. 14 (1943) p. 48.

[15/25] *VOGELPOHL, G.:* Beiträge zur Kenntnis der Gleitlagerreibung. VDI-Forsch.-fasc. 386 (1937).

[15/26] *ROTZOLL, E.:* Untersuchungen an einem Gleitlager… (Mackensen-Lager). Diss. TH. Hannover 1935.

[15/27] *BOLLENRATH, Fr.:* Erfahrungen mit elektrolytisch hergestellten Laufschichten in Gleitlagern unter besonderer Berücksichtigung des Auslandes. Metalloberfläche vol. 1 (1947) p. 3.

[15/28] *LÜPFERT, H.:* Die Notlaufeigenschaften der Gleitlagermetalle in Maschinen der Feinmechanik. VDI-Forsch.-fasc. 417. Berlin 1942.

Materiais para deslizamento

[15/29] *KÜHNEL, R.:* Werkstoffe für Gleitlager. Berlin: Springer 1939 e Z. VDI vol. 85 (1941) p. 201.

[15/30] *EVANS:* Neuere Entwicklung auf dem Gebiet der Lagermetalle. Chemical Industry (London) 6/39 n.° 20002-2.

[15/31] *BUNGARDT, W.:* Lagermetalle, Ringbuch der Luftfahrt II Vol. II C 5. (Boa síntese e bibliografia.)

[15/32] *HÖFINGHOFF, W.:* (Mancais ferroviários.) Z. VDI vol. 84 (1940) pp. 465 e 581.

[15/33] *Ferro fundido cinzento:*
Meboldt. Z. VDI vol. 79 (1935) p. 629.

[15/34] *Bronze ao chumbo:*
BLANKENFELD: Metallkde. 31 (1939) p. 31.
CLAUS: Metallwirtsch. 16 (1937) p. 109.
SPRINGERUM: Techn. Zbl. f. prakt. Metallbearbeitg. 47 (1937) p. 27.-Deutsches Kupferinstitut, Bleibronze als Lagerwerkstoffe. Berlin: Selbstverlag 1938.
FISCHER, G.: Untersuchung von Bleibronze-Ausgüssen in der DVI-Lagerprüfmaschine. Luftf.-Forschg. vol. 16 (1939) p. 370.

[15/35] *Metal sinterizado:*
BAUM: Öl und Kohle 11 (1935) p. 697.
ROLLFINKE: Z. VDI vol. 84 (1940) pp. 681 e 953.
HEIDEBROEK: Z. VDI vol. 88 (1944) p. 205.
EISENKOLB, F.: Die Technik vol. 1 (1946) p. 173.
RITZAU: Metallkeramiklager. Werkst.-Techn. vol. 35 (1941) p. 145.
ROTHE, E.: in VDI-Sonderheft "Konstruieren in neuen Werkstoffen". Berlin: VDI-Verlag 1942.
REUTHE, W.: Sintereisen für Lagerung und Antrieb im Werkzeugmaschinenbau. Maschinenbau, Betrieb vol. 21 (1942) p. 161.
KOEHLER, M.: Demag-Nachr. Ausgabe C vol. 15 (1941) n.° 1.
FIRMENSCHRIFTEN: Ringsdorff-Werke K. G., Mehlem a. Rhein; Schunk u. Ebe, Giessen. Vereinigte Dtsch. Metallwerke, Heddernheim.

[15/36] *Resina sintética:*
VDI-Richtlinien, Gestaltung und Verwendung von Gleitlagern aus KH.-Presstoff. Berlin: VDI-Verlag 1939.
ACHILLES: (Possibilidades de aplicação.) Z. VDI vol. 80 (1936) p. 1 317.
HEIDEBROEK: (Resultados práticos obtidos e cargas admissíveis.) Z. VDI vol. 82 (1938) p. 755 e Masch.-Bau 17 (1938) p. 445.
GILBERT: (Experiências da VDI.) Masch.-Bau 16 (1937) p. 363.
GILBERT e LÜRENBAUM: (Mancais sujeitos a cargas elevadas.) Z. VDI vol. 86 (1942) p. 139.
STROHAUER: (Comparação com mancais metálicos.) Z. VDI vol. 85 (1938) p. 1 441.
BARNER: (Experiências.) Kunststoffe 27 (1937) p. 324.
LEHR: (Experiências.) Kunststoffe 28 (1938) p. 161.
KLING: (Para prensas.) Z. VDI vol. 84 (1940) p. 39.
LUTZE: (Para britadores.) Z. VDI vol. 84 (1940) p. 691.
HENSKY: (Para bombas.) Z. VDI vol. 84 (1940) p. 159.
OTTO: (Para bondes.) Z. VDI vol. 84 (1940) p. 644.
ROHDE: (Para laminadores.) Z. VDI vol. 84 (1940) p. 832.
NIGGEMEYER: (Para usinas a vapor.) Arch. Wärmewirtsch. 19 (1938) p. 60.
ERNST: (Para guindastes.) Mitt. Forsch.-Anst. G. H. H.-Konz. vol. 5 (1937) p. 135.
THIESSEN: (Lubrificação.) Kunststoffe 27 (1937) p. 311.
MÄCKELT: (Para veículos sôbre trilhos.) Mitt. Forsch.-Inst. Maschinenwes. Baubetrieb fasc. 11 (1939).

[15/37] *Material de reposição:*
NASS: Masch-Bau 19 (1940) p. 189.
BRENNECKE: (Para máquinas motrizes e motores elétricos.) Arch. Wärmewirtsch. 21 (1940) p. 223.

OPITZ: Masch.-Bau 19 (1940) p. 233.

ROHDE: (Rolamentos de rolos.) Z. VDI vol. 83 (1939) p. 1 209.

BECKER: (Questões de conformação.) Arch. Wärmewirtsch. 18 (1937) p. 255.

[15/38] *Metal leve:*

BUSKE: (Para motor de avião.) ATZ 42 (1939) p. 355.

KÜNZEL: ATZ 42 (1939) p. 645.

VERSUCHSERGEBNISSE: DVL-Forschungsbericht 979 (out. 1938).

FISCHER: Luftf.-Forsch. 16 (1939) p. 1.

STERNER-RAINER: Masch.-Bau 20 (1941) p. 73.

HEIDEBROEK: Die Technik 4 (1949) p. 449.

[15/39] *"Quarzal":*

VON SCHWARZ: Metallwirtsch. 16 (1937) p. 771.

[15/40] *Zinco:*

BAYER: Z. VDI vol. 84 (1940) p. 565.

SCHMIDT-WEBER: Z. VDI vol. 84 (1940) p. 1 017.

[15/41] *Metal duro:*

— *Hartmetalle als Gleitlager* für Schleif- und Abrichter. VDI-Nahr. n.° 1 (1949) p. 2, e Industrial Diamond Review vol. 8 (julho 1948) p. 203.

SCHÖNING: Maschinen- und Vorrichtungsteile aus Hartmetall. Werkstatt u. Betrieb vol. 81 (1948) p. 50.

[15/42] *Esmalte:*

— Emailverstärkte Stahllager. Metalloberfläche Ano 2 (1948) p. 220.

[15/43] *Confecção do revestimento do mancal por fusão:*

BEILFUSZ: (Fundição sob pressão e por centrifugação.) Z. VDI vol. 80 (1936) p. 1 475.

BACKOF: Masch.-Bau 19 (1940) p. 27.

Lubrificação (Lubrificantes, ver p. 50).

[15/44] — Reibung und Schmierung. Sonderheft d. Z. Masch.-Bau 1931 e Masch.-Bau (1932) p. 392.

[15/45] — Proceedings of the general discussion on Lubrication and lubricants. London 1937.

[15/46] *WOLF, K. L.:* Molekularphysikal. Probleme der Schmierung. Z. VDI vol. 83 (1939) p. 781.

[15/47] *DONANDT, H.:* Grenzschmierung. Z. VDI vol. 80 (1936) p. 821.

[15/48] *HEIDEBROEK, E. e E. PIETSCH:* (Atrito no limite do regime fluido.) Forschg. Ing.-Wes. 12 (1941) p. 74.

[15/49] *THIESSEN:* Schmierung von Kunststofflagern. Kunststoffe 27 (1937) p. 290.

[15/50] *HUBER-EIBERGER:* Frischölschmierung bei Pleuellager. Dtsch. Kraftfahrtforsch. fasc. 4. Berlin: VDI-Verlag 1938.

[15/51] *MEIER, E.:* Gleitlager und deren Schmierung. ATZ 37 (1934) p. 138.

[15/52] *TRAEG, F.:* Olschmierung bei Werkzeugmaschinen. Sonderdruck des Techn. Zbl. prakt. Metallbearb (1937).

[15/53] *TRAEG, F.:* Fettschmierung. Berlin: VDI-Verlag 1938.

[15/54] *SCHRÖTER, H. v.:* Die Schmierung von Gleitlagern mit konsistenten Fetten. Diss. TH. Karlsruhe 1933.

[15/55] *WAGNER:* Schmierung der Heissdampflokomotive. Z. VDI vol. 69 (1925) p. 1 589.

[15/56] *MÜLLER, K.:* Ölmengenmessungen an Ringschmierlagern. Versuchsfeld für Masch.-Elemente. TH. Berlin (1930) fasc. 10. Verlag Oldenbourg.

[15/57] — Schmierung bei Kältemaschinen und Gummilagern. Machinery (1940) p. 29.

[15/58] — *Zentral-Hochdruck-Schmierpumpen* (*Bombas de alta pressão para lubrificação central*) para óleo e graxa, ver publicações especializadas das firmas R. Bosch, Stuttgart; J. Vögele, Mannheim; C. Bauch, Rosswein, Helios-Apparate, Heidelberg.

[15/59] *KINDSCHER, E.:* Neue Erkenntnisse über Reibung, Schmierung und Verschleiss. Die Technik vol. 2 (1947) p. 72.

[15/60] *VOGELPOHL, G.:* Die geschichtliche Entwicklung unseres Wissens über Reibung und Schmierung I. Öl u. Kohle vol. 36 (1940) pp. 89 e 129.

[15/61] *LUDWIG, N.:* Reibungszahl verschieden bearbeiteter u. veredelter Oberflächen bei trockener, gleitender Reibung. Die Technik vol. 2 (1947) p 166.

[15/62] *REUSCHKE, W.:* Schmierung, Werkstattkniffe, tomo 2. München: Hanser-Verlag 1948.

Complemento

[15/63] *VOGEL, A.:* Reibungsvorgänge in längsbeweglichen Querlagen. Forschg. vol. 7 (1936) p. 221.

[15/64] *ENDRES, W.:* Elastische Lagerschalen. Z. VDI vol. 79 (1935) p. 982.

[15/6.] *THOMA:* Der Heisslauf der Gleitlager. Forschg. vol. 9 (1938) p. 149 (p = aprox. 50 kgf/cm^2 para mancais de velocidade elevada).

[15/66] *KÜHNEL:* Bewährung der metall. Gleitlager-Werkstoffe. Z. VDI vol. 85 (1941) p. 201.

[15/67] *BUSKE, A.:* Die Abhängigkeit der Lagerbelastbarkeit von der Lagerbauform. Jb. 1942 dtsch. Luftf.

[15/68] *VOGELPOHL, G.:* Ähnlichkeitsbeziehungen der Gleitlagerreibung und untere Reibungsgrenze. Z. VDI 91 (1949) p. 379.-Reibungsmessungen auf Prüfmaschinen und ihr Wert zur Beurteilung der Schmierfähigkeit von Ölen. Erdöl und Kohle. vol. 2 (1949), p. 551.

[15/69] *HÜLLEN, H.:* Die Flüssigkeitsströmung zwischen beweglichen Zylinderflächen. Die Technik vol. 2 (1947) p. 46.

[15/70] *RICHTER, F. e W. HARTE:* Lagermetalle unter Berücksichtigung einer besonderen Bleilagerlegierung. Werkstatt u. Betrieb 82 (1949) p. 114.

[15/71] *WEBER, R.:* Eigenschaften und Anwendung metallischer Gleitlagerwerkstoffe. Metallkunde 39 (1948) p. 240.

[15/72] *HEIDEBROEK, E.:* Richtlinien für den Austausch von Wälzlagern gegen Gleitlager. Die Technik 4 (1949) p. 53. — Vergleichende Untersuchung an Lagerschalenwerkstoffen, Berlin: VDI-Verlag 1941.

[15/73] **KALPERS, H.:** Lagerteile aus Feinstzink-Schleuderguss. Werkstatt u. Betrieb 82 (1949) p. 54.

[15/74] *CRAMER, H.:* Über die Reibung und Schmierung von feinmechan. Geräten. Diss. T. H. Braunschweig 1949.

16. Lubrificantes

16.1. GENERALIDADES

Os lubrificantes devem, acima de tudo, reduzir ao mínimo o coeficiente de atrito e o desgaste nas superfícies de deslizamento, formando uma película de lubrificação entre essas superfícies. Além disso, freqüentemente devem também conduzir o calor de atrito, proteger contra a ferrugem, e vedar.

Nas construções de máquinas, utilizam-se principalmente óleos e graxas minerais, em casos especiais também outros lubrificantes, como os óleos e graxas de origem orgânica ("óleos gordos"), as misturas de óleos minerais com orgânicos ("óleos engordurados") ou as soluções aquosas de álcalis (ver óleos para emulsão), e, finalmente, os óleos sintéticos (ainda em desenvolvimento) e os lubrificantes grafíticos [1].

1) *Óleos minerais*. São baratos e oxidam pouco. São obtidos principalmente do petróleo e, em menor escala, do carvão de pedra, lignita e xisto betuminoso.

Distinguem-se:

a) *segundo a fabricação*:

produtos de destilação, óleos obtidos do óleo cru por destilação (no tubo de ensaio, quase sempre pouco transparentes);

produtos refinados, que são os destilados submetidos à purificação química e física, ou que receberam outro tratamento posterior (geralmente transparentes no tubo de ensaio!) e, finalmente,

óleos residuais, formados pelos resíduos da destilação (mesmo as gôtas são pouco transparentes);

b) *segundo a viscosidade*:

óleo para fusos (baixa fluidez), óleo para máquinas (média fluidez) e óleo para cilindros (fluidez grossa);

c) *segundo outras propriedades*:

tais como propriedade lubrificante, comportamento a frio, a quente e em pressões elevadas, resistência ao calor, ao oxigênio, à água, aos metais, e outras.

d) *segundo a aplicação*:

óleos de caixas de engrenagens, óleos para turbinas, óleos de corte etc., ver Tab. 16.2.

2) *Graxas minerais*. Quando comparadas aos óleos minerais, distinguem-se pelo maior ponto de gôta (consistência plástica). Obtêm-se tais graxas geralmente por englutinamento a quente de sabões de sódio ou de potássio. No entanto, conhecem-se também graxas minerais puras, não saponificadas, tais como a vaselina e o "invarol". O último destaca-se pela sua elevada estabilidade, permanecendo inalterado mesmo após aquecimentos repetidos até 70°C (muito apropriado para mancais da mecânica fina).

Distinguem-se:

a) *segundo a aplicação*:

graxas para máquinas, para veículos, para rolamentos, para mancais trabalhando a quente etc.

b) *segundo as propriedades*:

tais como comportamento térmico, resistência ao envelhecimento (ponto de gôta, resinificação, decomposição, envelhecimento), consistência (baixa ou alta), resistência a pressões, à água (graxas saponificadas calcárias são mais resistentes à água mas menos resistentes ao calor do que graxas saponificadas sódicas) e côr.

3) *Óleos "gordos" (orgânicos)*, tais como óleo de colza, de oliva, de rícino e óleo "de pé-de-boi", sebo etc., possuem uma capacidade de lubrificação elevada; no entanto, são caros e envelhecem ràpidamente (oxidam e resinificam-se). Por isso, são usados sòmente em casos especiais, p. ex. como aditivos em

4) *Óleos minerais "gordurosos"*, utilizados com vantagem nos cilindros a vapor e nos eixos dos cilindros laminadores, devido a sua facilidade de emulsão com água; além disso, nos casos em que se necessita de uma elevada capacidade de lubrificação (óleo para alta pressão), como em redutores de parafusos sem-fim e em engrenagens cônicas rebaixadas. Sua tendência à resinificação pode ser diminuída consideràvelmente por descargas elétricas (ver óleos "Voltöl", Fig. 16.1).

5) *Óleos de emulsão*, i.e., misturas íntimas de óleos minerais com soluções aquosas de certos álcalis, possuem adesão elevada e não formam resíduos apreciáveis, mesmo em temperaturas elevadas, de modo que se adaptam particularmente bem como óleos para vapor superaquecido (cilindros a vapor).

6) *Lubrificantes grafíticos*. Usa-se grafit

a) para *grafitizar* inicialmente as superfícies de deslizamento, a fim de torná-las mais absorventes, mais lisas e mais resistentes ao engripamento, e para encurtar o tempo de amaciamento;

[1]Em casos especiais, p. ex. em bombas e em laminadores, lubrifica-se também com água.

b) **sob** *forma coloidal* ("Kollag" e análogos), como aditivo de óleo ou graxa, a fim de obter os efeitos citados **em a;**

c) **para** *lubrificação a sêco com grafita*, em movimentos lentos ou em temperaturas elevadas (até 300°C), quando outros lubrificantes são menos adequados.

7) *Escolha do lubrificante*. Em grande parte é uma questão de experiência, exigindo freqüentemente a consideração de numerosos pontos de vista, razão pela qual, em condições novas, convém lançar mão da excelente "assistência técnica" das indústrias de óleos minerais e de lubrificantes.

Nos movimentos de deslizamento, um ponto de vista essencial é sempre a viscosidade do lubrificante nas condições de serviço (pressão local, velocidade e temperatura). Quanto maior fôr a pressão local entre as superfícies de contato e quanto menor a velocidade de deslizamento, tanto maior deverá ser a viscosidade do lubrificante (e, quando houver perigo de engripamento, a capacidade de lubrificação), devendo-se considerar a influência da temperatura e, para elevadas pressões locais (p. ex. em engrenagens), a influência da pressão na viscosidade (ver detalhes à pág. 47).

Por outro lado, em altas velocidades, deseja-se uma baixa viscosidade de óleo, pois, caso contrário, devido ao atrito interno, aumentam muito a energia consumida e a temperatura.

Para temperaturas elevadas, requerem-se óleos que, mesmo nessas temperaturas, sejam suficientemente viscosas, i.e., que apresentem curvas de viscosidade de pouco aclive (ver Fig. 16.1).

Para pressões locais elevadas ($p \geq 300$ kgf/cm^2), desejam-se lubrificantes que apresentem grande aumento de viscosidade com a pressão, ou então lubrificantes com poder de adesão elevado (p. ex. óleos "Hypoid" ativados quìmicamente).

No caso de lubrificação forçada, é essencial a resistência ao envelhecimento.

De acôrdo com a explicação, uma orientação inicial para a escolha adequada dos lubrificantes é dada nas Tabs. 16.1 e 16.2. Outros dados, ver Lubrificação dos mancais, pág. 35, e das engrenagens, (Cap. 21).

TABELA 16.1 – *Graxas lubrificantes segundo DIN* (norma retirada).

Uso	DIN	Ponto de gotejamento acima de °C	Teor de água abaixo de %	Observações
Graxa para rolamentos	6 562			Rolamentos muito leves e pequenos
a) em baixa rotação		120	1	podem ser lubrificados com vase-
b) em alta rotação		60	2	lina, ponto de gotejamento 35°C
Graxa para mancais a quente	6 563	120	1	Adição de corantes não elevam o poder lubrificante
Graxa para redutores	6 564	75	4	Adição de corantes não elevam o poder lubrificante
Graxa para máquinas (graxa "Stauffer")	6 565	75	4	Para graxas de emulsão, o teor de água é mais elevado
Graxa para veículos	6 566	60	6	Para eixos de carroças e de carrinhos de transporte
Graxa para carrinhos de transporte	6 567	45	6	
Graxa para cabos de aço	6 568	50	6	
Graxa para cabos de cânhamo	6 569	60	6	
Graxa para engrenagens	6 570	45	6	
Graxa para laminadores a frio	6 571	50	6	
Graxa para laminadores de carvão prensado	6 572	80	6	
Graxa para laminadores a quente	6 573	> 18° acima do ponto de amolecimento	0,1	Ponto de amolecimento não abaixo de 60°

16.2. PROPRIEDADES E ENSAIOS DOS LUBRIFICANTES

Os métodos de ensaios físicos, químicos e mecânicos dos lubrificantes são fixados pelas normas DIN 53 652-53 663.

Para o *processo de lubrificação* interessam:

1) a *viscosidade* e o seu decréscimo com o aumento da temperatura (Fig. 16.1), no regime de atrito fluido e misto, e a perda de cargas nas tubulações de lubrificantes; além disso, o aumento da viscosidade com a pressão [16/16], [16/17], no caso de pressões locais elevadas (p. ex. nos flancos dos dentes de engrenagens). Outros detalhes, ver subtítulo 16.3, abaixo;

2) as *demais propriedades de lubrificação*, que não são abordadas pela viscosidade, e que podem ser resumidas sob a denominação "Capacidade de lubrificação" ("Oiliness"). São essenciais para o regime de atrito misto, e limite. Suas propriedades se referem à "capacidade de absorver", à capacidade de adesão e às demais propriedades moleculares. Outras propriedades, importantes para o uso e a recepção dos lubrificantes, são ainda

3) *densidade* γ. Depende da temperatura ϑ. Para óleos minerais, tem-se $\gamma = \gamma_{20} - 0{,}0007\,(\vartheta - 20) \cdot 10^{-3}$; $\gamma_{20} = 0{,}89 \cdot 10^{-3}$ a $0{,}96 \cdot 10^{-3}$ kgf/cm^3 para 20°C;

TABELA 16.2 – *Óleos lubrificantes segundo DIN* (substituída por uma nova norma DIN).

Uso	DIN	Ponto de fulgor °C	Viscosidade °E	até °C	Observações
Para a mecânica fina	6542	125	1,8	20	para máquinas de escritório, instrumentos de medição, máquinas de costura etc.
Mancais	6543				
a) eixos com velocidades elevadas		140	$1,8\cdots4$	50	motores elétricos, rolamentos de esfera de rolos, transmissões
b) eixos sob cargas normais		160	$4\cdots7,5$	50	para lubrificação por anel, por gotejamento, e forçada
c) eixos sob cargas leves		170	$>7,5$	50	para máquinas com velocidades baixas
Eixos	6544				
a) para as estradas de ferro federais da Alemanha	óleo de verão	160	$8\cdots10$	50	óleo de verão para vagões de trem normais e pequenos, de óleo de inverno, bonde e carrinhos de transporte
	óleo de inverno	140	$4,5\cdots8$	50	
b) para outras finalidades	óleo de verão	140	>4	50	
	óleo de inverno	140	>4	50	
Compressores	6545			50	
a) compressores a êmbolo		175	$4\cdots12$	50	para válvulas °E $=4\cdots12$, para registros de gaveta °E $=6\cdots10$, não utilizável para gases oxidantes
		200	$6\cdots10$		
b) compressores de alta pressão		200	>6	50	
c) compressores de paletas		175	$6\cdots12$	50	
Redutores	6546				
a) transmissões por engrenagens e redutores com parafusos sem-fim, em automóveis		175	>12	50	
b) para outras transmissões por engrenagens e em redutores com parafuso sem-fim		175	>4	50	não para redutores de turbinas a vapor
Motores estacionários e de veículos	6547	200	>8	50	verão
Motores para automóveis Motores com carburador e motores Diesel otores Diesel estacionários: $n>600$ rpm		185	$4\cdots8$	50	inverno
Motores a gás	6550				
a) máquinas pequenas		160	>3	50	
b) máquinas grandes					
de quatro tempos		175	>4	50	para cilindros sòmente refinados
de dois tempos		175	>6	50	
Máquinas a vapor	6552				
a) vapor saturado		240	$2,5\cdots7$	100	para cilindros
b) vapor superaquecido		270	$3\cdots9$	100	
Turbinas a vapor	6554	165	$2,5\cdots3,4$	50	óleos resistentes ao envelhecimento, não-emulsionáveis
		180	$3,4\cdots7$		
Turbinas hidráulicas	6555	160	$2,5\cdots12$	50	para comportas hidráulicas, óleos menos viscosos, para os cubos das pás móveis, óleos mais viscosos (semelhantes aos óleos para cilindros)
Máquinas de refrigeração	51503				
a) NH_3 e CO_2 como agentes frigoríficos		160	$>4,5$	20	Grupo A
b) SO_2		160	>10	20	Grupo B } líquidos a -25°C em movimento
c) Hidrocarbonetos e seus derivados, p. ex. C_3H_8		160	>10	20	Grupo C

4) *ponto de solidificação*[2] (ponto stock ou de gôta), importante na partida em baixas temperaturas. Atinge, p. ex., –8° a –20° para o óleo mineral russo, = –3° a 0° para o óleo mineral americano, = 0° a 30° para o óleo para cilindros americanos, abaixo de –20° para o óleo "Voltöl", = –11° a 0° para o óleo de osso, = –18° a –10° para o óleo de rícino;

5) *ponto fulgor* (temperatura da 1.ª inflamação) e *ponto de combustão* (aproximadamente 30° a 40° acima do ponto fulgor). São importantes para os compressores e para os motores a combustão;

6) *capacidade de emulsionar* com água (indesejável em turbinas a vapor);

7) *resistência ao envelhecimento* (ameaçada pela oxidação, decomposição e absorção), medida pelo coeficiente de alcatroamento ("Verteerungszahl" VZ);

8) *pureza* (teor de água, álcalis, ácidos minerais livres, asfalto duro, cinzas e impurezas sólidas) e *comportamento químico*, ensaiados pelo coeficiente de saponificação ("Verseifungszahl" VS) e pelo coeficiente de neutralização (NS).

O *calor específico* $C = 0{,}48 + 0{,}0007\,(\vartheta - 100)$ kcal/kgf°C é decisivo para a absorção do calor pelo óleo e independe da viscosidade.

A *côr* do lubrificante não permite deduzir conclusões quanto as suas propriedades; óleos usados são escuros, óleos com um certo teor de água são turvos.

16.3. VISCOSIDADE DOS ÓLEOS LUBRIFICANTES[3]

Devido a sua importância crescente por permitir o cálculo do fenômeno de lubrificação nos regimes de atrito fluido e misto, são resumidos, a seguir, os conceitos fundamentais e suas relações.

1) *Viscosidade dinâmica* η: Na deformação de um líquido aparecem tensões de cisalhamento τ no seio do líquido, que aumentam com a velocidade de deformação. Se as partículas do fluido se movimentam na direção do eixo dos x com velocidades diferentes v_x, de tal maneira que o paralelepípedo retangular passa para o oblíquo, então vale a relação de NEWTON:

$$\tau = \eta \cdot \frac{\delta v_x}{\delta_y}$$

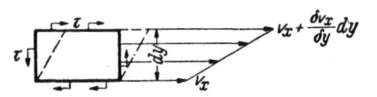

O coeficiente η, chamado de "viscosidade dinâmica", é decisivo para a lubrificação hidrodinâmica, variando com o líquido, a temperatura e a pressão.

Unidades técnicas: $\tau \ldots$ kgf/cm^2, $v_x \ldots$ cm/s, $\delta v_x / \delta y \ldots 1/s$, portanto $\eta \ldots$ kgfs/cm^2.

Unidades físicas: de 1 kgf (fôrça) $= 0{,}981 \cdot 10^6$ dinas seguem as unidades de η: 1 dina s/cm^2 = 1 Poise (diga poase) = 100 cP (diga centipoase) $= 1/(0{,}981 \cdot 10^6)$ kgfs/cm^2 $= 1{,}02 \cdot 10^6$ kgfs/cm^2.

Exemplo: $\eta = 1 \cdot 10^{-6}$ kgfs/cm^2 $= 1 \cdot 10^{-6} \cdot 0{,}981 \cdot 10^6 P = 0{,}981\,P = 98{,}1$ cP.

2) *Viscosidade cinemática* $\qquad \boxed{\nu \,(\text{diga ni}) = \eta/\text{densidade} = \eta \cdot g/\gamma}$

Unidades: $\eta \ldots$ kgfs/cm^2, aceleração da gravidade $g = 981$ cm/s^2, densidade[4] $\gamma \ldots$ kgf/cm^3, portanto $\nu \ldots$ cm^2/s.

Símbolo: 1 cm^2/s = 1 Stokes = 100 cSt

Exemplo: para $\eta = 1 \cdot 10^{-6}$ kgfs/cm^2, $\gamma = 0{,}92 \cdot 10^{-3}$ kgf/cm^3, tem-se
$\nu = 1 \cdot 10^{-6} \cdot 981/(0{,}92 \cdot 10^{-3})$ cm^2/s $= 1{,}07$ St $= 107$ cSt

3) *Graus Engler.* A viscosidade (cinemática) E em graus Engler (°E), determinada por meio de um viscosímetro Engler, pode ser transformada, por cálculo, em viscosidade dinâmica η, de acôrdo com UBBE-LOHDE, [16/14]:

$$\boxed{\eta = (74E - 64/E) \cdot \gamma \cdot 10^{-6}} \,,$$

onde η, E e γ^4 são valores numéricos de η (kgfs/cm^2), E (°E) e γ (kgf/cm^3).

Exemplo: para $E = 15$, $\gamma = 0{,}92 \cdot 10^{-3}$ kgf/cm^3, tem-se
$\eta = (74 \cdot 15 - 64/15)\,0{,}92 \cdot 10^{-3} \cdot 10^{-6} = 1{,}02 \cdot 10^{-6}$ kgfs/cm^2.

4) *Dependência da temperatura.* A viscosidade diminui consideràvelmente com o aumento de temperatura. Segundo VOGEL [16/19], tem-se

$$\boxed{\log \eta = \log k + 0{,}434\, b/(\vartheta + c)}$$

---

[2]As estradas de ferro federais da Alemanha recebem os seus lubrificantes de acôrdo com as temperaturas de solidificação.

[3]V. definições DIN 1342 e DIN 53655.

[4]A densidade γ de óleo mineral diminui de $0{,}0007 \cdot 10^{-3}$ (kgf/cm^3) por °C de aumento da temperatura

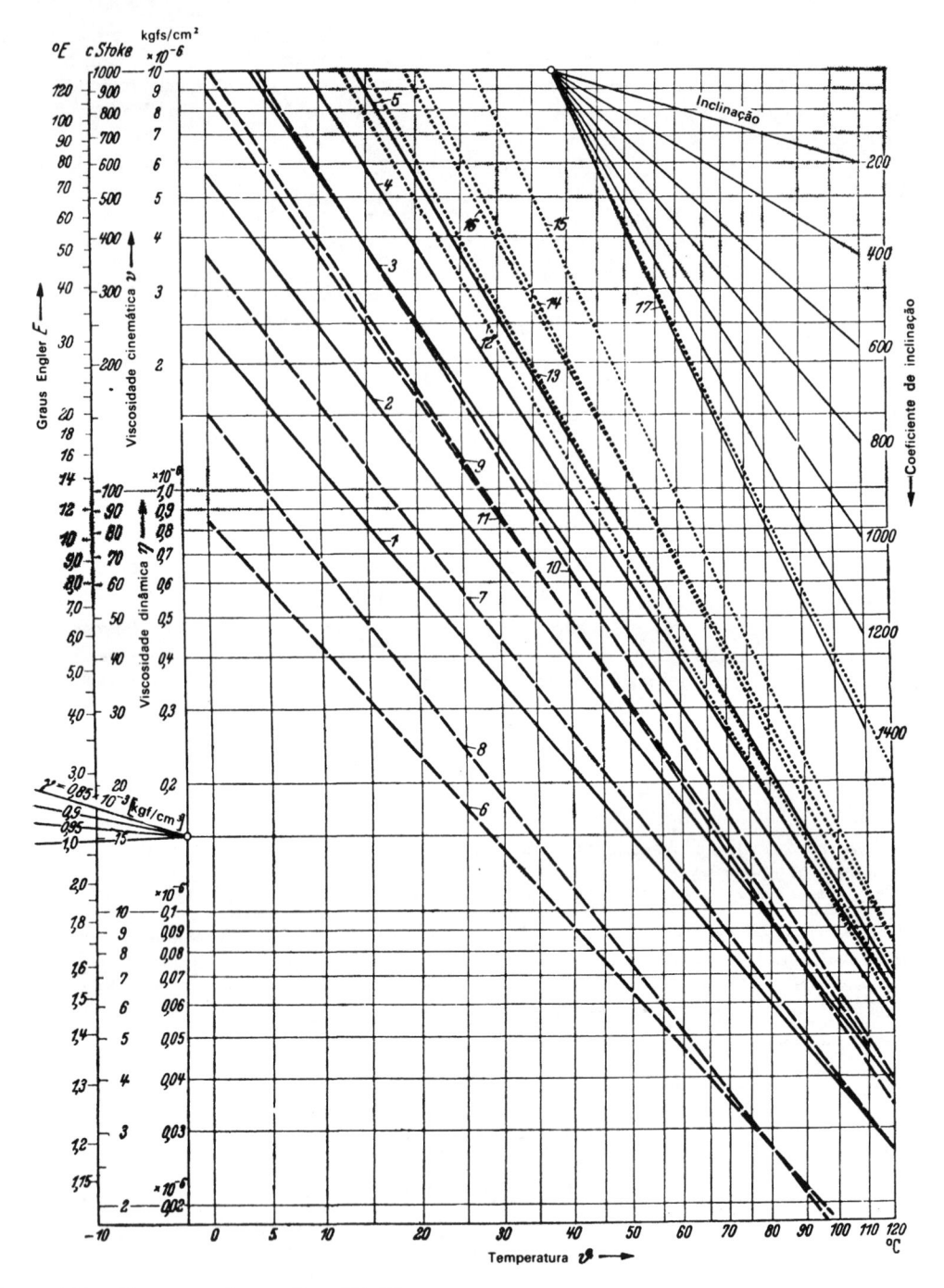

Figura 16.1 – Diagrama η–ϑ para óleos "Shell"

Óleos "Voltol" para deslizamento (beneficiados elètricamente, emulsionáveis com água, substâncias de envelhecimento não decantam)

1 Voltöl 0 (γ_{20} = 0,903) Óleo para fusos
2 Voltöl II (0,892)   para máquinas operatrizes, engrenagens, compressores, bombas, máquinas a vapor para transmissões

3 Voltöl III (0,92)   } para redutores e mancais sob
4 Voltöl IV (0,926) } cargas elevadas
5 Voltöl V (0,0930) }

Óleos resistentes ao envelhecimento, hidrófugos, para motores a combustão, compressores, redutores e mancais com aquecimento adicional

6 óleo Shell JY 1 (0,875) óleo para fusos
7 óleo Shell JY 3 (0,884) óleo pesado para fusos, para máquinas de refrigeração
8 óleo Shell AB 11 (0,873) óleo para máquinas de refrigeração para temperaturas extremamente baixas
9 óleo Shell BC 8 (0,89) para turbinas a vapor, redutores
10 óleo Shell BC 9 (0,9)   para turbinas a vapor marítimas
11 óleo Shell BG 8 (0,8)   para turbinas hidráulicas

12 óleo Shell CY 2 (0,918)}
13 óleo Shell CY 3 (0,911) }
14 óleo Shell CY 4 (0,915) } para motores Diesel
15 óleo Shell CY 6 (0,913) }
16 óleo Shell HDL (0,915) } óleo de alta pressão de
                      redutores para regime
                      de atrito misto e cargas
                      elevadas, p. ex. reduto
17 óleo Shell HDS (0,930) } res de parafuso sem-fim

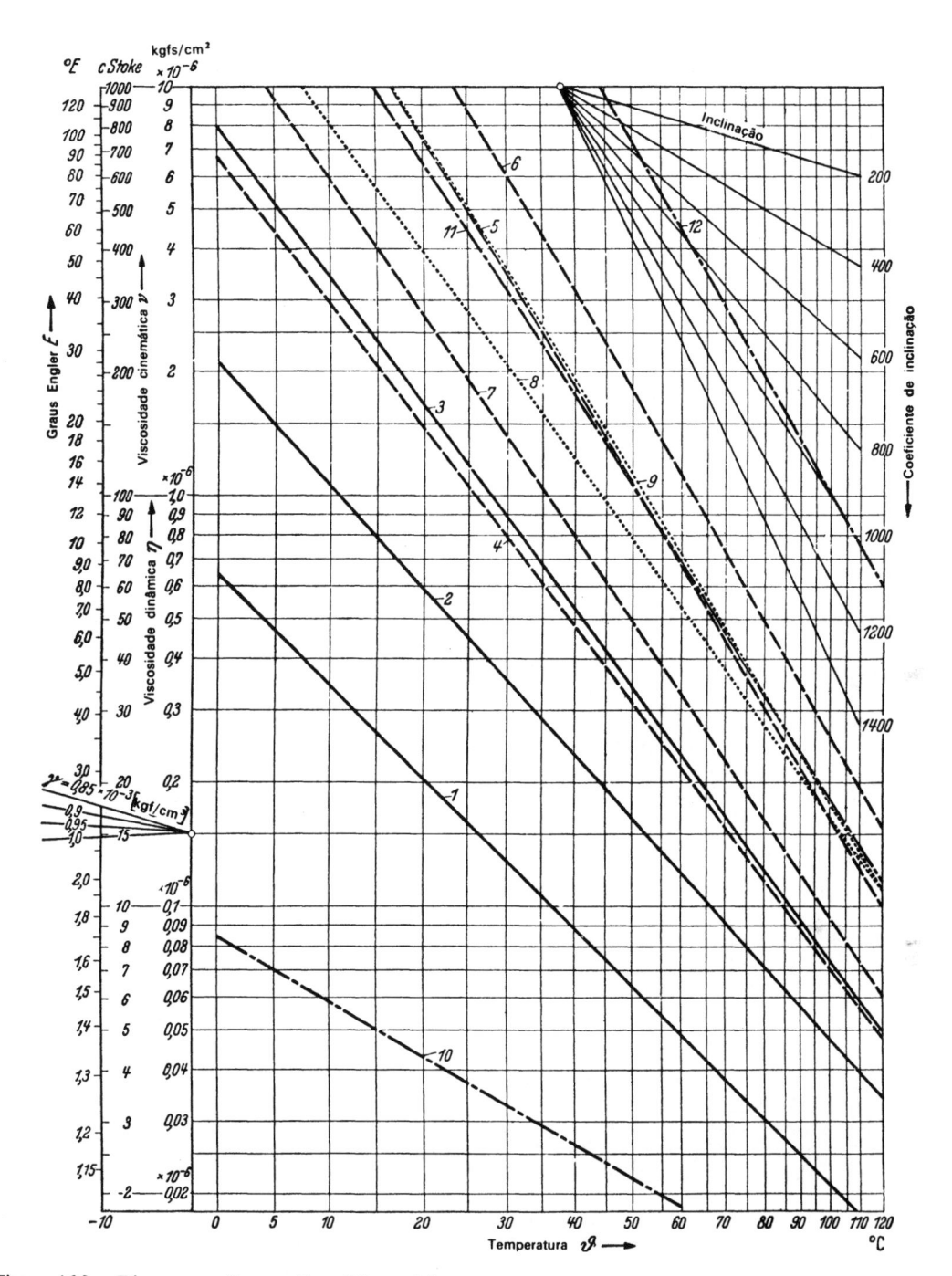

Figura 16.2 — Diagrama η–ϑ para óleos "Gargoyle"

1 Velocite E (γ_{20} = 0,888) óleos para fusos
2 Vacuoline C (0,898), para motores elétricos de alta rotação
3 Vactra médio x (0,912), para máquinas operatrizes

  Óleos "DTE" resistentes ao envelhecimento

4 DTE médio (0,906) para turbinas a vapor
5 DTE BB (0,915) ⎫
6 DTE AA (0,933) ⎬ (para redutores com carga elevada, compressores, motores Diesel grandes)
7 DTE pesado (0,906) ⎭
8 Mobilöl Aero Grauring (0,888), para motores Otto
9 Mobilöl EPWJ/K (0,928), óleo de alta pressão, para atrito misto em cargas elevadas, p. ex. redutores de parafuso sem-fim

Para comparação: 10 querosene (0,826)
                           11 glicerina (1,26)
                           12 rícino (0,963)

com k, b e c como **constantes do líquido correspondente**, ϑ (°C) temperatura e η (kgfs/cm^2). Segundo ERK e ERK [16/20], para **o óleo, tem-se** $c = 95°$.

5) *Diagrama η–ϑ.* Representa-se num diagrama (Figs. 16.1 e 16.2), da esquerda para a direita, o comprimento $1/(\vartheta + 95)$, e de baixo para cima, o comprimento $\log \eta$, indicando ainda os valores de ϑ e η. Neste gráfico, a curva da viscosidade é **uma reta fixada** pela viscosidade em 2 temperaturas, cuja inclinação define a dependência da temperatura. Com a inclinação fixa-se o "coeficiente de inclinação" b, indicado em cima, à direita do gráfico, para diversas inclinações. A viscosidade cinemática em cSt ou °E obtém-se quando se passa da escala dos η através da respectiva inclinação γ para a escala v.

6) *Dependência da pressão.* A viscosidade aumenta com a pressão p (kgf/cm^2), e tanto mais quanto maior fôr a inclinação das curvas η–ϑ (Fig. 16.1). Segundo CAMERON [16/17], tem-se, para óleos lubrificantes:

$$\log \eta_p = \log \eta_{p_0} + 0{,}434 \cdot A \cdot p \; (\vartheta + q)$$

onde, para óleos minerais, pode-se adotar $q \cong 52°$ e $1/A = 9{,}00 - 4{,}2 \cdot 10^{-3} \cdot b$; viscosidade η_p ou η_{p_0} (kgfs/cm^2) na pressão relativa p (acima de p_0) ou p_0 em kgf/cm^2, coeficiente de inclinação b, como acima.

Exemplo: Para óleo com $b = 1\,000$ vem $A = 1/(9{,}0 - 4{,}2 \cdot 10^{-3} \cdot 1000) = 0{,}21$°C cm^2/kgf, e para $\vartheta = 80°$ e $p = 400$ kgf/cm^2 vem $\eta_p = \eta_{p_0} \cdot 1{,}89$. O aumento de η é, portanto, significativo sòmente para grandes pressões, p. ex. nos flancos de dentes de engrenagens.

16.4. BIBLIOGRAFIA

Generalidades

[16/1] *UBBELOHDE, L. e H. HELLER:* Handbuch der Chemie und Technologie der Fette und Öle. Leipzig: Hirzel 1929.

[16/2] *HOLDE, D.:* Z. Kohlenwasserstofföle und Fette. (1933).

[16/3] *KADMER, E. H.:* Die Bewertungsgrundlagen der Schmiermittel. Augsburg: Verlag für chem. Ind. 1939.

[16/4] *KADMER, E. H.:* Schmierstoffe und Maschinenschmierung. Berlin: Bornträger 1940.

[16/5] *WALTHER, C.:* Schmiermittel. Dresden: V. Steinkopf 1930 u. Physik. Z. (1931) p. 617.

[1 /6] — Richtlinien für den Einkauf und die Prüfung von Schmiermitteln. Düsseldorf: Stahleisen 1936.

[16/7] *ASCHER, R.:* Die Schmiermittel. Berlin: Springer 1931.

[16/8] — Proceedings of the General Discussion on Lubrication and Lubricants. London 1937.

[16/9] *HEIDEBROEK, E.:* Maschinentechn. Ansprüche an Schmieröle und Schmierfette. Angew. Chem. vol. 50 (1937) p. 743.
Ölprüfungsringversuche. Die Technik vol. 2 (1947) p. 525.

[16/10] *BORNTRÄGER:* Schmierstoffe. Ringbuch der Luftfahrt IV C 2.

[16/11] *PHILIPPOVICH:* Forschung auf dem Gebiete der Schmiermittel. Z. VDI vol. 81 (1937) p. 1467.

[16/12] — Ensaios para óleo. DIN 53 652 a 53 663.

[16/13] *BOECKER, A.:* Fettschmierung, Eigenschaften und Anwendung der Schmierfette. Z. VDI vol. 90 (1948) p. 366.

Viscosidade e capacidade de lubrificar

[16/14] *UBBELOHDE, L.:* Zur Viskosimetrie. Leipzig: Hirzel 1943.

[16/15] *ERK, S.:* Zähigkeitsmessungen an Flüssigkeiten und Untersuchungen von Viskosimetern. Forsch.-Arb. Ing.-Wes. fasc. 288 (1927).

[16/16] *KIESZKALT, S.:* Einflus des Druckes auf die Zahigkeit von Olen... Mitt. Forsch.-Arb. fasc. 291 (1927) e Z. VDI vol. 73 (1929) p. 1 502 e Petroleum 26 (1930) p. 1 224.

[16/17] *CAMERON:* Determination of the Pressure-Viskosity-Coefficient. J. Inst. Petrol. vol. 31 n.° 262 (1945). England.

[16/18] *VIEWEG, V:* Die Messung der Schmierfähigkeit von Ölen. Techn. Mech. Thermodyn. vol. 1 (1930) p. 101.

[16/19] *VOGEL, H.:* Das Temperaturabhängigkeitsgesetz der Viskosität von Flüssigkeiten. Physik. Z. (1921) p. 645.

[16/20] *ERK, S. e H. ERK:* Über die Temperaturabhängigkeit der Zähigkeit von Schmierölen. Physik. Z. (1936) p. 113.

Problemas especiais

[16/21] — Voltolöle. Z. VDI. vol. 65 (1921) vol. 68 (1924) p. 1 157.

[16/22] *KARPLUS, H.:* Die Praktische Bedeutung der Kollagschmierung. Masch.-Bau 10 (1931) p. 199.

[16/23] *Regeneração:* Ver Ölbewirtschaftung. Berlin 1938 und FASZBENDER: Altölaufbereitung. Derop Schmiertechn. Dienst Bochum.

[16/24] *FRANK, F.:* Veränderung der Schmieröle im Gebrauch. Masch.-Bau vol. 6 (1927) p. 231.

[16/25] *ERK, S.:* Schmieröle bei tiefen Temperaturen. Z. VDI vol. 76 (1932) p. 33.

[16/26] *UMSTÄTTER, H.:* Schlüpfrigkeit und Grenzphasenreibung. Die Technik vol. 2 (1947) p. 191.

[16/27] *STEINBACH:* Die Schmierung der Kälteverdichter. Z. Ges. Kälte.-Ind. ano 48 (1941) p. 53.

[16/28] *FALZ:* Zweckmässige Schmierung von Kolbenkraftmaschinen. Arch. Wärmewirtsch. vol. 17 (1936).

[16/29] *STEINITZ:* Erfahrungen über die Schmierung landwirtschaftlicher Maschinen und Fahrzeuge. Technik in der Landwirtsch. vol. 13 (1932) p. 134.

[16/30] *UTHOFF:* Ölpflege bei Industrieturbinen. Arch. Wärmewirtsch. vol. 17 (1936) p. 339.

[16/31] *VOGELPOHL, G.:* Reibungsmessungen auf Prüfmaschinen und ihr Wert zur Beurteilung der Schmierfähigkeit von Ölen. Erdöl und Kohle 2 (1949) p. 551.

[16/32] — :Schmierung von Hypoid-Verzahnungen (Stand der Entwicklung von Hochleistungs-Schmierölen in USA). Automobile Engineer. Setembro 1949.

IV. EIXOS E SEUS ACESSÓRIOS
17. Eixos e eixos-árvore

17.1. GENERALIDADES

Eixos (fixos ou em rotação) servem apenas para apoiar peças de máquinas, fixas, móveis ou oscilantes, mas não transmitem momento de torção, sendo, portanto, sujeitos principalmente à flexão. Eixos curtos são também denominados pinos. As partes dos eixos (e dos eixos-árvore) que se movem nos mancais são denominadas moentes.

Eixos-árvore (geralmente em movimento de rotação) servem para a transmissão do momento de torção e são solicitados à torção, ou à torção e à flexão*.

Segundo a extensão longitudinal dos eixos-árvore, os eixos-"manivela" (girabrequins) distinguem-se dos eixos retos comuns que, por seu lado, podem ser cheios ou vazados, lisos ou com rebaixados. Segundo a seção transversal, fala-se de eixos-árvore redondos e perfilados (p. ex. ranhurados ou com perfil K, segundo a Fig. 18.7, Cap. 18). Além disso, conhecem-se ainda eixos-árvore articulados, eixos telescópicos (Fig. 17.9), eixos flexíveis (Fig. 17.10) e outros.

Deve-se dar especial dedicação ao projeto e à execução das ligações entre o eixo e o cubo (Cap. 18) e entre eixo com eixo (Cap. 19).

Fabricação de eixos-árvore retos: Até 150 mm de diâmetro, são torneados, descascados ou trefilados a frio (St 42.11, St 50.11, St 70.11 e aço-liga); os de maior diâmetro e os que possuem grandes rebaixos são forjados. Eixos-árvore ranhurados são posteriormente torneados ou retificados, quando se requer uma centragem perfeita. Os assentos dos mancais e os ressaltos, quando exigido, são torneados com acabamento fino, retificados, polidos por deformação, prensagem, ou lapidados e, para grandes exigências, temperados inicialmente. Barras redondas de aço são fornecidas em comprimentos de até 7 m.

Resumo das normas:

TABELA 17.1 — *Normas DIN.*

	Objeto	DIN		Objeto	DIN
Generalidades	Rotações: em carga	112	Pontas de eixos	Pontas de eixo para máquinas elétricas	42943
	Altura dos eixos para as máquinas	747		Para máquinas auxiliares	73031
	Pinos	1433 ··· 1436, 1438, 1439, 1442		Eixos com chavêtas	5461 até 5465
	Aços redondos, trefilados ou usinados	668			
	Diâmetros de eixos para transmissões	114	Eixos	Eixos para locomotivas elétricas	22454
Pontas de eixos	Cilíndricas, para polias de correias e acoplamentos	748	Diversos	Eixos flexíveis, conexões, lado do acionamento	42995
	Para bombas de óleo e de graxa	746			
	Cônicas para engrenagens e acoplamentos	749, 750			

TABELA 17.2 — *Diâmetros de eixos d, segundo DIN* 114 (julho de 1919).
Foraⁿ acrescentados os momentos de torção transmissíveis M_t e N_{cv}/n para uma tensão à torção $\tau_t = $ kgf/cm^2
Potência N_{cv} (CV) rotação n (rpm).

d cm	M_t kgf/cm	$\dfrac{N_{CV}}{n}$ CV·min / rpm	d cm	M_t kgf/cm	$\dfrac{N_{CV}}{n}$ CV·min / rpm	d cm	M_t kgf/cm	$\dfrac{N_{CV}}{n}$ CV·min / rpm	d cm	M_t kgf/cm	$\dfrac{N_{CV}}{n}$ CV·min / rpm
2,5	376	0,0052	5,0	3000	0,042	9,0	17500	0,243	16,0	96600	1,35
3,0	648	0,0094	5,5	3990	0,055	10,0	24000	0,333	18,0	140000	1,94
3,5	1030	0,014	6,0	5180	0,072	11,0	31900	0,444	20,0	192000	2,67
4,0	1540	0,021	7,0	8230	0,114	12,5	47000	0,655			
4,5	2190	0,030	8,0	12290	0,172	14,0	65860	0,915			

*Na literatura técnica brasileira nem sempre é feita tal distinção entre os têrmos "eixo" e "eixo-árvore e moente"; no entanto, a mesma será mantida neste capítulo, a fim de conservar a fidelidade da tradução. (N. do T.)

TABELA 17.3 – *Rotações normalizadas segundo DIN* 112
(outubro de 1940).

25	45	80	140	250	450	800	1400
28	50	90	160	280	500	900	1600
32	56	100	180	315	560	1000	
36	63	112	200	355	630	1120	
40	71	125	224	400	710	1250	

TABELA 17.4 – *Pontas de eixo para máquinas elétricas, segundo DIN* 42 943 (agôsto de 1949), com chavêta, segundo a Tab. 18.6, pág. 71; com ajustes *k*6 para *d* = 14 a 50 mm e *m*6 para *d* acima de 50 mm.

Potência nominal (kW)	0,25	0,4	0,63	1	1,6	2,5	3,5	5	7	10	14	20	28
Momento de torção (mkgf) para $n = 1\,500$	0,17	0,265	0,425	0,67	1,06	1,7	2,36	3,35	4,75	6,7	9,5	13,2	19
Diâmetro (mm)		14	14	18	18	22	22	28	28	38	38	45	45	55
Comprimento (mm)		30	30	40	40	50	50	60	60	80	80	110	110	110

Potência nominal (kW)	38	50	63	80	100	125	100	200	250	315	400	500	
Momento de torção (mkgf) para $n = 1\,500$	25	33,5	42,5	53	67	85	106	132	170	212	265	335	
Diâmetro (mm)	55	65	65	75	75	80	85	90	95	100	110	120	
Comprimento (mm)	110	140	140	140	140	170	170	170	170	210	210	210	

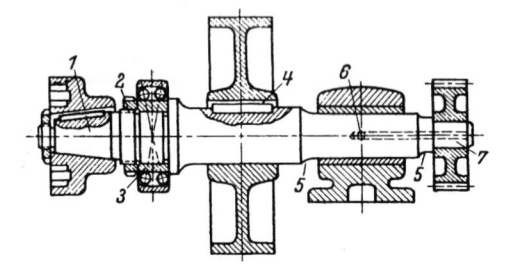

Figura 17.1 – Concentrações de tensões num eixo, segundo LEHR. 1 assento cônico, 2 rôsca, 3 assento para rolamento, 4 cubo e chavêta, 5 rebaixos, 6 furo transversal, 7 ajuste a quente. Para a redução da resistência dinâmica por concentração de tensões, ver pág. 5 do vol. I)

Conformação: É função das peças que estão em contato com o eixo e o fuso (mancais, vedações e cubos de volantes ou de rodas fixadas sôbre o eixo). Em primeiro plano, está a configuração correta das uniões. o bom arredondamento dos rebaixos e principalmente a redução das diversas causas de concentração de tensões (ver Fig. 17.1). Exemplos de melhor configuração dos rebaixos e dos assentos dos cubos, ver pág. 72 do vol. I. O diâmetro do eixo no cubo convém ser aumentado para 1,3 *d*, quando se quer compensar a concentração de tensões causada pelo cubo (raio de arredondamento do rebaixo $r \cong 1 \cdot d$ a 0,5 *d*). Os eixos simples são lisos, sem rebaixos (fabricação econômica com maior consumo de material).

Deve-se observar que:

a) *eixos fixos* podem ser muito mais leves do que eixos em movimento (ver exemplo de cálculo 1): além disso,

b) eixos de aço de *alta resistência* não são mais rígidos do que os de St 42.11 (mesmo módulo *E*), e sua resistência à flexão alternativa ou resistência à torção oscilante será maior sòmente quando se evitarem as concentrações bruscas de tensões, como a Fig. 3.27 mostra explicitamente:

c) eixos *vazados* com $d_i = 0,5\,d$ têm apenas 75 % de pêso, porém 94 % do momento de resistência do respectivo eixo maciço.

d) eixos de *alta rotação* exigem bom balanceamento, mancais rígidos e construção sólida;

e) o *comprimento* de máquinas depende muitas vêzes do comprimento dos mancais, dos cubos e das vedações.

O *travamento* dos eixos contra deslocamentos longitudinais é feito por rebaixos no eixo, nos locais de apoio, por anéis de fixação (ver Tab. 5.40) ou por anéis elásticos. Os travamentos longitudinais dos mancais, cubos e polias montadas sôbre o eixo podem também ser travados por um encôsto lateral, anéis de fixação ou elásticos, caso a ligação do eixo não ofereça tal travamento (ajuste prensado etc.).

Vedações: ver Vedações para mancais à pág. 33 e Retentores à pág. 122 do vol. I.

17.2. DIMENSIONAMENTO DE EIXOS (segundo a Tab. 17.5)

Nomenclatura

A, B	(kgf)	fôrças de apoio		*c*	(kgfcm)	rigidez da mola, $= \dfrac{M_t}{\varphi}$
a	(—)	coeficientes		d, d_i	(cm)	diâmetro externo, interno, ou
a_1, a_2	(cm)	distância				eixo

E	(kgf/cm²)	módulo de elasticidade		$N_{cv} = 1,36\,N_{kW}$		potência em CV
f	(cm)	flecha		$N_{kW} = 0,736\,N_{cv}$		potência em kW
G	(kgf/cm²)	módulo de elasticidade transversal		n	(rpm)	rotação
G_1, G_2	(kgf)	cargas		n_K	(rpm)	rotação crítica
J	(cm⁴)	momento de inércia de área para flexão		P	(kgf)	fôrça
				p_m	(kgf/cm²)	pressão específica média, $= \dfrac{A}{L \cdot d}$
J_t	(cm⁴)	momento de inércia de área para torção		W_f	(cm³)	momento resistente à flexão
J_m	(kgf/m s²)	momento de inércia de massa $= \int dm \cdot r^2$		W_t	(cm³)	momento resistente à torção
				tg β	(—)	inclinação
K	(—)	coeficiente		φ	(°/m)	ângulo de torção em radianos, para o comprimento L
L	(cm)	comprimento				
M_f	(kgfcm)	momento fletor		φ_m	(°/m)	ângulo de torção em ° por m de comprimento, $= \varphi \cdot 180/(\pi L)$, ($L$ em m)
M_t	(kgfcm)	momento de torção				
M_i	(kgfcm)	momento ideal				
m	(kgf s²/m)	massa, $= $ pêso/9,81		σ_f	(kgf/cm²)	tensão de flexão
				τ_t	(kgf/cm²)	tensão de torção

Exposições relativas à Tab. 17.5:

A *tensão admissível* varia muito, particularmente nos eixos, devido aos diversos efeitos de concentração de tensões nas diferentes seções (eixo liso, rebaixo, efeito do cubo, furo transversal), de modo que convém determinar com maior precisão a resistência útil (ver pág. 57 do vol. I) para cada caso em questão (carga estática, pulsante, alternante), calculando a partir dela a tensão admissível, como mostram os exemplos de cálculo da pág. 58 do vol. I.

O diâmetro necessário pode ser determinado, nos eixos, através do momento fletor M_f e da tensão admissível de flexão, ver exemplo de cálculo 1.

Nos eixos, que são solicitados a flexão e a torção, o diâmetro é freqüentemente determinado através do momento de torção M_t, considerando a tensão complementar de flexão num decréscimo correspondente à tensão admissível τ_t de torção (p. ex. $\tau_t = 120$ kgf/cm²). No cálculo mais rigoroso, determina-se para uma dada secção, a partir de M_t e M_f, o momento ideal M_i, calculando-se com êle, através de uma tensão de flexão admissível adotada, $\sigma_{f_{ad}}$, o diâmetro necessário do eixo. Por outro lado, para um diâmetro de eixo já existente, calcula-se a tensão de torção $\tau_t = M_t/W_t$ e a tensão de flexão $\sigma_f = M_f/W_f$, verificando se a tensão ideal $\sigma_i = \sqrt{\sigma_f^2 + (a \cdot \tau_t)^2} \leqq \sigma_{f_{ad}}$, está abaixo da tensão de flexão admissível.

Além disso, deve-se comprovar se o eixo no mancal exerce uma pressão específica média $p_m = \dfrac{A}{L \cdot d}$, tendo L como comprimento da área de contato (valores experimentais, ver pág. 28). Nos apoios fixos (eixos) é admissível $p_m \cong 1\,000$ a $1\,500$ kgf/cm² para St 50.11 sôbre St 37.11.

Para eixos com pinhão em balanço (Fig. 17.2), deve-se levar em conta o ângulo β de flexão do eixo, causado pela fôrça P do dente, no ponto de aplicação de P, a fim de evitar quebra no dente.

Figura 17.2 – Eixo com pinhão "em balanço"

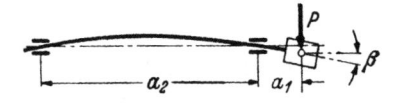

Para eixos compridos, freqüentemente não deve ser ultrapassado um determinado ângulo de torção φ, sendo êsse valor decisivo na escolha do diâmetro. Além disso, a máxima distância a entre os mancais é geralmente limitada pela flecha admissível de flexão f, ou pela inclinação do eixo tg β, devida ao pêso próprio.

Para eixos em alta rotação ($n > 1\,500$), deve-se ainda levar em conta, em certas máquinas, a rotação crítica n_K, correspondente à vibração de flexão (nas turbinas a vapor) ou à vibração de torção (nas máquinas de êmbolo). Ela deve estar, de preferência, muito acima (no mínimo 10 %) ou, eventualmente, muito abaixo (em turbinas Laval) da rotação de regime. A determinação da flecha f, ou do ângulo de deformação φ, necessária para tanto, pode ser feita teórica (ver Ex. 3) ou gràficamente (em geral mais complicado!). Mais difícil é considerar o aumento de rigidez devido aos cubos e mancais (ver coeficiente K da Tab. 17.5) e das fôrças centrífugas dos rotores, que aumentam n_K. Ver [17/16] a [17/20].

17.3. EXEMPLOS DE CÁLCULO

Exemplo 1: Eixo de roda de St 50.11, segundo Fig. 17.3, reação na roda $P = 2\,000$ kgf.

Execução a: roda fixada sôbre um eixo rotativo em balanço, $a_1 = 5$ cm, $a_2 = 10$ cm.

Na secção 1, tem-se $M_{f_1} = P \cdot a_1 = 2\,000 \cdot 5 = 10\,000$ kgfcm e $d_1 = 2,17 \sqrt[3]{M_f/\sigma_{f_{1\,ad}}} = 2,17 \cdot 3,2 \cong 7$ cm para $\sigma_{f_{1\,ad}} = 300$ kgf/cm² (tensões alternantes e com concentração de tensões no cubo); mais precisamente, 53

TABELA 17.5 – *Dimensionamento de eixos de secção circular*. Para a determinação mais precisa da tensão admissível, ver exemplos no parágrafo 17.3 e na pág. 56 do vol. I.

Conceito	Cálculo	Dados
Eixos a flexão: (ver Ex. 1)	de $M_b = W_b \cdot \sigma_b \cong 0,1\, d^3 \cdot \sigma_b$: $$d = 2,17\sqrt[3]{\dfrac{M_b}{\sigma_b}} \quad (\text{cm})$$	$\sigma_{f_{ad}} = 600$ a $100\,\text{kgf/cm}^2$ para eixos fixos, St 50.11 $= 300$ a $600\,\text{kgf/cm}^2$ para eixos livres, St 50.11
Eixos, aproximadamente: Para $\tau_t = 120\,\text{kgf/cm}^2$:	de $M_t = W_t \cdot \tau_t \cong 0,2\, d^3 \cdot \tau_t$: $d = 1,72\sqrt[3]{\dfrac{M_t}{\tau_t}} = 71\sqrt[3]{\dfrac{N_{\text{PS}}}{n\,\tau_t}}$ $$d = 0,35\sqrt[3]{M_t} = 14,4\sqrt[3]{\dfrac{N_{\text{PS}}}{n}} \quad (\text{cm})$$	$\tau_{t_{ad}} = 120\,\text{kgf/cm}^2$ para eixos de transmissões, St 42.11 $= 200$ a 400 para eixos de máquinas de levantamento, St 50.11 $= 50$ a 60 para eixos de rodas d'água, carvalho
Eixos a flexão e a torção: (ver Ex. 2)	de $M_v = \sqrt{M_b^2 + \left(\dfrac{a}{2}\,M_t\right)^2}$: $$d = 2,17\sqrt[3]{b \cdot \dfrac{M_v}{\sigma_b}} \quad (\text{cm})$$ $b = 1$ para eixo maciço $b = \dfrac{1}{1 - (d_i/d)^4}$ para eixo vazado $b = 1,065$ para $d_i/d = 0,5$	$\sigma_{f_{ad}} = 400$ a $500\,\text{kgf/cm}^2$ para eixos de máquinas de levantamento, St 50.11 $\tau_{t_{ad}} = 300$ a $500\,\text{kgf/cm}^2$ para eixos de máquinas de levantamento, St 50.11 $\sigma_{f_{ad}} = 1\,000$ a $1\,500\,\text{kgf/cm}^2$ para cremalheiras, St 70.11 $\tau_{t_{ad}} = 600$ a $800\,\text{kgf/cm}^2$ para cremalheiras, St 70.11 $a = \dfrac{\sigma_{f_{ad}}}{\tau_{t_{ad}}}$ $\begin{cases} a \cong 1 \text{ para } \tau_t \text{ oscilante,} \\ \quad \sigma_f \text{ alternante} \\ a \cong 1,7 \text{ para } \tau_t \text{ alternante,} \\ \quad \sigma_f \text{ alternante} \end{cases}$
Eixo com pinhão em balanço: Para $\text{tg}\,\beta = \dfrac{1}{1\,000}$:	$\text{tg}\,\beta = \dfrac{a \cdot P}{E \cdot J}$ $$d \geq 0,314\sqrt[4]{P \cdot a} \quad (\text{cm}) \quad \text{com}$$ $J = \text{const. u. } E = 2,1 \cdot 10^6\,\text{kg/cm}^2$	$a = \dfrac{a_1 \cdot a_2}{3} + \dfrac{a_1^2}{2}$ $a_1 = $ distância do meio do pinhão até o meio do mancal $a_2 = $ distância entre os mancais, Fig. 17.2
Eixos compridos: Pelo ângulo de deformação φ_m é admissível Para $G = 8,1 \cdot 10^5\,\text{kgf/cm}^2$ e $\varphi_m = \dfrac{1}{4}°/\text{m}$:	de $\varphi_m = \dfrac{18\,000\,M_t}{\pi \cdot G \cdot J_t}$; $J_t = \dfrac{\pi\, d^4}{32}$ $d = 15,5\sqrt[4]{\dfrac{M_t}{G \cdot \varphi_m}}$ $$d = 0,73\sqrt[4]{M_t} = 12\sqrt[4]{\dfrac{N_{\text{PS}}}{n}} \quad (\text{cm})$$	Além disso: Distância entre os mancais $a \leq 100\sqrt{d}$ (cm) para eixos apoiados em vários mancais, correspondendo a uma flecha $f = 0,16$ mm devida ao pêso próprio. Distância entre os mancais $a \leq 50\sqrt[3]{d^2}$ (cm), correspondendo a uma $\text{tg}\,\beta = 1/1\,000$
Rotação crítica n_K (rpm) (ver Ex. 3)	Vibração por flexão $$n_K = 300\,K\sqrt{1/f}$$	Para diversas massas $1, 2, \ldots$, tem-se* $f' \cong f_1 + f_2 + \ldots$ (cm), sendo calculadas isoladamente as flechas $f_1, f_2 \ldots$ para cada carga. $K = 1$ para eixo simplesmente apoiado $K = 1,3$ para eixo engastado nas duas extremidades $K = 0,9$ para eixos em balanço numa extremidade
	Vibração por torção**: $$n_K = \dfrac{30}{\pi}\sqrt{\dfrac{c}{J_m}}$$ $\dfrac{1}{c} = \dfrac{\varphi}{M_t} = \dfrac{32}{\pi G}\left(\dfrac{L_1}{d_1^4} + \dfrac{L_2}{d_2^4} + \cdots\right)$	Para eixos escalonados, tem-se $L = L_1 + L_2 + \ldots$ (cm), comprimento útil de torção, formado pelos comprimentos $L_1, L_2, \ldots$ dos rebaixos com os diâmetros $d_1, d_2, \ldots$

*Pela fórmula de DUNKERLEY, determina-se para a rotação crítica de $1.^a$ ordem n_K, para eixos simplesmente apoiados, valores até 4% abaixo dos reais (ver DUBBEL, Taschenbuch f. d. aschinenbau [1943] vol. 1, p. 239). Para a determinação de f_1 e f_2, ver Ex. 3.

**Para cilindros maciços com diâmetro D e comprimento L em m, tem-se $J_m = 10\,D^4 \cdot L \cdot \gamma$ (kgfms^2), com $\gamma = 7,8$ para aço.

tem-se, segundo as págs. 55 e 58 do vol. I, $\sigma_{f_{1ad}} = \dfrac{\sigma_{fW_{10}} \cdot b}{S_N \cdot C} = \dfrac{11 \cdot 0,65}{1,5 \cdot 1,5} \cdot 10^2 = \mathbf{320\ kgf/cm^2}$, com $\sigma_{fW_{10}} = 11$ kgf/mm^2 (curva 12 da Fig. 3.27); $b = 0,65$, $S_N = 1,5$, $C = 1,5$ para choques.

Na secção 2, tem-se $M_{f_2} = P \cdot a_- = 2\,000 \cdot 10 = 20\,000$ kgfcm. Segundo a Fig. 3.27, curva 3 (eixo liso, com acabamento fino), resulta $\sigma_{fW_{10}} = 21$ kgf/mm^2, de modo que $\sigma_{f_{2ad}} = \dfrac{\sigma_{fW_{10}} \cdot b}{S_N \cdot C} = \dfrac{21 \cdot 10^2 \cdot 0,65}{1,5 \cdot 1,5} =$ $= 610$ kgf/cm^2 e $d_2 = 2,17 \sqrt[3]{20\,000/610} = 7$ cm.

Execução b: roda sôbre um eixo fixo, liso e passante, apoiado nas duas extremidades, $a = 7$ cm. $M_f = A \cdot a = P \cdot a/2 = 2\,000 \cdot 7/2 = 7\,000$ kgfcm no meio do eixo; $\sigma_{f_{ad}} = \sigma_{f_{2ad}} \cdot 1,8 = 1\,100$ kgf/cm^2 (para uma tensão oscilante em vez de alternante), de maneira que $d = 2,17 \sqrt[3]{\dfrac{7\,000}{1\,100}} = 4,0$ cm. Portanto, um eixo fixo e apoiado nas duas extremidades pode apresentar diâmetro muito menor que um eixo rotativo em balanço, pois o momento fletor é menor e a tensão admissível é maior.

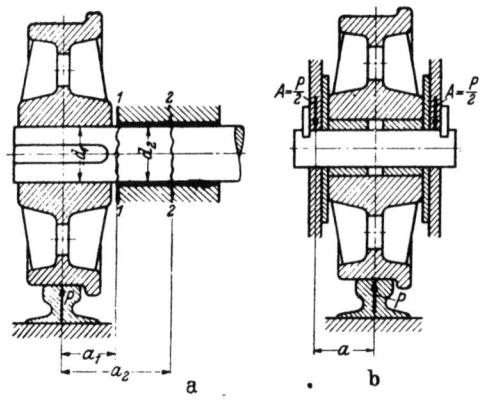

Figura 17.3 — Exemplo de eixo para roda (sem M_t!). a livre e apoiado em balanço, b fixo e apoiado de ambos os lados

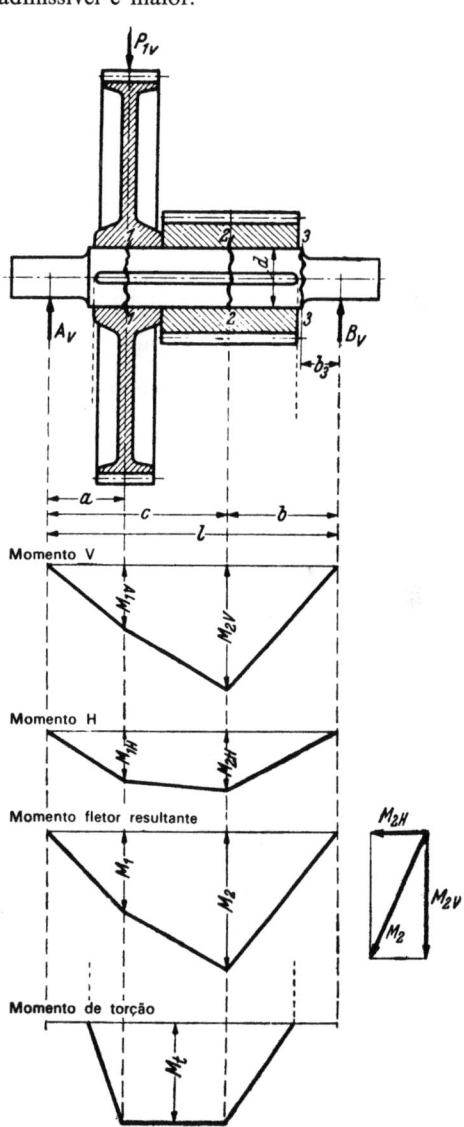

Figura 17.4 — Exemplo de eixo para redutores

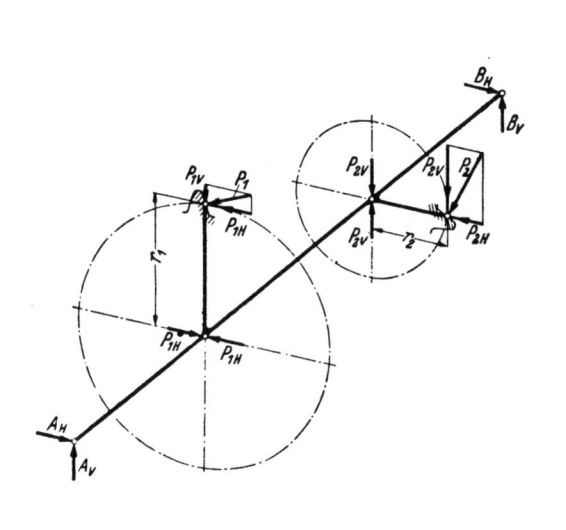

Exemplo 2: Eixo de redutor, de St 50.11, segundo a Fig. 17.4.

Dados: Momento de torção $M_t = 6\,000$ cmkgf, engrenamento de 20° ($\alpha = 20°$), $r_1 = 20$ cm, $r_2 = 6$ cm, $a = 8$ cm, $b = 12$ cm, $l = 30$ cm.

Cálculo: Fôrça tangencial $P_{1H} = M_t/r_1 = 300$ kgf; fôrça radial $P_{1V} = \text{tg}\,\alpha \cdot P_{1H} = 0,364 \cdot 300 = 109$ kgf,

Fôrça tangencial $P_{2V} = M_t/r_2 = 1\,000$ kgf; fôrça radial $P_{2H} = \text{tg}\,\alpha \cdot P_{2V} = 364$ kgf.

No plano vertical V: reação de apoio $B_V = \dfrac{P_{1V} \cdot a + P_{2V} \cdot c}{l} = 630\,\text{kgf}$

$\left.\begin{array}{c}\\\\\end{array}\right\}$ $B = \sqrt{B_V^2 + B_H^2} = 696\,\text{kgf}$

No plano horizontal H: reação de apoio $B_H = \dfrac{P_{1H} \cdot a + P_{2H} \cdot c}{l} = 298\,\text{kgf}$

Máximo momento fletor na secção 2: $M_2 = B \cdot b = 8\,350$ kgfcm.

Momento ideal: $M_i = \sqrt{M_2^2 + \left(\dfrac{a}{2} \cdot M_t\right)^2} = 8\,900$ kgfcm para $a = \dfrac{\sigma_{f\,\text{ad}}}{\tau_{t\,\text{ad}}} \cong 1,0$ com σ_f oscilante e τ_t alternante.

Resultado: $d = 2,17\sqrt[3]{M_i/\sigma_{f\,\text{ad}}} = 6,65\,\text{cm}$, com $\sigma_{f\,\text{ad}} = 320$ kgf/cm^2, como foi mostrado no Ex. 1, para a concentração de tensões no cubo etc.

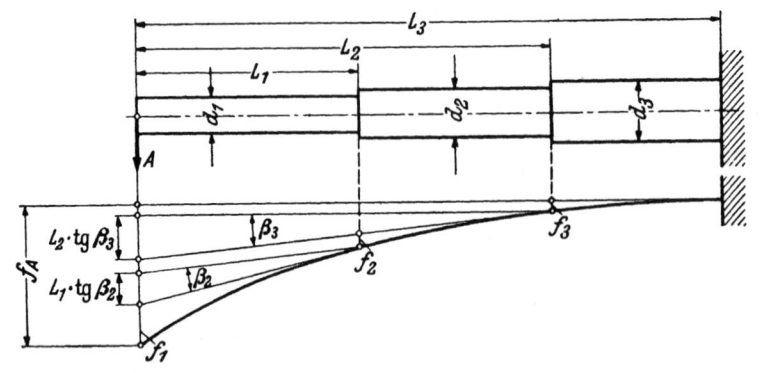

Figura 17.5 – Para o cálculo da flecha f_A de um eixo escalonado, segundo as Eqs. (1) e (2)

Na secção 3 (eixo escalonado), tem-se $M_3 = B \cdot b_3 = 694 \cdot 4 = 2\,784$ kgfcm com $b_3 = 4$ cm e $d = 4$ cm, $W_f = \pi \cdot d^3/32 = 6,3$ cm^3 e $\sigma_f = \dfrac{M_f}{W_f} = 440$ kgf/cm$^2 \leqq \sigma_{f\,\text{ad}}$

Verificação: $\sigma_{f\,\text{ad}} = \dfrac{\sigma_{fW_{10}} \cdot b}{S_N \cdot C} = \dfrac{17,5 \cdot 0,75 \cdot 10^2}{1,3 \cdot 1,5} = 670$ kgf/cm^2, com $\sigma_{fW_{10}} = 17,5$ kgf/mm^2 para St 50, curva 6 da Fig. 3.27 e $b = 0,75$ para $d = 4$ cm.

Exemplo 3: Rotação crítica n_K de um eixo de motor, segundo a Fig. 17.8. Segundo a Tab. 17.5, tem-se $n_K = 300\sqrt{1/f}$ para eixo simplesmente apoiado com $f = f_1 + f_2$. Deve-se mostrar, a seguir, que a determinação das flechas f_1 e f_2 isoladamente, para cada carregamento G_1 e G_2, mesmo para eixos com vários escalonamentos, é mais fácil pelo cálculo analítico do que pelo gráfico. Tem as seguintes equações:

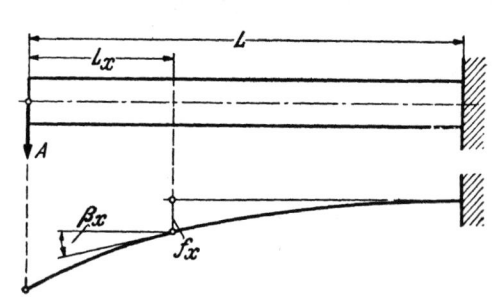

Figura 17.6 – Para o cálculo da flecha f_x e do ângulo de inclinação β_x, numa secção genérica de um eixo liso, segundo as Eqs. (2) e (3)

1) A flecha f_A de um eixo com vários escalonamentos, Fig. 17.6, sujeito a uma fôrça A, compõe-se, segundo a Fig. 17.5, como segue:

$$\boxed{f_A = f_1 + f_2 + f_3 + \cdots + \operatorname{tg}\beta_2 \cdot L_1 + \operatorname{tg}\beta_3 \cdot L_2 + \cdots}\quad \text{(cm)}. \tag{1}$$

2) Numa secção genérica x de uma barra lisa engastada (Fig. 17.6), tem-se

a flecha $\quad \boxed{f_x = \dfrac{A \cdot L^3}{E \cdot J \cdot 6}\left[2 - 3\dfrac{L_x}{L} + \dfrac{L_x^3}{L^3}\right]}\quad$ (cm) $\tag{2}$

e a inclinação $\quad \boxed{\operatorname{tg}\beta_x = \dfrac{A \cdot L^3}{2E \cdot J}\left(\dfrac{1}{L} - \dfrac{L_x^2}{L^3}\right)}\quad$ (—). $\tag{3}$

3) Substituindo-se na Eq. (1) as grandezas $f_1, f_2 \ldots$ e $\operatorname{tg} \beta_2, \operatorname{tg} \beta_3 \ldots$ pelas respectivas expressões das Eqs. (2) e (3), para cada escalonamento do eixo, segundo a Fig. 17.5, obtém-se, com $J = \pi \cdot d^4/64$ [1].

$$f_A = \frac{A \cdot 6,8}{E}\left[\frac{L_1^3}{d_1^4} + \frac{L_2^3 - L_1^3}{d_2^4} + \frac{L_3^3 - L_2^3}{d_3^4} + \cdots\right] \quad \text{(cm)}. \tag{4}$$

4) Para um eixo simplesmente apoiado com vários escalonamentos, tem-se, devido à carga G_1, segundo a Fig. 17.7, para a flexa f_1:

$$f_1 = f_A + \frac{f_B - f_A}{L/L_A} \quad \text{(cm)}, \tag{5}$$

onde f_A é a flecha do eixo imaginário engastado em G_1 e com a reação de apoio A_1, e f_B é a flecha para uma reação de apoio B_1, do eixo engastado em G_1.

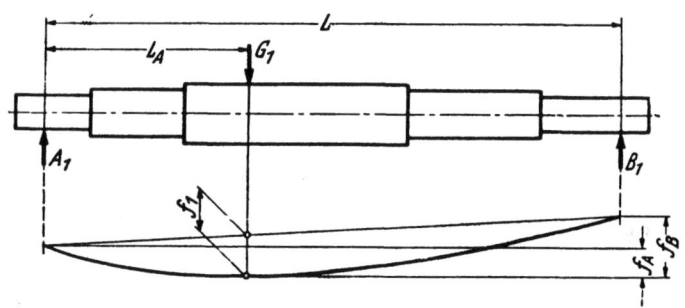

Figura 17.7 — Para o cálculo da flecha f_1 de um eixo escalonado, a partir de f_A e f_B, segundo a Eq. (5)

Anàlogamente, pode-se, para uma carga G_2, determinar f_2.

5) *Exemplo numérico* (eixo segundo a Fig. 17.8).
Para uma carga $G_1 = 1\,500$ kgf:

$$A_1 = G_1 \cdot (L - L_3)/L = 1\,500 \cdot 87,5/144 = 910 \text{ kgf}; \quad B_1 = G_1 - A_1 = 590 \text{ kgf}$$

segundo a Eq. (4): $f_A = \dfrac{910 \cdot 6,8}{2,1 \cdot 10^6}\left[\dfrac{14,8^3}{15^4} + \dfrac{27,3^3 - 14,8^3}{22,5^4} + \dfrac{56,5^3 - 27,3^3}{25^4}\right] = \dfrac{16,0}{10^4}$ cm

$$f_B = \frac{590 \cdot 6,8}{2,1 \cdot 10^6}\left[\frac{11,5^3}{15^4} + \frac{23^3 - 11,5^3}{22,5^4} + \frac{87,5^3 - 23^3}{25^4}\right] = \frac{33,3}{10^4} \text{ cm}$$

segundo a Eq. (5): $f_1 = \dfrac{16,0}{10^4} + \dfrac{33,3 - 16,0}{10^4 \cdot 144/56,5} = \dfrac{22,78}{10^4}$ cm.

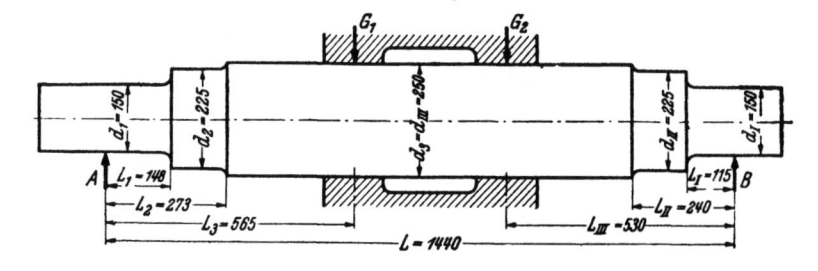

Figura 17.8 — Para o Ex. 3. Eixo de um motor elétrico; dimensões (mm)

Para uma carga $G_2 = 1\,500$ kgf:

$$A_2 = G_2 \cdot L_{III}/L = 1\,500 \cdot 53/144 = 552 \text{ kgf}; \quad B_2 = G_2 - A_2 = 948 \text{ kgf}.$$

segundo a Eq. (4): $f_A = \dfrac{552 \cdot 6,8}{2,1 \cdot 10^6}\left[\dfrac{14,8^3}{15^4} + \dfrac{27,3^3 - 14.8^3}{22,5^4} + \dfrac{91^3 - 27,3^3}{25^4}\right] = \dfrac{35,9}{10^4}$ cm

$$f_B = \frac{948 \cdot 6,8}{2,1 \cdot 10^6}\left[\frac{11,5^3}{15^4} + \frac{23^3 - 11,5^3}{22,5^4} + \frac{53^3 - 23^3}{25^4}\right] = \frac{12,95}{10^4} \text{ cm}$$

segundo a Eq. (5): $f_2 = \dfrac{35,9}{10^4} + \dfrac{12,95 - 35,9}{10^4 \cdot 144/91} = \dfrac{21,4}{10^4}$ cm

[1] Para eixos cônicos, ver Molas a flexão, pág. 193 do vol. I.

Resultado: $f = f_1 + f_2 = \dfrac{22{,}78 + 21{,}4}{10^4} = \dfrac{44{,}18}{10^4}\,\text{cm}$

Rotação crítica: $n_K = 300\sqrt{10^4/44{,}18} = 4\,520\ (\text{rpm})$.

17.4. EIXOS ARTICULADOS E EIXOS FLEXÍVEIS

Empregam-se para unir eixos que apresentam posições relativas variáveis, utilizando-se os eixos articulados quando os momentos de torção são grandes (p. ex. máquinas operatrizes); quando os momentos de torção são pequenos e as rotações elevadas, dá-se preferência aos eixos flexíveis (p. ex. eixos de furadeiras e de retíficas manuais, no acionamento de tacômetros etc.)[2].

1) Nos *eixos articulados* (Fig. 17.9), a mobilidade transversal é obtida através de articulações[3] do tipo Cardan, enquanto que a mobilidade axial se consegue geralmente por conexões intermediárias, que deslizam uma dentro da outra, transmitindo, mediante ranhuras e chavêtas, ou por ranhuras múltiplas ou de perfil K, o momento de torção (eixos telescópicos).

Relações de funcionamento. Se o eixo motriz fôr paralelo ao eixo movido, a relação entre as velocidades angulares será $\omega_2/\omega_1 = 1$, e quando os eixos formarem um ângulo α (p. ex. entre o eixo motriz e o eixo intermediário, Fig. 17.9), a relação ω_2/ω_1 variará periòdicamente durante uma rotação[4], de $1/\cos\alpha$ a $\cos\alpha$, a não ser que a articulação seja de transmissão uniforme (ver Articulações, Cap. 19).

Dimensionamento. O momento de torção transmitido é limitado principalmente pela pressão específica admissível (Valores experimentais, ver pág. 29) ou pelo desgaste admissível nas áreas de contato das articulações.

2) Os eixos flexíveis (Fig. 17.10) são formados por arames enrolados helicoidalmente, em diversas camadas, com diferentes sentidos de enrolamento. A potência transmissível é máxima quando o enrolamento externo comprime, durante o esfôrço, a camada imediatamente inferior (para movimentos contrários, podem-se transmitir sòmente 40% da potência nominal!). Portanto, deve-se indicar na encomenda o sentido de rotação.

O eixo flexível gira dentro de um tubo protetor (ver Fig. 17.11) e é geralmente soldado ao eixo de ligação (ponto fraco!). O raio mínimo admissível de flexão do eixo (diâmetro do eixo d) é de aproximadamente $7d$ a $15d$, dependendo do diâmetro do arame.

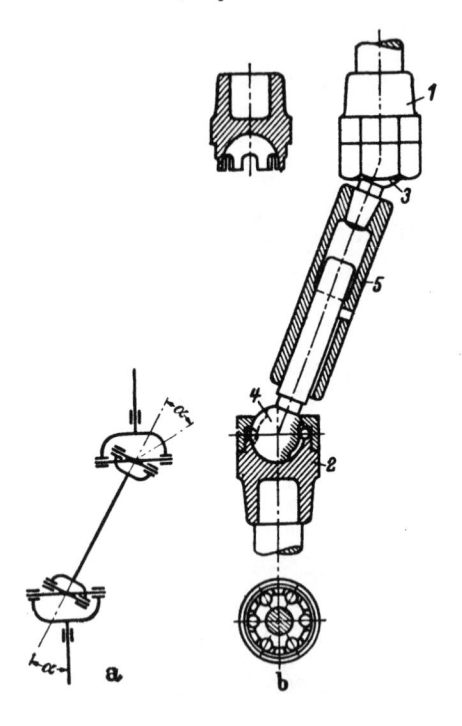

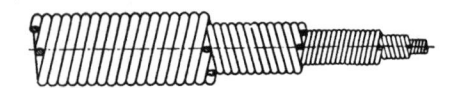

Figura 17.10 — Construção de um eixo flexível

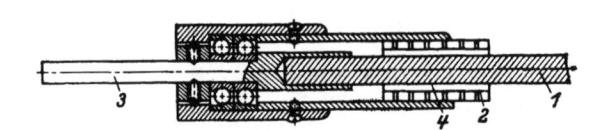

Figura 17.9 — Eixo articulado. a esquema, b construção, 1 eixo motriz, 2 eixo movido, 3 e 4 articulações de rotação solidária, 5 eixo telescópico intermediário, com rasgo e chavêta

Figura 17.11 — Conexão de um eixo flexível. 1 eixo flexível, 2 tubo protetor, 3 eixo de ligação, 4 folga para graxa

[2] Para fôrças muito pequenas, utilizam-se as transmissões por cordões, em série, montadas sôbre armações articuladas, que se podem mover fàcilmente (furadeiras de dentista).

[3] Articulações, ver Cap. 19.

[4] Utilizável na obtenção de velocidades angulares ou momentos de torção variáveis senoidalmente, para um acionamento uniforme.

Dimensionamento. As camadas de enrolamento de arame que transmitem o momento de torção estão submetidas à tração, desde que se apóiem firmemente sôbre a camada inferior. Com o eixo em posição arqueada, aparecem adicionalmente tensões alternantes de flexão e torção. Apesar disso, pode-se calcular aproximadamente o M_t transmissível pela expressão $M_t = z \cdot \pi \delta^3 \tau_{tad}/16$ com δ como diâmetro do arame, z o número dos arames úteis, e adotando-se um τ_{tad} que corresponda às condições de serviço (rotação e raio de curvatura do eixo). Ver Tab. 17.6.

TABELA 17.6 — *Potência transmissível (CV) por eixos flexíveis*.

Diâmetro do eixo d mm	Rotação n							
	250	500	800	1000 · 1200	1400 · 1500	2000 · 2250	3000	6000
3,25	—	—		$\frac{1}{100}$	$\frac{1}{50}$	$\frac{1}{40}$	$\frac{1}{30}$	$\frac{1}{20}$
4 ⋯ 5	—		$\frac{1}{100}$	$\frac{1}{50}$	$\frac{1}{40}$	$\frac{1}{30}$	$\frac{1}{20}$	$\frac{1}{15}$
6 ⋯ 8	$\frac{1}{100}$	$\frac{1}{60}$	$\frac{1}{50}$	$\frac{1}{40}$	$\frac{1}{30}$	$\frac{1}{20}$	$\frac{1}{15}$	$\frac{1}{10}$
9	$\frac{1}{50}$	$\frac{1}{40}$	$\frac{1}{30}$	$\frac{1}{15}$	$\frac{1}{10}$	$\frac{1}{6}$	$\frac{1}{5}$	$\frac{1}{4}$
10	$\frac{1}{20}$	$\frac{1}{15}$	$\frac{1}{10}$	$\frac{1}{6}$	$\frac{1}{5}$	$\frac{1}{4}$	$\frac{1}{3}$	$\frac{1}{2}$
11 ⋯ 12	$\frac{1}{10}$	$\frac{1}{6}$	$\frac{1}{5}$	$\frac{1}{4}$	$\frac{2}{5}$	$\frac{1}{2}$	$\frac{3}{4}$	1
15	$\frac{1}{6}$	$\frac{1}{5}$	$\frac{1}{4}$	$\frac{1}{3}$	$\frac{1}{2}$	$\frac{3}{4}$	1	$1\frac{1}{2}$
20	$\frac{1}{5}$	$\frac{1}{3}$	$\frac{1}{2}$	$\frac{3}{4}$	1	$1\frac{1}{2}$	2	—
25	$\frac{1}{3}$	$\frac{1}{2}$	$\frac{3}{4}$	$1\frac{1}{4}$	$1\frac{3}{4}$	$2\frac{1}{2}$	3	—

*Segundo Fa. A. Schneider, Berlin N 65.

17.5. BIBLIOGRAFIA (ver também Resistência às vibrações, pág. 59 do vol. I)

[17/1] *LEHR, E.:* Spannungsverteilung in Konstruktionselementen. Berlin, VDI-Verlag 1934; Dauerhaltbarkeit von Ritzelwellen. Z. VDI vol. 81 (1937) p. 117; Festigkeit und Formgebung. Konstruktionstagung Stuttgart, Landesgewerbemuseum 1936.

[17/2] *LEHR, E. e R. MAILÄNDER:* Einfluss von Hohlkehlen an abgesetzten Wellen und von Querbohrungen auf die Biegewechselfestigkeit. Arch. Eisenhüttenwes. 11 (1938) p. 563.

[17/3] *HEROLD, W.:* Versuche über Drehschwingungsfestigkeit abgesetzter, genuteter und durchbohrter Wellen. Z. VDI vol. 81 (1937) p. 505.

[17/4] *ULRICH, M.:* Verdrehfestigkeit und Verschleiss von Keilwellen. Forschungsarbeiten für das Kraftfahrwesen-Versuchsbericht 1935 n.º 11.

[17/5] *ULRICH, M.:* Sind Brüche von Kraftwagen-Hinterachswellen Dauerbrüche? Z. VDI vol. 80 (1936) p. 181.

[17/6] *KÜHNEL, R.:* Achsbrüche bei Eisenbahnfahrzeugen und ihre Ursachen. Glasers Ann. 1932 p. 49.

[17/7] *OSCHATZ, H.:* Gesetzmässigkeiten des Dauerbruches und Wege zur Steigerung der Dauerhaltbarkeit. Mitt. dtsch. Mat.-Prüf.-Anst. an der TH. Darmstadt 1933.

[17/8] *THUM, A. e F. WUNDERLICH:* Zur Festigkeitsberechnung von Fahrzeugachsen. Z. VDI vol. 78 (1934) p. 823.

[17/9] *THUM, A. e F. WUNDERLICH:* Dauerbiegefestigkeit von Konstruktionsteilen an Einspannungen, Nabensitzen und ähnlichen Kraftangriffsstellen. Mitt. d. Mat.-Prüf.-Anst. an der TH. Darmstadt 1934 fasc. 5.

[17/10] *BERG, P.:* Die Steigerung der Dauerhaltbarkeit von Keilverbindungen durch Oberflächendrücken. Diss. TH Braunschweig 1935.

[17/11] *THUM, A. e H. WEISS:* Versuche zur Steigerung der Verdrehdauerhaltbarkeit quergebohrter Wellen durch Kaltverformung. Automob.-techn. Z. 41 (1938) p. 629.

[17/12] *THUM, A. e W. BAUTZ:* Der Entlastungsübergang. Forschg. e Fortschr. 6 (1935) p. 269.

[17/13] *THUM, A. e E. BRUDER:* Dauerbruchgefahr an Hohlkehlen von Wellen und Achsen und ihre Verminderung. Dtsch. Kraftfahrtforsch. Fasc. 11. Berlin: VDI-Verlag 1938.

[17/14] *THUM, A. e E. BRUDER:* Flanschwellen-Dauerbrüche und ihre Ursachen. Dtsch. Kraftfahrtforsch. Fasc. 41. Berlin 1940. Resumo, ver Z. VDI vol. 84 (1940) p. 542.

[17/15] — (Rupturas de fusos.) Masch.-Schad. 15 (1938) p. 47; (Fuso de roda de locomoção, guindaste de pórtico.); p. 73 (Eixos traseiros de automóveis.); p. 126 (Fusos principais de britadores rotativos.).

Rotação crítica (Ver também bibliografia p. 208 do vol. I.)

[17/16] *LEHR, E.:* Schwingungstechnik. Vol. I e II. Berlin: Springer 1930 e 1933.

[17/17] *WALMANN, K.:* Zeichnerisches Verfahren zur Berechnung von Wellen auf Drehschwingungen. Z. VDI vol. 78 (1934) p. 1 083.

[17/18] *HOLBA, J.:* Berechnungsverfahren zur Bestimmung der kritischen Drehzahlen von geraden Wellen. Wien: Springer 1936.

[17/19] *KARAS, K.:* Die krit. Drehzahlen wichtiger Rotorformen. Wien: Springer 1935.

[17/20] *SCHILHANSL, M.:* Beitrag zur genäherten Ermittlung der Biegeeigenfrequenzen mehrfach abgesetzter und mehrfach gelagerter Wellen. Ing.-Arch. 10 (1939) p. 182.

[17/21] *DÜBBERS:* Ermittlung der Durchbiegung elastischer Wellen. Die Technik vol. 3 (1948) p. 21.

[17/22] *DOREY, S. F.:* Begrenzung der Drehschwingungsbeanspruchung in den Wellenleitungen von Schiffsölmaschinen. Konstruktion 1 (1949) p. 26 (para fusos de hélice de navio $\tau_{tad} = 280 \text{ kgf/cm}^2$).

18. União do eixo com o cubo

18.1. GENERALIDADES

Escolha: Temos, para tanto, as uniões por atrito (ajuste com interferência, ajuste forçado, assento cônico), as uniões encaixadas (pino transversal, chavêta plana, ranhuras múltiplas, por dentes, e perfil K) e as uniões encaixadas sob tensão (chavêta inclinada, chavêta inclinada embutida, chavêta cônica, chavêta tangencial, perfil K com ajuste forçado, assento cônico com chavêta). Além disso, o cubo pode também ser soldado por difusão sôbre o eixo[1] ou, quando a união não mais precisa ser desmontada, soldado por fusão.

Além das chavêtas planas e das inclinadas, mais usadas na construção mecânica, e das uniões através de pino transversal para pequenos momentos de torção, são cada vez mais empregadas, atualmente, as ranhuras múltiplas, seguindo os perfis, os encaixes por dente e os *perfis em K*, para momentos de torção elevados e bruscos, principalmente na produção em série de grandes quantidades, onde a maquinaria especializada necessária para a sua fabricação é suportável. Muito maior aplicação terão os ajustes forçados, uma vez que as questões derivadas de construção (escolha do ajuste, fôrça transmitida e possibilidade de desmontagem) estiverem suficientemente esclarecidas por ensaios.

Para a comparação de custos de fabricação, ver Tab. 18.3.

São adequados:

para *pequenos* momentos de torção: pinos transversais e ajustes com interferência, chavêtas de disco e chavêtas côncavas;

para momentos de torção *de sentido único:* pinos transversais e chavêtas planas;

para momentos de torção *de sentido alternante:* chavêta inclinada, ajuste forçado e com grande interferência;

para momentos de torção *de sentido alternante e com choques:* ajustes forçados transversais (com dilatação térmica), chavêtas tangenciais, ranhuras múltiplas e perfis K com ajuste forçado;

para cubos curtos, em grandes momentos de torção: ajuste com dilatação térmica com pó de carborundum, ranhuras múltiplas, por dentes e perfis K;

para cubos ou eixos axialmente móveis: chavêtas deslizantes e ranhuras múltiplas;

para cubos fàcilmente desmontáveis: ajustes forçados, assentos cônicos, buchas cônicas, chavêta plana, chavêta inclinada com cabeça, ranhuras múltiplas, por dentes e perfis K; para o momento de torção de sentido único, emprega-se também a rôsca com encôsto axial do cubo num ressalto do eixo (ex.: placa de tôrno);

para cubos com montagem posterior sôbre eixos lisos: chavêta côncava, ajuste forçado, buchas cônicas;

para cubos ajustáveis no sentido da rotação: chavêta côncava, ajuste forçado, assento cônico, bucha cônica e por dente;

para cubos de parede fina: por dente, e quando o momento de torção é de sentido único, emprega-se também rôsca com encôsto axial do cubo num ressalto do eixo.

Resistência: Tôda união resistente à torção, de eixo e de cubo montado, traz como conseqüência uma redução da resistência do eixo (concentração de tensões), de maneira que é conveniente aumentar o diâmetro do eixo no assento do cubo (aproximadamente $1,3d$) ou a resistência do eixo por têmpera ou por deformação plástica superficial. Assim, segundo experiências de THUM[2], a resistência[3] à flexão alternante de eixos de St 50.11, de 14-18 mm de diâmetro, foi para eixos lisos: 24,5 kgf/mm².

Para eixo com rasgo de chavêta passante, 19,5; com chavêta plana no rasgo, 14,5; sem rasgo de chavêta com cubo, 13,0; com rasgo de chavêta, chavêta e cubo, 9,5 a 10,5 kgf/mm².

Para outras experiências com um aço Si-Mn ($\sigma_r = 56$), a resistência à flexão alternante, ou à torção alternante, apresentou:

para eixos lisos, 30,5 (18) kgf/mm²;

com cubo prensado sôbre o eixo, 14,2 (14,7);

como o anterior, porém com o assento do eixo laminado, 27,8 (18);

como o anterior, porém com o assento do eixo temperado a fogo, > 40 (18).

Ver, a respeito, na Fig. 3.27, pág. 55 do vol. I, a resistência à flexão alternante de eixos com cubos fixados por chavêtas e ajuste forçado.

---

[1]A soldagem por difusão, executada no forno de atmosfera redutora, introduz-se por si mesma na fenda. Para detalhes, ver [8/13].

[2]BAUTZ, W.: Maschinenelemente-Tagung Aachen. p. 29. Berlin: VDI-Verlag 1936.

[3]Para $\tau_t = M_t/W_t$, com $W_t = \pi d^3/16$ para eixos de secção cheia.

Um pequeno aumento de resistência à fadiga (aproximadamente 10 %) é obtido reduzindo-se a espessura da parede do cubo, do meio para as extremidades, e deixando-se saliente, no assento cônico, o cubo em relação ao eixo, de acôrdo com as Figs. 4.8 e 4.9.

Dimensões do cubo: valores aproximados são apresentados na Tab. 18.1. Além disso, são dados nas Tabs. 18.6 a 18.11 os valores aproximados do momento de torção transmissível por cada mm de comprimento do cubo; para os engrenamentos por dente, tem-se o valor máximo, seguindo-se o de ranhuras múltiplas, perfil K, chavêtas tangenciais e ajustes com dilatação térmica.

TABELA 18.1 – *Dados de referência para o comprimento do cubo l* (cm) *e da espessura do cubo s* (cm), *para um eixo de aço* (St 42), *em função do momento de torção* M_t(cmkgf). *Para o caso de eixos chavetados, l é o comprimento útil do rasgo para com um* M_t *de um só sentido. Para um* M_t *com variação de sentido e com fôrças laterais de tombamento, deve-se aumentar l.*

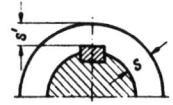

$$l \cong x \cdot \sqrt[3]{M_t} \quad \text{aproximadamente:} \quad s \cong y \cdot \sqrt[3]{M_t}$$

$$\text{para maior precisão:} \quad s' \cong y' \cdot \sqrt[3]{M_t}$$

União	Cubo de ferro fundido			Cubo de aço fundido ou aço		
	x	y	y'	x	y	y'
Ajuste térmico e forçado, assento cônico	0,42⋯0,53	0,21⋯0,30	0,21⋯0,30	0,21⋯0,35	0,18⋯0,26	0,18⋯0,27
Chavêta inclinada, chavêta plana, ajuste forçado sem interferência	0,53⋯0,70	0,18⋯0,21	0,15⋯0,18	0,35⋯0,46	0,14⋯0,18	0,11⋯0,15
Eixo chavetado segundo DIN 5 462	0,34⋯0,42	0,14⋯0,18	0,13⋯0,16	0,21⋯0,30	0,125⋯0,16	0,11⋯0,15
Eixo chavetado segundo DIN 5 463	0,21⋯0,30	0,14⋯0,18	0,12⋯0,15	0,13⋯0,21	0,125⋯0,16	0,10⋯0,14
Eixo chavetado segundo DIN 5 464	0,14⋯0,21	0,14⋯0,18	0,11⋯0,14	0,08⋯0,13	0,125⋯0,16	0,09⋯0,13

TABELA 18.2 – *Normas DIN*.*

	DIN		DIN
Cones	254	Chavêtas vazadas (côncavas)	6 881, 6 889
Cones para ferramentas	228	Rasgos para chavêtas tangenciais	271, 268
Cones métricos	228	Chavêtas cônicas	30 525
Cones Morse	228		
Pontas de eixo cônicas para engrenagens e acoplamentos	749, 750	Eixos e cubos, entalhados	5 461
		Eixos e cubos, série leve	5 462
		Eixos e cubos, série média	5 463
Chavêtas planas, dimensões, aplicações	6 885	Eixos e cubos, tolerâncias	5 465
Chavêtas meia-lua	6 888	Eixos e cubos, com 4 entalhes	5 471
		Eixos e cubos, com 6 entalhes	5 472
Aço para chavêtas, trefilado	6 880	Eixos e cubos, unidos por dentes, com flancos de envolvente	5 482
Chavêtas, dimensões e aplicações	6 886		
Chavêtas com cabeça, aplicações	6 887	Por dentes	5 481
Chavêtas planas inclinadas	6 883, 6 884	Ajustes forçados, cálculo	7 190

*Normas DIN sôbre *pinos*, ver pág. 183 do vol. I.

TABELA 18.3 – *Comparação de custos*.*

Para a fabricação das diversas uniões do eixo com o cubo, para um diâmetro do eixo de 60 mm e comprimento do cubo de 80 mm

Segundo a Fig.	União eixo/cubo	Custos	
		Tempo min	Custos DM
18.2 d	Ajuste forçado longitudinal	36,5	2,50
	Ajuste forçado transversal	40,0	2,68
18.2 f	Assento cônico	48,0	3,32
	Assento cônico com chavêta plana	57,7	4,18
	Assento cônico com chavêta plana, arruela e porca	77,7	6,02

*Os cálculos comparativos foram postos à disposição pelo **Prof. Dr. Eng.**° O. KIENZLE, TH. Hannover. Por exemplo, para o ajuste forçado longitudinal, o cálculo para as diversas operações: tornear o eixo 16 min (1,12 DM), furar e acabar o cubo com o alargador 18 min (1,26 DM), prensar o cubo sôbre o eixo 2,5 min (0,12 DM). Para **outros** detalhes, veja STN-Blatt 80 131 Seminar für Technische Normung, TH. Hannover.

Segundo a Fig.	União eixo/cubo	Custos	
		Tempo min	Custos DM
18.7 a	Com pino cônico transversal	43,8	3,00
18.7 b	Com pino ranhurado transversal	40,8	2,79
18.7 c	Com chavêta meia-lua	43,2	2,93
	Com chavêta plana embutida	52,6	3,41
18.7 e	Com ranhuras múltiplas	60,2	4,65
	Com ranhuras múltiplas, arruela e porca	80,7	6,14
18.7 f	Por dentes	62,2	3,23
	Por dentes, arruela e porca	74,7	4,72
18.7 g	Com perfil K	61,7	4,23
	Com perfil K, arruela e porca	74,2	5,72
18.8 c	Com chavêta inclinada embutida	55,2	3,52
18.8 d	Com chavêta inclinada com cabeça	62,2	3,87
18.8 e	Com chavêta tangencial	66,7	4,18
	Com chavêta tangencial, cubo bipartido e 2 parafusos	102,7	6,77

Nomenclatura para o cálculo

(nomenclatura e dimensões para os valores tabelados v. as tabelas)

a	(cm)	deslocamento axial de prensagem	P_s	(kgf)	fôrça expansiva de ruptura
			p	(kgf/cm²)	pressão específica de contato
A	(kgf)	fôrça axial	q, q_1, q_2	(—)	coeficientes (Tab. 18.4)
b	(cm)	largura da chavêta	t, t_1, t_2	(—)	profundidade de ranhura
B	(—)	coeficiente ⎱ Tab. 18.4	U	(kgf)	fôrça tangencial
C	(—)	coeficiente ⎰	u	(cm)	interferência, $= d - d_1$
d	(cm)	diâmetro do eixo	u_e	(cm)	interferência máxima, elástica
d_a	(cm)	diâmetro externo do eixo	u_f	(cm)	folga de montagem
d_i	(cm)	diâmetro interno do eixo	u_t	(cm)	dilatação térmica
d_1	(cm)	diâmetro do furo	u_v	(cm)	desgaste (perda por alisamento)
D	(cm)	diâmetro do cubo	u_H	(cm)	interferência de retenção (interferência útil)
e	(—)	expoente, Tabela 18.4			
E, E_1	(kgf/cm²)	módulo de elasticidade do eixo, do cubo	W_t	(cm³)	momento de resistência à torção
			$\alpha°$	(°)	ângulo de inclinação
F_s	(cm²)	secção crítica diametral	μ	(—)	coeficiente de atrito, $= tg \varrho$
H	(kgf)	fôrça de retenção	μ_H	(—)	coeficiente de atrito estático
H_R	(kgf)	fôrça de deslizamento	M_R	(—)	coeficiente de atrito deslizante
h	(cm)	altura da chavêta	ϱ	(°)	ângulo de atrito
i	(—)	número de ranhuras	$\sigma \sigma_1$	(kgf/cm²)	tensões tangenciais do eixo e do cubo, na superfície de contato (Fig. 18.1b)
L	(cm)	comprimento útil			
M_t	(cmkgf)	momento de torção			
$1/m$	(—)	coeficiente transversal	$\sigma_m \sigma_{m1}$	(kgf/cm²)	tensões tangenciais médias do eixo e do cubo (Fig. 18.1b)
P	(kgf)	fôrça de contato			
P_K	(kgf)	fôrça de tombamento	$d_1 =$		

18.2. UNIÕES POR ATRITO

1) *Fôrças no ajuste forçado* (Fig. 18.1). Para todos os ajustes e prensados, a fôrça de retenção H (resistência contra a rotação e o deslocamento do cubo), que é igual à soma das fôrças de atrito $\Sigma P \cdot \mu$, deve ser maior do que a fôrça tangencial U no eixo:

$$H = \Sigma P \cdot \mu \geqq U = 2M_t/d \quad \text{(kgf).} \tag{1}$$

Para uma pressão uniformemente distribuída sôbre o contôrno (pressão específica p), tem-se

$$H = \Sigma P \cdot \mu = \pi \cdot d \cdot L \cdot p \cdot \mu \quad \text{(kgf).} \tag{2}$$

Com a substituição de $M_t = \tau_t \cdot W_t$ e $W_t = \pi d^3/16$ para o eixo maciço, obtém-se o valor necessário

$$\frac{L}{D} \geqq \frac{1}{8 \cdot \mu} \frac{\tau_t}{p} .$$

A fôrça de expansão de ruptura P_s do cubo, i.e., a fôrça de tração P_s no corte longitudinal $F_s = (D-d)L$ do cubo, vale

$$P_s = d \cdot L \cdot p \geqq \frac{U}{\pi \cdot \mu} = \frac{2M_t}{\pi \cdot \mu \cdot d} \qquad \text{(kgf)} \qquad (3)$$

e a tensão tangencial média de tração no cubo será: $\sigma_{m_1} = P_s/F_s$ (kgf/cm²).

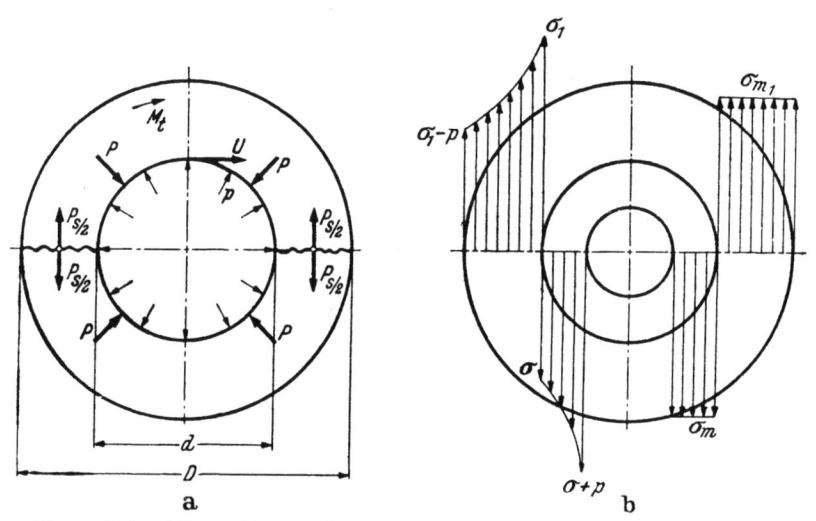

Figura 18.1 – Fôrças (a) e tensões (b) nos ajustes forçados, com e sem interferência

Valores experimentais:

Pressão específica $p = 300$ a 500 kgf/cm² para ferro fundido sôbre aço;
$= 500$ a 900 kgf/cm² para aço sôbre aço.

Coeficiente de atrito estático[4] $\mu_H = 0,15$ a $0,3$, dependendo da lubrificação (lubrificada até sêca), pressão específica e acabamento superficial;

μ_H até $0,65$, quando as superfícies de contato são tratadas com pó de carborundum.

Coeficiente de atrito deslizante $\mu_R \cong 0,5\,\mu_H$.

Execução de ajustes forçados (Fig. 18.2). O cubo em geral é dividido ou tem uma fenda, e as fôrças de apêrto provêm de parafusos, anéis cônicos ou anéis com dilatação térmica, cuja área total F_s deve suportar a fôrça de expansão de ruptura P_s (ver Eq. (3)).

A favor da segurança, calcula-se com coeficiente de atrito de deslizamento (p. ex. 0,075, ver acima).

Exemplo: Polia de correia bipartida (Fig. 18.2b), diâmetro do eixo $d = 4$ cm, $M_t = 1\,500$ kgfcm. Fôrça total necessária nos parafusos $P_s \geqq \dfrac{2M_t}{\pi \cdot \mu_R \cdot d} = \dfrac{2 \cdot 1\,500}{\pi \cdot 0,075 \cdot 4} = 3\,180$ kgf. Tendo-se 4 parafusos, cada um deve suportar 800 kgf; escolhe-se o parafuso M 18 segundo Tab. 10.14.

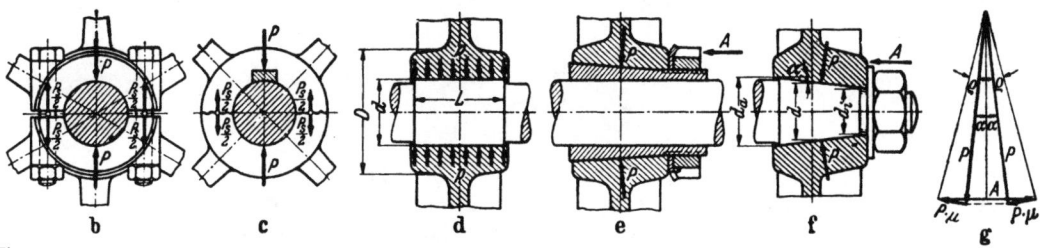

Figura 18.2 – Diversos ajustes forçados, com e sem interferência. a ajuste forçado sem interferência com um corte no cubo, b com cubo bipartido, c com chavêta (vazada), d ajuste forçado, e assento cônico com bucha cônica, f assento cônico, g fôrças no assento cônico

[4]Existem ensaios apenas para os ajustes forçados.

Para $p = 300$, tem-se $L \geq \dfrac{P_s}{d \cdot p} = \dfrac{3\,180}{4\,300} = 2,67\,\text{cm}$ (devido à fixação dos parafusos, L será consideràvelmente maior).

Cubos inteiriços podem ser fixados com pressão através de chavêtas vazadas (dimensões, ver Tab. 18.6). A fôrça de pressão $P = p \cdot b \cdot L$, que age na superfície da área $b \cdot L$ da chavêta, atua pelo menos em dois pontos do contôrno do eixo, de maneira que a fôrça de retenção pode ser expressa por $H = 2 \cdot P \cdot \mu \geq$

$\geq U = 2M_t/d$. Ela é limitada pela fôrça de cravação da chavêta $A \cong P(\text{tg}\,\alpha + 2\mu) = \dfrac{M_t(\text{tg}\,\alpha + 2\mu)}{d \cdot \mu} \cong$

$\cong \dfrac{2M_t}{d}(\text{tg}\,\alpha\; 1:1\,000)$. Adotando-se $A = \sigma_{ad} \cdot b \cdot h$ e $\sigma_{ad} = 1\,200$ kgf/cm², devido ao perigo de deformação durante a penetração da chavêta côncava, o momento de torção transmissível será

$$\boxed{M_t \cong A \cdot d/2 \leq 600\, d \cdot b \cdot h^5} \quad \text{(kgfcm)}, \tag{4}$$

e com a pressão específica de contato $p = \dfrac{P}{b \cdot L} \geq \dfrac{M_t}{d \cdot \mu \cdot b \cdot L}$ (kgf/cm²), o comprimento necessário do cubo

$$\boxed{L \geq \dfrac{M_t}{p \cdot d \cdot b \cdot \mu} = \dfrac{600 \cdot h}{p \cdot \mu}} \quad \text{(cm)}; \tag{5}$$

ou

$$\boxed{L \geq 12 \cdot h} \quad \text{para } p = 500 \text{ kgf/cm}^2 \text{ e } \mu = 0,1.$$

Exemplo: Para $d = 4$ cm e $b \cdot h = 1,2 \cdot 0,35$ cm², segundo a Tab. 18.6, tem-se segundo a Eq. (4): $M_t \cong$

$\cong 600 \cdot 4 \cdot 1,2 \cdot 0,35 = \mathbf{1\,000}$ **cmkgf**, e da Eq. (5): $L \geq \dfrac{600 \cdot 0,35}{500 \cdot 0,1} \geq \mathbf{4,2\,cm}$.

Ajuste forçado devido a uma fôrça de tombamento P_K: Segundo a Fig. 18.3, um cubo com ajuste deslizante sôbre o eixo pode engripar por uma fôrça de tombamento P_K, se a fôrça de retenção fôr $H = 2P\mu \geq P_K$. Com a introdução do momento de tombamento $P_K \cdot a = P \cdot L$, tem-se

$H = 2P_K \cdot \mu \cdot a/L \geq P_K$. Donde se obtém

$\dfrac{a}{L} = \dfrac{1}{2\mu}$. Nesse caso, tem-se "auto-retenção".

Assim, p. ex., o coeficiente de atrito de deslizamento será $\mu_R = 0,075$ e $\dfrac{a}{L} = \dfrac{1}{0,15} = 6,7$, quando se pretender um assento seguro de pressão.

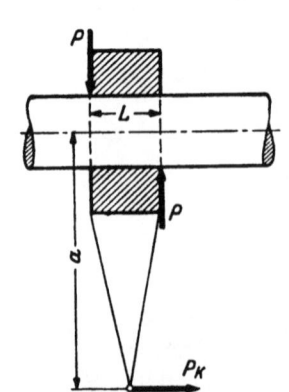

Figura 18.3 — Ajuste forçado sem interferência por uma fôrça de tombamento P_K. Para auto-retenção, deve-se ter $\dfrac{a}{L} \geq \dfrac{1}{2\mu}$

2) *Fôrças e tensões no ajuste forçado*[6] (Fig. 18.1). O eixo (diâmetro d) apresenta, em relação ao furo do cubo (diâmetro d_1), a interferência $u = d - d_1$, de maneira que, após a montagem, o cubo é dilatado e e o eixo comprimido. A distribuição das tensões na secção longitudinal média do eixo e do cubo corres-

---

[5] Se a espessura h da chavêta côncava fôsse igual à da chavêta plana, o momento M_t transmissível poderia ser duplicado.

[6] Chamamos a atenção para a norma DIN 7 190, Cálculo de ajustes forçados simples, onde são também apresentados diagramas para os ajustes forçados ISA, bem como **um** formulário para o cálculo.

ponde, então, à distribuição das tensões num tubo sujeito à pressão p interna ou externa, respectivamente, podendo ser calculada no regime elástico, como segue:

No cubo $\sigma_1 = p \cdot \dfrac{a_1^2 + 1}{a_1^2 - 1}$ (kgf/cm²); $a_1 = D/d_1$.

No eixo $\sigma = p \dfrac{a^2 + 1}{a^2 - 1}$ (kgf/cm²); $a = d/d_i$.

(Para eixo cheio ($d_i = 0$), tem-se $\sigma = p$).

A interferência relativa útil será

$$\frac{u_H}{d} = \frac{u - u_v}{d} = \frac{\sigma_1 + p/m}{E_1} + \frac{\sigma - p/m}{E} \tag{6}$$

Dessa equação, calcula-se u_H ou, inversamente, p. (A perda de interferência u_v[7] depende da rugosidade das superfícies e de seu alisamento na montagem.)

Por outro lado, a fôrça de retenção, segundo a Eq. (2), é $H = \Sigma P \cdot \mu = \pi \cdot d \cdot L \cdot p \cdot \mu$. Nesse caso, tem-se, para o eixo maciço, com p da Eq. (6) e $1/m = 0,3$ e para aço sôbre aço ($E_1 = E$):

$$\text{fôrça de retenção} \quad \boxed{H = \mu_H \cdot q \cdot L(1 - d^2/D^2)} \quad \text{(kgf)}, \tag{7}$$

onde $q = \pi \cdot \mu \cdot E/2$. A Fig. 18.4 mostra os valores de H em função de u, determinados experimentalmente para ajustes prensados longitudinais e transversais. Para os ajustes forçados sôbre eixos vazados ou sôbre buchas, deve-se recorrer à Eq. (6).

3) *Ajuste forçado transversal*. Obtido pela dilatação térmica do cubo (ajuste com dilatação térmica) ou pela introdução com contração do eixo por meio de gêlo sêco ou ar líquido (ajuste com contração térmica), ou por modificação posterior das tensões internas do cubo [18/13][8].

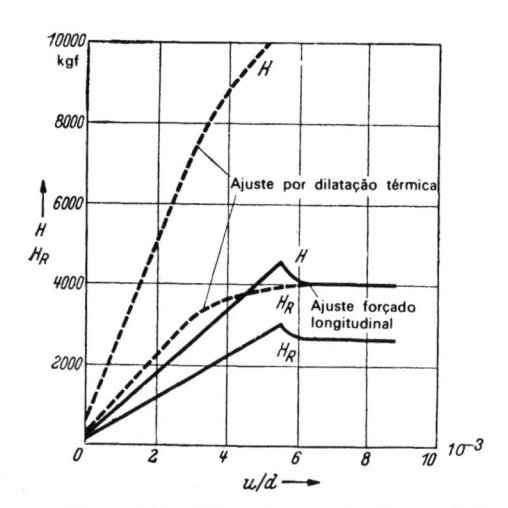

Figura 18.4 — Fôrça de retenção H e de deslizamento H_R em função de u/d no ajuste por dilatação térmica e no ajuste forçado longitudinal, para $d = 1,8$ cm, $D = 4,5$ cm, $L = 2,5$ cm. Pino retificado de St 50, cubo acabado com alargador de St 50. Lubrificação com óleo de máquina. Segundo WASSILEFF [18/10]

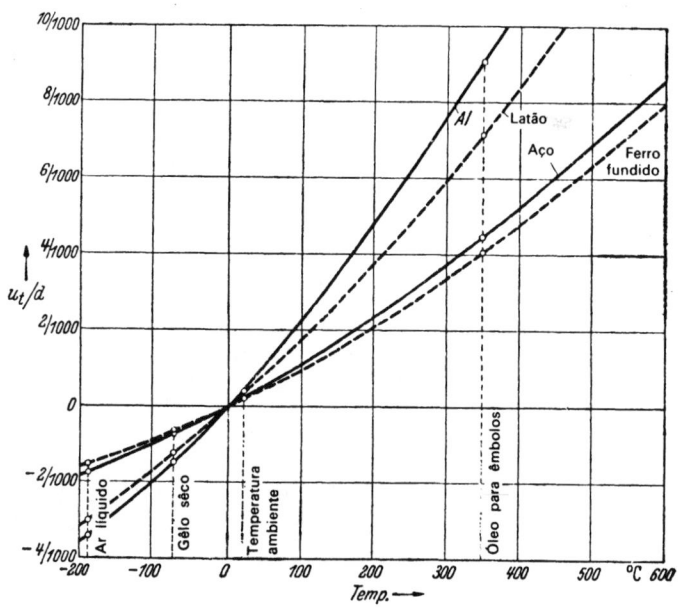

Figura 18.5 — Dilatação térmica u_t/d para diversos materiais e temperaturas. (Para outros materiais, ver Tab. 6.5)

Resultados experimentais de WASSILEFF [18/10]: Para um maciço retificado[9], furo ajustado com alargador e aquecimento do cubo em banho de óleo, obteve-se, no regime elástico ($u \leqq u_e$):

[7]Para o ajuste forçado transversal determinou-se $u_v \cong 0,7/10^3$ e $7/10^3$ mm, sendo a superfície torneada, com um avanço de 0,07 e 0,22 rpm, respectivamente, [18/10].

[8]Um ajuste forçado **transversal, que** pode ser fàcilmente desfeito, mostra a embreagem em rolos "Stieber", pág. 79, Fig. 19.6.

[9]Para furos e eixos **torneados, a** fôrça de retenção era maior do que H, segundo a Eq. (8), e a fôrça de deslizamento era menor que H_R. O tipo de lubrificante tinha pouca influência.

$$\text{fôrça de retenção} \qquad \boxed{H \geqq u_e \cdot q_1 \cdot L[1 - (d/D)^e] \geqq 2M_t/d} \qquad \text{(kgf)} \qquad (8)$$

$$\text{fôrça de deslizamento} \qquad \boxed{H_R \cong 0,47\,H} \qquad \text{(kgf)}$$

com u_e, q, e segundo a Tab. 18.4.

A fôrça de retenção varia para: $\cong 0,9\,H$ para carregamento oscilante, $1,35\,H$ para superfície de contato sêca; $1,1\,H$ para ajuste com dilatação (fôrça de deslizamento $\cong 0,56\,H$).

Pela *oxidação* das superfícies (não destacáveis) ou pelo tratamento das superfícies de **contato com** pó carborundum, pode-se aumentar consideràvelmente as fôrças de retenção e de deslize[10].

TABELA 18.4 – *Coeficientes para ajustes forçados, segundo experiências* [18/9], [18/10].

Material		u_e	q_1 (kgf/cm^2)	e	q_2 (kgf/cm^2)	B	C
Eixo	Cubo	(cm)	da Eq. (8)		da Eq. (9)	da Eq. (10)	
St 50	St 50	$d \cdot 3{,}5/1\,000$	$5 \cdot 10^5$	2	$2{,}1 \cdot 10^5$	112	450
St 50	GG	$d \cdot 2{,}2/1\,000$	$3{,}7 \cdot 10^5$	1	$1{,}12 \cdot 10^5$	510	0
St 50	elétron	$d \cdot 2/1\,000$	$1{,}4 \cdot 10^5$	1	$0{,}72 \cdot 10^5$	225	0

A dilatação térmica possível u_t no cubo, para diversas temperaturas, é mostrada na Fig. 18.5. Ela deve superar com uma folga de montagem $u_f \geqq 1 \cdot d/1\,000$ a interferência necessária u.

Aquecimento do cubo (ajuste por dilatação térmica): Até 100°C sôbre uma chapa quente (p. ex. na montagem de rolamentos), até 370° no óleo para êmbolos, até aproximadamente 700° no forno de mufla ou na chama. O perigo de "empenamento" do cubo aumenta com a temperatura. (Eventual operação final de acabamento sòmente após a dilatação térmica)

Resfriamento do eixo (ajuste por retração): Com gêlo sêco (neve de gás carbônico), atinge-se temperatura de menos 70° até menos 79°C, podendo-se montar pinos com um diâmetro igual ou acima de 30 mm, com uma interferência $u = 0,67\,d/1\,000$ (equivale a 20μ para $d = 30$ mm); com *ar líquido* (perigo de explosão e de congelamento!), pode-se atingir menos 190° a 196°C. Para ambos os casos, deve-se trabalhàr com luvas e óculos de proteção!

Tolerâncias das interferências: A interferência na prática só pode ser obtida mediante uma certa tolerância. A menor interferência resultante permite apenas adotar a menor fôrça de retenção e de deslizamento[11].

Por outro lado, nos ajustes forçados transversais, a interferência não deve ser desnecessàriamente grande, a fim de poder manter a temperatura necessária para a montagem baixa e também para não romper o cubo. Máximas e mínimas de interferência dos ajustes forçados ISA, ver Tab. 6.4.

Dados de referência para a menor interferência relativa u/d para ajustes forçados ISA

Ajuste	H 7 · s 6	H 7 · t 6	H 7 · u 6	H 7 · x 6	H 7 · z 6	H 7 · za 6	H 7 · zb 6	H 7 · zc 6
$1\,000 \cdot u/d$	0,40	0,63	1,00	1,60	2,50	3,15	4,00	5,00

Exemplos de ajustes forçados transversais:

Dados: $d = 4$ cm, $D = 8$ cm, $L = 5$ cm, $q_1 = 5 \cdot 10^5$, eixo maciço e cubo de St 50/St 50.

a) Executado para ajuste por retração possível com gêlo sêco (até $u = 0,67\,d/1\,000$, ver acima).

para a interferência	tem-se a fôrça de deslizamento segundo a Eq. (8):
Valor máximo $u = 0,67\,d/1\,000 = 2,68/1\,000$ cm	$H_R = 0,47\,H \geqq 2\,350$ kgf
Para a tolerância da interferência $= 2/1\,000$ cm, tem-se o menor $u = (2,68 - 2)/1\,000 = 0,68/1\,000$	mínimo $H_R \geqq$ **596 kgf**

[10]Carbeto de silício (pó para retificação)! Muito recomendado, também, para outros tipos de união por **atrito** (DRP. 625 371). Para flanges assim montadas, por dilatação, com $L = 0,28\,d$ e $d = 50$ mm, sob carga alternante ($\tau_t = 12$ kgf/mm^2) apresenta antes uma fratura por fadiga no eixo, do que um deslizamento do assento por ajuste térmico. Na desmontagem do eixo alcançou-se um $H = 680$ kgf por cm^2 de superfície de contato (aproximadamente 2,5 vêzes o valor de um ajuste normal por dilatação). Ver [18/15].

[11]Outras reduções podem aparecer para certos tipos de aplicações, devidas a determinadas relações de temperatura e solicitações elevadas de fôrças centrífugas.

b) Executado para ajuste por dilatação:

O valor-limite $u = u_e = 3,5 \, d/1\,000 = 14/1\,000$ cm não deve ser ultrapassado; corresponde ao ajuste forçado escolhido H7 · x7, segundo a Tab. 6.4, de maneira que:

interferência	fôrça de deslizamento, seg. Eq. (8)
Máximo $u = 10,5/1\,000$ cm	$H_R = 0,47 \cdot H \geq 9\,200$ kgf
Mínimo $u = 5,5/1\,000$ cm	Mínimo $H_R \geq$ **4 800 kgf**

A temperatura necessária para a dilatação é aproximadamente de 290°C, segundo a Fig. 18.5, com $u_t/d = u/d + 1/1\,000 = 3,6/1\,000$.

4) *Ajuste forçado longitudinal.* É obtido pela prensagem axial do cubo sôbre o eixo com interferência, sendo, nessa operação, mais ou menos alisadas as superfícies (perda de interferência u_v). Uma superfície muito rugosa requer, portanto, maior interferência ($u = u_H + u_v$) a fim de se obter a mesma fôrça de retenção. Extremamente importante é o chanfro cônico no eixo, com uma conicidade de 10 a 15°, para evitar o efeito cortante da aresta frontal do eixo [18/9]. A fôrça de retenção H cresce proporcionalmente com a interferência u, segundo a Fig. 18.4, até atingir o limite de escoamento, diminuindo a seguir. A Fig. 18.6 mostra a variação da fôrça de prensagem na montagem e na desmontagem.

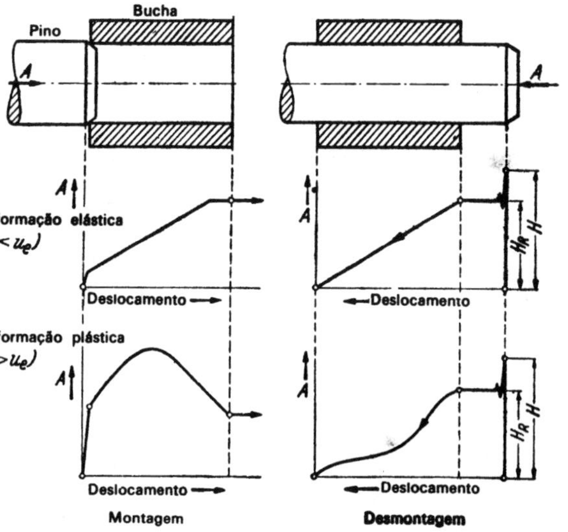

Figura 18.6 — Variação da fôrça de montagem e desmontagem de um pino, segundo WERTH [18/9]. a com deformação elástica ($u \leqq u_e$), b com deformação plástica ($u > u_e$)

Resultados dos ensaios de WERTH [18/9]. Com furo acabado com alargador, pino maciço retificado, com chanfro cônico de 15° e lubrificação com óleo de máquina [12], obteve-se:

no regime elástico ($u \leqq u_e$): fôrça de retenção $\boxed{H \geq u \cdot q_2 \cdot L[1 - (d/D)^2]}$ (kgf)   (9)

no regime plástico ($u \geqq u_e$: fôrça de retenção $\boxed{H \geq L(B \cdot d + C)(1 - d/D)}$ (kgf)   (10)

coeficiente u_e, q_2, B e C, segundo a Tab. 18.4. Fôrça de deslizamento $\boxed{H_R \cong 0,66\,H}$ (kgf).

A fôrça total de retenção consegue-se sòmente depois de 2 dias (logo após a prensagem, obtém-se sòmente 70%!).

A fôrça de retenção varia:

com cargas pulsantes, sôbre o valor da fôrça de deslizamento (geralmente sempre decisivo);
com velocidade de prensagem acima de 2 mm/s, para até $0,75\,H$;
com pino sêco, para $0,67\,H$;
com chanfrado cônico de 60° (em vez de 15°), para $0,62\,H$;
com substituição de óleo de máquina por óleo de colza, para $1,65\,H$.

Exemplo de ajuste forçado longitudinal:
Dados: Dimensões como no exemplo anterior de ajuste forçado transversal.

[12]O tipo de lubrificante, para o ajuste forçado longitudinal, tem grande influência sôbre H (influência sôbre u_v!), ao contrário do ajuste por dilatação térmica.

Para um ajuste forçado H7·x7 (como acima) e um coeficiente $q_2 = 2{,}1 \cdot 10^5$, tem-se

interferência	fôrça de deslizamento, seg. a Eq. (9)
*Má*ximo $u = 10{,}5/1\,000$ cm	$H_R = 0{,}66\,H \geq 5\,450$ kgf
Mínimo $u = 5{,}5/1\,000$ cm	Mínimo $H_R \geq 2\,860$ kgf

No regime plástico ($u \geq u_e = 3{,}5\,d/1\,000$), segundo a Eq. (10), tem-se uma fôrça de deslizamento $H_R \cong$ $\cong 0{,}66\,H = 0{,}66 \cdot L(B \cdot d + C)(1 - d/D) = 1\,500$ kgf, com $B = 112$, $C = 450$, segundo a Tab. 18.4. O mesmo H_R pode ser atingido no regime elástico com $u = 2{,}9/1\,000$ cm. Caso essa fôrça seja suficiente, utiliza-se qualquer ajuste que forneça a mínima interferência $u \geq 2{,}9/1\,000$ cm ($= 2{,}9\mu$).

5) *Assento cônico.* Execução, segundo as Figs. 18.2e e 18.2f, realizada freqüentemente com uma chavêta para o posicionamento de segurança. A fôrça axial A cria a fôrça de pressão P, através do efeito de cunha do cone (ver Fig. 18.2g). Geralmente, pode-se obter a fôrça axial mediante uma porca (para hastes de ferramentas sòmente através da componente axial de usinagem); em relação ao ajuste forçado longitudinal, o assento cônico é consideràvelmente mais caro (ver Tab. 18.3) mas, por outro lado, êle pode ser desmontado com maior facilidade, e sua fôrça de compressão é regulável e ajustável. Com buchas cônicas (geralmente com cortes), podem-se também montar cubos sôbre eixos cilíndricos (ver Fig. 18.2e).

Fôrça axial necessária

$$A \cong 2P \cdot \text{sen}\,(\alpha + \varrho) = \frac{H\,\text{sen}\,(\alpha + \varrho)}{\mu} \cong H\,\frac{\text{tg}\,\alpha + \mu}{\mu} \qquad \text{(kgf)} \qquad (11)$$

onde a fôrça de retenção $H \geq U = 2M_t/d$ solicita o diâmetro médio d.

Deve-se tomar a fôrça de deslizamento H_R, na falta de ensaios especiais, igual a $H_R = 0{,}47\,H$, como no ajuste forçado transversal; anàlogamente, u.

O deslocamento axial prensado, necessário

$$a = \frac{u}{2 \cdot \text{tg}\,\alpha} \qquad \text{(cm)}, \qquad (12)$$

pode ser controlado por meio de um micrômetro, onde a interferência u, necessária, deve ser calculada, na falta de ensaios especiais, pela Eq. (8).

TABELA 18.5 − *Inclinações comuns para cones.*

Cone $(d_a - d_i)/L$	Inclinação tg α	α	Empregado para
1 : 5	1 : 10	5° 42′ 38″	cubos fàcilmente desmontáveis sôbre eixos
1 : 10	1 : 20	2° 51′ 45″	cubos desmontáveis sôbre eixos e buchas reajustáveis para mancais
1 : 12	1 : 24	2° 23′ 10″	buchas cônicas para mancais de êmbolo
1 : 15	1 : 30	1° 54′ 30″	hélices, hastes do êmbolo
1 : 20	1 : 40	1° 25′ 56″	cone métrico; DIN 233 para ferramentas

Valores práticos: tg α, segundo Tab. 18.5; coeficiente de atrito $\mu = \text{tg}\,\rho = 0{,}15$ a $0{,}25$.

Pressão específica
$$p = \frac{2P}{\pi \cdot d \cdot L} = \frac{H}{\mu \cdot \pi \cdot d \cdot L} \qquad \text{(kgf/cm}^2\text{)}; \qquad (13)$$

$$d_a = d + L \cdot \text{tg}\,\alpha; \qquad d_i = d - L \cdot \text{tg}\,\alpha \qquad \text{(cm) (ver Fig. 18.2)}.$$

Exemplo de assento cônico:

Dados: Dimensões, como no exemplo anterior de ajuste forçado transversal; além disso tg $\alpha = 1{:}20 =$ $= 0{,}05$; $\mu \cong 0{,}2$, $H_R = 4\,800$ kgf (como acima), $H = H_R/0{,}47 = 10\,200$ kgf.

Cálculo: Da Eq. (11) $A \cong H\,\dfrac{\text{tg}\,\alpha + \mu}{\mu} = 12\,700$ kgf;

da Eq. (13) $p = \dfrac{H}{\mu \cdot \pi \cdot d \cdot L} = 810$ kgf/cm^2;

da Eq. (12) $a = \dfrac{u}{2 \, \mathrm{tg}\, \alpha} = 55/1\,000$ cm ($= 0,55$ mm), com a substituição de $u = 5,5/1\,000$ cm, segundo a Eq. (8) (ver exemplo de ajuste forçado transversal); além disso

$$d_a = d + L \cdot \mathrm{tg}\, \alpha = 4,25 \text{ cm}.$$

18.3. UNIÕES POR ADAPTAÇÃO DE FORMA (Fig. 18.7)

1) *Pinos longitudinais e transversais*, econômicos e adequados para pequenos momentos de torção; para a execução e o dimensionamento, ver **Cap.** 11.

2) *Chavêta plana* (Fig. 18.7c). A união por chavêta plana é a mais comumente encontrada para momentos de torção de sentido único, p. ex. para flanges de acoplamento. Além disso, é encontrada como chavêta deslizante em cubos axialmente móveis, e, finalmente, como situação de segurança para algumas uniões por assentos cônicos e forçados. A chavêta plana, em comparação à inclinada, é apenas pouco mais econômica na montagem e na fabricação (v. Tab. 18.3), mas o cubo não é deformado excêntricamente e sua montagem requer fôrças menores (importante para mancais de rolamento incorporados). Utiliza-se a chavêta meia-lua, mais econômica, para pequenos momentos de torção, principalmente em máquinas operatrizes e em veículos motorizados.

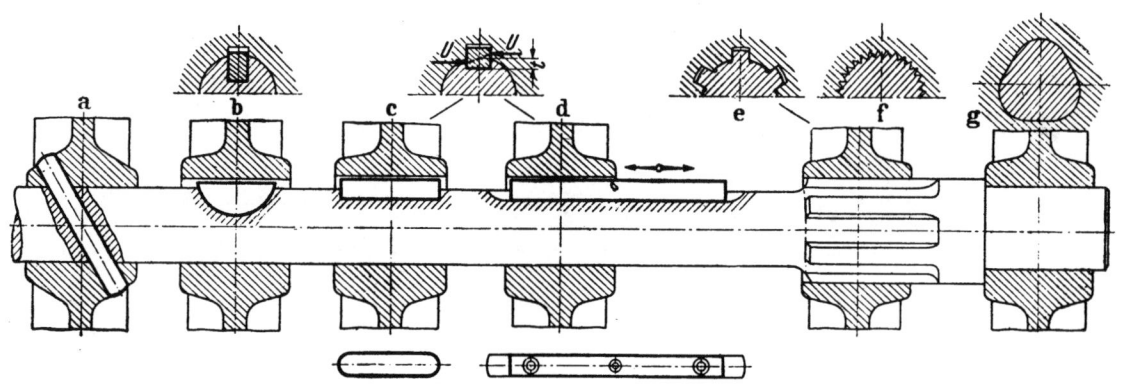

Figura 18.7 — Uniões por adaptação de forma. a pino transversal, b chavêta meia-lua, c chavêta plana embutida, d chavêta de deslizamento, e ranhuras múltiplas, f por dente, g perfil K

Transmissão da fôrça: A fôrça tangencial U é transmitida pelas faces laterais da chavêta:

$$U = 2M_t/d = p \cdot (h - t) \cdot L \cdot i \quad \text{(kgf)}. \tag{14}$$

Daí, pode-se calcular a pressão específica p ou o comprimento necessário útil L da chavêta ($i =$ número de rasgos $= 1$ a 2).

Dados práticos para M_t e dimensões das chavêtas planas, ver Tab. 18.6; para as chavêtas meia-lua, ver Tab. 18.7.

3) *Perfil de ranhura múltipla*, também conhecido por eixo entalhado (ver Fig. 18.7 e Tab. 18.8). É particularmente recomendado para momentos elevados de torção e com choques, assim como para cubos deslizantes. O momento de torção transmite-se por várias faces laterais ($i = 4$ a 20), das quais se pode admitir 75% como efetivas, se a fabricação é de precisão.

Calcula-se: $$M_t = 0,75 \cdot p \cdot h \cdot L \cdot i \cdot r_m \quad \text{(kgfcm)}. \tag{15}$$

Valores práticos de M_t (kgfcm) e dimensões, ver Tab. 18.8.

A produção de ranhuras múltiplas nos eixos efetua-se por fresadoras de geração (se necessário, por um processo em partes com fresas de disco) e, nos cubos, por brocas (se necessário, por um processo em partes com uma entalhadeira)[13].

O travamento dos cubos contra deslocamentos longitudinais pode ser feito por anéis fixos, mais economicamente por anéis elásticos (Dimensões, ver pág. 119 do vol. I) e, eventualmente, pelo encôsto lateral nas outras peças (ressalto no eixo).

[13]Propostas recentes de ranhuras múltiplas com rasgos de forma trapezoidal, ver [18/17], com flancos por evolvente, ver [18/21] e **DIN** 5482 "Zahnwellen- und Zahnnabenprofile mit Evolventenflanken" (eixos e cubos entalhados com flancos evolventes).

4) *União por dentes* (ver Fig. 18.7f e Tab. 18.9). Devido aos pequenos dentes desta união, o eixo e o cubo são menos enfraquecidos do que com entalhe múltiplo. Além disso, a pressão específica é menor (compare com M_{10}, nas Tabs. 18.8 e 18.9). Por outro lado, pode-se variar, com deslocamentos bem pequenos, a posição radial do cubo (de um dente divisor). Além disso, pode-se também utilizar a conformação por dente nas pontas de eixo cônicas. No entanto, em certos casos, é inconveniente a componente da fôrça radial, por exemplo, quando ela tende a alargar o cubo.

5) *Perfil K* (ver Fig. 18.7g e Tab. 18.10). Sua vantagem está na fabricação simples e precisa num tôrno copiador[14], no qual se pode tornear e retificar completamente o perfil K no eixo e no cubo. A Tab. 18.10 mostra os momentos de torção transmissíveis e as dimensões do perfil K. Com uma escolha adequada de ajuste, torna-se também possível o ajuste forçado e, além disso, pode-se conformar eixos cônicos com perfil K. No entanto, a componente radial da fôrça e a pressão específica são consideràvelmente maiores do que as de ranhuras múltiplas e por perfil denteado (ver os valores de M ﹁ nas Tabs. 18.9 e 18.10). Assim sendo, o perfil K é menos apropriado para cubos deslizantes.

18.4. UNIÕES POR ADAPTAÇÃO "DE FORMA" COM PROTENSÃO (Fig. 18.8)

Elas combinam a vantagem da união por adaptação de forma com a protensão. A êste grupo pertencem tôdas as uniões de forma por chavêta inclinada, as uniões forçadas com adaptação "da forma" adicional, p. ex. assento cônico com chavêta plana adicional, e finalmente as uniões de forma com protensão adicional, p. ex. perfil K com ajuste forçado. Para as fôrças que podem ser transmitidas, pode-se tomar como referência a respectiva união de forma ou de atrito, que lhe serve de base.

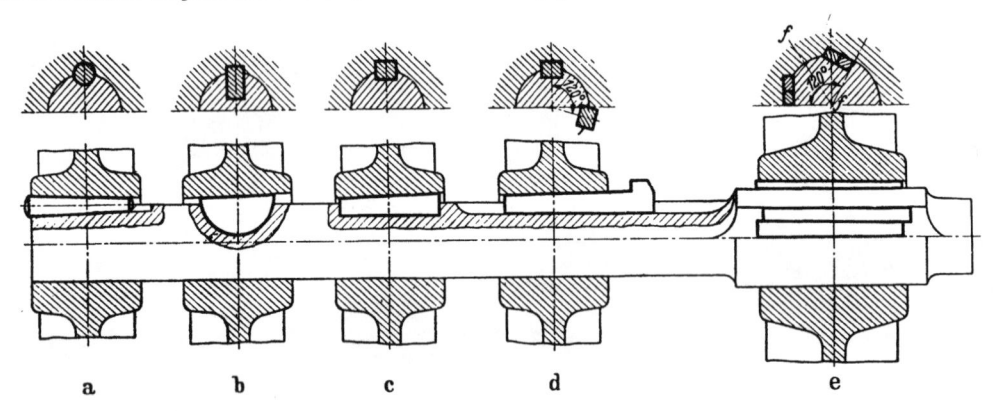

Figura 18.8 — Uniões por adaptação de forma com protensão. a pino cônico (pino tangencial), b chavêta meia-lua, c chavêta embutida inclinada, d chavêta inclinada de cravação, com ou sem cabeça (para 2 chavêtas, uma defasagem de 120°), e chavêtas tangenciais (f–f = posição da emenda quando o cubo fôr bipartido)

Uniões de forma por chavêta inclinada. Na cravação da chavêta inclinada ou na montagem forçada do cubo, comprime-se o eixo contra o cubo, de tal maneira que se pode transmitir um momento de torção por atrito (ver efeito de fôrças na chavêta vazada, pág. 63). Além disso, pode-se ainda transmitir um momento de torção adicional pela adaptação da forma entre a chavêta e o rasgo (ver efeito de fôrças na chavêta plana, pág. 69).

O momento de torção transmitido por atrito depende da fôrça de cravação da chavêta (ver chavêta vazada), sendo, portanto, incerto. O dimensionamento baseia-se na prática (ver Tab. 18.1), podendo servir de referência a fôrça transmissível pela pressão específica nas faces laterais (união de forma) (ver Eq. (14) e Tab. 18.6 e 18.11). Deve-se levar em conta também o espaço necessário, na direção axial, para a cravação da chavêta ou para a montagem forçada do cubo. Inclinação da chavêta, geralmente 1:100. O ajuste entre cubo e eixo deve ser o mais forçado possível (ajuste forçado), a fim de não deformar assimètricamente o cubo pela chavêta.

1) *Chavêta meia-lua* (ver Fig. 18.8b e Tab. 18.7). A chavêta meia-lua ajusta-se automàticamente à inclinação e fornece a união por chavêta mais econômica, com o menor trabalho de acabamento. Utiliza-se principalmente nas máquinas operatrizes e também nos automóveis, quando os momentos de torção não são muito elevados. Dimensões, ver Tab. 18.7.

2) *Chavêta plana* (inclinada) (ver Tab. 18.6). O eixo é menos enfraquecido pela inclinação do que pelo rasgo. O momento de torção transmissível é ligeiramente maior do que com chavêta vazada. Dimensões, ver Tabela 18.6.

3) *Chavêta inclinada* (ver Figs. 18.8c e d). Distingue-se a chavêta embutida (o cubo é montado à fôrça) da chavêta cravada (a chavêta é cravada), que ainda pode possuir uma cabeça quando se deseja prever a desmontagem (chavêta com cabeça). O momento de torção transmissível é maior do que o das chavêtas

[14]Máquina especial da firma Ernst Krause u. Co., Wien.

planas. Para momentos de torção alternantes e com choques, podem-se utilizar duas chavêtas, defasadas por um ângulo de 120° (contato por três pontos). Dimensões e momentos de torção, ver Tab. 18.6.

4) *Chavêtas tangenciais* (ver Fig. 18.8e). Permitem a única união por cunha do cubo e eixo, cunhando também o sentido tangencial, de modo que mesmo os momentos com choques podem ser transmitidos pela protensão (sem jôgo) nos dois sentidos. (Exemplo de aplicação: volante.) Dimensões e momentos de torção, ver Tab. 18.11.

TABELA 18.6 – *Dimensões* (mm) *dos rasgos e de chavêtas planas e inclinadas segundo DIN.*

Eixo d		Para chavêtas planas, segundo DIN 6885 (fevereiro de 1956), e chavêtas inclinadas, segundo DIN 6886 (fevereiro de 1956)					Eixo d		Para chavêtas inclinadas planas, segundo DIN 6883 (fevereiro de 1956)			Para chavêtas vazadas côncavas, segundo DIN 6881 (fevereiro de 1956)	
de	a	b	h*		t_2*		t_1*	de	a	b · h	t_1	t_2	b · e	t_2
10	12	4	4	4	1,7	1,7	2,4	2,4							
12	17	5	5	3	2,2	1,2	2,9	1,9							
17	22	6	6	4	2,6	1,6	3,5	2,5							
22	30	8	7	5	3,0	2,0	4,1	3,1	22	30	8 · 5	1,3	3,2	8 · 3,5	3,2
30	38	10	8	6	3,4	2,4	4,7	3,7	30	38	10 · 6	1,8	3,7	10 · 4,0	3,7
38	44	12	8	6	3,2	2,2	4,9	3,9	38	44	12 · 6	1,8	3,7	12 · 4,0	3,7
44	50	14	9	6	3,6	2,1	5,5	4,0	44	50	14 · 6	1,4	4,0	14 · 4,5	4,0
50	58	16	10	7	3,9	2,4	6,2	4,7	50	58	16 · 7	1,9	4,5	16 · 5,0	4,5
58	65	18	11	7	4,3	2,3	6,8	4,8	58	65	18 · 7	1,9	4,5	18 · 5,0	4,5
65	75	20	12	8	4,7	2,7	7,4	5,4	65	75	20 · 8	1,9	5,5	20 · 6,0	5,5
75	85	22	14	9	5,6	3,1	8,5	6,0	75	85	22 · 9	1,8	6,5	22 · 7,0	6,5
85	95	25	14	9	5,4	2,9	8,7	6,2	85	95	25 · 9	1,9	6,4	25 · 7,0	6,4
95	110	28	16	10	6,2	3,2	9,9	6,9	95	110	28 · 10	2,4	6,9	28 · 7,5	6,9
110	130	32	18	11	7,1	3,5	11,1	7,6	110	130	32 · 11	2,3	7,9	32 · 8,5	7,9
130	150	36	20	12	7,9	3,8	12,3	8,3	130	150	36 · 12	2,8	8,4	36 · 9,0	8,4
150	170	40	22	14	8,7	4,6	13,5	9,5	150	170	40 · 14	4,0	9,1	—	—
170	200	45	25	16	9,9	5,3	15,3	10,8	170	200	45 · 16	4,7	10,4	—	—

*A 1.ª coluna de h, t_1 e t_2 é para chavêtas inclinadas comuns e para chavêtas planas.
A 2.ª coluna de h, t_1 e t_2 é para chavêtas planas mais fracas.

Momento de torção para chavêtas planas: $M_t \cong (h - t_1) \cdot \dfrac{d}{2} \cdot \dfrac{p}{10} \cdot L$ (cmkgf): considerar as dimensões como as unidades segundo a pág. 62.

Cubo de ferro fundido: $p \leq 5$ kgf/mm².
Cubo de aço: $p \leq 9$ kgf/mm².

18.5. BIBLIOGRAFIA

Resistência (ver também bibliografia referente ao Cap. 17)

[18/1] *THUM, A. e F. WUNDERLICH:* Die Dauerbiegefestigkeit von Konstruktionsteilen an Einspannungen, Nabensitzen und ähnlichen Kraftangriffsstellen Mitt. MPA Darmstadt, fasc. 5, Berlin 1934.

[18/2] *FÖPPL, O. e H. KOCH:* 1. Die Biegewechselfestigkeit einer Keilverbindung (Passfeder) und die Erhöhung der Dauerhaltbarkeit urch das Oberflächendrücken.
2. Eine neue Keilform mit besserer Dauerhaltbarkeit der Welle. Mitt. Wöhler-Inst. fasc. 20 Braunschweig 1934.

[18/3] *BAUTZ, W.:* Steigerung der Dauerhaltbarkeit von Formelementen durch Kaltverformung. Diss. T. H. Darmstadt 1935.

[18/4] *Konstruktionstagung Stuttgart* 1935: Festigkeit und Formgebung, Dauerbruchsichere Konstruktionen, Formgestaltung und Belastbarkeit. Landesgewerbemuseum Stuttgart 1937.

[18/5] *BERG, P.:* Die Steigerung der Dauerhaltbarkeit von Keilverbindungen durch Oberflächendrücken. Diss. T. H. Braunschweig 1935.

[18/6] *WUNDERLICH, F.:* Festigkeit und Formgebung. Stuttgart 1938.

[18/7] *THUM, A.:* Beanspruchungsmechanismus und Gestaltfestigkeit von Nabensitzen. Dtsch. Kraftfahrtforsch. Fasc. 73. Berlin: VDI-Verlag 1942.

Conformação

[18/8] *STREIFF, F.:* Zweckmässige Sitze für Riemenscheiben, Kupplungen und Zahnräder auf Wellenenden. Werkst.-Techn. 32 (1938) p. 25.

TABELA 18.7 – *Chavêtas mei-lua*, dimensões nominais (mm) segundo DIN 6 888 (julho de 1948)
(revisada por uma norma recente).

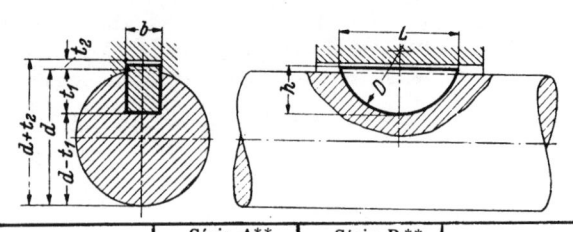

Diâmetro do eixo d	Chavêta meia-lua				Série A** Profundidade do rasgo		Série B** Profundidade do rasgo		Série A M_{10}*** cmkgf		Série B M_{10}*** cmkgf	
	b	h	$L \cong$	D	Eixo t_1	Cubo t_2	Eixo t_1	Cubo t_2	de	a	de	a
acima de 3 ··· 4	1	1,4	3,82	4	1,0	0,5	1,0	0,5	2,3	3,0	2,3	3,0
acima de 4 ··· 6	1,5	2,6	6,76	7	2,0	0,7	2,0	0,7	8,1	12,2	8,1	12,2
acima de 6 ··· 8	2	2,6	6,76	7	1,8	0,9	1,8	0,9	16,2	21,6	16,2	21,6
	2	3,7	9,66	10	2,9	0,9	2,9	0,9	23,2	30,9	23,2	30,9
acima de 8 ··· 10	2,5*	3,7	9,66	10	2,9	0,9	2,9	0,9	30,9	38,6	30,9	38,6
	3	3,7	9,66	10	2,5	1,3	2,8	1,0	46,4	58,0	34,8	43,5
	3	5	12,65	13	3,8	1,3	4,1	1,0	60,8	76,0	45,6	57
	3	6,5	15,72	16	5,3	1,3	5,6	1,0	75,5	94,4	56,6	70,9
acima de 10 ··· 12	4	5	12,65	13	3,5	1,6	4,1	1,0	95	114	57	68,4
	4	6,5	15,72	16	5,0	1,6	5,6	1,0	118	141,5	70,8	85
	4	7,5	18,57	19	6,0	1,6	6,6	1,0	139	167	83,5	100
acima de 12 ··· 17	5	6,5	15,72	16	4,5	2,1	5,4	1,2	188	267	103	147
	5	7,5	18,57	19	5,5	2,1	6,4	1,2	222	315	122	173
	5	9	21,63	22	7,0	2,1	7,9	1,2	259	368	142	202
acima de 17 ··· 22	6	7,5	18,57	19	5,1	2,5	6,0	1,6	378	490	237	306
	6	9	21,63	22	6,6	2,5	7,5	1,6	442	572	276	357
	6	10	24,49	25	7,6	2,5	8,5	1,6	500	646	312	404
	6	11	27,35	28	8,6	2,5	9,5	1,6	558	722	349	451
acima de 22 ··· 30	8	9	21,63	22	6,2	2,9	7,5	1,6	666	910	357	486
	8	11	27,35	28	8,2	2,9	9,5	1,6	843	1149	451	615
	8	13	31,43	32	10,2	2,9	11,5	1,6	969	1320	519	707
acima de 30 ··· 38	10	11	27,35	28	7,8	3,3	9,1	2,0	1311	1665	779	986
	10	13	31,43	32	9,8	3,3	11,1	2,0	1510	1915	895	1132
	10	16	43,08	45	12,8	3,3	14,1	2,0	2063	2620	1229	1555

*Permitido apenas para a construção de veículos motorizados.

**Utilizar de preferência a série A (rasto profundo no cubo, segundo DIN 6 885, fôlha 1). Série B (rasto pouco profundo no cubo, segundo DIN 6 885, fôlha 2), para máquinas operatrizes.

***Momento de torção $M_t = L(h - t_1) \dfrac{d}{2} \cdot \dfrac{p}{10}$ (cmkgf).

Dado da tabela, $M_{10} = M_t$ para uma pressão específica $p = 10 \, kgf/mm^2$.

Momento de torção admissível (sentido único e sem choques): $M_t \cong 0,5 \cdot M_{10}$ (cmkgf) para cubos de ferro fundido

(não normalizado!) $\cong 0,9 \cdot M_{10}$ (cmkgf) para cubos de aço

Designação de uma chavêta meia-lua por $b \cdot h$, p. ex. chavêta meia-lua 10×16 DIN 6 888.

Material (citar na encomenda): St 60 ou St 80.

Ajustes forçados

[18/9] WERTH, S.: Austauschbare Längspressitze. VDI-Forsch-fasc. 383. Berlin: VDI-Verlag 1937; Resumo, ver Z. VDI vol. 82 (1938) p. 471.

[18/10] WASSILEFF, D.: Austauschbare Querpressitze. VDI-Forsch.-fasc. 390. Berlin, VDI-Verlag, 1938.

[18/11] KIENZLE, O. e A. HEISS: Die Berechnung einfacher Pressitze Werkst.-Techn. 32 (1938) pp. 468/73.

[18/12] KIENZLE, O.: Die Einflüsse auf die Haftbeiwerte in den Fugen von Pressitzen. Werkst.-Techn. 32 (1938) p. 552.

[18/13] BÜHLER, H.: Schrumpfverbindung durch Verändern von Eigenspannungen. Z. VDI vol. 79 (1935) p. 323.

[18/14] HUFSCHMIDT: Kaltschrumpfen mit Trockeneis. Chem. Fabrik (1941) p. 318.

[18/15] MEYER, P.: Neuartige Schrumpfverbindung für aufgebaute Kurbelwellen. Werft. Reed. Hafen vol. 19 (1938) p. 155.

[18/16] WIEMER, A.: Die Schrumpfverbindung zur Übertragung von Drehmomenten. Z. VDI vol. 86 (1942) p. 274.

TABELA 18.8 – *Eixos e cubos ranhurados entalhados*, dimensões nominais (mm)

1. *Para veículos a motor*, segundo DIN 5461 até 5464 (fevereiro de 1939).
   Dimensões nominais: ver Tab. *a* e Fig. a.
   Tolerâncias: ver DIN 5465.
   Centragem: centragem interna, para eixos com 6 a 10 ranhuras, centragem
      pelos flancos, para eixos com 8 a 20 ranhuras.

Exemplo de designação: eixo entalhado 28 × 32 × 7 DIN 5462.

Momento de torção: $M_t = 0,75 \cdot i \cdot h \cdot r_m \cdot L \cdot p/10$ (cmkgf)

com o número de entalhes i, $r_m = \dfrac{d_1 + d_2}{4}$ (mm),

comprimento do cubo L (mm), altura útil do ressalto h

e pressão específica p (kgf/mm^2).

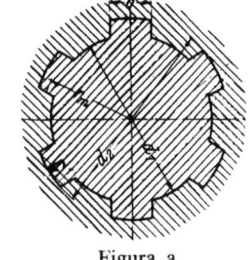

Figura a

Dado de tabela: $M_{10} = M_t$ para $p = 10$ kgf/mm^2 e $L = 1$ mm.

Momento de torção admissível para um funcionamento com choques (sem choques):

$M_t = 0,4 \cdot L \cdot M_{10} = (0,6 \cdot L \cdot M_{10})$ para cubos de ferro fundido, L em mm!
$M_t = 0,7 \cdot L \cdot \mathbf{v}._{10} = (1 \cdot L \cdot M_{10})$ para cubos de aço.

TABELA a.

Diâmetro interno d_1 mm	Leve DIN 5462				Médio DIN 5463				Pesado DIN 5464			
	Número de entalhes	d_2 mm	b mm	M_1 cmkgf mm	Número de entalhes i	d_2 mm	b mm	M_{10} cmkgf mm	Número de entalhes i	d_2 mm	b mm	M_{10} cmkgf mm
11	—	—	—	—	6	14	3	25,4	—	—	—	—
13	—	—	—	—	6	16	3,5	29,5	—	—	—	—
16	—	—	—	—	6	20	4	57	10	20	2,5	94,5
18	—	—	—	—	6	22	5	63	10	23	3	146
21	—	—	—	—	6	25	5	72,5	10	26	3	167
23	6	26	6	49,5	6	28	6	109	10	29	4	234
26	6	30	6	88,2	6	32	6	144	10	32	4	240
28	6	32	7	94,5	6	34	7	154	10	35	4	320
32	8	36	6	122	8	38	6	231	10	40	5	432
36	8	40	7	138	8	42	7	258	10	45	5	570
42	8	46	8	159	8	48	8	297	10	52	6	706
46	8	50	9	173	8	54	9	450	10	56	7	766
52	8	58	10	330	8	60	10	505	16	60	5	1010
56	8	62	10	354	8	65	10	635	16	65	5	1280
62	8	68	12	390	8	72	12	805	16	72	6	1620
72	10	78	12	563	10	82	12	1155	16	82	7	1850
82	10	88	12	638	10	92	12	1350	20	92	6	2610
92	10	98	14	712	10	102	14	1455	20	102	7	2910
102	10	108	16	790	10	112	16	1605	20	115	8	4480
112	10	120	18	1300	10	125	18	2450	20	125	9	4900

2. *Para máquinas operatrizes*, segundo DIN 5471 (maio de 1952), com 4 entalhes.
   Dimensões nominais: ver Tab. *b* e Fig. b.
   Forma A: fabricado pelo processo de geração.
   Forma B: fabricado pelo processo descontínuo com uma fresa de disco.
   Exemplo de designação: eixo entalhado A 46 × 52 × 14 DIN 5471.
   Momento de torção admissível: como acima, com M_{10} segundo a Tab. *b*.
   Tolerâncias: Para d: H 7 – g 6
                  Para D: H 13 – a 11
                  Para b: D 9 – h 9

TABELA b.

Dimensões nominais do eixo e do cubo em mm $d \cdot D \cdot b$	M_{10} cmkgf mm
11 · 15 · 3	23,4
13 · 17 · 4	27
16 · 20 · 6	37,5
18 · 22 · 6	42
21 · 25 · 8	48,3
24 · 28 · 8	54,5
28 · 32 · 10	65
32 · 38 · 10	105
36 · 42 · 12	117
42 · 48 · 12	135
46 · 52 · 14	147
52 · 60 · 14	252
58 · 65 · 16	231
62 · 70 · 16	297
68 · 78 · 16	437

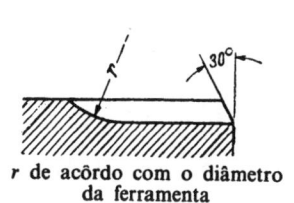

Figura b

r de acôrdo com o diâmetro
da ferramenta

30°

73

TABELA 18.9 – *Uniões por dentes*, dimensões nominais (mm) segundo DIN 5481 (janeiro de 1952).

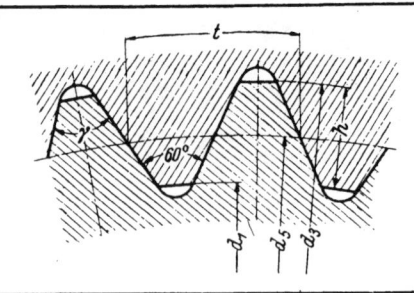

Diâmetro nominal $(d_1 \cdot d_3)^*$	d_1	d_3	d_6	Passo t calculado para d_5	γ	Número de dentes i	M_{10} cmkgf/mm
7 · 8	6,9	8,1	7,5	0,842	47° 8′ 35″	28	47,2
8 · 10	8,1	10,1	9	1,010	47° 8′ 35″	28	95,7
10 · 12	10,1	12	11	1,152	48°	30	118
12 · 14	12	14,2	13	1,317	48° 23′ 14″	31	167
15 · 17	14,9	17,2	16	1,571	48° 25′	32	221
17 · 20	17,3	20	18,5	1,761	49° 5′ 27″	33	311
21 · 24	20,8	23,9	22	2,033	49° 24′ 42″	34	464
26 · 30	26,5	30	28	2,513	49° 42′ 52″	35	649
30 · 34	30,5	34	32	2,792	50°	36	761
36 · 40	36	39,9	38	3,226	50° 16′ 13″	37	1025
40 · 44	40	44	42	3,472	50° 31′ 35″	38	1198
45 · 50	45	50	47,5	3,826	50° 46′ 9″	39	1735
50 · 55	50	54,9	52,5	4,123	51°	40	1930
55 · 60	55	60	57,5	4,301	51° 25′ 43″	42	2265

Exemplo de designação: União por dentes 12 × 14 DIN 5481.

Momento de torção: $M_t = 0,75 \cdot i \cdot h \cdot r_m \cdot L \cdot p/10$ (cmkgf), com i, número de dentes, L(mm), comprimento do cubo, h (mm), altura útil, p (kgf/mm^2), pressão específica, e $r_m = \dfrac{d_1 + d_3}{4}$ (mm).

Dado de tabela: $M_{10} = M_t$ para $p = 10$ kgf/mm^2 e $L = 1$ mm.

Momento de torção admissível (cmkgf) para um funcionamento com choques (sem choques):

$M_t = 0,4 \cdot M_{10} \cdot L (= 0,6 \cdot M_{10} \cdot L)$ para cubos de ferro fundido, L em mm!

$M_t = 0,7 \cdot M_{10} \cdot L (= 1 \cdot M_{10} \cdot L)$ para cubos de aço.

*Diâmetros nominais, normalizados até $d_1 \cdot d_3 = 120 \cdot 125$.

TABELA 18.10 – *Perfil K*, dimensões nominais (mm). (ver pág. 75).

TABELA 18.11 – *Chavêtas tangenciais segundo DIN 271* (abril de 1924), dimensões (mm).

Momento de torção: $M_t = t \cdot \dfrac{d}{2} \cdot \dfrac{p}{10} \cdot L$ (cmkgf); t, d, L em mm; pressão específica p (kgf/mm^2).

Dado de tabela: $M_{10} = M_t$ para $p = 10$ kgf/mm^2 e um comprimento do cubo $L = 1$ mm.

Momento de torção admissível para um funcionamento com choques:

$M_t = 0,8 \cdot M_{10} \cdot L$ (cmkgf) para cubos de ferro fundido,

$M_t = 1 \cdot M_{10} \cdot L$ (cmkgf) para cubos de aço, L em mm!

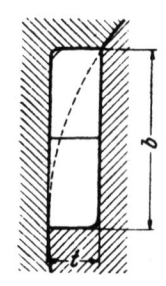

Eixo d .	60	70	80	90	100	110	120	130	140	150	160	170	180
Rasgo t . .	7	7	8	8	9	9	10	10	11	11	12	12	12
b . .	19,3	21,0	24,0	25,6	28,6	30,1	33,2	34,6	37,7	39,1	42,1	43,5	44,9
M_{10} . . .	210	245	320	360	450	495	600	650	770	825	960	1020	1080

Eixo d .	190	200	210	220	230	240	250	260	270	280	290	300	
Rasgo t . .	14	14	14	16	16	16	18	18	18	20	20	20	
b . .	49,6	51,0	52,4	57,1	58,5	59,9	64,6	66,0	67,4	72,1	73,5	74,8	
M_{10} . . .	1330	1400	1470	1760	1840	1920	2250	2340	2430	2800	2900	3000	

TABELA 18.10 − *Perfil K*, dimensões nominais (mm).

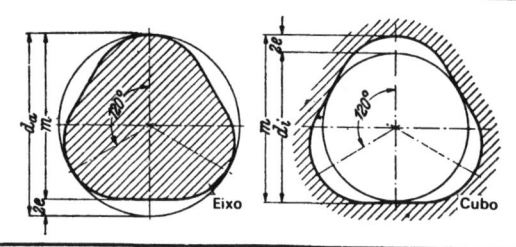

Para ajustes fixos e deslizantes					Apenas para ajustes fixos				
Medida transv. m mm	Curso e mm	Eixo d_a mm	Rasgo d_i mm	M_{10} cmkgf / mm	Medida transv. m mm	Curso e mm	Eixo d_a mm	Rasgo d_i mm	M_{10} cmkgf / mm
14	0,8	15,6	12,4	33,6	22	0,8	23,6	20,4	52,8
16		17,6	14,4	38,4	25		26,6	23,4	60,0
18		19,6	16,4	43,2	28		29,6	26,4	67,2
20		21,6	18,4	48,0	30		31,6	28,4	72,0
22	1,2	24,4	19,6	79,2	32	1,2	34,4	29,6	115
25		27,4	22,6	90,0	34		36,4	31,6	122
28		30,4	25,6	100	36		38,4	33,6	129
30		32,4	27,6	108	38		40,4	35,6	136
32	1,8	35,6	28,4	172	40		42,4	37,6	144
34		37,6	30,4	183	42		44,4	39,6	151
36		39,6	32,4	194	45		47,4	42,6	162
38		41,6	34,4	205	48	1,8	51,6	44,4	259
40		43,6	36,4	216	50		53,6	46,4	270
42		45,6	38,4	226	53		56,6	49,4	286
45		48,6	41,4	234	56		59,6	52,4	302
48	2,7	53,4	42,6	388	60		63,6	56,4	324
50		55,4	44,6	405	63		66,6	59,4	340
53		58,4	47,6	429	67		70,6	63,4	361
56		61,4	50,6	453	71	2,7	76,4	65,6	575
60		65,4	54,6	486	75		80,4	69,6	607
63		68,4	57,6	510	80		85,4	74,6	648
67		72,4	61,6	542	85		90,4	79,6	688
					90		95,4	84,6	729
					95		100,4	89,6	769

Indicação das dimensões, ver figura acima.

Exemplo de designação: eixo com perfil K 20 m 0,8; cubo com perfil K 20 m 0,8.

Ajuste: ajuste fino segundo DIN ou ISA.

Momento de resistência à torção: $W_t = 0,2 \ m^3$.

Momento de torção: $M_t = 3 \cdot e \cdot m \cdot L \cdot p/10$ (cmkgf).

Dado de tabela: $M_{10} = M_t$ para uma pressão específica $p = 10 \ kgf/mm^2$ e um comprimento do cubo $L = 1 \ mm$.

Momento de torção admissível (cmkgf) para um funcionamento com choques (sem choques):

$M_t = 0,4 \ M_{10} \cdot L \ (= 0,6 \cdot M_{10} \cdot L)$ para cubos de ferro fundido, L em mm!

$M_t = 0,7 \ M_{10} \cdot L \ (= 1 \cdot M_{10} \cdot L)$ para cubos de aço.

Eixos perfilados

[18/17] *DREYHAUPT, W.*: Die Trapezkeilverzahnung. Maschinenbau, Betrieb vol. 19 (1940) p. 241.

[18/18] *MÜLLER, H. R.*: Räumen von Bohrungen mit Mehr- und Vielkeilprofilen oder Kerbverzahnungen. Maschinenbau, Betrieb vol. 19 (1940) pp. 9/13.

[18/19] − Das K-Profil, eine neue Zapflochverbindung. ATZ 1939 p. 349.

[18/20] − K-Profil-Handbuch der Fa. Ernst Krause u. Co., Wien.

[18/21] *SCHATZ, A.*: Vielnutprofil mit Evolventenflanken, Normvorschläge in USA und Frankreich. Werkstatt u. Betrieb vol. 82 (1949) pp. 29 e 127.

[18/22] *WIEMER, A.*: Vorspannung und Zahnform bei stirnverzahnten Wellenverbindungen. Z. VDI vol. 84 (1940) p. 1 021; vol. 85 (1941) p. 324.

[18/23] *MÜLLER, H. R.*: Die Fertigbearbeitung von Keil- und Evolventenprofilen in gehärteten Naben. Masch.-Bau/Betrieb vol. 19 (1940) p. 473.

[18/24] *WÖTZEL, W.*: Spanngewinde (Spanngewinde als Klemmsitz). Die Technik 4 (1949) p. 56.

19. União de eixo com eixo

19.1. GENERALIDADES

Pontas de eixos que se tocam, segundo a Fig. 19.1, apresentando mais ou menos um alinhamento, podem ser unidas pelos acoplamentos ou articulações antigiratórias.

Dependendo das exigências, utilizam-se:

1) Acoplamentos rígidos para uniões de pontas de eixos perfeitamente alinhados.

2) Acoplamentos de compensação que, devido a sua construção elástica ou articulada:

a) compensam os desalinhamentos dos eixos, segundo a Fig. 19.1,

b) compensam os choques no momento de torção,

c) amortecem as vibrações por torção ou mudam a freqüência própria dessas vibrações (Fig. 19.7); ou

d) preenchem simultâneamente estas diversas finalidades.

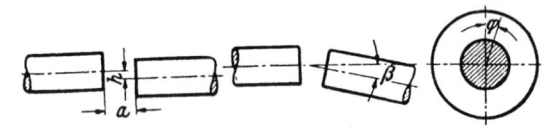

Figura 19.1 — Tipos de desalinhamentos de eixos, a longitudinal, h transversal, β ângulo de inclinação axial, φ ângulo de torção

3) Acoplamentos de engate, também denominados engates de eixos, para acoplar e desacoplar pràticamente eixos ou transmissões axiais, por:

a) engates "de fôrça", p. ex. embreagens de atrito (ver vol. III), ou

b) engates "de forma", p. ex. engates para engrenagens.

Para cada uma dessas finalidades, pode-se, freqüentemente, utilizar construções normalizadas ou fabricadas em série (ver Tabs. 19.2 e 19.5). Para a sua escolha devem ser considerados, além do princípio de funcionamento e da vida, o espaço ocupado (comprimento e diâmetro externo de construção), o pêso, o momento de inércia e sobretudo a facilidade de manutenção (montagem e desmontagem, substituição dos elementos intermediários). Para acoplamentos desprotegidos em movimento, é importante que a superfície externa seja lisa (sem parafusos salientes, arestas e cabeças de chavêta), para a prevenção de acidentes.

TABELA 19.1 — *Normas DIN*

	Assunto	DIN		Assunto	DIN
Acoplamento	Acoplamentos fixos	758, 759	Articulações	Articulações de garfo	71 751
	Flanges de acoplamento forjadas	760		Articulações "Cardan"	7 551
	Acoplamento de flange para transmissões	116		Articulações para trens	37 361
	Acoplamento bipartido para transmissões	115			
	Acoplamento para máquinas auxiliares	73 035			

19.2. ACOPLAMENTOS RÍGIDOS

1) *Engrenamento plano* (engrenamento tipo "Hirth"), segundo a Fig. 19.2, com dentes radiais para a transmissão do momento de torção, para uma protensão por meio de um parafuso interno ou por uma porca externa. É o menor tipo de construção de todos os acoplamentos desengatáveis. Adapta-se particularmente bem à união de pontas de eixos com engrenagens, polias, ou flanges de manivela, ou mesmo engrenagens com engrenagem ou polias, sem eixos pròpriamente ditos (Fig. 19.2), os próprios dentes executando a centragem das peças. Seu campo de aplicação é limitado pela protensão axial necessária.

Solicitações e dimensionamento: a fôrça de protensão axial comprime os flancos dos dentes, de maneira a aparecer, além da pressão específica nos flancos, devida ao ângulo dos flancos dos dentes, uma reação na base do dente (tensão tangencial de tração), que tende a dilatar a secção anular. Adicionalmente, surgem ainda, para um momento de torção, as tensões de cisalhamento e as tensões de flexão nos dentes, de modo que na base dos dentes aparece uma tensão composta, cuja intensidade real depende ainda do efeito de concentração de tensões (arredondamento r). Para dentes geomètricamente semelhantes, as tensões causadas pelo momento de torção são proporcionais à tensão de cisalhamento de torção τ_t, de maneira que se pode tomá-la como referência e compará-la com o valor τ_{ad} determinado experimentalmente:

$$\tau_t = \frac{M_t}{W_t} = \frac{M_t \cdot 16}{\pi D^3 [1 - (d/D)^4]} \leqq \tau_{ad} \quad (\text{kgf/cm}^2).$$

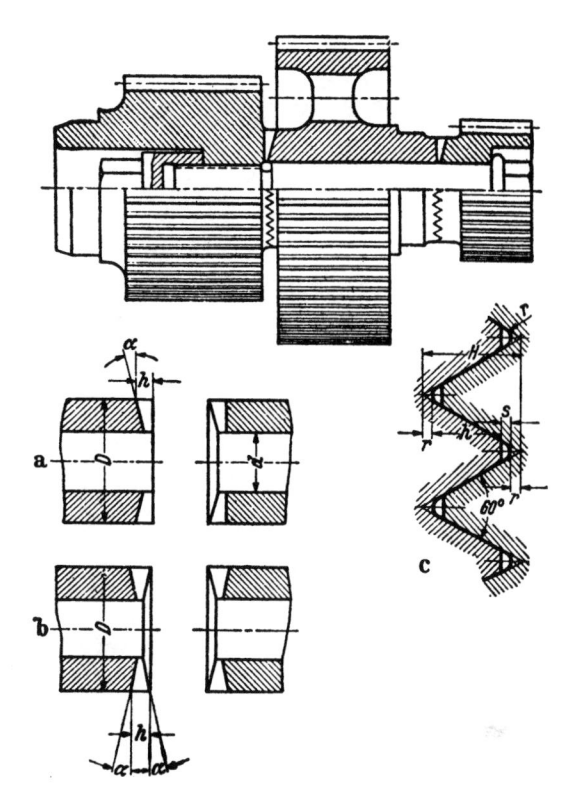

Figura 19.2 – União de engrenagens resistentes à torção, pelo engrenamento Hirth (Albert Hirth A.G., Stuttgart-Zuffenhausen)

a com dentes assimétricos, b com dentes simétricos, c desenvolvimento do engrenamento no diâmetro externo D

Diâmetro d e D, segundo a Fig. 19.2.

No engrenamento "Hirth" (ângulo de ponta 60°, r = 0,3 a 0,9 mm), pode-se adotar, para τ_{ad} (kgf/cm^2), os seguintes valores[1]:

Momento de torção	aço C	aço Cr-Ni aço Cr-Mo
sem choques	335	435
com choques	185	260
com choques, com vibrações por torção	130	185

Colocando-se, para a fôrça de protensão (fôrça no parafuso), P_a = 2 · componente axial da fôrça resultante de M_t, com tg α = tg 30° = 0,577, tem-se:

$$\boxed{P_a = 2 \cdot \text{tg } 30° \cdot M_t/R = 1,16 \, M_t/R} \quad \text{(kgf)}; \qquad R \cong \frac{D+d}{4}.$$

Para uma experiência com o material VCN 45 e com D/d = 50/40, conseguiu-se a máxima tensão de fadiga τ_{tW} = 780 kgf/cm^2, com uma pressão axial nos dentes

$$\sigma_a = \frac{P_a \cdot 4}{\pi(D^2 - d^2)} = 1\,400 \text{ kgf/cm}^2.$$

2) *Acoplamentos por flanges*, segundo as Figs. 19.3 a 19.4; dimensões, ver Tabs. 19.3 e 19.4. As flanges podem ser forjadas diretamente sôbre as pontas dos eixos, soldadas, montadas a quente com pó de carborundum (ver nota de rodapé à pág. 66), ou então apresentando cubos mais compridos (Fig. 19.4, $L \cong 1,5d$),

TABELA 19.2 – *Dimensões para o engrenamento "Hirth", segundo a Fig. 19.2.*

Número de dentes	$z =$	12	24	48	96
	$H =$	0,2260 D	0,1130 D	0,0566 D	0,0283 D
	$r =$	0,3	0,6	0,9 mm	a escolher
	$s =$	0,4	0,6	0,9 mm	
	$h =$		$H - (2\,r + s)$		

[1]Solicitações admissíveis de flexão σ_f nos dentes de encaixe, dados pelo fabricante Alb. Hirth A.-G., Stuttgart--Zuffenhausen, recalculadas pelo fabricante para os mesmos diâmetros d e D e mesmo M_t, tendo sido adotado um τ_t = 0,37 σ_f (varia com r).

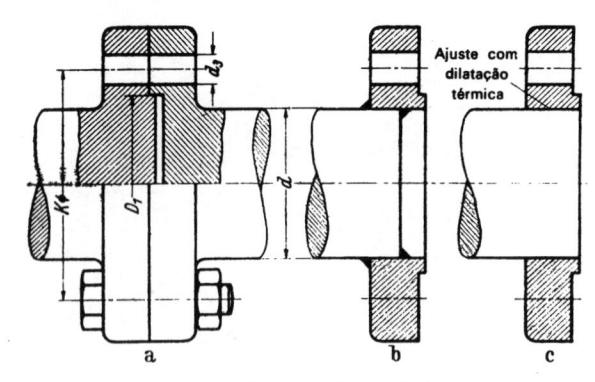

Figura 19.3 — Acoplamento por flanges. a flanges forjadas no eixo (DIN 760); dimensões, ver Tab. 19.3, b soldadas, c montadas a quente com pó de carborundum (ver pág. 66)

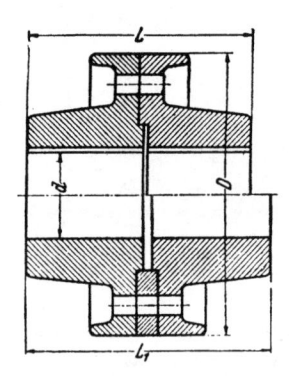

Figura 19.4 — Acoplamentos de flanges segundo DIN 116, em cima com ressalto de centragem, embaixo com anel de centragem. Dimensões, ver Tab. 19.4

que geralmente são fixados aos eixos por um ajuste forçado leve com chavêta plana ou inclinada, raras vêzes com entalhado múltiplo, ajuste forçado ou assento cônico. Observação: para mancais inteiriços, pelo menos uma das flanges do eixo deve ser desmontável.

O ressalto de centragem, destinado à centragem de flanges (ver Fig. 19.3), exige um pequeno deslocamento axial do eixo na desmontagem quando o anel de centragem não é bipartido (Fig. 19.4, embaixo).

As flanges são unidas por parafusos de ajustagem com um apêrto tal que garanta uma transmissão por atrito do momento de torção. A fôrça de tração necessária para cada parafuso é, portanto, $P = \dfrac{2 M_t}{K \cdot z \cdot \mu}$ (kgf), com z número de parafusos, $\mu = 0{,}25$ coeficiente de atrito para superfícies desbastadas, e K diâmetro da circunferência de centragem dos furos, segundo a Fig. 19.3. Os travamentos especiais nos parafusos são pràticamente desnecessários aos parafusos de ajustagem, ajustados com precisão, bem apertados e com apoio liso (sem arruelas!).

TABELA 19.3 — *Flanges de acoplamento forjadas no eixo, segundo DIN 760 (agôsto de 1937),* (Fig. 19.3). Dimensões em mm.

Diâmetro do eixo d	35	45	55	70	80	90	110	130	150	170	190	210
Diâmetro de centragem D_1	50	60	75	95	95	125	150	150	195	195	240	240
Diâmetro do círculo dos furos K	70	85	100	125	140	160	190	215	240	265	290	315
Diâmetro dos furos d_3	11	14	16	18	20	22	25	32	35	40	40	45
Número de parafusos	4	4	4	6	6	6	6	6	6	8	8	8

3) *Acoplamento bipartido*, segundo a Fig. 19.5. Dimensões, ver Tab. 19.4. As duas metades são prensadas sôbre o eixo por meio de parafusos ou pela montagem de anéis cônicos, de modo que o momento de torção é transmitido por atrito. Para o cálculo, ver ajustes forçados, pág. 62.

Propriedades: são fàcilmente desmontáveis, de modo que os mancais e os cubos das rodas podem ser inteiriços. Usados principalmente para eixos de transmissão; para momentos de torção elevados, embutir uma chavêta plana; são menos recomendados para momentos de torção com choques!

TABELA 19.4 — *Acoplamentos de flanges e acoplamentos bipartidos, segundo Figs. 19.4 e 19.5*. Dimensões em mm.*

	Diâmetro do eixo	25 e 30	35 e 40	45 e 50	55 e 60	70	80	90	100
Acoplamento bipartido segundo DIN 115 (fevereiro de 1922)	Diâmetro externo D	105	115	140	155	180	195	220	240
	Comprimento total L	130	160	190	220	250	280	310	350
	Pêso	3,6	5,5	8	11,8	17,4	21,5	33	44
Acoplamento de flanges segundo DIN 116 (fevereiro de 1922)	Diâmetro externo D	150	170	195	220	245	270	300	330
	Comprimento total L	130	150	170	190	210	230	260	290
	Pêso	7	10	13	20	29	40	56	74
	Com disco intermediário Comprimento total L_1	150	170	190	210	230	250	280	310
	Pêso	9	13	16	24	33	45	62	82

*Para diversos diâmetros de eixo, escolhe-se o tamanho do acoplamento pelo maior diâmetro de eixo.

4) *Acoplamento de rolos "Stieber"*, segundo a Fig. 19.6. Um acoplamento rápido, no qual se destaca principalmente a elegância de funcionamento, i.e., o ajuste altamente prensado, é conseguido por uma pequena fôrça. Os rolos longos 4 apresentam-se inclinados de um ângulo α em relação à direção do eixo.

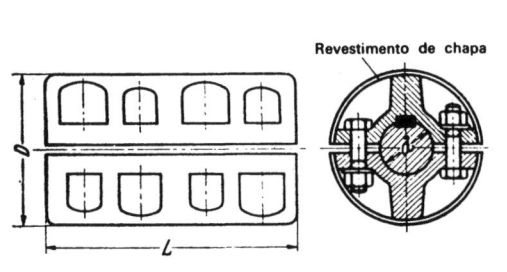

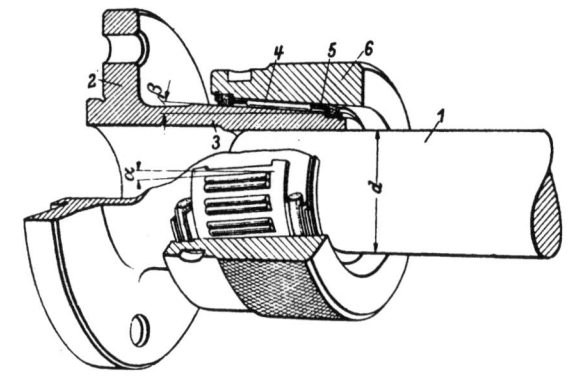

Figura 19.5 – Acoplamento bipartido segundo DIN 115; dimensões, ver Tab. 19.4

Figura 19.6 – Acoplamento por rolos de Stieber. Explicação, ver texto

Girando-se a capa 6 para a direita, esta se rosqueia com um passo muito pequeno, por um movimento de rolamento, sem deslizar axialmente (o ângulo de inclinação β do cone é menor que o ângulo de atrito). O deslocamento axial da capa, assim conseguido, pressiona o cubo inteiriço 3 contra o eixo 1, devido ao ângulo β de inclinação do cone.

Para uma tolerância do eixo $d/1\,000$ (diâmetro d) e uma contração *elástica* $2d/1\,000$ do furo do cubo, fica ainda uma interferência útil $d/1\,000$ para a obtenção do ajuste forçado, correspondendo, a cada eixo de aço, aproximadamente, um momento de torção transmissível.

$$\boxed{M_t \cong 130\,d^2 \cdot L} \quad \text{(cmkgf)},$$

p. ex. $M_t = 8\,300$ kgfcm para um diâmetro de eixo $d = 4$ cm e comprimento do assento $L = 4$ cm. O efeito de pressão também aparece na disposição com uma bucha intermediária entre eixo e cubo. Pelo mesmo princípio, pode-se também comprimir um eixo vazado de dentro contra o cubo[2].

19.3. ACOPLAMENTOS DE COMPENSAÇÃO

Aplicação: São montados, geralmente, entre o motor de acionamento e a máquina acionada; além disso, entre extremidades de eixos cujo alinhamento nem sempre é perfeito, ou que apresentam uma pequena variação de comprimento, como por ex. o eixo traseiro de um automóvel em relação ao bloco acionador; ou ainda quando se quer facilitar a montagem, com p. ex. nos bancos de prova.

Grandezas compensadas: Para a escolha e conformação dêsse tipo de acoplamento, é importante conhecer o provável tipo e grau de desalinhamento, Fig. 19.1: dimensão longitudinal a, dimensão transversal h, ângulo de inclinação β, do eixo, e ângulo de torção φ, para um momento de torção nominal M_t. Quanto maior fôr φ/M_t, tanto menor será o impulso do momento de torção para um mesmo trabalho de choque, e tanto menor será a rotação de ressonância, na qual também se destaca o momento de inércia de massas J_m do acoplamento (ver pág. 54). Como medida de amortecimento de vibrações (ver Fig. 19.7), pode-se usar o trabalho de atrito no tensionamento do acoplamento, de zero até o momento de torção nominal, e vice-versa[3]. Para o carregamento dos mancais, é importante ainda conhecer as fôrças necessárias para

Continuação da Tab. 19.4.

110	125	140	160	180	200
270	290	320	—	—	—
390	430	490	—	—	—
72	100	148	—	—	—
360	390	440	480	540	600
320	350	390	430	470	510
98	123	160	225	300	385
340	380	420	460	500	540
107	140	180	250	332	425

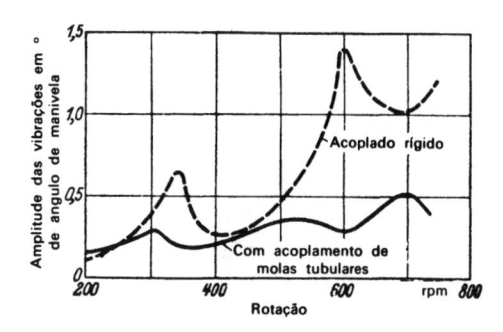

Figura 19.7 – Amortecimento de vibrações por acoplamento elástico (acoplamento MAN-Renk de molas tubulares)

[2]Outra aplicação: para a fixação rápida de instrumentos de medição; como placa de tôrno para a fixação interna ou externa; como acoplamento instantâneo etc., ver [19/7].

[3]Êsse verdadeiro tipo de amortecimento deve ser distinguido da redução das vibrações devida ao deslocamento da rotação de ressonância.

provocar os desalinhamentos acima. Com o conhecimento dessas fôrças, poder-se-ia evitar muitos erros de construção. Assim, torna-se evidente, p. ex., que um pequeno desalinhamento transversal h, na utilização de acoplamentos elásticos comuns, pode causar fôrças consideráveis nos mancais, quando os acoplamentos não são montados por um sistema formado de 2 articulações em série (Fig. 19.16). Por outro lado, deve-se ter, para a escolha do acoplamento, um conhecimento prévio detalhado dos desalinhamentos dos eixos, e para máquinas de alta rotação, principalmente para máquinas de combustão, a intensidade dos choques e a posição da rotação própria.

Tipos construtivos e dimensionamento: Êstes acoplamentos podem ser classificados como articulações cujos elementos intermediários são obrigados a transmitir a fôrça tangencial por meio de movimentos relativos. Importante é a configuração certa dêsses elementos intermediários e dos pontos de transmissão da fôrça. Como elementos intermediários, podem-se utilizar:

1) *elementos intermediários deformáveis* (couro, borracha, lona, molas de aço). Deve-se observar, aqui, a variação da fôrça na deformação, a resistência à fadiga (ver Molas, Cap. 12) e à vida. Pressões específicas, usuais para elementos intermediários de borracha, couro ou lona $p \cong 8 - 14 \, kgf/cm^2$. Construções típicas, ver Figs. 19.8 a 19.15;

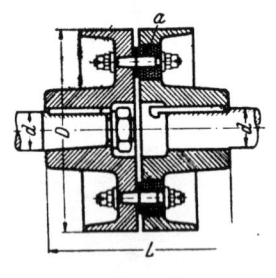

Figura 19.8 – Acoplamento elástico de pinos, para o acionamento de guindastes (segundo HÄNCHEN). *a* anéis de couro ou de borracha com lona. Dimensões, ver Tab. 19.5

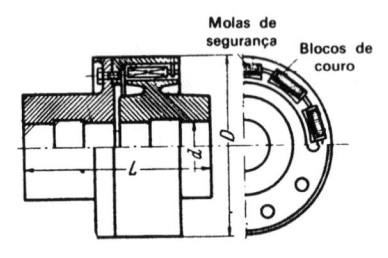

Figura 19.9 – Acoplamento elástico "Voith", com blocos de couro (J.M. Voith-Heidenheim). Dimensões, ver Tab. 19.5

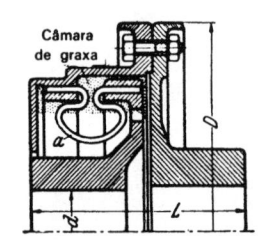

Figura 19.10 – Acoplamento elástico "Voith-Maurer" (J.M. Voith-Heidenheim). A mola *a* de arame redondo é solicitada à torção

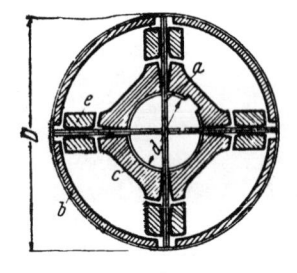

Figura 19.11 – Acoplamento elástico Axien (Axien, Hamburg-Altona) com câmara de graxa. *a* molas de lâmina que se deformam por flexão entre os encostos *b* e *c* (lado motriz) e o encôsto *e* (lado movido). Dimensões, ver Tab. 19.5

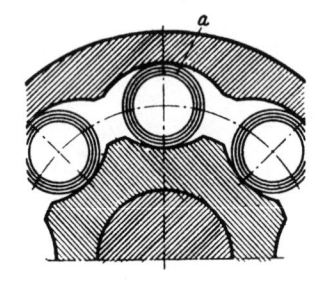

Figura 19.12 – Acoplamento elástico "Deli" (Demag-Duisburg). *a* molas tubulares com corte, helicoidais, montadas, que na deformação também produzem um amortecimento por atrito. Dimensões, ver Tab. 19.5

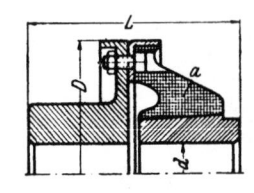

Figura 19.13 – Acoplamento elástico "Kegelfex-Perbunan" (Kauermann-Düsseldorf). *a* "perbunan" elástico. Dimensões, ver Tab. 19.5

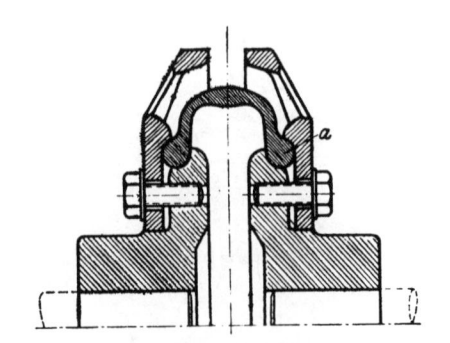

Figura 19.14 – Acoplamento elástico "Periflex" (Stromag-Unna). *a* anel elástico de látex

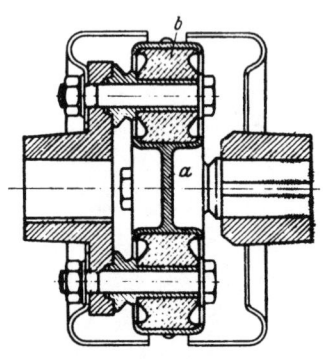

Figura 19.15 – Acoplamento articulado "Boge-Silentbloc" (Boge u. Sohn, Eitorf). Disco articulado *a* com elementos de borracha macia *b*

2) *elementos intermediários rígidos* com movimento de deslizamento, rotação ou rolamento, p. ex. castanhas deslizantes, entre guias, pinos rotativos em mancais de bucha, dentes ou ressaltos entre **flancos** abaulados (pressão específica admissível de rolamento, ver págs. 215 e 216 do vol. I). A pressão específica usual para êsses tipos de articulações, para pequenos deslizamentos: $p \leqq 30 \, \text{kgf/cm}^2$ para ferro fundido sôbre aço; $\leqq 50$ para Bz sôbre aço; $\leqq 90$ para Bz sôbre aço temperado; $\leqq 150$ para aço temperado sôbre aço temperado. Observar a folga na inversão de sentido da fôrça (procurar amortecer as vibrações por um lubrificante!), o desgaste de deslizamento e a segurança de lubrificação. Construções típicas, ver Figs. 19.16 a 19.21.

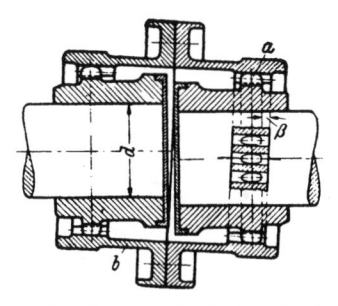

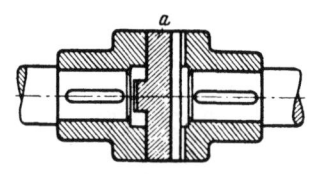

Figura 19.16 — Acoplamento de dentes abaulados "Tacke-Bogenzahn" (Tacke-Rheine) com câmara de óleo. Funciona como "Cardan" duplo. Todos os dentes abaulados *a* do cubo encostam nos flancos opostos, mesmo com inclinação β da bucha de ligação *b*. Dimensões, ver Tab. 19.5

Figura 19.17 — Acoplamento "Oldham"; permite desalinhamentos em tôdas as direções. A peça intermediária *a* possui 2 guias defasadas de 90°.

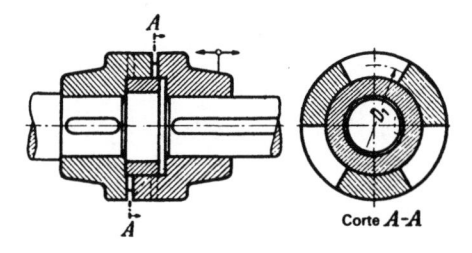

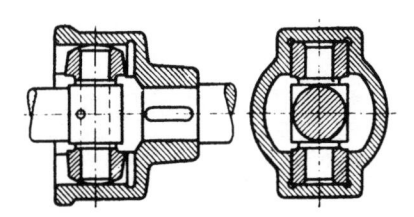

Figura 19.18 — Acoplamento de encaixe para dilatações axiais, com anel de centragem

Figura 19.19 — Acoplamento com castanhas, para "Cardan" de veículos a motor

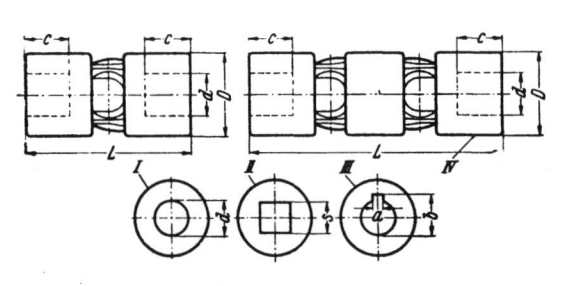

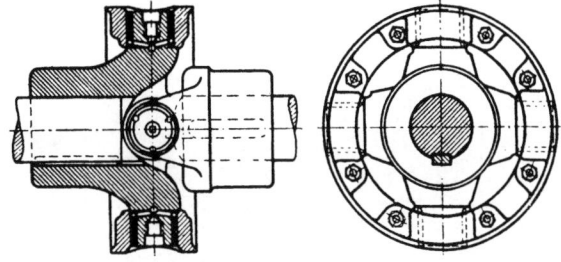

Figura 19.20 — Articulação esférica (Fritz Werner A.G., Berlin-Marienfelde). Dimensões, ver Tab. 19.6

Figura 19.21 — Articulação "Cardan" (Bamag)

Para a construção é importante ainda que o desacoplamento seja fácil e que a desmontagem das peças seja possível sem deslocamentos axiais. Para essa finalidade, muitas vêzes é prevista uma união flangeada especial no meio do acoplamento (ver Fig. 19.9).

19.4. ACOPLAMENTOS POR ENGATE (ENGATES DE EIXOS)

Deve-se observar que todos os acoplamentos com adaptação de forma (por dentes, pinos e ressaltos) podem ser acoplados ou desacoplados sòmente em sincronismo, i.e., quando as velocidades se igualam, enquanto que os acoplamentos de transmissão de fôrça por atrito ou os acoplamentos hidráulicos permitem o acoplamento mesmo com uma diferença de rotações, sendo, portanto, apropriados para finalidades de aceleração e sincronização.

Além disso, distinguem-se, para as diversas finalidades, os respectivos acoplamentos por engate: acoplamento de partida para a aceleração, acoplamento de câmbio para mudança de redução, acoplamento **de reversão** para a inversão do sentido de rotação, acoplamento de segurança para limitar a fôrça ou o **deslocamento**, e acoplamentos comandados pelo regime de funcionamento da máquina, tais como o

TABELA 19.5 — *Acoplamentos de compensação*, dimensões (mm), pesos kgf), momentos de torção (cmkgf) e desalinhamentos admissíveis segundo a Fig. 19.1
Momento de torção nominal M_t = 71 620 N/n, $C = M_{t_{max}} - M_{t_{nominal}}$, potência nominal N(CV), N/n(CV·rpm).

Acoplamento elástico de pinos, Fig. 19.8	Momento nominal M_t*	500	750	1500	3000	5500	8500	13 000	20 000							
	Diâmetro do fuso d	30	40	50	60	70	80	90	100							
	Diâmetro externo D	175	200	250	300	350	400	450	500							
	Comprimento total L	224	245	246	288	348	378	410	412							
Acoplamento elástico "Voith", Fig. 19.9; desalinhamento admissível: muito pequeno	$C \cdot N/n$	0,0015	0,0035	0,014	0,028	0,04	0,08	0,17	0,38	0,5	0,88	1,75	3,2	5,2	8	12
	Furo máximo d	20	28	42	52	60	65	90	110	120	155	200	240	280	320	370
	Diâmetro externo D	60	80	105	130	150	200	250	300	350	400	500	600	700	800	900
	Comprimento total L	75	85	115	145	190	220	280	340	380	400	480	570	680	770	875
	Pêso	1	2	4	8	13	23	43	78	114	140	250	420	680	1030	1520
Acoplamento "Voith-Maurer", Fig. 19.10; desalinhamento: a até 2 mm; h = 0,6 a 1,6 mm, β até 1,5°; φ = 2,5°	$C \cdot N/n$	0,018	0,03	0,052	0,063	0,12	0,14	0,25	0,48	0,9	1,8	3,75	6	10	15	24
	Furo máximo d	25	30	35	35	45	45	65	80	95	125	160	185	200	—	—
	Diâmetro externo D	170	180	190	190	240	240	350	400	470	560	700	815	960	1080	1205
	Comprimento total L	120	120	120	120	145	145	180	215	235	285	340	400	455	545	635
	Pêso	6,5	8	10	11	17,5	19	42	65	98	166	285	480	660	925	1350
Acoplamento "Axien", Fig. 19.11; desalinhamento: a = 5 a 15 mm, h = 0,5 a 2 mm, β até 2,5°; φ = 2°	$C \cdot N/n$	0,002	0,005	0,012	0,025	0,04	0,07	0,12	0,25	0,5	0,8	1,2	1,8	3		
	Furo máximo d	23	35	40	45	50	60	70	80	90	105	120	140	160		
	Diâmetro externo D	75	100	120	130	150	180	210	240	280	320	380	470	570		
	Comprimento total L	95	110	125	150	175	195	245	290	340	390	430	490	530		
	Pêso	1,3	2,8	4,5	6,5	10	15	24	38	60	95	155	260	380		
Acoplamento "Demag-Deli", tipo Z, Fig. 19.12, h até 0,15 mm, β até 1°; φ = 6 a 10°	$C \cdot N/n$	0,07	0,12	0,21	0,35	0,65	1,2	2,2	4	6	8,5	12	17	24	34	48
	Furo máximo d	45	55	65	80	95	120	145	160	180	205	230	260	290	325	.370
	Diâmetro externo D	125	150	185	225	270	325	430	480	530	600	670	745	830	930	1040
	Comprimento total L	124	145	165	195	225	267	309	330	370	410	450	510	570	630	712
	Pêso	7	11,5	19	32	53	90	150	210	285	400	555	800	1120	1585	2300
Acoplamento "Kauermann-Kegelfex-Perbunan", tipo 1, Fig. 19.13; φ = 8 a 10°, tipo 1; $\bar{\varphi}$ = 16 a 20°, tipo 2; β até 4°	$C \cdot N/n$	0,0012	0,0025	0,004	0,008	0,016	0,03	0,05	0 08	0,125	0,2	0,32	0,5			
	Furo máximo d	20	25	30	36	45	50	55	65	75	85	95	110			
	Diâmetro externo D	80	95	115	130	160	200	230	260	295	350	400	450			
	Comprimento total L	63	73	93	104	124	136	146	168	188	228	248	268			
	Pêso	0,75	1,2	2,1	3,3	6,3	10	13,2	21	29	47	66	94			
Acoplamento por dentes abaulados "Tacke-Bogenzahn", Fig. 19.16; tipo TB, a = 4 a 14 mm, h = 1,4 a 16 mm, β até 3° (até 4° em execução especial)	N/n permanente	0,027	0,06	0,12	0,2	0,33	0,48	0,66	0,93	1,3	1,8	2,6	3,9	5,5	**7,5**	
	N/n máximo	0,04	0,09	0,18	0,3	0,5	0,72	1	1,4	1,9	2,7	3,9	5,8	8,2	11,2	
	Furo máximo d	30	40	50	60	70	80	90	100	110	125	140	160	180	200	
	Diâmetro externo D	115	135	155	180	200	225	245	285	300	320	365	425	460	520	
	Comprimento total L	115	125	148	170	192	215	240	272	292	336	370	426	480	538	
	Pêso	3,6	5,5	8,5	13	18	26	35	52	63	80	117	178	248	355	

*Corresponde à potência nominal do motor elétrico **com 25%** de duração de funcionamento.

TABELA 19.6 – *Articulações esféricas segundo a Fig.* 19.20, dimensões, pesos, momentos de torção
Momentos de torção transmissível $M_t = q \cdot$ dado de tabela: $q = 1,25$ para um ângulo de inclinação $\beta = 5°$, $= 1$ para
$10°$, $= 0,75$ para $20°$, $= 0,6$ para $30°$, $= 0,45$ para $40°$.

	Apresentação comum					Apresentação especial			Articulação dupla			Momento de torção com rotação n (rpm)				
						II		III	IV			50	100	200	400	800
n.°	d mm	D mm	L mm	c mm	pêso kgf	s mm	a mm	b mm	n.°	L mm	pêso kgf	mkgf	mkgf	mkgf	mkgf	mkgf
01	6	16	34	9	0,05	6	—	—				0,1	0,78	0,73	0,54	0,35
02	8	18	40	11	0,06	8	—	—				1,35	1,35	1,15	0,8	0,5
03	10	22	45	12	0,10	10	3	11,5				2,5	2,3	1,8	1,2	0,75
04	12	26	50	13	0,15	12	3	13,5				4,0	3,5	2,7	1,8	1,1
05	14	29	56	16	0,20	14	4	15,5				6,5	5,2	3,8	2,7	1,6
1	16	32	65	18	0,30	14	4	17,5	1 D	100	0,45	10,0	7,6	5,5	3,5	2,2
2	18	37	72	20	0,45	17	5	20	2 D	112	0,70	15,5	11,2	7,6	4,9	2,8
3	20	42	82	23	0,67	19	5	22	3 D	127	1,00	22,5	14,8	10,2	6,5	
4	22	47	95	25	1,00	22	5	24	4 D	145	1,56	29,0	20,0	13,0	8,0	
5	25	52	108	29	1,35	27	6	27	5 D	163	2,10	36,0	25,0	16,0	9,8	
6	30	58	122	34	1,85	30	8	32	6 D	182	2,75	45,2	30,0	20,0	11,8	
7	35	70	140	39	3,15	36	8	37	7 D	212	4,75	58,0	39,0	24,0	14,2	
8	40	80	160	44	4,60	41	10	42,5	8 D	245	7,2	74,0	50,0	31,0	18,6	
9	50	95	190	54	7,60	50	12	53	9 D	290	12,0	110,0	72,0	46,0	27,0	

acoplamento de sentido (roda livre), acoplamento centrífugo e acoplamento de posição, que engata numa certa posição da máquina.

São decisivos, também, para a sua construção o tipo de acionamento (por ação de mola, manual ou por pedal, magnético, por ar comprimido ou óleo) e a questão sôbre se o acoplamento deve, por si só, ligar ou desligar, ou se deve apresentar auto-retenção nas duas posições. Assim, deve-se dar especial atenção ao acionamento magnético, na alimentação de corrente (anéis coletores), e ao acionamento hidráulico ou pneumático nas vedações deslizantes. No acoplamento por atrito, o desgaste apresenta ainda um problema – a reajustagem da fôrça de compressão e do curso de engate, ou, por exemplo, fazendo-o independente do desgaste.

Para o acionamento externo do acoplamento, a fôrça axial da alavanca de acionamento deve ser transmitida à bucha de acionamento, axialmente móvel, por meio de movimentos de deslizamento ou de rolamento (Fig. 19.22). Usam-se, para isso, castanhas ou anéis de deslizamento, que são travados contra a rotação pela alavanca de acionamento, deslizando num rasgo circular na bucha de acionamento; ou então a alavanca de acionamento comprime a bucha de acionamento através de um rolamento axial. No lugar da bucha de acionamento, externa ao eixo, utiliza-se também uma alavanca de acionamento móvel, central ao eixo. As peças do acoplamento que devem ser acionadas são diretamente ligadas à bucha de acionamento, ou por meio de um redutor de fôrças. A fôrça axial de acionamento na bucha é geralmente bastante elevada (ver exemplo abaixo), de modo que devem ser previstos os apoios adequados para a alavanca de acionamento, uma boa conformação e lubrificação dos locais de deslizamento. Sendo possível, o acoplamento deve ser construído de maneira tal que a bucha de acionamento não apresente carga durante o pleno funcionamento e que não seja colocada no prolongamento do lado de acionamento, porém do lado em repouso quando desengatado.

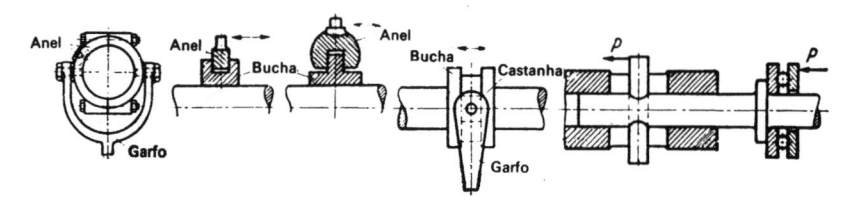

Figura 19.22 – Mecanismo de acionamento. Garfo com anel deslizante ou com castanhas e bucha de acionamento. Haste rotativa de acionamento com mancal axial (à direita)

1) *Acoplamento por adaptação de fôrça*, ver Embreagens de atrito, vol. III.

2) *Acoplamentos por adaptação de forma.*

O acoplamento de encaixe da Fig. 19.18 passará a funcionar como engate quando um dos cubos fôr deslocável sôbre o eixo.

Fôrças e facilidades de acionamento: No deslocamento (engate) sob um momento de torção M_t (fôrça tangencial U), segundo as Figs. 19.18 e 19.23, devem ser vencidas as fôrças de atrito $A_1 = \mu \cdot U_1 = 2\mu \cdot M_t/D_1$ 83 nas castanhas e $A_2 = \mu \cdot U_2 = 2\mu \cdot M_t/D_2$ na chavêta do eixo, onde D_1 é o diâmetro até o meio das castanhas, D_2 o diâmetro até o meio da chavêta e μ o coeficiente de atrito.

A fôrça axial de acionamento $\boxed{A = A_1 + A_2 = 2\mu \cdot M_t(1/D_1 + 1/D_2)}$ (kgf) torna-se muito grande para D_1 e D_2 pequenos, p. ex. $A = 2 \cdot 0,1 \cdot 3\,000\,(1/10 + 1/5) = 180$ kgf para $\mu = 0,1$, $M_t = 3\,000$ kgfcm, $D_1 = 10$ cm, $D_2 = 5$ cm. A solução é aumentar D_1 e principalmente D_2, p. ex. pelo deslocamento do movimento de deslizamento para as castanhas $(D_2 = D_1)$, afastando-se da chavêta, como mostra o acoplamento de engate por pinos da Fig. 19.23; pela diminuição de μ (superfícies de deslizamento lisas, temperadas e bem lubrificadas, com baixa pressão específica ou com atrito de rolamento em vez de deslizamento) ou pela inclinação das superfícies de atrito em relação ao eixo, de modo que a fôrça tangencial colabore no desengate (ver Fig. 19.24), ou por ampliação de fôrça entre o movimento das castanhas e da luva.

O engate é facilitado por um grande número de dentes, pelo arredondamento ou afinamento, ou pela conformação dos mesmos (repulsantes) (Fig. 19.24), engatando-os, neste último caso, sòmente no instante de inversão do movimento; além disso, pela pré-sincronização, p. ex. por um pré-contato nas superfícies cônicas das duas partes do acoplamento.

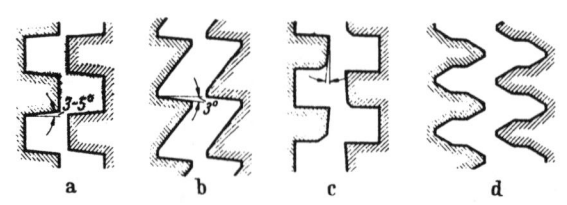

a   b   c   d

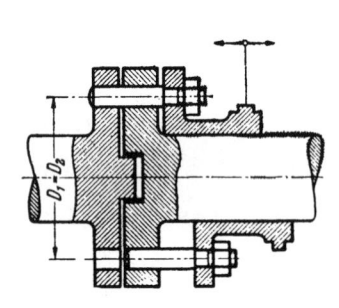

Figura 19.23 — Esquema de um acoplamento de engate por pinos

Figura 19.24 — Dentes dispostos radialmente, para acoplamentos de encaixe. a dentes trapezoidais, que transmitem fôrças nos dois sentidos; b "dentes de serra", que transmitem fôrças apenas num sentido; c dentes de repulsão, segundo MAYBACH, que apenas engatam na inversão do movimento relativo (sincronismo), transmitindo então as fôrças nos dois sentidos; d engatável em qualquer posição, e transmitindo fôrças nos dois sentidos

Os dentes podem ser dispostos nas superfícies radiais ou nas superfícies cilíndricas dos acoplamentos, sendo usado, para êste último caso, o engrenamento por evolvente (ver Fig. 19.25), de fabricação econômica e de grande precisão.

Como acoplamentos de posição, p. ex. para prensas excêntricas e de estampagem, podem-se utilizar acoplamentos com chavêta rotativa (Fig. 19.26); para comandos de rodas livres e de catracas (ver vol. III), o acoplamento por rolos de Stieber (Fig. 19.6) e, eventualmente, o acoplamento por chavêta deslizante (Fig. 19.27).

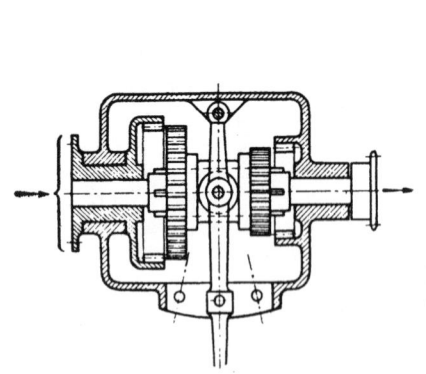

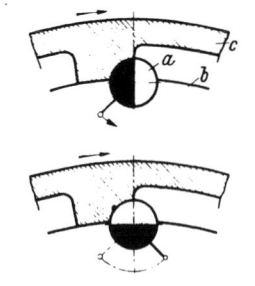

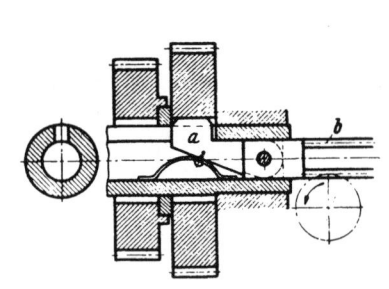

Figura 19.25 — Acoplamento por dentes, com dentes de evolvente, engatando à esquerda e bloqueando à direita (segundo KUTZBACH)

Figura 19.26 — Acoplamento de chavêta rotativa (segundo KUTZBACH). A chavêta rotativa achatada a é embutida com possibilidade de rotação no contôrno do eixo b, e comandada externamente. c aro rotativo externo. Em cima em posição engatada, embaixo desengatado

Figura 19.27 — Acoplamento com chavêta deslizante (segundo COENEN). A chavêta deslizante a, em rotação com o eixo, é axialmente deslocada pela haste de comando b e engata no rasgo da respectiva engrenagem

A fôrça de impacto (fôrça de aceleração) $\boxed{P_b \cong 2A_m/f}$ (kgf) nos flancos dos dentes, no engate com rotações desiguais, torna-se tanto menor quanto maior a deformação f(m), e quanto menor o aumento de energia cinética $\boxed{A_m = J_m \cdot \omega^2/2}$ (kgfm), com J_m (kgfm/s²) momento de inércia de

84   massa, e ω(1/s) aumento da velocidade angular durante o choque.

Como elementos de engate para acoplamentos de segurança e uma limitação grosseira de sobrecarga, servem os pinos ou as chapas de cisalhamento, que se cisalham na sobrecarga, ou os acoplamentos por atrito com protensão por molas (a fôrça de deslizamento varia com o coeficiente de atrito), enquanto que, para uma limitação precisa de sobrecarga, recomenda-se o escoramento de uma das componentes da fôrça tangencial por meio de uma mola, cuja deformação, na sobrecarga, é utilizada para o desengate do acoplamento (ver Fig. 19.28).

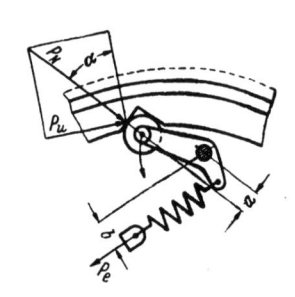

Figura 19.28 — Acoplamento de segurança com um balancim de rôlo e pressão de mola; desengatando quando $P_N \cdot a = P_u \cdot a/\mathrm{sen}\, \alpha = P_e \cdot b$

19.5. BIBLIOGRAFIA

Generalidades

[19/1] *VOM ENDE, E.:* Wellenkupplungen und Wellenschalter. Einzelkonstr. aus dem Masch.-Bau fasc. 11, Berlin: Springer 1931.

Acoplamentos Rígidos

[19/2] *SCHEMBERGER, G.:* Untersuchung über die Spannungsverteilung, Drehsteifigkeit und Drehwechselfestigkeit der Hirth-Verzahnung. Dr.-Diss. Stuttgart 1937.

[19/3] — Verbindung von Wellen durch Zahnung. Z. VDI vol. 83 (1939) p. 912.

[19/4] *MATZKE:* Die Hirth-Verzahnung, ein bewährtes Maschinenelement. Werkstatt u. Betrieb vol. 74 (1941) fasc. 10.

[19/5] *VOGEL, A.:* Plankerbverzahnungen. Die Technik vol. 2 (1947) p. 89.

[19/6] — Hirth-Verzahnung. Schriften der Fa. A. Hirth A. G., Stuttgart-Zuffenhausen.

[19/7] *STIEBER, P.:* Die Rollkupplung zur Verbindung von Welle und Bohrung und dgl. Z. VDI vol. 84 (1940) p. 195.

[19/8] — Stieber-Rollkupplung Schriften der Fa. Stieber-Rollkupplung, München 23.

Acoplamento de compensação e articulações

[19/9] *ALTMANN, G.:* Drehfedernde Kupplungen. Z. VDI vol. 80 (1936) p. 245 e Kraftfahrtechn. Forsch.-Arb. n.° 6. Berlin: VDI-Verlag 1937.

[19/10] *KUTZBACH, K.:* Quer- und winkelbewegliche Wellenkupplungen. Kraftfahrtechn. Forsch.-Arb. fasc. 6. Berlin: VDI-Verlag 1937.

[19/11] *REMBOLD, V. e J. JEHLICKA:* Das Verhalten federnder Kupplungen im Betrieb. Forschg. u. Fortschr. 5 (1934) pp. 146/54 e 8 (1937) pp. 109/18.

[19/12] *BRINK, K.:* Verhalten von elastischen Kupplungen im Dauerbetrieb, insbesondere Bestimmung der Dämpfung. Mitt. Wöhler-Inst. Braunschweig, fasc. 32 (1938).

[19/13] *KUTZBACH, K.:* Quer- und winkelbewegliche Gleichganggelenke für Wellenleitungen. Z. VDI vol. 81 (1937) p. 889.

[19/14] *PIELSTICK:* (MAN-Renk-Hülsenfederkupplungen und Dämpfung von Drehschwingungen.) Mitt. Forsch.-Anst. GHH-Konzern 5 (1936) fasc. 5.

[19/15] — Die hochelastische Deli-Kupplung. Demag-Nachr. Novembro 1936.

[19/16] *SPIES, R.:* Kardangelenke zur Übertragung gleichförmiger Bewegung. Fördertechn. 29 (1936) pp. 289/98.

[19/17] *DIETZ, H.:* Die Übertragung von Momenten in Kreuzgelenken. Z. VDI vol. 82 (1838) p. 825.

[19/18] *GROSZMANN, K. H.:* Die Momente im Kreuzgelenk. Schweiz. Bauztg. 113 (1939) p. 27.

[19/19] — Handbuch für Kugelgelenk-Antriebe. Fritz Werner A. G., Berlin-Marienfelde.

[19/20] *REUTHE, W.:* Ausführungsarten, Belastungsgrenzen und Reibungsverluste von Kreuzgelenken. Konstruktion vol. 1 (1949) p. 206.

V. TRANSMISSÕES
20. Aplicação, comparações e equações fundamentais

Antes de iniciar o projeto pròpriamente dito e o cálculo de uma transmissão, é preciso escolher o tipo e a forma construtiva mais apropriados. Para isso, requer-se:

1. Um conhecimento preciso das exigências e das condições de funcionamento[1].

2. Suficiente familiaridade com as propriedades especiais e com as formas construtivas das transmissões que podem ser adotadas (ver parágrafo 20.1).

3. Dados suficientes para determinar de maneira rápida as dimensões principais das transmissões utilizáveis, em função da potência que se deseja transmitir (ver parágrafo 20.3).

4. Outros dados, a fim de poder estimar e comparar fàcilmente o pêso e o preço da transmissão, a partir das dimensões principais (ver parágrafo 20.2).

Para satisfazer estas exigências, são apresentados os dados práticos, os coeficientes comparativos e os gráficos de potência, úteis para uma primeira estimativa das transmissões por engrenagens, de correntes, de correias e de rodas de atrito[2], tratados detalhadamente neste volume.

20.1. TIPOS CONSTRUTIVOS, PROPRIEDADES E INDICAÇÕES RELATIVAS À SUA APLICAÇÃO

1. *TRANSMISSÕES POR ENGRENAGENS**

São as mais freqüentemente usadas, tanto para eixos paralelos como para eixos reversos ou concorrentes, servindo para potências, rotações e relações de multiplicação, que variam desde valores mínimos até máximos. Distinguem-se pela transmissão de fôrças sem deslizamento (relação de multiplicação constante e independente do carregamento), pela segurança de funcionamento e pela vida, pela resistência às sobrecargas e devido à pequena manutenção, pelas suas dimensões reduzidas e devido ao alto rendimento (ver exceções no parágrafo 1c). Por outro lado, deve-se levar em conta o seu maior custo bem como os maiores ruídos durante o funcionamento e a transmissão relativamente rígida (eventualmente deve ser previsto um acoplamento elástico para amortecer os choques). Entre os redutores de engrenagens distinguem-se:

a) *Transmissões por engrenagens frontais ou cilíndricas.* (Fig. 20.1). São utilizadas entre eixos paralelos, para transmissões de um só estágio com uma relação de transmissão até 8 (em casos extremos, até 20), para transmissões de 2 estágios até 45 (em casos extremos, até 300), para potências até 25 000 CV, para rotações até 100 000 rpm e para velocidades tangenciais até 200 m/s. O rendimento por estágio é de 96 a 99%, dependendo da forma construtiva e do tamanho; para uma marcha mais silenciosa, usam-se engrenagens cilíndricas com dentes helicoidais, ou engrenagens de material sintético (para pequenos esforços); com engrenagens temperadas, conseguem-se dimensões especialmente reduzidas (p. ex. nas transmissões dos veículos). A transmissão em forma planetária (ver Fig. 22.5) economiza muito espaço e pêso, é adequada para potências elevadas (porém, geralmente, um pouco mais cara), permite relações de multiplicação de 3 a 13 para um só estágio, e até 140 para 2 estágios com alto rendimento, ou para as relações de multiplicação até 1 000 com rendimento de apenas 60% quando a construção é em forma de transmissão diferencial.

[1]O melhor recurso contra erros e fracassos é o conhecimento preciso das exigências e condições especiais, bem como experiências anteriores. Assim, p. ex., para que se possa projetar adequadamente uma transmissão, necessitam-se, freqüentemente, além da potência nominal, do número de rotações por minuto e da relação de multiplicação, dos seguintes dados: momento de partida, número de partidas, tempo de funcionamento por dia, grau de solicitação de acionamento e do funcionamento das máquinas e, para os casos críticos, a freqüência própria das vibrações torcionais. Além disso, recomenda-se a medição da variação do momento de torção em relação ao tempo, quando não se dispõe de medições já efetuadas para o tipo de serviço em questão. Por outro lado, o construtor da transmissão deve determinar também os acoplamentos dos eixos e os possíveis erros correspondentes de montagem, bem como o tipo de lubrificação e o lubrificante a serem usados na transmissão.

[2]Outras possibilidades de transmissão e de transformação do movimento rotativo oferecem as transmissões hidráulicas (com bomba e motor hidráulico intermediário) e as elétricas (com gerador e motor elétrico intermediário). Ambos os tipos permitem maior liberdade de disposição dos elementos (sòmente necessitam de tubulações hidráulicas ou de condutores elétricos como elementos de ligação) e uma possibilidade adicional de regulagem da relação de transmissão e do amortecimento, exigindo porém maiores perdas de energia e de custo; além disso, são mais pesados (transmissão elétrica) ou mais sensíveis ao frio (transmissão hidráulica).

*A rigor, uma engrenagem é o conjunto formado pela associação de 2 rodas dentadas. No entanto, na prática, o têrmo "Engrenagem" é empregado como sinônimo de "roda dentada"; usaremos, portanto, a seguir, a expressão "engrenagem" para designar uma roda dentada, como é usual no Brasil. (N. do T.)

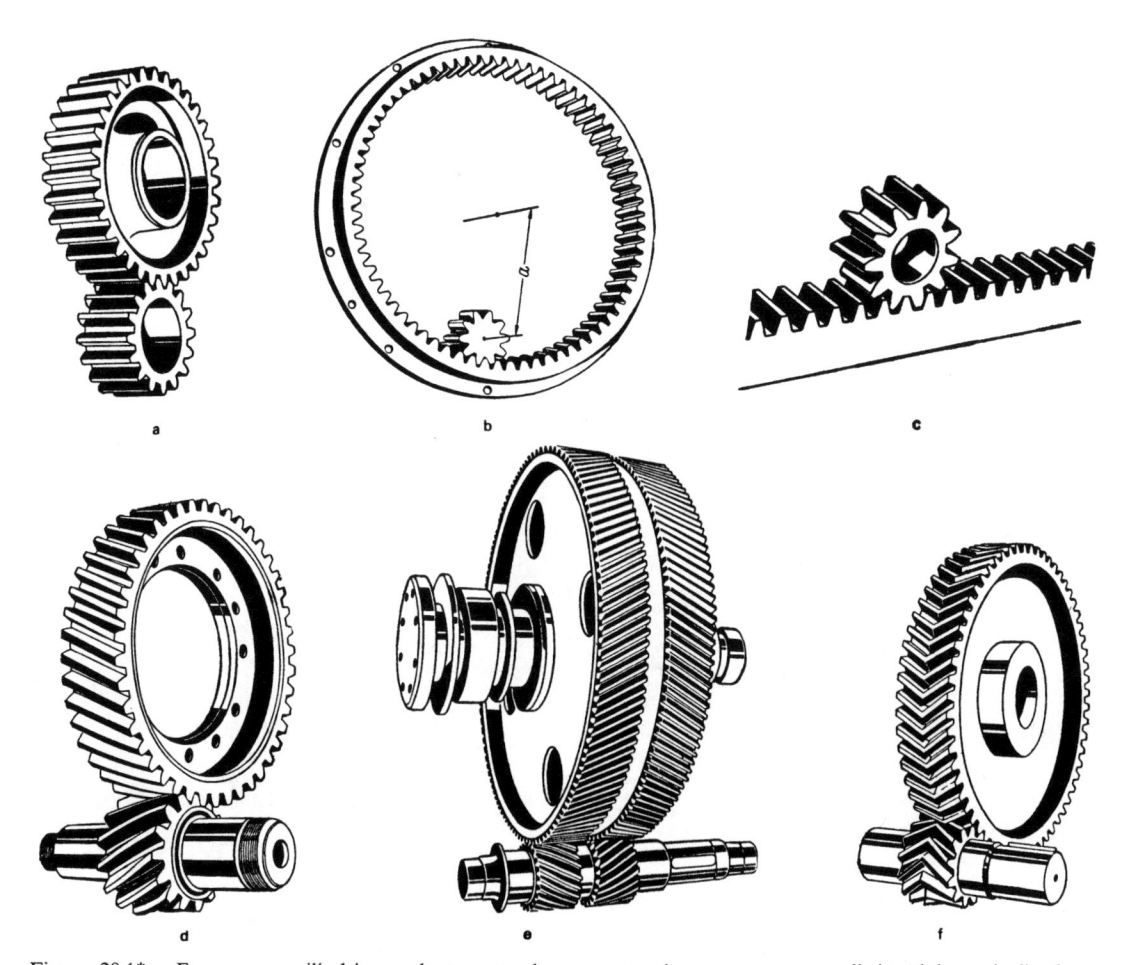

Figura 20.1* — Engrenagens cilíndricas. a dentes retos; b engrenagem interna; c com cremalheira; d dentes inclinados; e engrenagem dupla de dentes inclinados; f dentes em V

b) *Transmissões por engrenagens cônicas* (Fig. 20.2 a, b, c). São empregadas para eixos concorrentes e para relações de multiplicação até 6 (mais elevadas ainda, para casos extremos); para relações de multiplicação acima de 1,2, são em geral mais caras que as transmissões por engrenagens cilíndricas, e para relações de multiplicação acima de 2,7, são também mais caras que as transmissões por engrenagens cônicas e cilíndricas[3]; para exigências elevadas, são geralmente executadas com dentes em espiral e temperados.

c) *Transmissões por engrenagens cônicas descentradas* (Fig. 20.2d). São utilizadas para eixos reversos, com uma distância pequena *a* entre os eixos, como p. ex. nos eixos traseiros de automóveis para diminuir os ruídos durante o funcionamento e prolongar os eixos de transmissão; o rendimento é algo mais baixo em b) e o aquecimento um pouco mais elevado devido ao movimento de deslizamento adicional na direção dos dentes.

d) *Transmissões por parafuso sem-fim* (Fig. 20.3b). São empregadas para eixos reversos para relações de multiplicação de 1 a 100 por estágio, ou mesmo maiores, com rendimentos de 97 a 45% (diminuindo com o aumento da relação de multiplicação e com a diminuição da velocidade de deslizamento). São mais silenciosas e amortecem melhor as vibrações do que qualquer outro tipo de transmissão por engrenagens, e para grandes relações de multiplicação são em geral mais baratas do que a) (ver Figs. 20.8 a 20.12); constroem-se para potências de até 1 000 CV aproximadamente, com um torque na roda de até 25 000 mkgf, com uma rotação até 30 000 rpm, e para velocidades periféricas até 70 m/s.

e) *Transmissões por engrenagens cilíndricas helicoidais cruzadas* (Fig. 20.3a). São também utilizadas para eixos reversos para uma pequena distância entre eixos, porém para cargas pequenas (só para um contato puntiforme) e para relações de multiplicação de 1 a 5, aproximadamente.

2. *TRANSMISSÕES POR CORRENTES* (Fig. 20.4)

Empregam-se para eixos paralelos com uma maior distância entre eixos do que no caso de engrenagens cilíndricas, e para relações de multiplicação até 6 (em casos extremos, até 10), com um rendimento

*Figuras segundo VAN HATTUM [20/6].
[3]Ver Fig. 20.1.

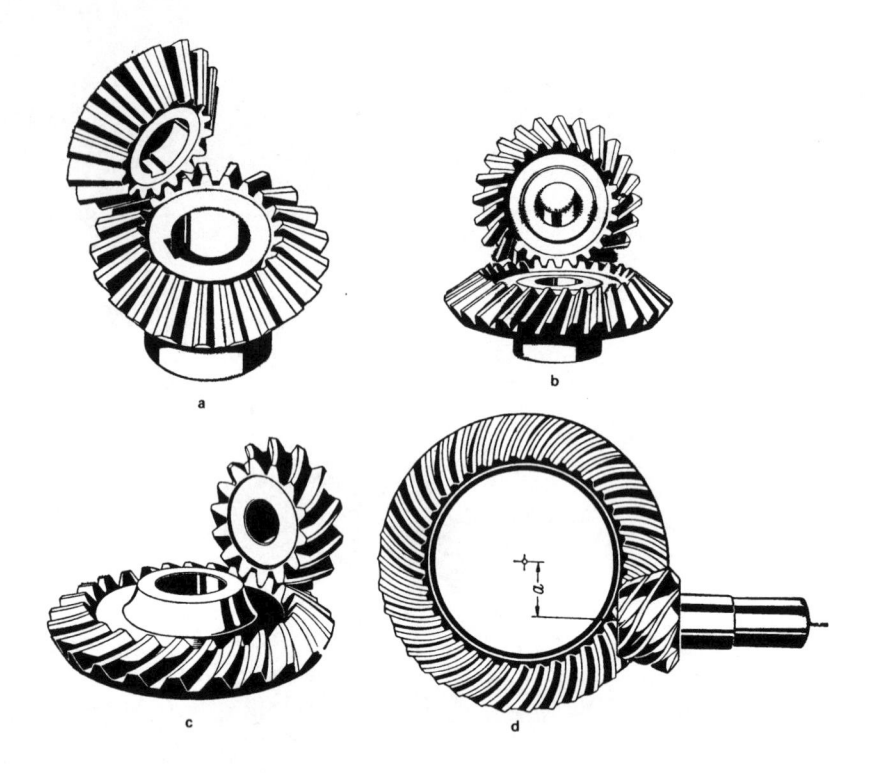

Figura 20.2* — Engrenagens cônicas. a dentes retos; b dentes inclinados; c dentes curvos; d engrenagens cônicas descentradas (hipóides)

Figura 20.3* — Engrenagens helicoidais a, e parafuso sem-fim b

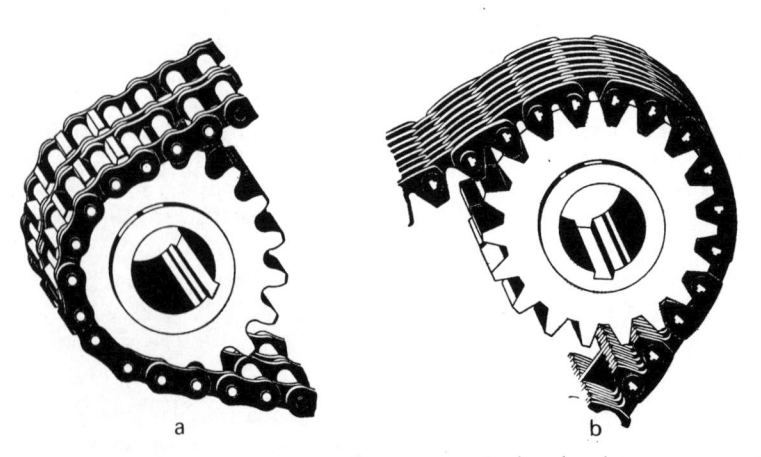

Figura 20.4 — Transmissões por correntes (a com corrente de rolos; b com corrente dentada)

*Figuras segundo VAN HATTUM [20/6].

de 97 a 98 %, e também não apresentam escorregamentos. E, em comparação com as transmissões por engrenagens cilíndricas, o preço é da ordem de 85 %, apresentando, além disso, a vantagem de uma só corrente poder acionar várias rodas; por outro lado, apresentam uma vida menor (devido ao desgaste nas articulações) e permitem maiores diâmetros e distâncias entre eixos. Foram construídas para potências de até 5 000 CV, fôrça tangencial de 28 000 kgf, com uma largura de corrente de 1,2 m, rotações até 5 000 rpm e uma velocidade tangencial de até 17 m/s.

3. TRANSMISSÕES POR CORREIAS (Fig. 20.5)

São utilizáveis tanto para eixos paralelos como para eixos reversos. Caracterizam-se por sua construção extremamente simples, funcionamento silencioso e uma capacidade considerável de absorver choques elàsticamente. Seu rendimento é elevado (95 a 98 %) e o preço é reduzido (aproximadamente 63 % do de transmissões por engrenagens cilíndricas); em compensação, suas dimensões são maiores, bem como as distâncias entre eixos e as cargas dos mancais; a vida das correias é menor e as transmissões por correias apresentam um escorregamento de 1 a 3 % na transmissão da fôrça. São construídas:

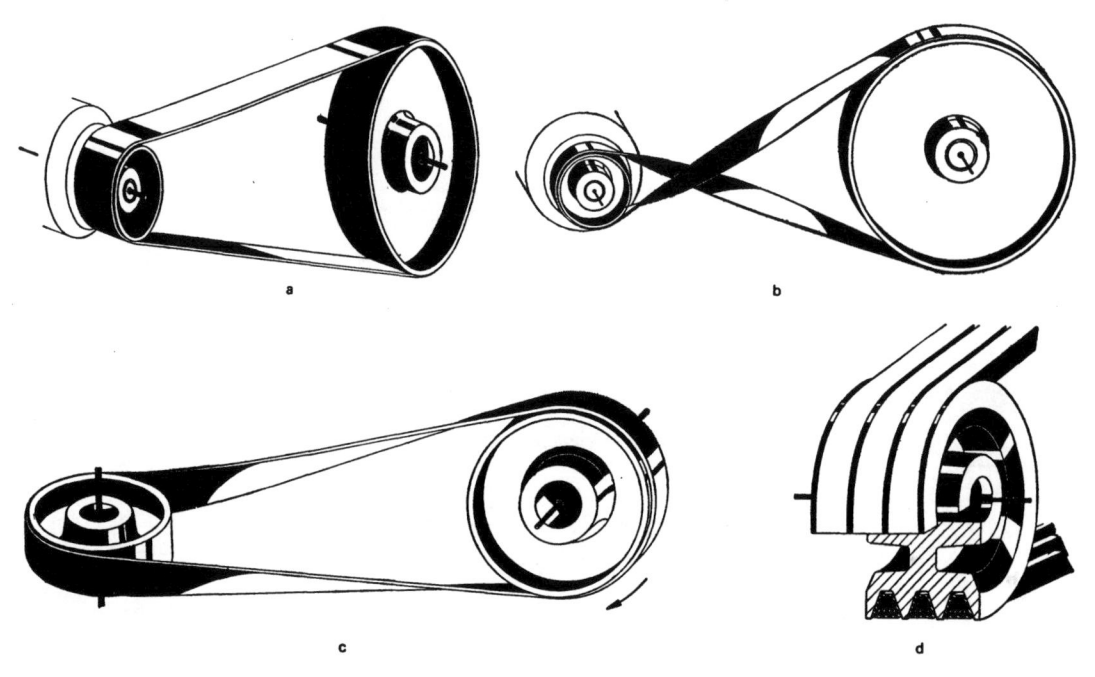

Figura 20.5 – Transmissões por correias. a aberta; b cruzada; c semicruzada; d com correia trapezoidal (em V)

a) *com correias planas* (Fig. 20.5a, b, c). Para eixos paralelos ou reversos, com relações de multiplicação até 5 (em casos extremos até 10); já foram construídas transmissões de até 2 200 CV, com 17 500 mkgf de torque na polia maior, de até 5 000 kgf de fôrça tangencial, com uma largura da correia de 1,75 m, com rotações de até 18 000 rpm, para velocidades tangenciais de até 90 m/s e uma distância entre eixos de até 12 m;

b) *com correias em V* (Fig. 20.5d). Para eixos paralelos, com relações de transmissão até 8 (em casos extremos, até 15), sendo a distância entre eixos e a carga nos mancais menores do que em a). Até agora, estas já foram construídas para valores de até 1 500 CV, 2 150 mkgf de torque na polia maior, com até 44 correias em paralelo, e uma velocidade tangencial até 26 m/s. Além disso, conhece-se esta forma de construção para transmissões com uma relação de multiplicação variável, onde se modifica o diâmetro efetivo das polias mediante um deslocamento axial das semipolias cônicas.

4. TRANSMISSÕES POR RODAS DE ATRITO (Fig. 20.6)

Êste tipo de transmissão pode ser utilizado tanto para eixos paralelos como para eixos reversos ou concorrentes, e para relações de multiplicação até 6 (em casos extremos, até 10). Quando executadas com uma camada superficial de material antifricção (com coeficiente de atrito elevado) e para os casos de relação de multiplicação constante, os diâmetros da roda e os esforços nos mancais, bem como o escorregamento e o rendimento, são sensìvelmente iguais aos valores obtidos nas transmissões por correia, porém a distância entre eixos, o pêso e o preço alcançam valores mais vantajosos (ver Tab. 20.1). Em compensação, o amortecimento elástico dos choques é menor, o ruído mais elevado e a segurança de funcionamento depende da conservação das fôrças de pressão necessárias. Até agora foram construídas transmissões para potências de até 200 CV e 20 m/s para a velocidade tangencial.

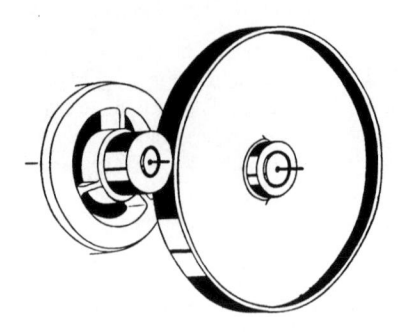

Figura 20.6 — Transmissão por roda de atrito

TABELA 20.1 — *Características dos diferentes tipos de transmissão construídos e projetados.*

Tipo de transmissão	Para 1 estágio		Rendimento total %	Potência N_1 até CV	Rotação n_1 até rpm	Velocidade tangencial V até m/s	Fôrça tangencial U_2 até kgf	Momento de torção na roda M_2 até mkgf
	Relação de multiplicação usual (máximo) até	até						
Transmissão por engrenagens cilíndricas	8	(20)	96···99	25 000	100 000	200	—	—
Transmissão planetária por engrenagens cilíndricas	8	(13)	98···99	10 000	40 000	—	—	—
Transmissão por parafuso sem-fim	60	(100)	97···45	1 000	30 000	70	50 000	25 000
Transmissão por corrente	6	(10)	97···98	5 000	5 000	17*	28 000	—
Transmissão por correia plana	5	(10)**	96···98	2 200	18 000	90	5 000	17 500
Transmissão por correia em V	8	(15)	94···97	1 500	—	26	—	2 150
Transmissão por rodas de atrito	6	(10)	95···98	200	—	20	—	—

*Para correntes dentadas de no máximo até 40 m/s.
**Para transmissões por correias autotensoras, valores ainda mais elevados.

TABELA 20.2 — *Dados técnicos das principais transmissões.*

Transmissão	Potência N_1 CV	Rotações rpm/rpm	Velocidade tangencial v m/s	Momento de torção na roda M_2 mkgf	Distância entre eixos a mm	Diâmetro da roda ou polia	
						Diâmetro d_1/d_2 mm	Largura b_1 mm
*Transmissões por engrenagens cilíndricas**							
Para a turbina, largura do dente 2 × 145 mm	3 600	12 000/1 500 = 8	94,2	1 720	680	150/1 210	350
Para a turbina, largura do dente 2 × 450 mm	20 200	3 000/1 500 = 2	67	9 650	640	426/854	980
Transmissão com aumento de velocidade, dois estágios	80	100 000/3 000 = 33,3	132	19,1	240	—	—
Transmissões por rôsca sem-fim							
Para correia transportadora	1 000	960/42,6 = 22,5	14,85	15 000	1 000	296/1 704	—
Para veículo	400	300/30 = 10	≅ 3,76	9 550	888	≅ 240/1 536	—
Transmissões por correntes dentadas							
Para laminador (8 correntes de 2″)	1 000	42/34 = 1,23	2,7	17 000	3 000	1 239/1 547	1 200
Para a bomba de circulação de uma tôrre de perfuração (1 corrente de 2″)	170	730/200 ≅ 3,65	10,5	610	2 800	275/1 013	250
*Transmissões por correias**							
Correia plana de balata, secção 25 × × 1 750 mm	2 200	157/90 = 1,75	33	17 500	11 580	4 000/7 000	1 900
Correia plana de couro curtido, 500 mm de largura, para acionamento de compressor	450	480/120 = 4	25,4	2 680	3 300	1 000/4 000	600
Correia plana de couro curtido, 90 mm de largura, para transmissão com aumento de velocidade	22	18 000/4 300 = 4,18	90	3,66	510	95/400	110
Correias em V (18 correias, perfil 40) para gerador	1 500	500/425 = 1,175	27,6	2 150	1 375	1 060/1 250	860
*Transmissão por rodas de atrito**							
De 3 eixos (projetados)	476	735/148 ≅ 5	22,3	2 300	2 240	580/500/2 900	370

*Segundo W. THOMAS [20/1].

A construção das rodas de atrito em forma de transmissões reguláveis (Cap. 28), com a relação de multiplicação continuamente variável, é especialmente adequada para potências pequenas. Nesse caso, resulta particularmente econômica a construção com revestimento de material antifricção, o qual, por outro lado, sofre maior desgaste (vida menor), enquanto que a construção em aço temperado dá origem a perdas menores, vida maior e dimensões menores, mas um preço mais elevado e uma produção de ruídos um pouco mais alta.

5. COMPARAÇÃO DOS DADOS TÉCNICOS

Pode-se verificar, nas Tabs. 20.1 e 20.3, em que faixas se encontram as relações de multiplicação, os rendimentos, as potências transmitidas, as rotações, os momentos de torção e as dimensões dos diferentes tipos de transmissões, segundo as construções e ofertas atuais.

20.2. POTÊNCIA, DIMENSÕES, PÊSO E CUSTO

A relação entre as grandezas acima e a sua variação nos diferentes tipos de transmissão podem ser melhor observadas nas transmissões comerciais e estacionárias, para funcionamento contínuo. Ver Tab. 20.3 e Figs. 20.7 a 20.13.

1. COMPARAÇÃO DOS TIPOS DE TRANSMISSÃO

Segundo a Tab. 20.3, para uma potência contínua de 100 CV, rotação de acionamento $n_1 = 1\,000$ rpm e uma relação de multiplicação $i = 4$, obtêm-se, para os diferentes tipos de transmissão, os seguintes valores:

Dimensões: (distância entre eixos a): Rôsca sem-fim (0,2 m), engrenagens cilíndricas (0,28 m), rodas de atrito (1,125 m), correias em V (1,8 m), correias planas (5 m).

Pêso: Rôsca sem-fim (300 kgf), rodas de atrito (400 kgf), correntes ou correias (500 kgf), engrenagens cilíndricas (600 kgf).

Custo: Rodas de atrito (50%), correias (63%), rôsca sem-fim (80%), correntes (86%), engrenagens cilíndricas (100%).

Rendimento: Para os dados de funcionamento escolhidos, as variações são pequenas (97 a 98%).

TABELA 20.3 – *Comparação de diversas transmissões estacionárias para* 100 *CV de potência contínua, rotação* $n_1 =$ $= 1\,000$ *rpm e relação de multiplicação i = 4* (essencialmente segundo THOMAS [20/1]).

Os dados de pêso e preço incluem, em todos os tipos de transmissão, os eixos e os mancais; para transmissões por engrenagens cilíndricas e por parafuso sem-fim, incluem, também, as carcaças e os acoplamentos elásticos sôbre os eixos de entrada e de saída. O rendimento indicado η vale para a melhor execução.

Transmissão	Material e outros dados	Distância entre eixos	Roda ou polia		Velocidade tangencial	$\eta =$	Pêso	Preço
			Diâmetro d_1/d_2	Largura				
		mm	mm	mm	m/s	%	kgf	%
Transmissão por engrenagens cilíndricas	Aço St 70/St 60, dentes inclinados	280	112/448	160	5,85	98	600	100
Transmissão por rôsca sem-fim Cavex*	Aço temperado/bronze fosforoso	200	80/300	—	4,2	97,5	300	80
Transmissão por corrente	Aço, correia dentada Westinghouse, 1 polegada	830	138/555	360	7,0	98	500	86
Transmissão por rodas de atrito	Material antifricção sintético Z 20, coeficiente de atrito $\cong 0,35$	1 125	450/1 800	110	23,6	97	400	50
Transmissão por correia plana	Correia de couro, secção 5 × 320 mm	5 000	450/1 800	350	23,6	97	500	63
Transmissão por correia em V	Borracha com fios de refôrço, 4 correias	1 800	450/1 800	130	23,6	97	500	63

*Para as construções usuais (p. ex. com parafuso sem-fim com perfil de evolvente), com uma relação de multiplicação tão pequena, a distância entre eixos seria muito maior (aprox. 320 em vez de 200 mm, ver Cap. 24, vol. III.

2. COMPARAÇÃO DE TRANSMISSÕES POR ENGRENAGENS DO TIPO COMERCIAL[4]

Nas Figs. 20.7 a 20.13 e nas Tabs.20.4 e 20.5 são dados, para as transmissões comerciais estacionárias (engrenagens cilíndricas, cônicas e parafusos sem-fim), os valores correspondentes, a dimensão construtiva (distância entre eixos a), as potências nominais, os pesos e preços de tabela.

[4]Segundo NIEMANN [20/2].

Dados relativos às transmissões estudadas

Os pesos e preços indicados correspondem às transmissões, incluindo carcaça, eixos e mancais, porém sem os acoplamentos dos eixos, e, para transmissões com lubrificação forçada, inclusive a bomba de óleo. Os preços são de tabela (janeiro de 1954) e valem para fornecimentos isolados de transmissões, pôsto fábrica. As potências indicadas valem para serviço contínuo, com carga uniforme e sem choques.

Os símbolos das figuras e tabelas que se seguem significam:

A	distância entre eixos, em cm
G	pêso em kgf
P	preço em DM
N_1	potência de acionamento, em CV
i	relação de multiplicação n_1/n_2
n_1	rpm de acionamento
n_2	rpm de saída
$\sim$	proporcional
K	transmissões de engrenagens cônicas de um só estágio, com engrenagens temperadas e engrenamento em espiral, com mancais de rolamento e com os eixos situados no plano de divisão da carcaça da transmissão.
$S, SE,$	$(S_1, S_4, S_5, S_6, SE_7)$ Transmissões por engrenagens cilíndricas, de um só estágio, com mancais de rolamento, com engrenamento oblíquo de aço beneficiado (tensão de ruptura estática do material do pinhão, aproximadamente 70 a 80 kgf/mm²). Posição dos eixos no plano de divisão da carcaça da transmissão[5]; largura das engrenagens aprox. 0,5 A (firmas fornecedoras 1, 4, 5, 6 e 7)
SG	(SG_1) Transmissões por engrenagens cilíndricas, de um só estágio, do tipo pesado, com mancais de deslizamento e engrenamento com dentes em V (firma fornecedora 1); os demais dados, como acima
SZ	transmissões de engrenagens cilíndricas de dois estágios, com mancais de rolamento, com engrenamento oblíquo de aço beneficiado, como acima. Posição dos eixos no plano de divisão horizontal da carcaça, sendo que os eixos de entrada e de saída possuem o mesmo eixo geométrico[5]. Largura da engrenagem do 1.° estágio, aprox. A/3, do 2.° estágio, aprox. A2/3
SP	transmissões planetárias com engrenamento cilíndrico, com suporte planetário rotativo; pinhão e engrenagens planetárias rasqueteadas e temperadas, coroa dentada de aço beneficiado
KS	transmissões combinadas de engrenagens cônicas e cilíndricas, com transmissão cônica no 1.° estágio, de acôrdo com K, e com engrenagens cilíndricas no 2.° estágio, segundo SE
Sch_{Bl}	transmissões de parafuso sem-fim, com aletas de refrigeração e com ventilador no eixo do parafuso sem-fim; parafuso cilíndrico na parte de baixo, temperado e retificado, coroa de bronze, ambos os eixos com mancais de rolamento; a potência indicada corresponde ao serviço contínuo (limitação térmica)
Sch_0	construção com o Sch_{Bl}, mas sem ventilador, sendo que o custo adotado corresponde exatamente ao Sch_{Bl}.
(Sch_7)	igual a Sch_0 (firma fornecedora 7)
Sch_K	igual a Sch_{Bl}, porém com refrigeração adicional por óleo. Potência indicada para o regime contínuo (limitação pelo desgaste); o preço foi admitido igual ao de Sch_{Bl}.

Comentários Relativos às Figuras 20.7 a 20.13

Em todos os gráficos foram utilizadas escalas logarítmicas para os dois eixos (horizontal x, vertical y), a fim de se cobrir uma grande faixa de valores com a mesma precisão relativa.

Nesta representação, os valores normalizados apresentam-se eqüidistantes entre si (Fig. 20.10). Uma linha reta é representada pela equação: $y = cx^e$, onde c e e são constantes. Uma inclinação maior equivale a e maior. Uma curva em posição mais alta corresponde a um maior c.

Relativo à Fig. 20.7: Potência, pêso e preço em função da distância entre eixos, para transmissões por engrenagens cilíndricas, de um só estágio.

Êste gráfico deve mostrar como se representam os dados dos fabricantes para cada tamanho de transmissão (N_1, G e P), os quais foram inicialmente referidos à distância entre eixos, no eixo das abscissas, e, a seguir, interligados por retas. Da mesma maneira são indicados também os valores correspondentes a outros tipos de transmissões; no caso de transmissões equivalentes, de fabricantes diferentes, deduziram-se valores médios. Dêsse gráfico foram tirados os valores usados para as comparações feitas a seguir.

Representações dêsse tipo são muito úteis para examinar as séries de transmissões quanto a descontinuidades nas suas características (ver a linha em zigue-zague de N_1, para S_6); além disso, podem-se estimar, de antemão, os valores para outras transmissões ainda não construídas.

[5]Segundo dados dos fabricantes, a disposição vertical do eixo em vez de horizontal, bem como o uso de mancais de deslizamento em vez de rolamentos, conduz a um aumento de pêso e preço nas transmissões por engrenagens cilíndricas; idem, nas transmissões por engrenagens cilíndricas de dois estágios, quando os eixos de entrada e saída não possuem o mesmo eixo geométrico.

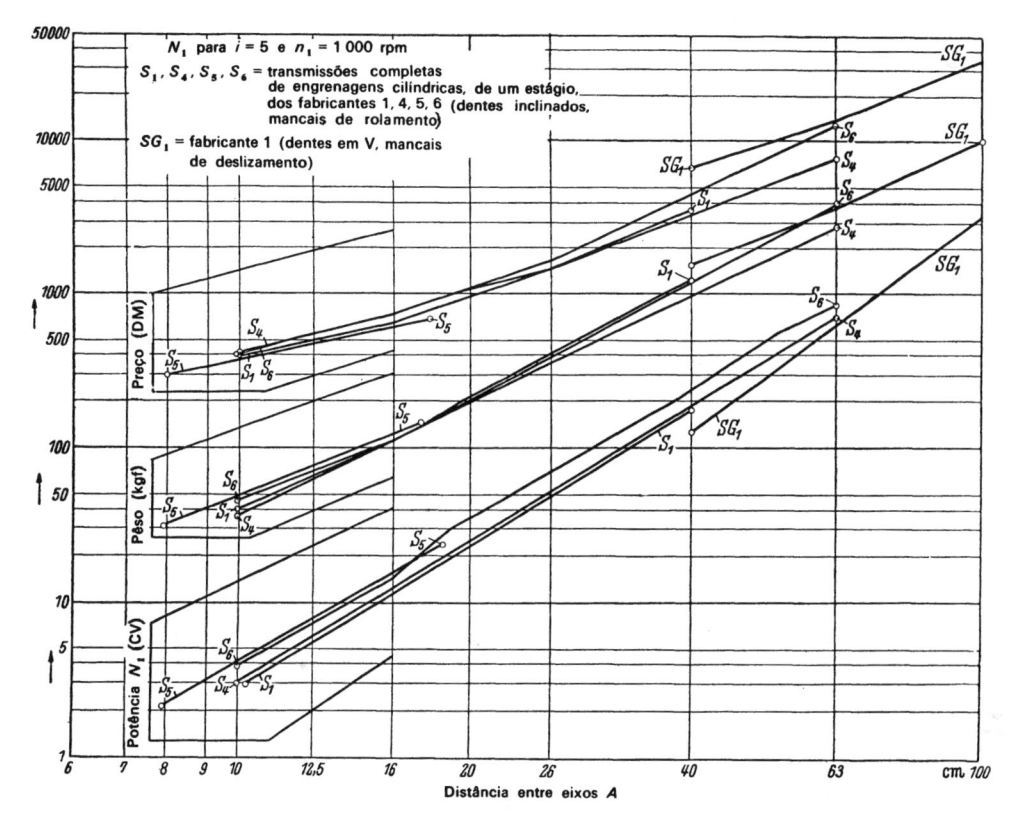

Figura 20.7 – Potência, pêso e preço de transmissões de engrenagens cilíndricas de um estágio, em função da distância entre eixos

Formas das curvas: Verifica-se, em primeiro lugar, as discrepâncias entre os valores para séries de transmissões equivalentes, dos diversos fabricantes. Apesar disso, destaca-se claramente o caráter semelhante das formas das curvas para as três séries de valores, apesar da providência distinta dos dados.

Curvas N_1: Em média, aproximam-se as retas $N_1 \sim A^3$.

Curvas G: De $A = 16$ cm até $A = 63$ cm são quase retas, com inclinação variável, de acôrdo com a proveniência; tem-se, em média, $G \sim (A^3)^{0,8}$. Para valores inferiores a $A = 16$ cm, a inclinação de tôdas as curvas é menor, provàvelmente porque a espessura de parede das carcaças fundidas não diminui mais, proporcionalmente, com a distância entre eixos, por razões de técnica de fundição.

Curvas P: Com a diminuição da distância entre eixos, aproximam-se cada vez mais da paralela à reta G, i.e., o preço por quilo P/G aproxima-se de uma constante. Inversamente, com a diminuição de A e G, o preço por quilo aumenta, como é de se esperar.

Relativo à Fig. 20.8: Potência N_1 em função de i, para $n_1 = 1\,000$ rpm e $P = 1\,000\,DM$

Para a construção dêsse gráfico, toma-se, da figura anterior, para cada tipo de transmissão, o tamanho correspondente ao preço de 1 000 DM e, em seguida, determinam-se as várias relações de multiplicação i, as potências para $n_1 = 1\,000$ rpm, segundo os dados dos fabricantes. A Fig. 20.8 mostra o resultado: observa-se como a potência diminui de maneira completamente diferente nos diferentes tipos de transmissão, com o aumento de i; além disso, verifica-se a partir de que relação de multiplicação se obtém, aproximadamente, maior potência para um determinado tipo de transmissão, para o mesmo preço. Em detalhe, tem-se:

a) Comparação de uma transmissão de engrenagens cônicas (K), com uma transmissão de engrenagens cilíndricas de um estágio (SE). Para $i = 1$, K é mais vantajosa, porém, logo a seguir, a potência diminui ràpidamente, assim como SE é mais vantajosa a partir de $i = 1,2$.

b) Comparação de (K) com uma transmissão combinada de engrenagens cônicas e cilíndricas (KS). Já a partir de $i = 2,7$, KS é mais vantajosa.

c) Comparação de (SE) com transmissão de engrenagens cilíndricas de dois estágios (SZ). A partir de $i = 7,3$, SZ é mais vantajosa. É possível que para transmissões menores, o ponto de intersecção das duas curvas se desloque para os valores menores de i, e que para transmissões maiores se desloque para os valores de i (faltam as respectivas análises).

d) Comparação de uma transmissão planetária de engrenagens cilíndricas (SP) com SE e SZ. A partir de $i = 4$, SP resulta algo mais favorável que SE, e a partir de $i = 8,5$, SZ é mais vantajosa que SP. (Nas transmissões maiores acontece o contrário, e a curva SP está um pouco abaixo da SE.)

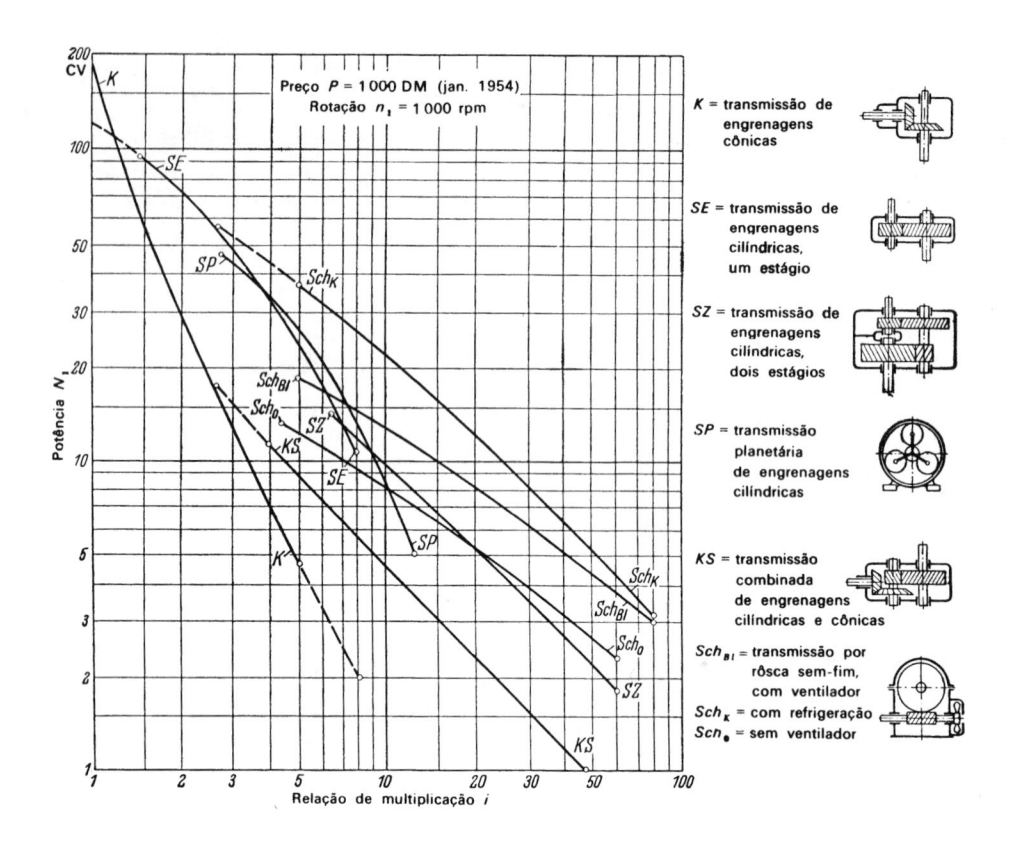

Figura 20.8 — Potência em função da relação de transmissão, para diferentes tipos de transmissões por engrenagens, com mesma rotação de acionamento $n_1 = 1\,000$ rpm e mesmo preço $P = 1\,000$ DM (janeiro de 1954)

e) Comparação de transmissões por parafuso sem-fim (Sch_{Bl}, Sch_0 e Sch_K) com transmissões por engrenagens cilíndricas (SE e SZ). Já a partir de $i = 6,5$, Sch_{Bl} é mais favorável que SE e SZ. A curva comparativa Sch_0, para uma transmissão de parafuso sem-fim de mesmo tamanho, porém sem ventilador, representada (supondo-se preço igual), e a curva Sch_K para uma transmissão de parafuso sem-fim com refrigeração por óleo, mostram que o tipo Sch_0 alcança apenas 61,5% da potência de Sch_B em tôda a faixa de variação de i, e que o tipo Sch_K transmite potências considerà-velmente maiores que Sch_{Bl}, principalmente para i pequeno. P. ex., para $i = 7,5$ transmite 185% da potência de Sch_{Bl}, enquanto que para relações de transmissão elevadas, por exemplo $i = 50$, o incremento de potência de Sch_K sôbre Sch_{Bl} é pequeno[6].

Relativo à Fig. 20.9: Potência N_1 em função de i, com $n_2 = 100$ e $P = 1\,000\,DM$

Em relação à Fig. 20.8, êsse caso mantém constante a rotação de saída n_2. Como se vê, obtêm-se para êste caso curvas com pouca inclinação (com exceção das transmissões cônicas). Isto significa que a potência transmitida e o preço da transmissão quase não variam quando se escolhe uma relação de multiplicação maior e, portanto, maior rotação de entrada, de maneira que se pode usar um motor de acionamento mais barato.

Rotação e carregamento admissível nos dentes. Pondo-se para uma determinada transmissão a potência admissível $N_1 \sim n_1^e$, então $e = 1$ significa que se mantém constante o carregamento nos dentes (fôrça tangencial U). Segundo os dados de potência dos fabricantes, para diversas rotações em transmissões por engrenagens cilíndricas, tem-se sempre $e = 2/3$ e, em transmissões com engrenagens cônicas temperadas, $e = 0,8$ a 1.

Relativo às Figs. 20.10 a 20.12: Distância entre eixos, pêso e preço em função da potência, para $i = 5$, 10 e 25, $n_1 = 1\,000$ para todos os tipos de transmissões

Êstes gráficos permitem determinar imediatamente para quais faixas de potência e relação de multiplicação um determinado tipo de transmissão resulta numa construção menor, mais leve e mais barata do que outra. Verifica-se assim, p. ex., que as transmissões por engrenagens cilíndricas, de um estágio (SE), são consideràvelmente mais leves e baratas que as transmissões cônicas (K), em tôda a faixa examinada; da mesma forma as transmissões de engrenagens cilíndricas de dois estágios (SZ) são menores, mais leves e mais baratas que as transmissões de engrenagens cilíndricas e cônicas combinadas (KS). Além disso, verifica-se que transmissões planetárias (SP), apesar de consideràvelmente mais leves que as transmissões de engrenagens cilíndricas, não são mais baratas do que estas.

A refrigeração por óleo torna-se tanto mais conveniente quanto maior a transmissão, quanto menor a relação de multiplicação e a rotação de entrada.

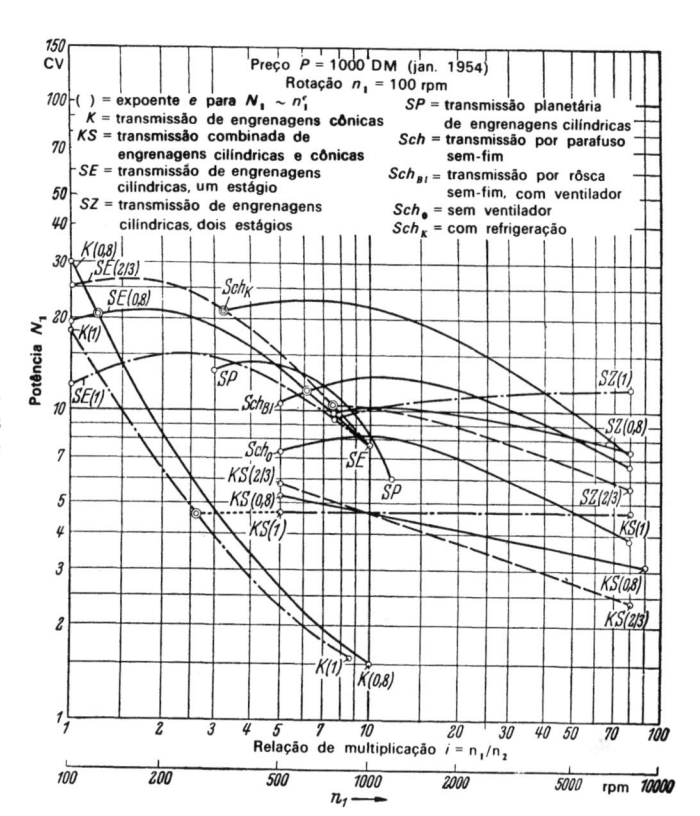

Figura 20.9 – Potência em função da relação de multiplicação, para as transmissões da Fig. 20.8, não obstante com rotação de saída constante $n_2 = 100$

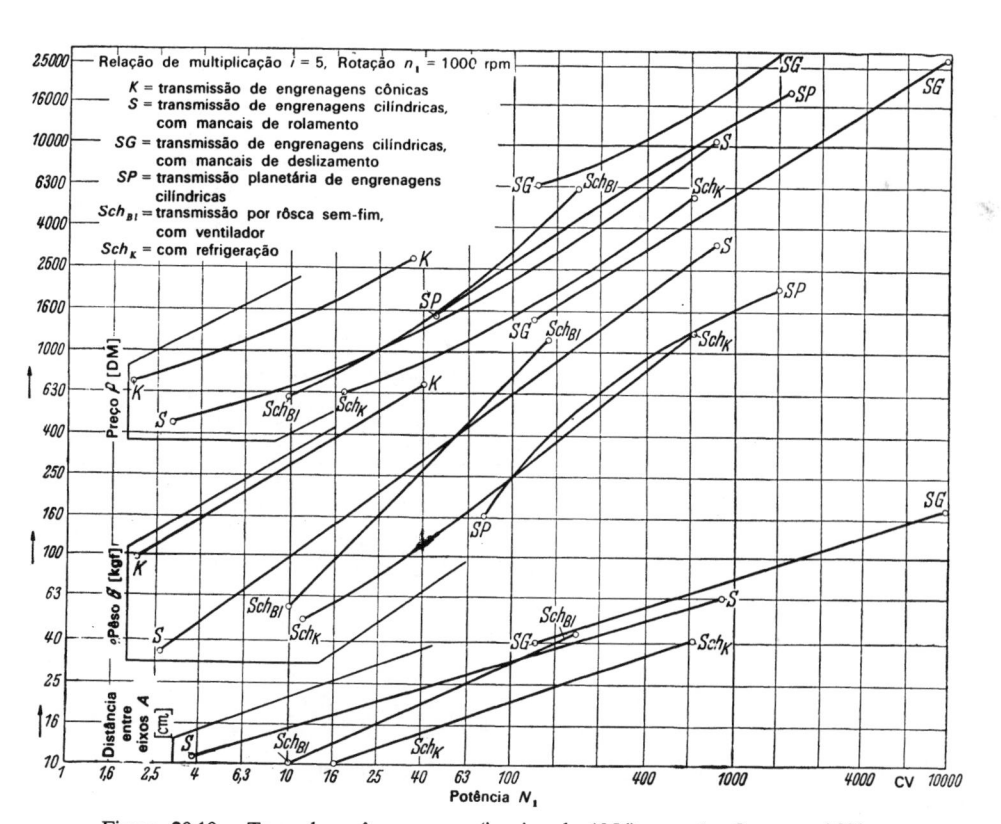

Figura 20.10 – Tamanho, pêso e preço (janeiro de 1954) para $i = 5$ e $n_1 = 1000$ rpm

Ainda menores, mais leves e mais baratas que as transmissões de engrenagens cilíndricas são, até certos limites de potência, as transmissões por parafuso sem-fim (p. ex., Sch_{BI} é mais barata até 100 CV para $i \geqq 10$). Com refrigeração por óleo (ver curvas Sch_K), pode-se ampliar a faixa em que as transmissões por parafuso sem-fim são mais econômicas até aprox. 500 CV ou mais. Outro resultado obtido das investigações é que as transmissões com parafusos sem-fim não-temperados sempre são maiores e mais pesadas, bem como de preço mais elevado, que as transmissões com parafusos temperados, considerando-se a mesma potência e relação de multiplicação.

95

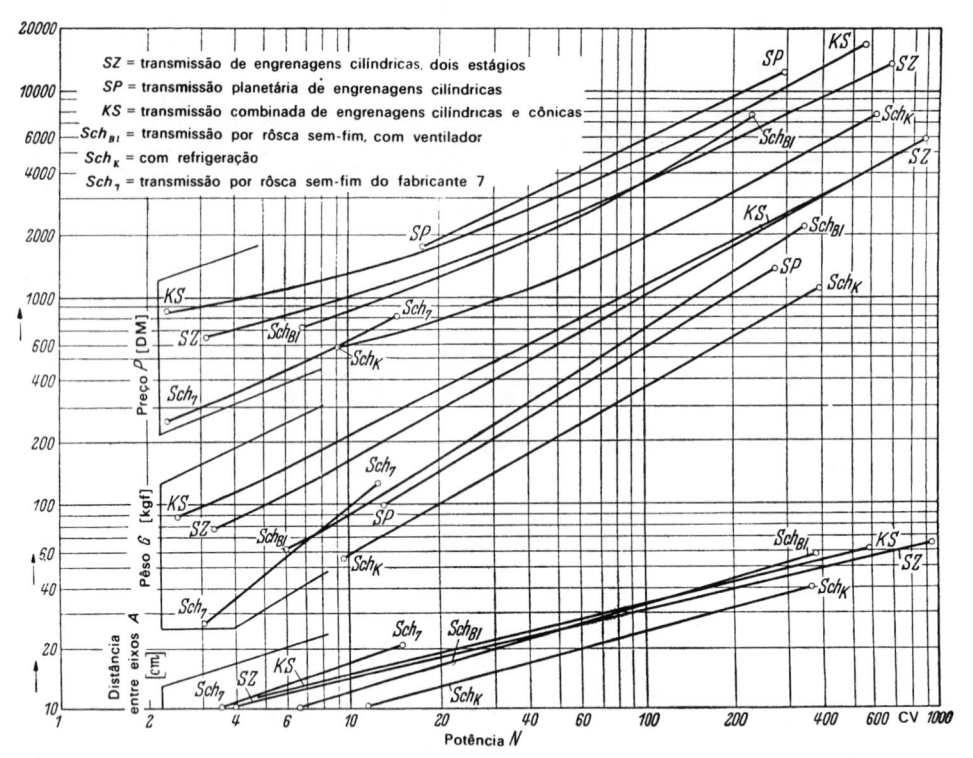

Figura 20.11 — Tamanho, pêso e preço (janeiro de 1954) para $i = 10$ e $n_1 = 1\,000$ rpm

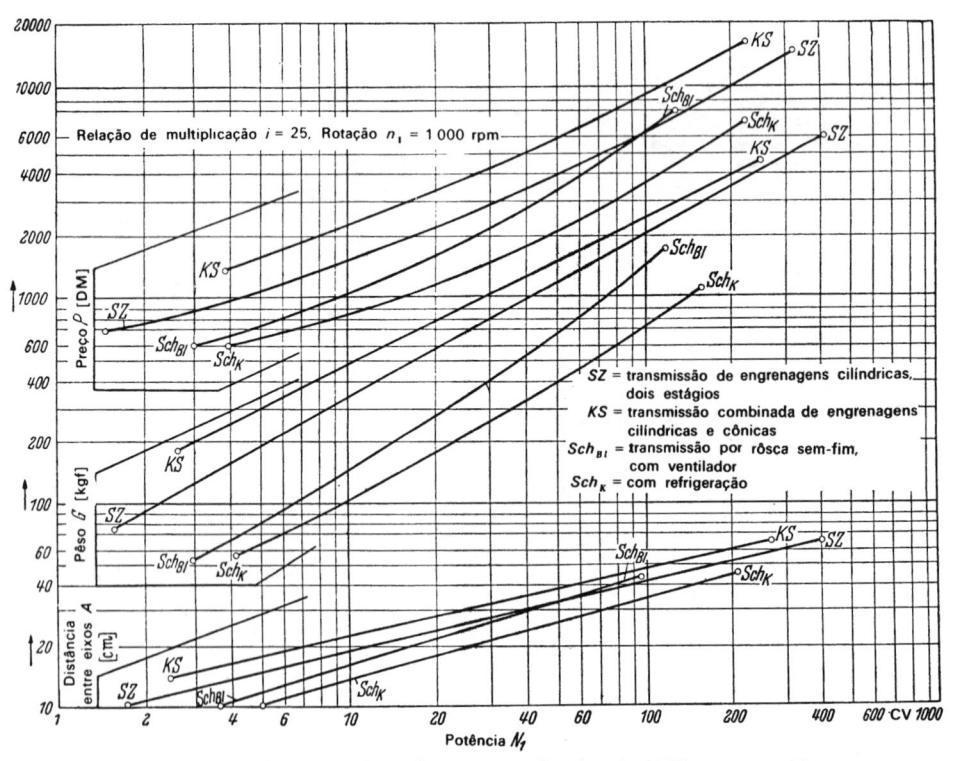

Figura 20.12 — Tamanho, pêso e preço (janeiro de 1954) para $i = 25$

Relativo à Fig. 20.13: Preços de tabela de transmissões completas, em função do pêso

Reuniram-se aqui, num só gráfico, os preços em função dos pesos das transmissões, segundo os dados das Figs. 20.10 a 20.12. Observa-se, sobretudo, que as curvas de preço, para todos os tipos de transmissões, apresentam a mesma forma, variando a sua posição em altura, conforme era de se esperar. As retas tracejadas adicionais ($P = 2G$, $= 4G$ etc.) mostram que tôdas as curvas de preço tendem a uma assíntota $P = cG$, ou seja, a um preço constante por quilo P/G. Êste valor-limite de P/G vale: para transmissões planetárias, aprox. 7,5 DM/kgf, para transmissões de parafuso sem-fim, Sch_{Bl}, 4,6 DM/kgf, para transmissões cônicas, 4,3 DM/kgf, para transmissões de engrenagens cilíndricas e cônicas combinadas, aprox. 4 DM/kgf e para transmissões de engrenagens cilíndricas, 2,90 a 2,95 DM/kgf. Com a diminuição de G, as curvas situam-se cada vez mais acima da assíntota, i.e., os preços por quilo aumentam consideràvelmente com a diminuição do pêso.

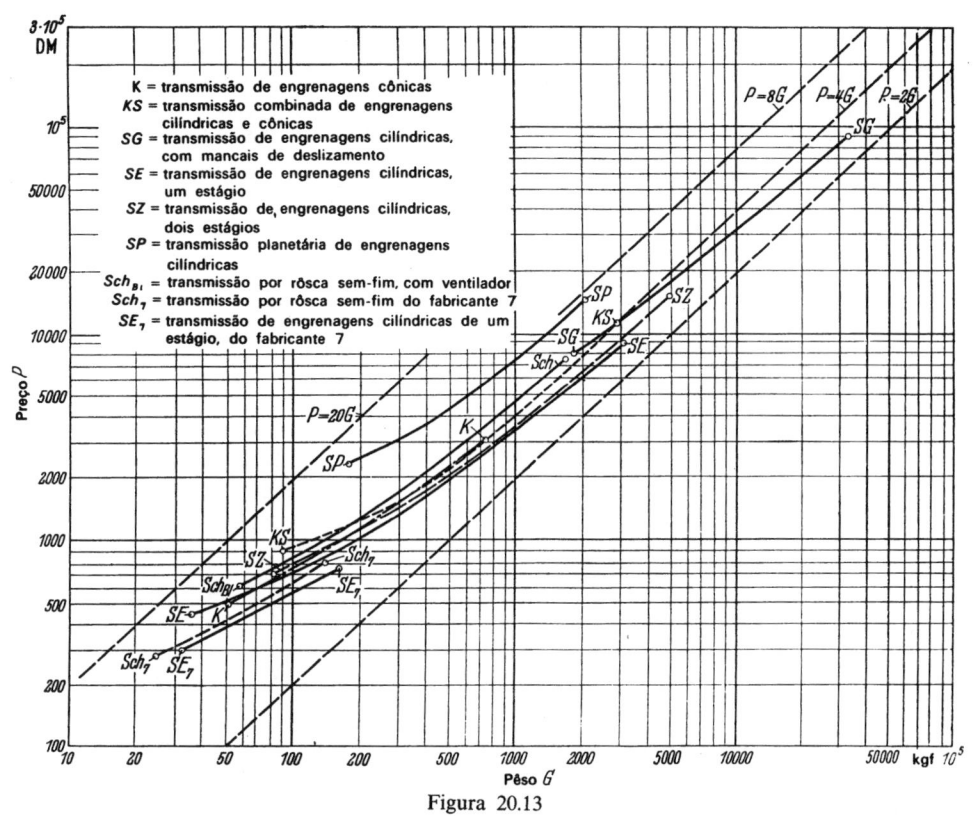

Figura 20.13

Foram ainda incluídas, no diagrama, as curvas de preços de transmissões de engrenagens cilíndricas de um estágio SE_7 e as de transmissões de parafusos sem-fim Sch_7, do fabricante 7, que mostram como podem ser reduzidos os preços para as transmissões pequenas (produzidas grandes quantidades), por meio de medidas técnicas e econômicas.

Relativo às Tabs. 20.4 *e* 20.5: Relações entre N_1, A, G e P para transmissões de engrenagens cilíndricas.

As relações aqui estabelecidas para transmissões por engrenagens cilíndricas, de um ou dois estágios, mostram como as curvas das Figs. 20.10 a 20.12 podem ser expressas em forma de equações (à esquerda, equações em sua forma geral, à direita, com as constantes relativas às transmissões aqui examinadas). As equações permitem determinar de

TABELA 20.4 — *Transmissões por engrenagens cilíndricas de um estágio, equações para A, G e P.*

		Generalidades	Para transmissões de série*
Distância entre eixos (mm)	com	$A = 71\left[\dfrac{N_1}{n_1 B}\dfrac{A}{b}(i+1)^2\right]^{1/3}$ $B = \dfrac{U}{d_1 b} = \dfrac{k}{y}\dfrac{i}{i+1} = \dfrac{\sigma}{z_1 q}$	com $\quad A = 72{,}7\left[\dfrac{N_1}{n_1^{2/3}}\dfrac{A}{b}\dfrac{(i+1)^3}{i}\right]^{1/3}$ $\dfrac{k}{y} = \dfrac{0{,}93}{n_1^{1/3}}$
Pêso G (kgf)**		$G = C_1\left[\left(\dfrac{A}{100}\right)^3\dfrac{b}{A}\right]^e$	$G = 66\left[\left(\dfrac{A}{100}\right)^3\dfrac{b}{A}\right]^{0,8}$
Preço P (DM)**		$P = C_2\, G\left(1 + \dfrac{C_3}{C_4 + G}\right)$	$P = 2{,}95\, G\left(1 + \dfrac{160}{15 + G}\right)$ (Janeiro de 1954)
Exemplo		Para $N_1 = 375$ CV, $n_1 = 1\,000$, $i = 5$, $b/A = 0{,}5$, $\sigma_r = 75$, resulta $A = 500$ mm, $G = 1\,800$ kgf, $P = 5\,780$ DM	
Nomenclatura		B (kgf/mm²) valor da carga k (kgf/mm²) pressão de rolamento σ (kgf/mm²) solicitação no pé do dente σ_r (kgf/mm²) resistência estática do material q, y (—) coeficiente do dente b (mm) largura do dente C_1 a C_4 constantes que dependem das e hipóteses feitas	d_1 (mm) diâmetro primitivo, pinhão $i = n_1/n_2$ relação de multiplicação n_1, n_2 (rpm) rotação do pinhão, da roda N_1 (CV) potência de acionamento U (kgf) fôrça tangencial na circunferência primitiva z_1 número de dentes do pinhão

*Forma SE, de acôrdo com Fig. 20.8, $b/A = 0{,}5$ $\sigma_r \cong 75$ kgf/mm².
**Para transmissões completas com carcaça.

antemão e de maneira bastante aproximada a distância entre eixos A, e a partir dela o pêso G e o preço P, para transmissões semelhantes, em função da potência, relação de transmissão e do número de rotações por segundo. As equações continuam válidas mesmo ao variarem as qualidades do material ou as solicitações admissíveis, quando se adaptam as constantes às novas condições. Com a variação do nível de preços, modifica-se sòmente o coeficiente C_2.

A equação de preço aqui indicada para transmissões de engrenagens cilíndricas, bem como a forma das curvas preço-pêso, segundo a Fig. 20.13, parecem ter significado genérico para os produtos técnicos de uma mesma classe e de dimensões variáveis, sendo que, nesse caso, variam apenas as constantes C_2 a C_4, segundo o produto, as condições de fabricação e a situação do mercado.

TABELA 20.5 – *Transmissões coaxiais por engrenagens cilíndricas de dois estágios, equações para A, G, P.*

	Generalidades	Para transmissões de série*
Distância entre eixos (mm)	$A = 71\left[\dfrac{N_1}{n_1 B_I}\dfrac{A}{b_I}(i_I + 1)^2\right]^{1/3}$ com $\dfrac{b_{II}}{b_I}\dfrac{k_{II}}{k_I}\dfrac{y_I}{y_{II}} = \left(\dfrac{i_I}{i_{II}}\right)^2\left(\dfrac{i_{II}+1}{i_I+1}\right)^{3**}$	$A = 74,7\left[\dfrac{N_1}{n_1^{2/3}}\dfrac{A}{b_I}\dfrac{(i_I+1)^3}{i_I}\right]^{1/3}$ com $i_I \cong 0,78\,i^{0.622}, \dfrac{k_{II}\,y_I}{k_I\,y_{II}}\left(\dfrac{n_1}{n_{1\,II}}\right)^{1/3} = i_I^{1/3}$
Pêso G (kgf)***	$G = C_1\left[\left(\dfrac{A}{100}\right)^3\dfrac{b}{A}\right]^e$	$G = 67\left[\left(\dfrac{A}{100}\right)^3\dfrac{b}{A}\right]^{0,8}$
Preço P (DM)***	$P = C_2\,G\left(1 + \dfrac{C_3}{C_4 + G}\right)$	$P = 2,9\,G\left(1 + \dfrac{192}{15 + G}\right)$ (Janeiro de 1954)
Exemplo	Para $N_1 = 375\,CV$, $n_1 = 1\,000$, $i = 10$, $b_I = A/3$, $b_{II} = A\,2/3$, $\sigma_r = 75$, $i_I = 3,28$ resulta $A = 480$ mm, $G = 2\,910$ kgf, $P = 8\,920$ DM	
Nomenclatura	Segundo a Tab. 20.4, com índices I, II para os valores correspondentes ao 1.° e 2.° estágios, respectivamente; $b = b_I + b_{II}$; $i = i_I i_{II}$; n_1 número de rotações do pinhão do 1.° estágio, $n_{1\,II}$ do 2.° estágio.	

*Forma SZ, de acôrdo com a Fig. 20.8, $b = A/3$, $b = A\,2/3$, $\sigma_r = 75$ kgf/mm^2.
**Com aproveitamento total do segundo estágio de transmissão.
***Para transmissões completas com carcaça.

20.3. DIMENSIONAMENTO APROXIMADO DAS TRANSMISSÕES

Para o projeto e a comparação de transmissões são desejáveis dados que permitam uma determinação aproximada da potência a transmitir e das dimensões construtivas necessárias.

Para isso, nos respectivos capítulos[7], são dados gráficos de potência e outras informações que permitem o dimensionamento aproximado das transmissões. Êsses dados mostram como, para cada tipo de

TABELA 20.6 – *Valores aproximados para o coeficiente de serviço f_B*.*

Transmissão	Grau de irregularidade da máquina acionada	Máquina de acionamento											
		Motor elétrico Tempo de funcionamento por dia, em horas				Turbina, máquina de êmbolo, com vários cilindros Tempo de funcionamento por dia, em horas				Máquina de êmbolo monocilíndrica Tempo de funcionamento por dia, em horas			
		0,5	3	8	24	0,5	3	8	24	0,5	3	8	24
Engrenagens cilíndricas e	I	0,5	0,8	1,0	1,25	0,8	1,0	1,25	1,5	1,0	1,25	1,5	1,75
rodas de atrito	II	0,8	1,0	1,25	1,5	1,0	1,25	1,5	1,75	1,25	1,5	1,75	2,0
	III	1,25	1,5	1,75	2,0	1,5	1,75	2,0	2,25	1,75	2,0	2,25	2,5
Transmissão por rôsca	I	0,5	0,75	1,0	1,25	0,7	0,95	1,2	1,45	0,85	1,1	1,35	1,6
sem-fim	II	0,7	0,95	1,2	1,45	0,85	1,1	1,35	1,6	1,0	1,25	1,50	1,75
Transmissão por corrente	III	1,0	1,25	1,5	1,75	1,2	1,45	1,7	1,95	1,35	1,6	1,85	2,1
Transmissão por correia	I	0,5	0,75	1,0	1,25	0,65	0,9	1,15	1,4	0,75	1,0	1,25	1,5
	II	0,65	0,9	1,15	1,4	0,75	1,0	1,25	1,5	0,9	1,15	1,4	1,65
	III	0,9	1,15	1,4	1,65	1,0	1,25	1,5	1,75	1,1	1,35	1,6	1,85

*Para as engrenagens adotaram-se, para f_B, os valores segundo AGMA [20/4], e para as demais transmissões, adaptaram-se os valores de f_B segundo as suas distintas capacidades de sobrecarga e absorção de choque.
[7] Para engrenagens cilíndricas, ver pág. 182; para parafuso sem-fim, Cap. 24; para transmissões por correntes, Cap. 26; para transmissões por correias, Cap. 27; para uniões por atrito e para freios, Cap. 29. Além disso, ver cálculo abreviado para transmissões de potência [20/7].

transmissão, pode-se determinar a relação entre a potência a transmitir, a rotação e as dimensões, apesar da influência de muitos fatôres, quando se fixam para o cálculo determinados materiais, determinadas relações entre as dimensões, e as condições de funcionamento. São especialmente favoráveis as condições para as transmissões "típicas", com determinadas dimensões e materiais, como p. ex. para transmissões por correntes, ou correias em V, e para transmissões de parafuso sem-fim.

As condições de funcionamento, que diferem das normais, podem ser levadas em conta por meio de um fator de funcionamento f_B (coeficiente de serviço, ver Tab. 20.6); adota-se, nesse caso, para o gráfico, a potência $N_0 = N_1 f_B$, em vez da potência N_1 de transmissão. Uma primeira estimativa de f_B fornece as Tabs. 20.6 e 20.7, em função do grau de irregularidade do acionamento e do tempo de funcionamento diário a plena carga.

TABELA 20.7 — *Exemplos de grau de irregularidade para as máquinas acionadas.*

	Máquina acionada	Grau de irregularidade
Quase sem choques:	Gerador elétrico, correia transportadora, transportadora por placas, transportador tipo parafuso sem-fim, elevadores leves, guinchos elétricos, acionamento de avanço de máquinas operatrizes, ventilador, turbocompressor, compressor rotativo, agitador e misturador para uma densidade unifor e	I
Choques moderados:	Acionamento principal de máquinas operatrizes, elevadores pesados, mecanismos de rotação de guindastes, ventiladores de minas, agitadores e misturadores para densidades não-uniformes, bombas de êmbolo de vários cilindros, bombas de distribuição	II
Choques violentos:	Prensas, tesouras, amassadores para borracha, laminadores, máquinas para a indústria siderúrgica, dragas de caçamba, centrífugas pesadas, bombas pesadas de distribuição, máquinas perfuratrizes, prensas de briquêtes, moinhos	III

20.4. MOVIMENTO, ACELERAÇÃO E DECELERAÇÃO

Nos capítulos seguintes são supostas conhecidas as grandezas e as equações fundamentais dadas na Tab. 20.8, para as diversas condições de movimento. Para melhor esclarecer as relações, servem os dados e os seguintes exemplos.

1. *MOVIMENTO CIRCULAR E RETILÍNEO* (Fig. 20.14)

Para os movimentos rotativos com diâmetro d (m), tem-se:
A velocidade tangencial v(m/s), a fôrça tangencial P(kgf) e a massa m(kgf s²/m).
As demais grandezas são obtidas através das seguintes relações:

número de rotações $n = \dfrac{60\,v}{\pi d} = \dfrac{19,1\,v}{d}$ (rpm),

momento de torção $M = 0,5\ Pd$ (kgfm),

potência $\qquad N = Pv = \dfrac{M \pi\, dn}{0,5\,d\,60} = \dfrac{Mn}{9,55}$ (kgfm/s),

pêso do volante $G = 9,81\,m = GD^2/d^2$ (kgf),

momento de inércia do volante $GD^2 = Gd^2 = 4 \cdot 9,81\,J_m$ (kgf m²),

momento de inércia (de massa) $J_m = m\dfrac{d^2}{4} = \dfrac{GD^2}{4 \cdot 9,81}$ (kgf m s²).

Para o movimento retilíneo, tem-se $d = \infty$. Continuam ainda válidas as equações da Tab. 20.8, desaparecendo, no entanto, os têrmos que contêm d, n, M, J_m, GD^2.

Figura 20.14 — Para as fórmulas de cálculo do movimento rotativo
v velocidade periférica
P fôrça tangencial
m massa de inércia
φ ângulo de rotação
s caminho percorrido
d diâmetro

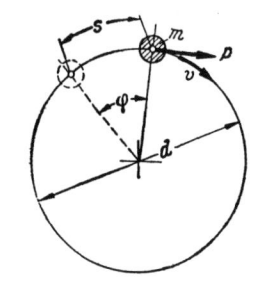

TABELA 20.8 — *Relações e grandezas para a transmissão de fôrça com movimento rotativo* (Fig. 20.14)
As equações são também válidas para o movimento retilíneo, quando se suprimem os têrmos d, n, M, J_m e GD^2.

N.°	Designação	Dim.	Relação	Observações
1	Caminho percorrido (no diâmetro d),	m	$s = vt = \pi d n t/60 = d n t/19,1$	**A. Com velocidade constante v:**
2	Tempo	s	$t = s/v = A/N$	d (m) diâmetro
3	Velocidade tangencial (em d)	m/s	$v = s/t = n d/19,1$	$\pi = 3,1415$
4	Rotação	$\dfrac{1}{\min}$	$n = \dfrac{19,1 s}{t d} = \dfrac{19,1 v}{d}$	Demais grandezas: Número de rotações:
5	Aceleração radial	m/s²	$b_r = 2v^2/d = n^2 d/182$	$u = \dfrac{s}{\pi d} = \dfrac{nt}{60} = \dfrac{\varphi}{2\pi}$
6	Fôrça tangencial (em d)	kgf	$P = \dfrac{2M}{d} = \dfrac{N}{v} = \dfrac{A}{s} = \dfrac{A}{vt}$	Ângulo de rotação: $\varphi = 2s/d = \omega t = nt/9,55$
7	Fôrça centrífuga	kgf	$P_r = m b_r = 2 m v^2/d = m n^2 d/182$	$\varphi°$ (graus) $= \varphi$ (radianos) $\dfrac{360}{2\pi}$;
8	Momento de torção	kgf m	$M = \dfrac{Pd}{2} = \dfrac{Nd}{2v} = \dfrac{9,55 N}{n} = \dfrac{9,55 A}{nt}$	Velocidade angular ($1/s$):
9	Potência	m kgf/s	$N = Pv = Mn/9,55 = A/t$	$\omega = \dfrac{\varphi}{t} = \dfrac{2\pi u}{t} = \dfrac{2v}{d} = \dfrac{n}{9,55}$
10	Trabalho	m kgf	$A = CV = Pvt = M nt/9,55 = Nt$	A_m segundo a Eq. 16
11	Massa de inércia (no diâmetro d)	$\dfrac{\text{kgf s}^2}{\text{m}}$	$m = \dfrac{G}{9,81} = \dfrac{4 J_m}{d^2} = \dfrac{G D^2}{9,81 d^2}$	**B. Grandezas de massa:** γ (kgf/m³) pêso específico $= 7\,8\ldots$
12	Pêso de inércia (no diâmetro d)	kgf	$G = 9,81 m = G D^2/d^2 = 39,2 J_m/d^2$	para o aço
13	Momento de inércia	kgf m²	$G D^2 = G d^2 = 4 \cdot 9,81 J_m$	L, D_a, D_i (m) comprimento, di-metro externo e interno do
14	Momento de inércia para cilindros ocos	kgf m	$G D^2 = \pi \gamma L (D_a^4 - D_i^4)/8 = 0,393 \gamma L (D_a^4 - D_i^4)$	lindro cujo eixo de gravidade
15	Momento de inércia de massas	kgf m s²	$J_m = m d^2/4 = \dfrac{G D^2}{4 \cdot 9,81}$	$=$ eixo de rotação
16	Energia cinética	m kgf	$A_m = m v^2/2 = G v^2/19,6 = \dfrac{J_m \omega^2}{2} = G D^2 n^2/7160$	
17	Percurso de aceleração	m	$s_B = 0,5(v + v_0) t_B = 0,5(v^2 - v_0^2)/b = A_B/P_B$	**C. Com aceleração constante,** velocidade v_0 até v (Fig. 20.1...)
18	Tempo de aceleração	s	$t_B = \dfrac{2 s_B}{v + v_0} = \dfrac{v - v_0}{b} = \dfrac{n - n_0}{19.1 b} d$	No caso de deceleração de v a ... são negativas as grandezas
19	Tempo de aceleração	s	$t_B = \dfrac{(v - v_0) G}{9,81 P_B} = \dfrac{2 A_B}{(v + v_0) P_B} = \dfrac{19,1 A_B}{(n + n_0) M_B}$	$P_B, M_B, N_B, A_B, (v-v_0), (v^2-\ldots$ $(n-n_0), (n^2 - n_0^2), (A_m - A_{m0})$
20	Aceleração tangencial	$\dfrac{\text{m}}{\text{s}^2}$	$b = \dfrac{v - v_0}{t_B} = \dfrac{(n - n_0) d}{19,1 t_B}$	Outras grandezas: Aceleração angular ($1/s^2$)
21	Aceleração tangencial	$\dfrac{\text{m}}{\text{s}^2}$	$b = \dfrac{P_B}{m} = 9,81 \dfrac{P_B}{G}$	$\varepsilon = \dfrac{d \omega}{dt} = \dfrac{2b}{d} = \dfrac{\omega - \omega_0}{t_B} = \dfrac{n-\ldots}{9,55}$
22	Fôrça tangencial de aceleração	kgf	$P_B = mb = Gb/9,81 = 2 M_B/d = N_B/v = A_B/s_B$	
23	Momento de aceleração	kgf m	$M_B = \dfrac{P_B d}{2} = \dfrac{9,55 N_B}{n} = \dfrac{19,1 A_B}{(n + n_0) t_B}$	
24	Potência de aceleração (máxima)	$\dfrac{\text{m kgf}}{s}$	$N_B = P_B v = \dfrac{M_B n}{9,55} = \dfrac{2 A_B v}{(v + v_0) t_B} = \dfrac{2 A_B n}{(n + n_0) t_B}$	
25	Trabalho de aceleração	m kgf	$A_B = P_B s_B = 0,5 P_B t_B (v + v_0) = M_B t_B (n + n_0)/19,1$ $A_B = A_m - A_{m_0} = G(v^2 - v_0^2)/19,6 = G D^2 (n^2 - n_0^2)/7160$	Sendo P fôrça tangencial estática a...cional
26	Fôrça tangencial total	kgf	$P_A = P_B + P$	M momento estático adiciona...
27	Momento total	kgf m	$M_A = M_B + M = P_A d/2$	N potência estática adicional
28	Potência total (máxima)	m kgf/s	$N_A = N_B + N = P_A v = M_A n/9,55$	A trabalho estático adicional
29	Trabalho total	m kgf	$A_A = A_B + A = P_A s_B = M_A (n + n_0) \dfrac{t_B}{19,1} = \dfrac{N_A t_B (n + n_0)}{2 n}$	
30		m kgf/s	$N = 75 N_{CV} = 102 N_{kW} = 427 N_{kcal/s}$	**D. Conversões**
31	Potência	CV	$N_{CV} = N/75 = 1,36 N_{kW} = 5,7 N_{kcal/s}$	Potência em **várias** unidades
32		kW	$N_{kW} = N/102 = N_{CV}/1,36 = 4,19 N_{kcal/s}$	
33		kcal/s	$N_{kcal/s} = N/427 = N_{CV}/5,7 = N_{kW}/4,19$	
34		m kgf	$A = 270\,000 A_{CV h} = 367\,000 A_{kW h} = 427 A_{kcal}$	
35	Trabalho	CVh	$A_{CV h} = A/270\,000 = 1,36 A_{kW h} = A_{kcal}/632$	
36		kWh	$A_{kW h} = A/367\,000 = A_{CV h}/1,36 = A_{kcal}/860$	Trabalho em várias unidades
37		kcal	$A_{kcal} = A/427 = 632 A_{CV h} = 860 A_{kW h}$	

2. COM VELOCIDADE TANGENCIAL v CONSTANTE

A distância percorrida durante o tempo t(s) é

$$s = vt = \frac{\pi\, dnt}{60} = \frac{dnt}{19,1}\ (\text{m})$$

que com a fôrça tangencial P constante realiza o trabalho (com N em kgf m/s)

$$A = Ps = Pvt = \frac{Mnt}{9,55} = Nt\ (\text{mkgf})$$

e com P variável o trabalho $A = v \int P \cdot dt^8$.

3. COM ACELERAÇÃO CONSTANTE (Fig. 20.15a)

Da velocidade tangencial v_0 até v, a aceleração tangencial $b = dv/dt = \text{constante}^8$. Nesse caso, além da fôrça tangencial estática P, deve-se transmitir ainda a fôrça de aceleração

$$P_B = mb = \frac{GD^2\, b}{9,81\, d^2}\ (\text{kgf})$$

a fim de aumentar a energia cinética de

$$A_{m_0} = \frac{mv_0^2}{2}\ (\text{mkgf}) \text{ até } A_m = \frac{mv^2}{2}$$

O trabalho de aceleração, realizado durante o tempo de aceleração é

$$A_B = A_m - A_{m_0} = m\, \frac{v^2 - v_0^2}{2} = P_B s_B = P_B t_B v_{\text{médio}} = 0,5\, P_B t_B (v + v_0).$$

Dessa maneira, obtêm-se as relações entre P_B, b, t_B e s_B :

$$b = \frac{P_B}{m} = 9,81\, \frac{P_B}{G} = \frac{v - v_0}{t_B}\ ;\ t_B = \frac{G}{9,81\, P_B}\ (v - v_0) = \frac{v - v_0}{b}\ ;\ s_B = \frac{(v + v_0)\, t_B}{2}.$$

A potência de aceleração máxima vale $N_B = P_B v$. Na partida, tem-se $v_0 = 0$. Com a consideração do rendimento da transmissão η no cálculo, ver parágrafos 6 e 8.

Durante o tempo de aceleração, a potência aumenta de $N_0 = Pv_0$ até $N = Pv$, i.e., é preciso desenvolver o trabalho $A = Ps_B = P(v + v_0)t_B/2$ a fim de transmitir a fôrça tangencial estática P. Dessa maneira, a potência máxima e o trabalho total durante a partida são, respectivamente, $N_A = N + N_B = (P + P_B)v$ e $A_A = A + A_B$.

Donde se deduz que o trabalho total A_A decresce com t_B, i.e., com o aumento da fôrça de aceleração P_B, já que A_B independe de t_B e A decresce com t_B.

4. COM ACELERAÇÃO VARIÁVEL (Fig. 20.15b)

Deve-se conhecer o regime de aceleração $b = dv/dt$ ou o regime da fôrça de aceleração $P_B = mb$ ou da velocidade v, em função do tempo de aceleração t_B, a fim de se poder determinar por integração os valores de s_B e t_B. Tem-se:

Percurso de aceleração $s_B = \displaystyle\int_0^{t_B} v\,dt$, ver áreas com hachura vertical no gráfico $v - t$ (Fig. 20.15b),

diferença de velocidades $v - v_0 = \displaystyle\int_0^{t_B} b\,dt$,

tempo de aceleração $t_B = \displaystyle\int_0^{s_B} \frac{ds}{v} = \int_{v_0}^{} \frac{dv}{b}$,

trabalho de aceleração $A_B = \displaystyle\int_0^{t_B} P_B v\,dt = \int_0^{t_B} N_B\,dt = A_m - A_{m_0} = m\, \frac{(v^2 - v_0^2)}{2}$, ver áreas com hachuras cruzadas no gráfico $N - t$ (Fig. 20.15b).

Tôda variação que difere da aceleração constante exige uma fôrça máxima de aceleração maior, para um mesmo tempo de aceleração e $(v - v_0)$ ou, para uma mesma fôrça máxima de aceleração, um maior tempo de aceleração, correspondendo a um maior percurso de aceleração e maior trabalho de partida.

[8]Com dt ou dv, designa-se o diferencial de t ou v.

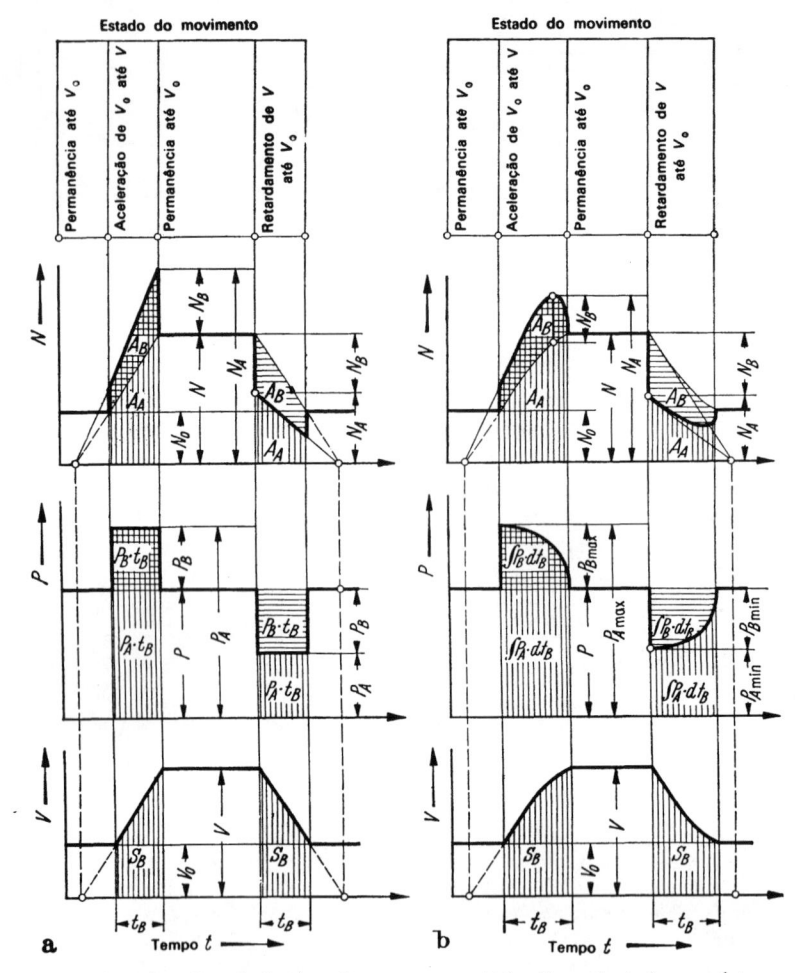

Figura 20.15 — Seqüências de aceleração e de desaceleração com carga estática P constante (nomenclatura, ver Tab. 20.8)
a com aceleração constante, b com aceleração variável, $V = v$ = velocidade

5. COM DESACELERAÇÃO (Fig. 20.15)

Isto é, com aceleração negativa, $b = dv/dt$ é negativo e, portanto, são também negativas as grandezas P_B, N_B, A_B e as diferenças $(v - v_0)$, $(v^2 - v_0^2)$, $(A_m - A_{m_0})$; assim sendo, as Eqs. (17) a (25) da Tab. 20.8 continuam válidas.

6. CONVERSÕES

Em mecanismos com massas distintas, i.e., com um momento $(GD^2)_1$ no eixo de acionamento 1 (rotação n_1), com momento $(GD^2)_2$ no eixo 2 (rotação n_2) etc. e com uma massa em movimento retilíneo $m_x = G_x/9{,}81$ (pêso da inércia G_x e velocidade v_x), a energia cinética vale:

$$A_m = A_{m_1} + A_{m_2} + \cdots \frac{(GD^2)_1 n_1^2 + (GD^2)_2 n_2^2 + \cdots}{7\,160} + \frac{G_x v_x^2}{19{,}6},$$

ou o momento de inércia equivalente (GD^2) referido ao eixo com rotação n:

$$GD^2 = \frac{7160\,A_m}{n^2} = (GD^2)_1 \left(\frac{n_1}{n}\right)^2 + (GD^2)_2 \left(\frac{n_2}{n}\right)^2 + \cdots + 365\,G_x \left(\frac{v_x}{n}\right)^2,$$

ou o pêso equivalente, movido com velocidade v, vale:

$$G = 19{,}6\,\frac{A_m}{v^2} = \frac{(GD^2)_1 \left(\frac{n_1}{v}\right)^2 + (GD^2)_2 \left(\frac{n_2}{v}\right)^2 + \cdots}{365} + G_x \left(\frac{v_x}{v}\right)^2.$$

No cálculo da fôrça de aceleração P_B ou de M_B, N_B ou A_B, segundo as Eqs. (22) a (25) da Tab. 20.8, pode-se eventualmente levar em conta o rendimento η da transmissão entre o ponto de aplicação da fôrça P_B etc. e a posição das grandezas de massa, multiplicando-se a respectiva grandeza de massa por $1/\eta$ (na aceleração) ou por η (na desaceleração). (Ver exemplos no parágrafo 8.)

Outras conversões de potências e trabalhos, para outras unidades técnicas, estão resumidas na Tab. 20.8, secção D. Constam ainda da tabela as transformações de trabalho em unidades de calor (kcal) e de potência em unidades de calor por segundo (kcal/s,) que serão utilizadas mais adiante para o cálculo do aquecimento das transmissões, devido às perdas.

7. ESCOLHA DO MOTOR DE ACIONAMENTO E EFEITO DAS MASSAS

Como mostram os exemplos seguintes, um aumento do momento de partida M_A e, portanto, a escolha de um motor de acionamento maior produzem uma solicitação maior nos elementos do mecanismo durante o período de aceleração, mesmo quando permanece constante o momento de torção estático M a transmitir. Isto porque o excesso do momento de torção $M_B = M_A - M$ atua como acionamento para a aceleração das massas. Nesse caso sòmente age sôbre a transmissão (tr) a parcela M_{Btr}, que serve para a aceleração das massas situadas após os respectivos elementos da transmissão, ou seja, o momento $M_{B\ r} = M_B f$. Tem-se aqui $f = 1 - A_{m_v}/A_B$, sendo A_B o trabalho total de aceleração e A_{m_v} a energia cinética das massas situadas antes do respectivo elemento de transmissão. Obtém-se daí o momento de partida que determina a carga máxima da transmissão:

$$M_{Atr} = M + M_B f.$$

Da mesma maneira agem os acumuladores de energia (volantes), quando, num momento de deceleração ou aceleração repentina, fornecem momentos de torção adicionais através da transmissão.

8. EXEMPLOS DE CÁLCULO (nomenclatura e unidades, ver Tab. 20.8)

Exemplo 1. Aceleração durante o levantamento de um pêso.

Dados: Guincho de levantamento, segundo a Fig. 20.16, carga $Q = 3\,000$ kgf, velocidade da carga $v = 1$ m/s, rendimento da transmissão $\eta = 0,9$;

no eixo do motor 1: $n_1 = 950$, $M = \dfrac{9,55\,Qv}{n_1\,\eta} = 33,5$ kgfm,

$M_A = 1,8\,M = 60,5$ kgfm; $M_B = M_A - M = 0,8\,M = 27$ kgfm; $(GD^2)_1 = 8$ kgfm^2 (para o rotor do motor, disco do freio e pinhão),

no eixo 2: $(GD^2)_2 = 10$, rotação $n_2 = 173$,
no eixo 3: $(GD^2)_3 = 60$, rotação $n_3 = 31,8$.

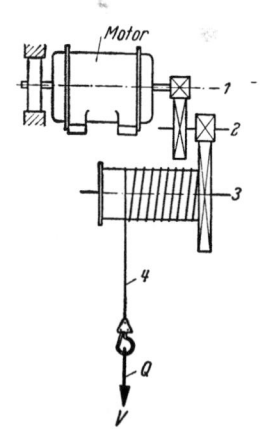

Figura 20.16 – Guincho de levantamento (para o Ex. 1)

Procura-se: A_B, t_B, aceleração b da carga, M_{Btr}, M_{Atr}.

Cálculos: $A_{m_1} = \dfrac{(GD^2)_1\,n_1^2}{7\,160} = 1\,008$ mkgf; $\qquad A_{m_2} = \dfrac{(GD^2)_2\,n_2^2}{7\,160} = 42$;

$A_{m_3} = \dfrac{(GD^2)_3\,n_3^2}{7\,160} = 8,5$; $\qquad A_{m_4} = \dfrac{Qv^2}{19,6} = 153$;

$A_B = A_{m_1} + \dfrac{A_{m_2} + A_{m_3} + A_{m_4}}{\eta} = 1\,234$ mkgf;

$t_B = \dfrac{19,1\,A_B}{n_1\,M_B} = 0,92$ s; $\quad b = \dfrac{v}{t_B} = 1,09$ m/s^2.

103

A transmissão está sujeita às cargas:

$$M_{Btr} = M_B f = M_B \left(\frac{A_B - A_{m_1}}{A_B} \right) = 0,183 \, M_B = 4,95 \, \text{kgfm};$$

$$M_{Atr} = M + M_{Btr} = 38,5 \, \text{kgfm} = 0,64 \, M_A = 1,15 \, M.$$

Conclusão: Em transmissões dêsse tipo, a relação M_{Atr}/M é relativamente pequena (nesse caso igual a 1,15), já que a parcela de energia cinética após a transmissão também é relativamente pequena, de maneira que a carga da transmissão e o tamanho são determinados principalmente pelo momento estático M.

Exemplo 2. Aceleração de um carro de translação.

Dados: Carro de translação de uma ponte rolante segundo Fig. 20.17, pêso total $G = 95\,000$ kgf (carga útil 15 t, pêso 80 t), velocidade de translação $v = 3$ m/s, tempo de aceleração $t_B = 10$ s, rendimento da transmissão $= 0,9$;

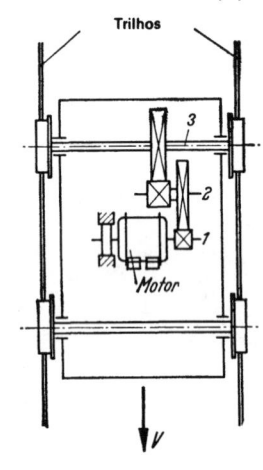

Figura 20.17 — Carro de translação de uma ponte rolante (para o Ex. 2)

no eixo do motor $1: n_1 = 750$, $M = 90$ kgfm (para vencer a resistência à translação, $(GD^2)_1 = 90$ kgfm^2; nos eixos 2 e 3: valor estimado $A_{m_2} + A_{m_3} = 2\,900$ mkgf.

Procura-se: A_B, M_B, M_A, b, M_{Btr}, M_A.

Cálculos:
$$A_{m_1} = \frac{(GD^2)_1 \, n_1^2}{7\,160} = 7\,100 \, \text{mkgf}; \qquad A_{m_4} = \frac{Gv^2}{9,81 \cdot 2} = 43\,600;$$

$$A_B = A_{m_1} + \frac{A_{m_2} + A_{m_3} + A_{m_4}}{\eta} = 7\,100 + \frac{46\,500}{0,9} = 58\,800 \, \text{mkgf};$$

$$M_B = \frac{19,1 \, A_B}{n_1 \, t_B} = \frac{19,1 \cdot 58\,800}{750 \cdot 10} = 150; \quad M_A = M + M_B = 240 \, \text{kgfm}; \quad b = \frac{v}{t_B} = \frac{3}{10} = 0,3 \, \text{m/s}^2.$$

A transmissão está sujeita às cargas:

$$M_{Btr} = M_B f = M_B \left(\frac{A_B - A_{m_1}}{A_B} \right) = 0,88 \, M_B = 132 \, \text{kgfm};$$

$$M_{Atr} = M + M_{Btr} = 90 + 132 = 222 \, \text{kgfm} = 0,925 \, M_A = 2,47 \, M.$$

Conclusão. Em transmissões dêsse tipo, com carga estática relativamente pequena, mas com grande energia cinética das massas situadas após a transmissão, a carga da transmissão e o tamanho do motor são determinados principalmente pelo momento de partida M_A.

Exemplo 3. Aceleração com um acoplamento de fricção, e deceleração com freio de atrito, ver Cap. 29 do Vol. III.

20.5. BIBLIOGRAFIA

[20/1] *THOMAS, W.:* Anwendungsgrenzen mechanischer Leistungsgetriebe. Z. VDI vol. 92 (1950) pp. 902-908.

[20/2] *NIEMANN, G.:* Getriebevergleiche. In: "Zahnräder und Zahnradgetriebe", pp. 140-149. Braunschweig: Vieweg 1955.

[20/3] *HIERSIG, H. M.:* Zur Frage der Belastbarkeit von Zahnradgetrieben. Z. VDI vol. 96 (1954) pp. 221-225.

[20/4] *AGMA* Standard 420.02 (fev. 1951) (American Gear Manuf. Ass. New York).

[20/5] *KOLLMANN, K.:* Grenzen der Drehmomenten- u. Leistungsübertragung bei Riementrieben, **Kettentrieben** u. Kupplungen. In: Riementriebe-Kettentriebe-Kupplungen. Braunschweig: Vieweg 1954.

[20/6] *VAN HATTUM, P. W. e BALLOT, H. G.:* Tandwielen. s'Gravenhage (Holanda) 1953.

[20/7] *RICHTER W. e H. OHLENDORF:* Kurzberechnung von Leistungsgetrieben. Konstruktion 11 (1959) pp. 421-427.

21. Engrenagens, fundamentos

Tipos de engrenagens, propriedades e escolha, ver Cap. 20.

21.1. GEOMETRIA DO ENGRENAMENTO

1. LEI DO ENGRENAMENTO

Na Fig. 21.1, os flancos dos dentes arbitràriamente escolhidos, de uma engrenagem frontal de dentes retos e da respectiva engrenagem conjugada (apenas uma parte das engrenagens foi desenhada), no momento estão em contato no ponto E. A normal traçada da tangente comum dos flancos TT em E é a normal de engrenamento EC; ela corta a linha dos centros $O_1 O_2$ das engrenagens no ponto de rolamento C. No ponto C entram em contato as duas trajetórias de rolamento, imaginadas solidárias às duas engrenagens. Estas rolam uma sôbre a outra (sem deslizamento) com a velocidade v, quando as engrenagens giram com as velocidades angulares $\omega_1 = v/r_1$ e $\omega_2 = v/r_2$, respectivamente. Os raios $r_1 = \overline{O_1 C}$ e $r_2 = \overline{O_2 C}$ são determinados pela divisão da distância entre os eixos, $a = \overline{O_1 O_2} = r_1 + r_2$. Dessas relações podem ser deduzidas outras geometrias de engrenamento, p. ex. a construção de um flanco de dente, sendo dados o flanco conjugado e as circunferências primitivas (ver parágrafo 5).

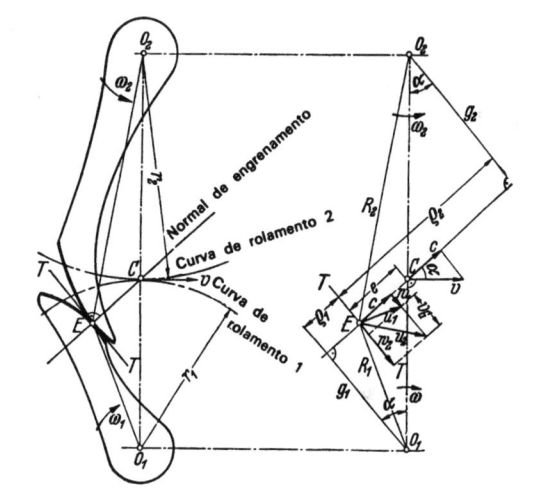

Figura 21.1 — Lei de engrenamento. Normal de engrenamento, velocidade e dimensões

2. RELAÇÃO DE MULTIPLICAÇÃO i

Com a relação de multiplicação constante, tem-se $i = \omega_1/\omega_2 = r_2/r_1 = $ const., donde, para $a = $ const., também são constantes r_1 e r_2. Nesse caso, que é o mais freqüente, as trajetórias de rolamento são circunferências, denominadas circunferências primitivas.

Com uma relação de multiplicação variável, p. ex. com engrenagens elípticas (Fig. 21.2), e também com defeitos nos dentes, o ponto de rolamento C desloca-se sôbre a reta que une os centros, e as trajetórias

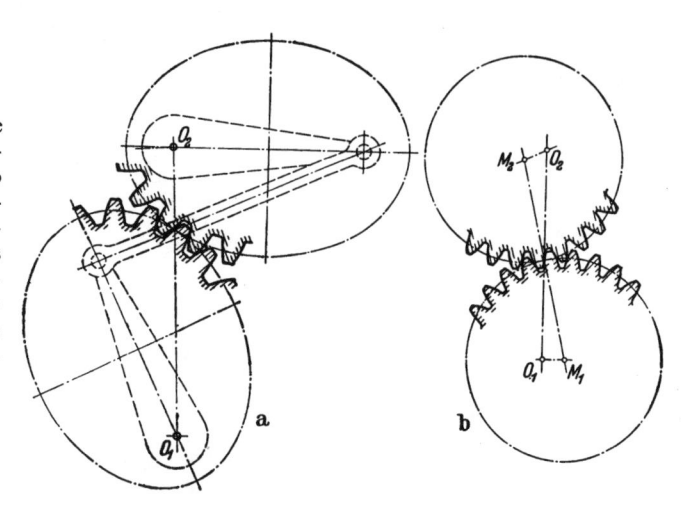

Figura 21.2 — Engrenagens com relação de transmissão periòdicamente variável. a engrenagens elípticas com centros de rotação O e O_2 e mecanismo de manivela correspondente, para o mesmo movimento giratório (tracejado); b engrenagens montadas excêntricamente (a excentricidade foi exagerada na figura), com centros de rotação O e O_2 e com os centros das circunferências M_1 e M_2 (a discrepância com a elipse é possibilitada pela folga nos dentes)

de rolamento são curvas que se tocam no ponto correspondente de contato, mas não em posições concêntricas com os centros de rotação O_1 e O_2, ver [21/28 a 21/34].

Portanto, é possível, com uma distância entre eixos constante, deixar engrenar corretamente engrenagens com uma relação de multiplicação variável, p. ex. engrenagens elípticas ou circulares com montagem excêntrica (Fig. 21.2). A relação de multiplicação em cada instante determina-se mediante a correspondente relação $i = r_2/r_1$.

3. VELOCIDADES E LEI DE ENGRENAMENTO (Fig. 21.1, à direita)

Partindo da relação geométrica entre as velocidades, demonstra-se que, no ponto de intersecção C da linha que une os centros $\overline{O_1 O_2}$ com a normal de engrenamento $\overline{EC}$, as velocidades tangenciais $v_1 = \omega_1 r_1$ e $v_2 = \omega_2 r_2$ das duas engrenagens são iguais (igual a v), sendo, portanto, êste ponto chamado ponto primitivo. Demonstração:

No ponto de engrenamento E as velocidades tangenciais valem

$$u_1 = \omega_1 R_1 = v_1 \frac{R_1}{r_1} \text{ e } u_2 = \omega_2 R_2 = v_2 \frac{R_2}{r_2}.$$

Suas componentes c_1 e c_2 na direção da normal de engrenamento valem[1]

$$c_1 = \omega_1 g_1 = v_1 \frac{g_1}{r_1} = v_1 \cos\alpha, \quad c_2 = \omega_2 g_2 = v_2 \frac{g_2}{r_2} = v_2 \cos\alpha.$$

Da condição de que os flancos de dente devem permanecer em contato, deduz-se que se deve ter $c_1 = c_2$, de maneira que $v_1 = v_2$ (1.ª demonstração da lei de engrenamento).

Muito elegante e extremamente útil para a representação técnica é a demonstração da lei de engrenamento a partir do movimento de rolamento (segundo RÖTSCHER): Durante o rolamento da engrenagem 1 (de trajetória de rolamento 1, Fig. 21.1, à esquerda) sôbre a engrenagem 2 que se mantém fixa (de trajetória de rolamento 2), cada ponto de engrenagem 1 e, portanto, também o ponto de engrenamento E, efetua um movimento instantâneo de rotação ao redor do pólo C, que será o centro instantâneo de rotação. A tangente do engrenamento TT deve então ser normal ao raio polar $\overline{EC}$ no ponto de engrenamento E, pois, caso contrário, no movimento de rolamento os flancos dos dentes penetrariam um no outro ou se separariam. Assim, o raio polar $\overline{EC}$ (perpendicular a TT) é, ao mesmo tempo, a normal de engrenamento.

4. VELOCIDADE DE DESLIZAMENTO v_G (Fig. 21.1, à direita)

As velocidades tangenciais u_1 e u_2 no ponto de engrenamento E têm as componentes w_1 e w_2 na direção da tangente TT. Os valores das componentes são[1]

$$w_1 = \omega_1 \varrho_1 \text{ e } w_2 = \omega_2 \varrho_2.$$

Com a introdução de

$$\omega_1 = \frac{v}{r_1} \text{ e } \varrho_1 = r_1 \operatorname{sen}\alpha - e \text{ e } \omega_2 = \frac{v}{r_2} \text{ e } \varrho_2 = r_2 \operatorname{sen}\alpha + e$$

e com e para a distância do ponto de engrenamento E ao ponto de rolamento C, tem-se

$$w_1 = v\left(\operatorname{sen}\alpha - \frac{e}{r_1}\right) \quad \text{e} \quad w_2 = v\left(\operatorname{sen}\alpha + \frac{e}{r_2}\right).$$

A diferença entre w_1 e w_2 é igual à velocidade de deslizamento v_G, ficando, para o flanco de dente 1 (nesse caso o flanco do pé do dente)[2],

$$v_{G_1} = w_1 - w_2 = -v\, e\left(\frac{1}{r_1} + \frac{1}{r_2}\right) \text{ (vale geralmente para os flancos do pé do dente),}$$

para o flanco de dente 2 (nesse caso flanco da cabeça do dente)[2]

$$v_{G_2} = w_2 - w_1 = +v\, e\left(\frac{1}{r_1} + \frac{1}{r_2}\right) \text{ (vale geralmente para os flancos da cabeça do dente).}$$

A velocidade relativa de deslizamento v_G/v vale:

---

[1] De acôrdo com a lei de movimento, segundo a qual, durante a rotação de um corpo com velocidade angular ω, num ponto qualquer do mesmo, a componente da velocidade numa direção qualquer é igual a ωr_x, sendo r_x a distância do centro de rotação até a direção da componente de velocidade.

[2] A circunferência primitiva divide os dentes de uma engrenagem em cabeças e pés de dente.

para o flanco de dente 1 (flanco do pé)

$$\frac{v_{G_1}}{v} = -e\left(\frac{1}{r_1} + \frac{1}{r_2}\right) = -\frac{e}{r_1}\left(1 + \frac{1}{i}\right),$$

para o flanco de dente 2 (flanco da cabeça)

$$\frac{v_{G_2}}{v} = +e\left(\frac{1}{r_1} + \frac{1}{r_2}\right) = +\frac{e}{r_1}\left(1 + \frac{1}{i}\right).$$

Portanto, o valor numérico

$$\frac{v_G}{v} = \pm e\left(\frac{1}{r_1} + \frac{1}{r_2}\right)$$

em cada ponto de engrenamento é o mesmo para ambos os flancos de dente, variando apenas o sinal. Dados r_1 e r_2, resulta, portanto, v_G/v proporcional a e. A Fig. 21.3 ilustra a correspondente variação de v_G/v ao longo da linha de engrenamento (Fig. 21.3b e d) e do flanco de dente (Fig. 21.3a e c). Verifica-se que v_G/v é máximo no início (ou no fim) do engrenamento, diminuindo linearmente com e até anular-se no ponto de rolamento, onde muda o sinal (no pé de dente, v_G é negativo), e aumentando novamente de zero até o máximo (no fim do engrenamento). Os valores máximos de v_G/v serão tanto menores quanto menor fôr e/r_1, isto é, quanto menor fôr a altura da cabeça do dente e quanto maior fôr o ângulo de engrenamento α. Para $r_2 = \infty$ (cremalheira), tem-se $v_G/v = e/r_1$; para r_2 negativo, isto é, para engrenagem interna (ver Fig. 21.16), v_G/v resulta ainda menor que e/r_1.

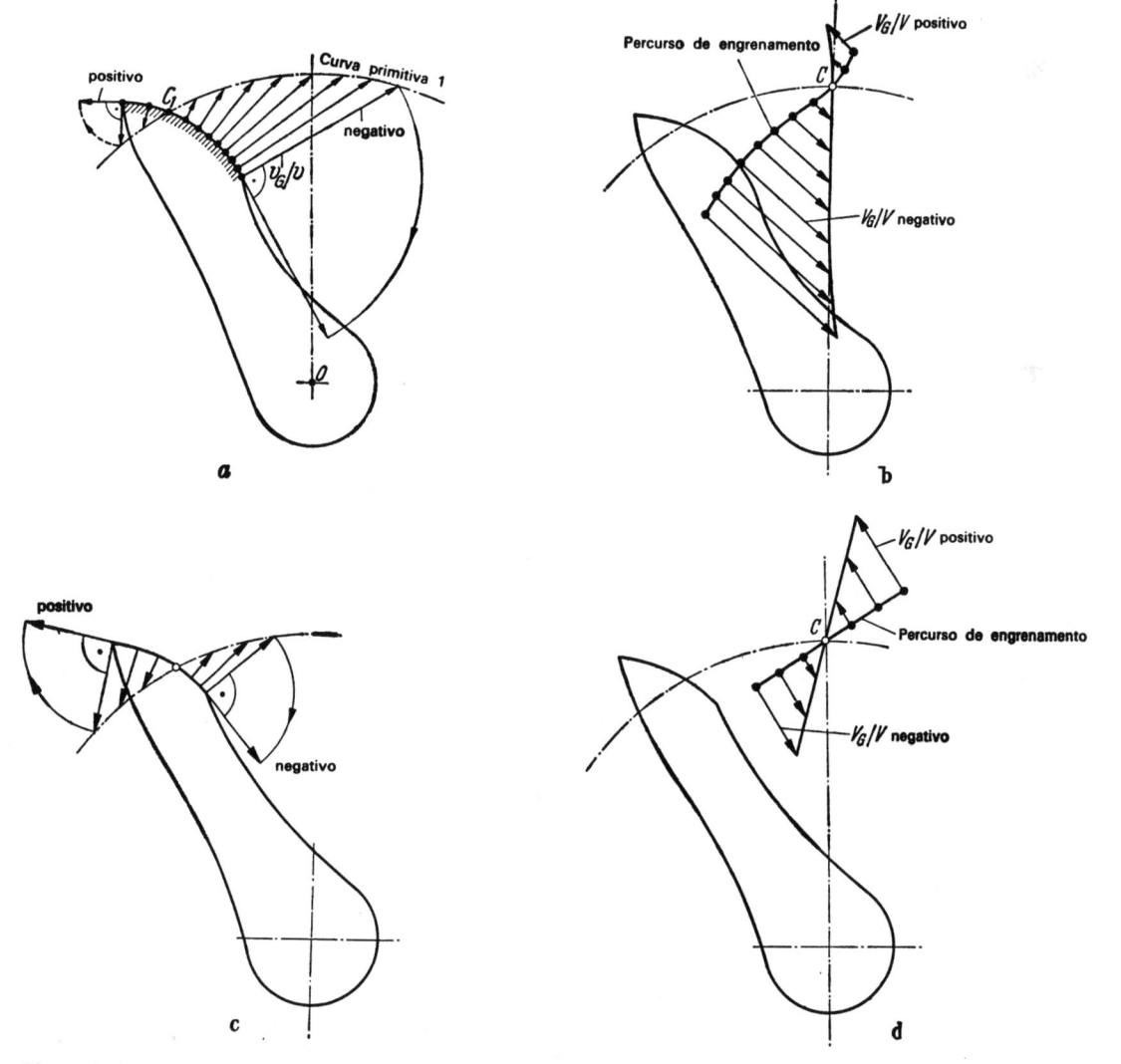

Figura 21.3 — Representação da velocidade relativa de deslizamento v_G/v $(= V_G/V)$. a e b, v_G/v para um engrenamento arbitràriamente escolhido, representado ao longo do flanco do dente (Fig. a) sôbre o percurso de engrenamento (Fig. b); c e d, v_G/v para o engrenamento de evolvente, representado ao longo do flanco do dente (Fig. c) e sôbre o percurso de rolamento (Fig. d)

Sentido de deslizamento. No flanco do dente acionador, v_G é sempre orientado em sentido oposto ao pólo, ou seja, no pé do dente em direção ao extremo dêste, e na cabeça em direção à extremidade da mesma, enquanto que, no flanco acionado, v_G é orientado em direção ao pólo. Na passagem do ponto de engrenamento pelo ponto de rolamento, v_G muda de sentido em ambos os flancos.

5. CONSTRUÇÃO DA LINHA DE ENGRENAMENTO E DO CONTRAFLANCO (Fig. 21.4)

De acôrdo com a lei de engrenamento, um dado ponto do flanco de dente, p. ex. o ponto E_1 da Fig. 21.4, entra em contato com um ponto prèviamente determinável E_2 do contraflanco, quando a normal aos flancos passa pelo ponto de rolamento C. No momento de contato, coincidem os pontos dos flancos E_1 e E_2, originando o ponto de engrenamento E no plano fixo (plano no qual está situada a linha dos centros $O_1 O_2$).

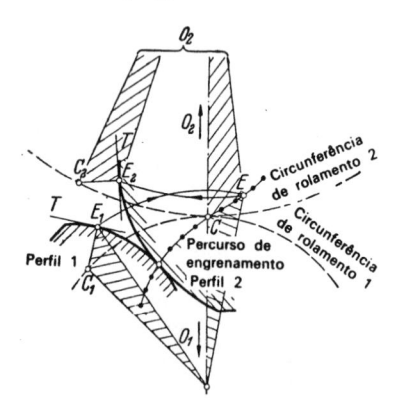

Figura 21.4 – Determinação por pontos da linha de engrenamento e do flanco conjugado

O lugar geométrico de todos os pontos de engrenamento de um par de flancos forma a linha de engrenamento. De acôrdo com esta definição, podem-se construir, por pontos, a linha de engrenamento e o contraflanco 2, quando são dados o flanco 1 e as circunferências primitivas 1 e 2: para isso, gira-se, na Fig. 21.4, a normal ao flanco $\overline{E_1 C_1}$ ao redor de O_1 até a posição $\overline{EC}$, determinando assim o ponto E da linha de engrenamento. A seguir, gira-se $\overline{EC}$ para trás, ao redor de O_2, de um arco de mesmo comprimento $\overline{CC_2} = \overline{CC_1}$, até a posição $\overline{C_2 E_2}$, obtendo-se assim o ponto E_2 do contraflanco conjugado. De maneira semelhante, pode-se, a partir da linha de engrenamento, determinar o perfil e o contraperfil de um engrenamento[3].

Além da linha de engrenamento para o flanco direito de um dente, obtém-se uma segunda linha de engrenamento para o flanco esquerdo; as duas se cortam no ponto de rolamento (Fig. 21.8).

Outro exemplo é mostrado na Fig. 21.5, cuja construção por pontos do perfil, através de uma ferramenta de geração (de tôrno), destina-se à fabricação de cabos de ferramenta (peça) no tôrno, pelo processo de geração. Nessa modalidade de fabricação, a peça gira ao redor de seu eixo longitudinal, enquanto que a ferramenta rola lentamente, com a sua circunferência primitiva, sôbre a curva de rolamento da peça. A determinação dos pontos do perfil (p. ex. E_2) da ferramenta é feita da mesma maneira como no Ex. 1: Gira-se a normal de engrenamento $\overline{E_1 C_1}$ ao redor de O_1 (que, nesse caso, está situado no infinito) até a posição $\overline{EC}$ (trata-se, nesse caso, de uma translação retilínea) e, a seguir, gira-se em sentido inverso $\overline{EC}$ até a posição $\overline{E_2 C_2}$, de um mesmo comprimento $\overline{CC_1} = \overline{CC_2}$ sôbre a circunferência primitiva da ferramenta. E_2 é então o ponto procurado do perfil da ferramenta.

6. OUTRAS GRANDEZAS DE ENGRENAMENTO[4] E PENETRAÇÃO

O segmento de engrenamento, $g = \overline{E_1 E_2}$ (pontilhado nas Figs. 21.6, 21.8 e seguintes), é uma parte da linha de engrenamento utilizada para o engrenamento dos flancos de dente. É limitado por duas circunferências de cabeça ou, em caso de penetração, já pelo arco de circunferência $E'_1 E_1$ da aresta de penetração (Fig. 21.6).

Ângulo de engrenamento α (Fig. 21.1). Para cada ponto de engrenamento, a normal de engrenamento (EC) forma, com a tangente ao círculo primitivo, no ponto primitivo C, o ângulo (agudo) de pressão α, que é igual ao ângulo formado pela tangente de engrenamento (TT) com a linha dos centros ($O_1 O_2$).

No *engrenamento de evolvente* com relação de transmissão constante (ver pág.114), α é constante para todos os pontos de engrenamento. No engrenamento de perfil de evolvente deslocado (ver pág.120), distinguem-se ainda o ângulo de engrenamento de fabricação α_0, com o ponto de rolamento situado sôbre

[3]Ver ALTMANN [21/25].
[4]Denominações segundo DIN 3 960.

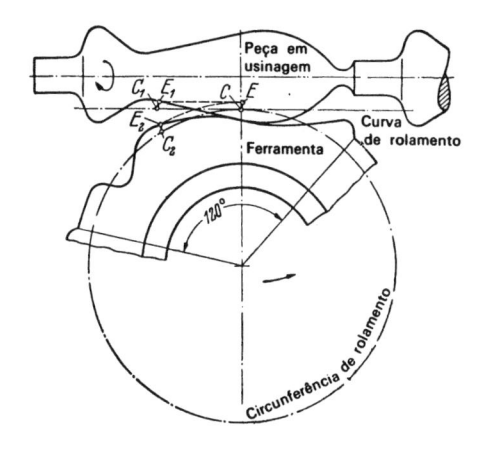

Figura 21.5 — Determinação por pontos do perfil de uma ferramenta perfilada de tôrno, para a fabricação por geração de uma peça perfilada no tôrno

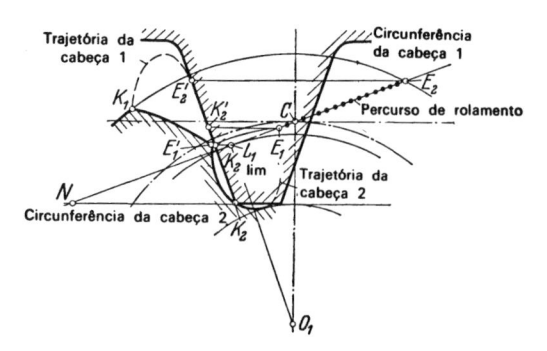

Figura 21.6 — Origem da penetração (concavidade no pé do dente) devida à aresta de cabeça K_2 do perfil da ferramenta (cremalheira) no engrenamento. O percurso de rolamento $E_1 E_2$ (pontilhado) é limitado em cima pela circunferência da cabeça 1 e embaixo pelo arco de circunferência que passa pelo ponto extremo E_1' da concavidade. Os perfis de engrenamento são os flancos K_1-E_1' e K_2-E_2'

a circunferência primitiva (de diâmetro d_0), e o ângulo de engrenamento de funcionamento α_b, com o ponto de rolamento situado sôbre a circunferência primitiva de funcionamento (de diâmetro d_b)[5].

Ângulo de pressão (Fig. 21.1), para um dado ponto do flanco, é o ângulo agudo formado pela tangente aos flancos (TT) e o raio ($O_1 E$) correspondente a êsse ponto. Quando o ponto do flanco cai sôbre a circunferência primitiva, o ângulo de pressão coincide com o ângulo de engrenamento[5].

Comprimento de engrenamento e_0 (Fig. 21.25) é o arco percorrido desde o início até o fim do engrenamento de um dente, medido sôbre a circunferência primitiva.

Perfil de engrenamento, também chamado perfil ativo, é a parte do perfil utilizada durante o engrenamento dos flancos, p. ex., na Fig. 21.6, as partes de flancos $K_1 E_1'$ e $K_2 E_2'$.

Duração de engrenamento ε (Fig. 21.25), também chamada grau de recobrimento, é a relação entre o comprimento de engrenamento e_0 e o passo da engrenagem t_0 medido sôbre a circunferência primitiva $\varepsilon = e_0/t_0$. Para funcionamento forçado, deve-se ter $\varepsilon > 1$. Para engrenamento de evolvente, ver pág. 117.

A penetração ocorre no pé do dente, quando o ponto L, que resulta da normal traçada do centro de rotação até a linha de engrenamento, encontra-se no interior da circunferência de cabeça da engrenagem utilizada como conjugada (p. ex. o ponto L_1 da Fig. 21.6). Nesse caso, a trajetória relativa da aresta de cabeça da ferramenta penetra no pé do dente. Ver também a trajetória relativa, na Fig. 21.26. Penetração com engrenamento de evolvente, ver pág. 117.

O número mínimo de dentes é o limite de dentes que ainda não apresenta uma penetração.

7. DIMENSÕES DO ENGRENAMENTO E ERROS NOS DENTES[6]

Diâmetros. Diâmetro da circunferência primitiva d_0, diâmetro da circunferência de cabeça $d_k = d_0 + 2h_k$, diâmetro da circunferência de pé $d_f = d_0 - 2h_f$ (Fig. 21.7).

Circunferência primitiva é a circunferência de rolamento na fabricação (circunferência 6 na Fig. 21.26).

Passo. O passo t_0 é o comprimento do arco da circunferência primitiva compreendido entre os flancos consecutivos direitos ou esquerdos, de uma engrenagem (Fig. 21.7):

$$t_0 = \pi \frac{d_0}{z} = \pi m$$

Na Inglaterra e nos Estados Unidos, indica-se o "circular pitch", $CP = \pi d_0/z$, com d_0 e CP em polegadas.

Módulo ou divisão do diâmetro $m = d_0/z = t_0/\pi$. Ver os valores normalizados de m na Tab. 22.15.

Na Inglaterra e nos Estados Unidos, o valor correspondente é o "diametral pitch" (grandeza inversa) $DP = 1/m = z/d_0$, com m e d_0 em polegadas.

A espessura do dente na circunferência primitiva é: $s_0 = t_0 - l_0$, sendo l_0 o intervalo vazio (Fig. 21.7).

Altura do dente. Altura da cabeça do dente h_k, altura do pé do dente h_f (Fig. 21.7).

[5]Na norma DIN 868, o ângulo do engrenamento é α; na norma DIN 3 960, o ângulo de engrenamento é denominado α_0 ou α_b e o ângulo de pressão é sempre chamado de α, o que fàcilmente pode conduzir a mal-entendidos.

[6]Nomenclatura segundo a DIN 3 960.

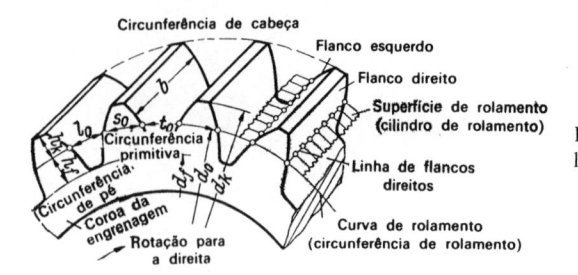

Figura 21.7 — Dimensões dos dentes, superfície de rolamento e linha dos flancos de uma engrenagem cilíndrica

Folga do dente. Folga da cabeça S_k é a distância radial entre a circunferência de cabeça da roda e a circunferência de pé da roda conjugada; folga dos flancos dos dentes é a folga entre os flancos, medida sôbre a circunferência de rolamento primitiva, $S_d = t_0 - s_{01} - s_{02}$; folga de engrenamento S_e é a folga entre os flancos, medida sôbre a linha de engrenamento.

Erros de engrenamento. Pode haver erros no rolamento f_r, erros no passo de engrenamento f, no passo f_t, na forma dos flancos f_f, na circunferência de base f_g, no ângulo de engrenamento f_α, erros de soma F_i (êrro na soma de vários passos), diferença de passo f_u (diferença entre dois passos consecutivos), êrro na espessura do dente f_s, na direção dos flancos f_β, erros de rolamento F_2 (desvio geral no gráfico de rolamento), diferença de rolamento f_i (diferença entre os pontos extremos consecutivos do gráfico de rolamento). Detalhes, ver DIN 3 960.

8. *FORMA E CONFIGURAÇÃO DO ENGRENAMENTO*

Além da forma do corpo básico da engrenagem (cilindro, cone ou globóide) e das dimensões principais do engrenamento, deve ainda ser fixado o traçado das linhas dos flancos e o perfil do dente[7].

As linhas dos flancos são as linhas de intersecção dos flancos dos dentes com a superfície de rolamento da engrenagem (Fig. 21.7): de acôrdo com o seu traçado, distinguem-se: engrenagens de dentes retos, inclinados, em V ou dentes curvos (Fig. 20.1 a 20.10).

Determina-se o perfil de referência do dente em correlação com o processo de fabricação. Além de alguns poucos casos em que o perfil do dente de uma das rodas (p. ex. em engrenagens de pivô) ou o perfil da ferramenta geradora (p. ex. em engrenagens de rôsca sem-fim) é prèviamente fixado, utiliza-se como perfil de referência o perfil (e o perfil conjugado) do engrenamento plano.

O engrenamento plano é, para rodas cilíndricas, o engrenamento de uma placa plana (Fig. 21.8 e 21.9), e para rodas cônicas, o engrenamento de uma roda plana, que se supõe fabricada com a mesma ferramenta e segundo o mesmo processo de geração que a engrenagem correspondente, ou a sua conjugada.

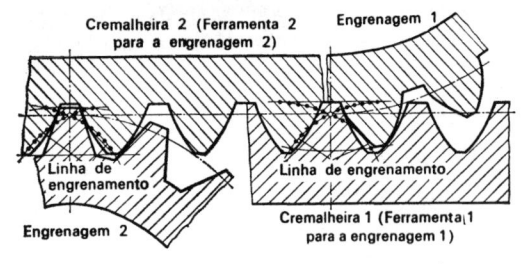

Figura 21.8 — Engrenamento conjugado (linha de engrenamento assimétrica). O perfil e o perfil conjugado do engrenamento plano (das cremalheiras de corte) não são idênticos, apesar de serem iguais os flancos esquerdos e direitos. As rodas 1, fabricadas pelo processo de geração com a cremalheira 1, podem engrenar com as rodas 2, fabricadas com a cremalheira 2

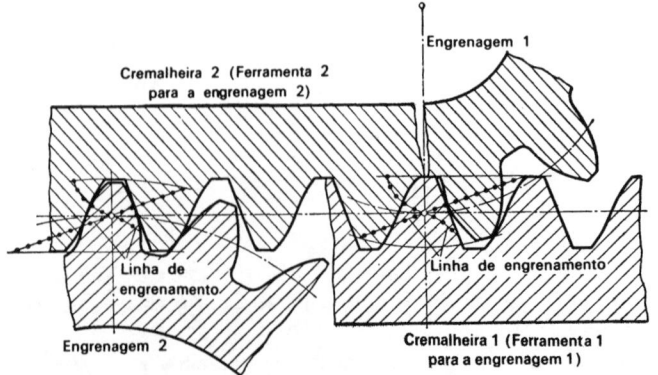

Figura 21.9 — Engrenamento de engrenagens em série (linha de engrenamento simétrica). Perfil e perfil conjugado do engrenamento plano (das cremalheiras de corte) são idênticos, apesar de serem desiguais os flancos direitos e esquerdos. Para tôdas as engrenagens que engrenam entre si, sòmente se necessita de uma ferramenta

[7]Segundo a lei do engrenamento, pode-se tomar como perfil de dente de uma roda uma grande variedade de perfis, e construir o perfil conjugado correspondente (ver pág. 108). Os perfis de dente empregados na prática (evolventes, ciclóide, reta e arco de circunferência) são apenas perfis com certas propriedades preferidas. Ver também os perfis côncavos, pág. 125.

Engrenamento conjugado (Fig. 21.8). Nesse caso não são idênticos o perfil e o perfil conjugado do engrenamento plano, mas superpõem-se como macho e matriz. Conseqüentemente, para a fabricação da roda 1, necessita-se de uma ferramenta 1 (matriz), e para a fabricação da roda conjugada 2, necessita-se de outra ferramenta 2 (macho). Portanto, as rodas fabricadas com a ferramenta 1 não podem engrenar uma com a outra, mas ùnicamente com engrenagens fabricadas com a ferramenta 2.

Engrenamento em série (Fig. 21.9). Perfil e contraperfil do engrenamento plano, isto é, a ferramenta e a contraferramenta são, nesse caso, idênticas, de modo que é suficiente uma ferramenta para fabricar a roda e a contra-roda. As engrenagens de diferentes tamanhos, assim fabricadas com o mesmo módulo, podem engrenar tôdas entre si, sempre que na sua fabricação a linha média do perfil tenha servido de circunferência primitiva.

Segundo REULEAUX [21/11], as rodas em série são aquelas de mesmo passo, que constituem um jôgo do qual se podem tomar duas arbitrárias, formando um par.

Segundo a classificação mais precisa de WINTER [22/246], tem-se:

a) *Engrenagens em série de* 1.° *grau*, nas quais a distância entre eixos a de um par é proporcional à soma do número de dentes $(z_1 + z_2)$; é o caso de tôdas as engrenagens zero, segundo a DIN 868, uma vez que $a = 0,5m \cdot (z_1 + z_2)$.

b) *Engrenagens em série de* 2.° *grau*, nas quais a é também uma função determinada mas arbitrária de $(z_1 + z_2)$; é o caso dos engrenamentos de perfil deslocado, nos quais o fator de deslocamento x é uma função linear do número de dentes (deslocamento do perfil, ver pág. 120).

c) *Engrenagens em série de* 3.° *grau* são aquelas em que a distância entre eixos depende tanto de $(z_1 + z_2)$ como também de sua distribuição.

21.2. ENGRENAMENTO CICLOIDAL E DE PIVÔ

1. *PROPRIEDADES E APLICAÇÃO*

Pode-se alcançar, com o engrenamento cicloidal, um menor número mínimo de dentes, uma condição mais favorável de engrenamento e de desgaste e menores pressões nos flancos do que com engrenamento por evolvente. Apesar disso, tal engrenamento tem um emprêgo limitado, p. ex. como forma de dente para os rotores de bombas e ventiladores volumétricos (Fig. 21.10), para engrenagens de relógios (Fig. 21.11), para transmissões por pinhão e cremalheira (Fig. 21.12) e como engrenamento de pivô para grandes diâmetros (Fig. 21.13). Sua fabricação precisa é mais difícil do que a de engrenamentos por evolventes. Além disso, tôda discrepância na distância teórica entre eixos produz erros periódicos de rotação.

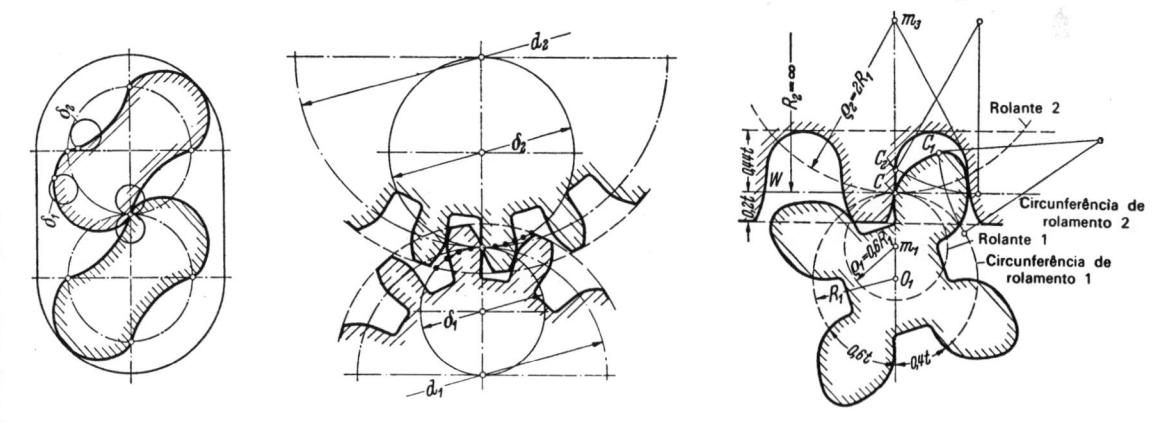

Figura 21.10 – Rotores de um compressor com perfil cicloidal, com as circunferências rolantes δ_1 e δ_2
Figura 21.11 – Engrenamento cicloidal com os pés dos flancos radiais (engrenamento de relógio). Nesse caso, tem-se os diâmetros das rolantes $\delta_1 = 0,5 d_1$ e $\delta_2 = 0,5 d_2$
Figura 21.12 – Engrenamento cicloidal com número mínimo de dentes para a cremalheira, segundo SCHIEBEL [21/13]. O flanco de pé da engrenagem (flanco $C—C_2$ da cremalheira) origina-se pelo rolamento da circunferência rolante 2 sôbre a circunferência de rolamento 2, e o flanco de cabeça da engrenagem 1 (flanco $C—C_1$) no rolamento da rolante 2 sôbre a circunferência de rolamento 1

Fabricação do engrenamento cicloidal. Por estampagem, trefilação, brochamento ou injeção (mecânica fina), por fresamento ou aplainamento do vazio entre os dentes nos processos de geração ou de divisão. As ferramentas são caras, pois não apresentam flancos retos.

Cálculo. A verificação da pressão de contato e da tensão no pé do dente é feita da mesma maneira como em engrenamento por evolventes (ver pág. 157 e seguintes). Teòricamente, a capacidade de carga dos flancos no engrenamento cicloidal é maior, já que, nesse caso, entram em contato um flanco do pé, côncavo, com um flanco da cabeça, convexo.

111

2. CARACTERÍSTICAS E GERAÇÃO DO ENGRENAMENTO CICLOIDAL

Flancos de dente. Cada ponto de uma circunferência rolante qualquer descreve um ciclóide quando esta circunferência rolante rola sôbre uma outra. Assim, na Fig. 21.12, a circunferência rolante 2 descreve com o ponto C o flanco de cabeça da roda 1 (ou o flanco de pé da roda 2) quando êle rola sôbre a circunferência primitiva 1 (ou sôbre a circunferência primitiva 2), para a direita; da mesma maneira, a circunferência rolante 1 descreve com o ponto C o flanco de cabeça da roda 2 (ou o flanco de pé da roda 1) quando êle rola sôbre a circunferência primitiva 2 (ou sôbre a circunferência primitiva 1), para a esquerda. Os flancos do dente de engrenamento plano correspondente (engrenamento da cremalheira) são obtidos mediante o rolamento das circunferências rolantes sôbre a reta primitiva.

Linha de engrenamento. Coincide com as circunferências rolantes e é limitada pelas circunferências de cabeça (curva pontilhada na Fig. 21.11).

3. DIÂMETRO DA CIRCUNFERÊNCIA ROLANTE δ

Escolhendo-se o diâmetro da circunferência rolante interna $\delta_i = 0,5d$, obtêm-se os flancos radiais do pé (Fig. 21.11).

Com $\delta_i = d/3$, obtêm-se, segundo SCHIEBEL [21/13], as relações de engrenamento mais favoráveis.

Com $\delta_1 = \delta_2$ é satisfeita a condição fundamental para engrenagens de série; nesse caso é favorável $\delta = d_1/3$.

Com $\delta_1 = d$ as circunferências primitivas são simultâneamente circunferências rolantes e linhas de engrenamento; nesse caso, os flancos de pé se reduzem a um ponto sôbre a respectiva circunferência primitiva (engrenamento de ponto); assim mesmo, o grau de recobrimento resulta grande, sendo evidentemente elevado o desgaste no círculo rolante.

Com δ_1 ou $\delta_2 \cong 0$, obtêm-se um engrenamento unilateral com grau de recobrimento reduzido, com a vantagem de uma fabricação mais simples.

Com $\delta_1 = 0$ e $\delta_2 = d_2$, obtêm-se um engrenamento unilateral de pontos, e com o alargamento dos pontos para secções circulares, obtêm-se o conhecido engrenamento de pivô (Fig. 21.13).

4. ENGRENAMENTO DE PIVÔ E SEU DIMENSIONAMENTO

Determinação do flanco do dente e da linha de engrenamento (Fig. 21.13). Fazendo-se rolar o círculo primitivo W_2 sôbre W_1, o ponto médio M dos pinos descreve a curva Z. A curva eqüidistante, a uma distância igual ao raio do pivô, fornece o flanco dos dentes do pinhão 1. O ponto de intersecção da respectiva reta de união entre M e o ponto de rolamento, com o contôrno do pivô, é um ponto da linha de ação.

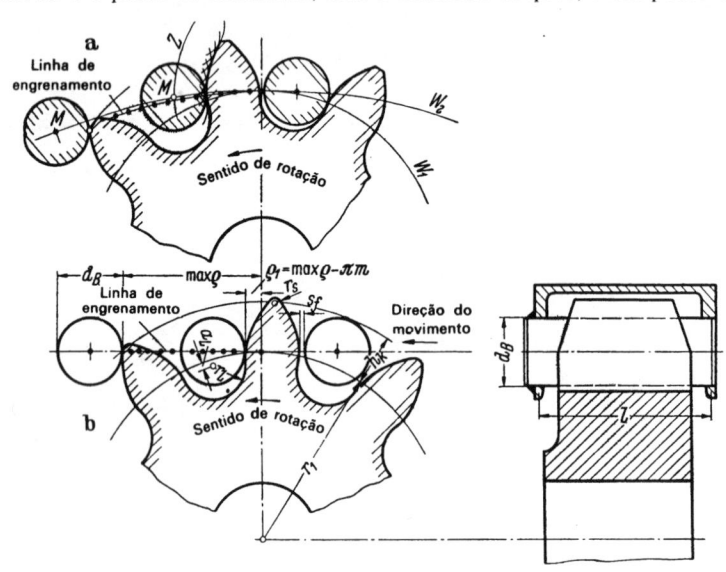

Figura 21.13 — Engrenamento de pivô, a construção do flanco do dente (eqüidistante da curva de rolamento Z) e da linha de engrenamento (pontilhada): b dimensões do engrenamento de pivô.

Valores práticos (dimensões, ver Fig. 21.13). Como número mínimo de dentes para o pinhão, adota-se aprox. 8 a 12, para a velocidade tangencial $v = 0,2$ a 1 m/s; como diâmetro do pivô, $d_B \cong 1,67$ m; como altura de cabeça do dente, $h_k \cong m(1 + 0,03\,z_1)$; para largura dos dentes, $b \cong 3,3$ m; como comprimento médio de apoio do pivô, toma-se $l \cong b + m + 5$ mm; para o raio de folga entre os dentes, $r_L = 0,5\,d_B$, na distância $a_L \cong 0,15$ m da circunferência primitiva 1, e para a folga dos flancos, $S_f \cong 0,04$ m. Outras dimensões, ver Tab. 21.1. Erros admissíveis no passo, ver Tab. 21.2.

Fôrça tangencial transmissível U. Para tanto, é decisivo o desgaste admissível nos flancos dos dentes e, portanto, a pressão de rolamento admissível k_{ad} (ver Tab. 21.3), de acôrdo com a vida desejada (número de ciclos de carga W por dente, em plena carga U). Introduzindo-se o raio de curvatura ρ_1 do flanco de

TABELA 21.1 — *Valores práticos para engrenamento de pivôs do mecanismo de rotação de guindastes; com pinhão de St 70 e pivô de St 60* (Segundo ERNST [21/44].)

Fôrça tangencial U	(kgf)	2 000	3 000	4 000
Número de dentes z_1 do pinhão	(—)	9	9	9
Módulo m	(mm)	21	25	30
Largura do dente b	(mm)	80	90	110
Diâmetro dos pivôs d_B	(mm)	35	45	50

TABELA 21.2 — *Erros de passo admissíveis em engrenamento de pivôs, em mm* (Segundo NIEMANN [21/8].)

Módulo m	10	20	30	50	80
Pinhão	± 0,05	± 0,1	± 0,15	± 0,2	± 0,25
Engrenagem de pivô	± 0,15	± 0,25	± 0,4	± 0,55	± 0,65

dente do pinhão, e adotando-se $\rho_2 = \infty$ como raio de curvatura do pivô na superfície aplainada da circunferência primitiva, após o desgaste de amaciamento, obtém-se

$$U \leqq 2k_{ad}\,\rho_1\,b$$

Segundo a Fig. 21.13b, no lugar de engrenamento individual de cada um dos pivôs (o dente precedente está desengrenando nesse instante), tem-se $(\max \rho)^2 = (r_1 + h_k)^2 - r_1^2 = h_k(mz_1 + h_k)$ e, portanto,

$$\rho_1 = \max \rho - \pi m = \left[\sqrt{\frac{h_k}{m}\left(z_1 + \frac{h_k}{m}\right)} - \pi \right] m$$

desde que se tome como contra-roda a cremalheira do pivô. É conveniente um valor grande de h_k/m (limitado pelo afinamento dos dentes). Para $h_k/m = 1 + 0,03\,z_1$ e $b = 3,3\,m$ e, além disso, $m = d_1/z_1$, a fôrça tangencial admissível resulta máxima para $z_1 = 12$ a 13, permanecendo constante o diâmetro do pinhão d_1.

TABELA 21.3 — *Pressão de rolamento admissível k para engrenamento de pivôs.* (Segundo NIEMANN [21/8].)

Vida a plena carga, em 10^6 ciclos de carga W	k_{ad} (kgf/mm²) para o material			
	St 70	St 60	St 50	St 42
0,5	—	2,94	2,44	1,93
1	—	2,52	2,03	1,54
2	3,02	2,2	1,75	1,21
5	2,78	2,0	1,48	1,07
14	2,63	1,9	1,37	0,95
20	2,34	1,74	1,21	0,75

Contrôle da tensão de flexão σ_f:

No pinhão: Com a fôrça aplicada na cabeça do dente e com espessura do dente $s_0 \cong 1,4\,m$ na circunferência primitiva, resulta

$$\sigma_f = \frac{M_f}{W_f} \cong 5\,\frac{U}{b\,m} \leqq \sigma_{ad}$$

No pivô: Para o momento fletor $M_f = 0,5\,U\,(l/2 - b/4)$ e $W_f \cong 0,9\,\pi\,d_B^3/32$ resulta

$$\sigma_f = \frac{M_f}{W_f} \cong 2,8\,\frac{U\,(l - b/2)}{d_B^3} \leqq \sigma_{ad}$$

Dimensões l, d_B, ver Fig. 21.13, σ_{ad}, ver Tab. 21.4.

TABELA 21.4 — σ_{ad} em kgf/mm^2 para
engrenamento de pivôs. (Segundo NIEMANN
[21/8].)

Material	Carga máxima U	Carga oscilante U	Carga alternante U
St 42	19,0	13,7	11,7
St 50	23,0	16,6	13,9
St 60	26,6	20,0	16,6
St 70	30,0	22,9	19,4

21.3. ENGRENAMENTO DE EVOLVENTE

1. EMPRÊGO E PROPRIEDADES

Na construção de máquinas para engrenagens frontais e cônicas, usa-se quase que sòmente o engrenamento por evolvente, pois, nesse caso:

a) o engrenamento pode ser fabricado com precisão por meio de uma ferramenta simples (de flancos retos), pelo processo de geração,

b) um êrro na distância entre eixos não afeta o funcionamento,

c) as condições para engrenagens de séries são fàcilmente satisfeitas,

d) com a mesma ferramenta podem também ser fabricados engrenamentos com perfil deslocado (ver parágrafo 6),

e) a direção da fôrça normal ao dente (direção da normal do engrenamento) permanece constante.

2. CARACTERÍSTICAS DO ENGRENAMENTO DE EVOLVENTE

As partes dos flancos de dentes utilizadas para o engrenamento são evolventes de círculo (Fig. 21.14) que resultam em retas para a cremalheira (engrenamento plano, Fig. 21.15); para as rodas cheias (engrenamento externo), convexas, e para rodas vazadas (engrenamento interno), côncavas (Fig. 21.16).

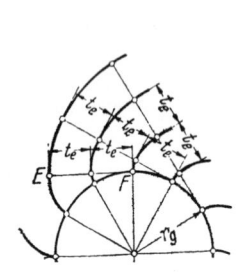 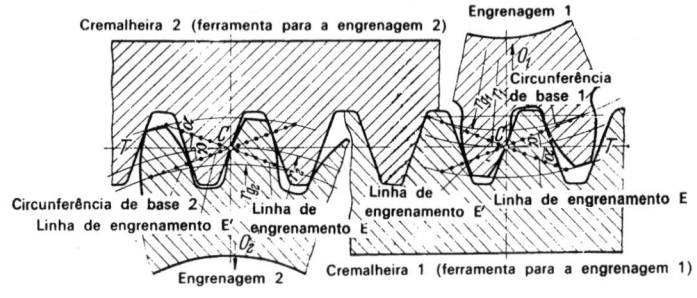

Figura 21.14 — Geração da evolvente; t_e passo de engrenamento

Figura 21.15 — Engrenamento externo de evolvente (engrenagem 1 e engrenagem 2) com as respectivas ferramentas de cremalheira (cremalheira 1 = cremalheira 2)

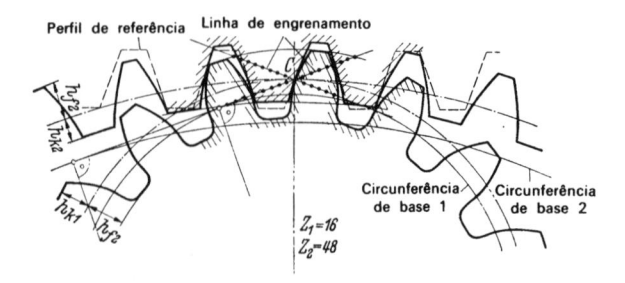 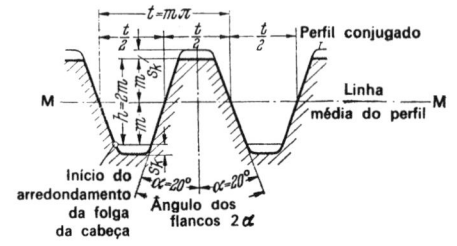

Figura 21.16 — Engrenamento interno de evolvente (roda ôca), com pinhão cheio

Figura 21.17 — Perfil de referência do engrenamento de evolvente, segundo DIN 867. Folga da cabeça $S_k = 0,1$ a $0,3$ m

A linha de engrenamento é uma reta que passa pelo ponto de rolamento; é, ao mesmo tempo, a normal do engrenamento e forma com a reta de engrenamento (tangente à circunferência de rolamento, no ponto de rolamento) o ângulo α do engrenamento (ângulo de engrenamento de construção α_0, ou ângulo de engrenamento de funcionamento α_b) (Fig. 21.15).

Perfil de referência é o perfil do engrenamento plano, ou seja, o perfil trapezoidal de flancos retos (ver Figs. 21.15 e 21.17), sempre que não forem estabelecidas determinadas descrições especiais (p. ex. recuo das cabeças da Fig. 21.18 e Tab. 21.5).

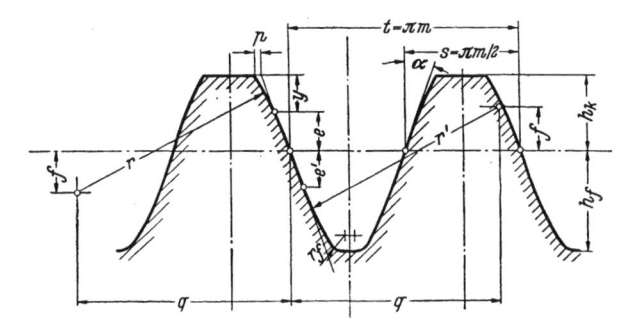

Figura 21.18 — Perfil de referência segundo as normas americanas e inglêsas

TABELA 21.5 — *Perfis de referência segundo as normas americanas e britânicas* (Fig. 21.8)*.

	Designação da norma	Engrenamento	$\alpha°$	h_k/m	h_f/m	r_f/m	r'/m	p/m	y/m
Norma americana**	ASA-B 6.1/1932	14,5° Composite Syst.	14,5	1,000	1,157	0,209	3,7287	—	—
	ASA-B 6.1/1932	14,5° Full Depth Syst.	14,5	1,000	1,175	≥0,209	sem	—	—
	ASA-B 6.1/1932	20° Full Depth System	20	1,000	1,175	≥0,235	sem	—	—
	ASA-B 6.1/1932	20° Stub Tooth System	20	0,800	1,000	≥0,300	sem	—	—
	ASA-B 6.7/1950	20-DEG Involute Fine-Pitch System for Spur- and Helical Gears	20	1,000	1,200 +0,002	0	sem	—	—
Norma britânica	BSS 436/1940	Class A 1	20	1,000	1,440	0,295	≥15,750	0,009	0,493
	BSS 436/1940	Classes A 2 and B	20	1,000	1,250	0,390	≥15,750	0,009	0,493
	BSS 436/1940	Classes C and D	20	1,000	1,250	0,390	≥12,875	0,019	0,628
	DIN 867	Fig. 21.17 em comparação	20	1,000	1,1···1,3	²	sem	—	—

*A correção no pé ($r' = r$ e $e' = e$) vale para a ferramenta que permite a construção para recuo da cabeça (r e e) na peça; sem = sem recuo; $q = 3,72783\,m$, $f = 0,56278\,m$.

**É obtido da folga da cabeça.

3. GERAÇÃO

As evolventes de círculo são descritas, segundo a Fig. 21.14, pelos pontos de uma reta (a geratriz) que orla sôbre uma circunferência (a circunferência de base). Com a fixação do raio da circunferência de base r_g, a evolvente está perfeitamente determinada. O pé da geratriz sôbre a circunferência de base (p. ex. *F*) é o centro de curvatura de evolvente no ponto correspondente (*E*). Os flancos dos dentes consecutivos de uma engrenagem — p. ex., os flancos esquerdos — são descritos por pontos à distância $t_e = t_0 \cos \alpha$, igual ao passo de engrenamento sôbre a geratriz (Fig. 21.14).

A geração efetiva dos flancos dos dentes de uma engrenagem com engrenamento de evolvente é feita, em geral, com uma ferramenta que possui o perfil do engrenamento plano (Fig. 21.17) e que rola sôbre a engrenagem a fabricar durante o movimento de trabalho (movimento de brochamento, de fresamento ou de retificação), de modo que os flancos dos dentes resultam como evolventes da ferramenta. Da mesma maneira, pode-se empregar como perfil de ferramenta, em lugar do engrenamento plano, o perfil de uma engrenagem conjugada. A Fig. 21.19 mostra as diversas possibilidades de geração de um flanco de dente por evolvente.

4. RELAÇÕES DAS EVOLVENTES E FUNÇÃO DE EVOLVENTES

No cálculo de numerosas grandezas do engrenamento de evolventes, p. ex. na espessura do dente num ponto qualquer, é conveniente a utilização da função evolvente "ev α" (lê-se "evoluta α")[8], cujos valores estão tabelados (Tab. 21.7). De acôrdo com a Fig. 21.20, tem-se

$$\mathrm{ev}\,\alpha = \vartheta = \mathrm{tg}\,\alpha - \widehat{\alpha}$$

[8]Em países de língua inglêsa: inv α (lê-se "involut α").

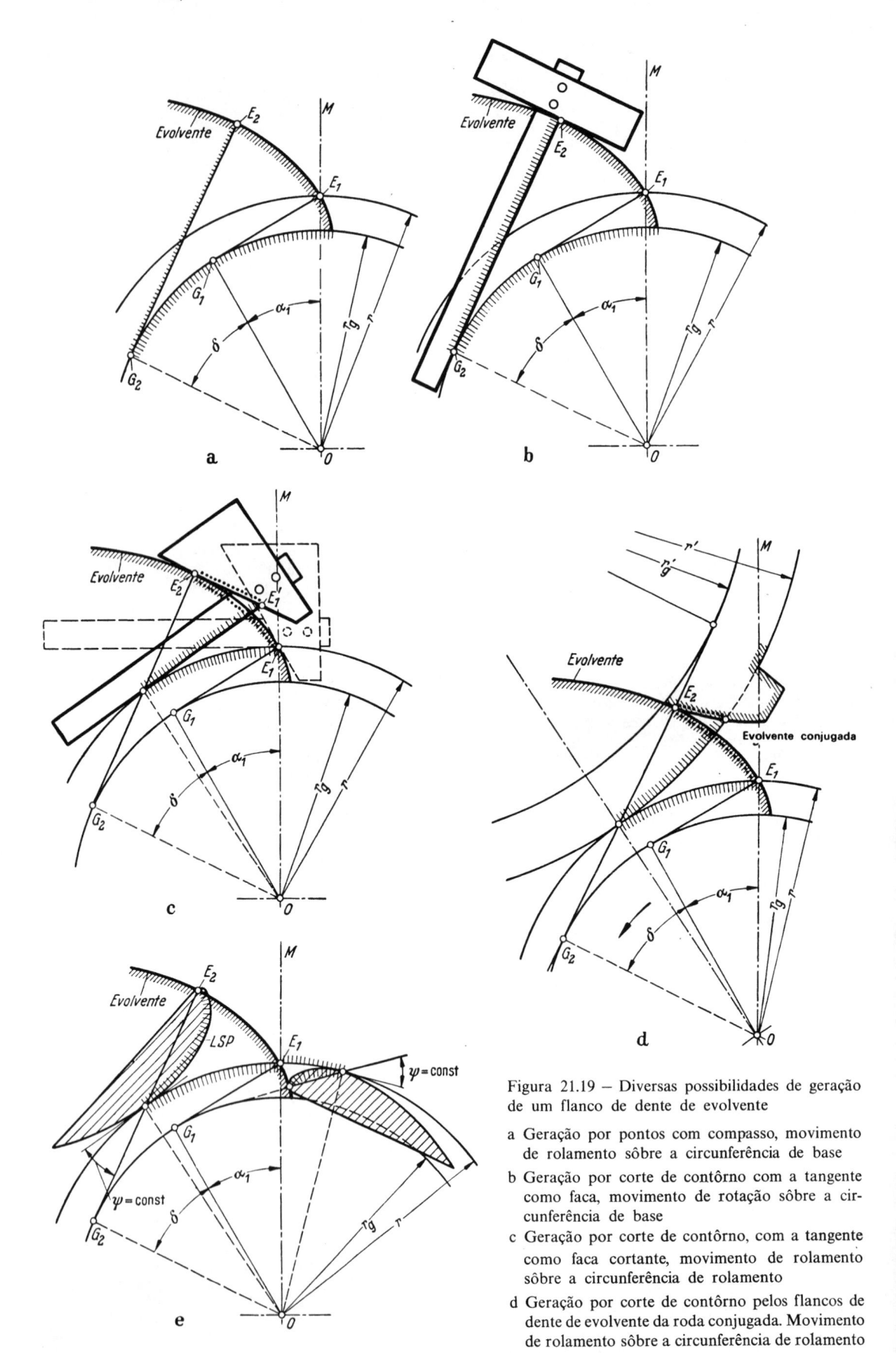

Figura 21.19 — Diversas possibilidades de geração de um flanco de dente de evolvente

a Geração por pontos com compasso, movimento de rolamento sôbre a circunferência de base

b Geração por corte de contôrno com a tangente como faca, movimento de rotação sôbre a circunferência de base

c Geração por corte de contôrno, com a tangente como faca cortante, movimento de rolamento sôbre a circunferência de rolamento

d Geração por corte de contôrno pelos flancos de dente de evolvente da roda conjugada. Movimento de rolamento sôbre a circunferência de rolamento

e Geração por pontos, pelo ponto de origem de uma espiral logarítmica que rola exterior ou interiormente sôbre a circunferência de rolamento (até agora não empregado na prática)

Onde $\operatorname{tg}\alpha = \varrho/r_g$ e α é o ângulo em radianos.

Além disso, para um ponto qualquer E da evolvente, o raio de curvatura $\varrho = \overline{EC}$ é igual ao arco desenvolvido da circunferência de base

$$\overline{AC} = r_g(\vartheta + \alpha) = \varrho = r_g \operatorname{tg}\alpha = r \operatorname{sen}\alpha.$$

Conhecendo-se, p. ex., a espessura do dente s sôbre a circunferência de raio r (p. ex. na circunferência primitiva), tem-se sôbre a circunferência de raio r_x (Fig. 21.22):

$$s_x = 2r_x\left(\frac{s}{2r} + \operatorname{ev}\alpha - \operatorname{ev}\alpha_x\right)$$

onde

$$\cos\alpha = \frac{r_g}{r} \quad e \quad \cos\alpha_x = \frac{r_g}{r_x}.$$

Outras aplicações práticas, ver Tab. 21.6.

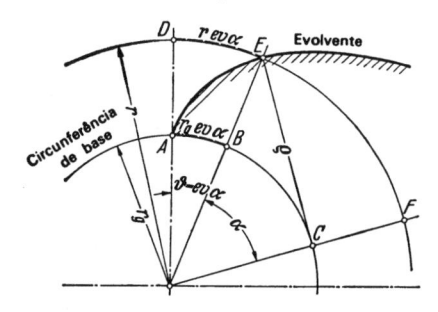

Figura 21.20 – Relações nas evolventes

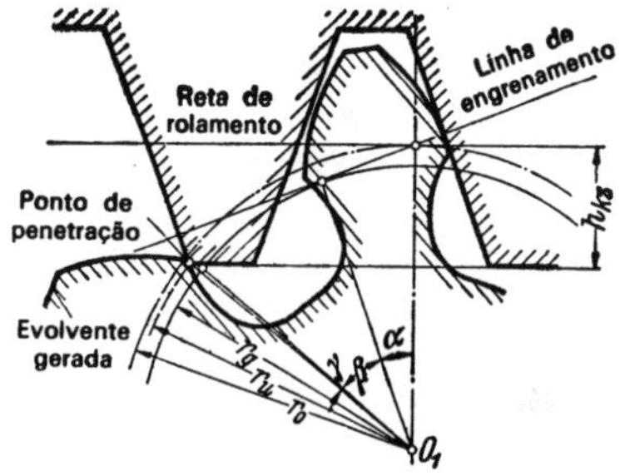

Figura 21.21 – Determinação do raio da penetração r_u, segundo HOFER [21/30]

$$\frac{r_u}{r_g} = \frac{\operatorname{arc}\beta}{\operatorname{sen}(\beta + \gamma)} = \frac{1/\cos\alpha - h_{kz}/r_g}{\cos(\alpha + \beta + \gamma)}$$

$$\operatorname{arc}\gamma = \operatorname{ev}(\operatorname{arc}\cos r_g/r_u)$$

5. PENETRAÇÃO, NÚMERO MÍNIMO DE DENTES E GRAU DE RECOBRIMENTO

A penetração ocorre nos engrenamentos de evolvente quando, de acôrdo com a Fig. 21.6, o ponto de interseção N da linha de engrenamento com a linha de cabeça do perfil conjugado (nesse caso, a linha que passa pelo ponto extremo dos flancos da ferramenta = início do arredondamento da cabeça) cai fora do segmento $\overline{CL}_1$, onde L_1 é o pé da normal sôbre a linha de engrenamento. O limite para a penetração é dado pela altura-limite de cabeça da ferramenta (Fig. 21.21)

$$h_{kz} = \operatorname{sen}^2\alpha\, m\, \frac{z}{2}$$

para a qual coincidem N e L_1. Daí se deduz que o número mínimo de dentes, para não ocorrer penetração, é $z_{min} = \dfrac{2\,h_{kz}}{m\operatorname{sen}^2\alpha}$. Na prática, admite-se uma pequena penetração; número de dentes correspondente, ver Tab. 22.16. Nos dentes com penetração, pode-se calcular o raio de penetração r_u, a partir de r_u/r_g, segundo a Fig. 21.21.

Grau de recobrimento em engrenamento por evolvente: Segundo a Fig. 21.25, tem-se

$$\varepsilon = \frac{\text{comprimento de ação}}{\text{passo}} = \frac{e_0}{t_0} = \frac{g}{t_e} = \frac{e_1 + e_2}{m\,\pi\cos\alpha} = \varepsilon_1 + \varepsilon_2 \tag{1}$$

Para engrenamento sem penetração, tem-se, segundo a Fig. 21.25:

$$e_1 = \varrho_{k1} - r_1\operatorname{sen}\alpha; \quad \varrho_{k1}^2 = (r_1 + h_{k1})^2 - (r_1\cos\alpha)^2;$$

e, correspondentemente,

$$e_1 = r_1\left[\sqrt{\left(1 + \frac{h_{k1}}{r_1}\right)^2 - \cos^2\alpha} - \operatorname{sen}\alpha\right]$$

117

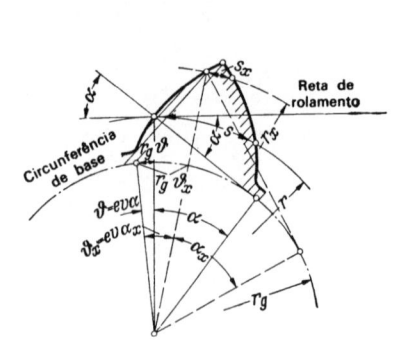

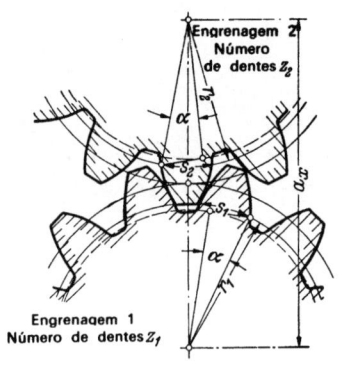

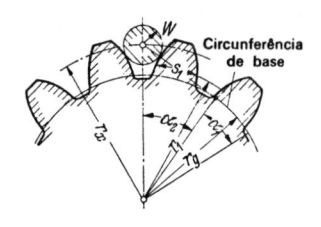

Figura 21.22 – Determinação da espessura do dente s_x e do raio da circunferência de cabeça r_x, em dentes pontudos

Figura 21.23 – Para o cálculo da distância entre eixos a_x

Figura 21.24 – Determinação do raio r_x com o rôlo de medição no intervalo entre os dentes, $\alpha_x = \alpha_2$

TABELA 21.6 – *Aplicação das relações das evolventes.*

Incógnita	Dados	Relações	Fig.
ev α	α	ev $\alpha = $ tg $\alpha - \widehat{\alpha}$	21.20
Ângulo de engrenamento ou ângulo de pressão α (pág. 108)	r, r_g	$\cos \alpha = r_g/r$	21.20
Raio da circunferência de base r_g Raio de curvatura ϱ	r, α	$r_g = r \cdot \cos \alpha$ $\varrho = r \cdot \operatorname{sen} \alpha$	21.20
Angulo de engrenamento ou ângulo de pressão α_x Raio de curvatura ϱ_x	r, r_x, α	$\cos \alpha_x = r \cdot \cos \alpha / r_x$ $\varrho_x = r_x \cdot \operatorname{sen} \alpha_x$	21.22
Espessura dos dentes s_x	s, r, α, r_x	$s_x = 2r_x \left(\dfrac{s}{2r} + \text{ev } \alpha - \text{ev } \alpha_x \right)$ com α_x obtido de $\cos \alpha_x = \dfrac{r_g}{r_x} = r \dfrac{\cos \alpha}{r_x}$	21.22
Raio da circunferência de cabeça em dentes pontudos r_x	$s_x = 0, s, r, \alpha$	$r_x = \dfrac{r_g}{\cos \alpha_x} = r \dfrac{\cos \alpha}{\cos \alpha_x}$ α_x obtido de ev $\alpha_x = \dfrac{s}{2r} + \text{ev } \alpha$	21.22
Distância entre eixos a_x em engrenamento sem folga	s_1 no raio r_1, s_2 no raio $r_2 = i r_1$, α com r_1 e r_2	$a_x = a_1 \dfrac{\cos \alpha}{\cos \alpha_x}$ com $a_1 = r_1 + r_2 = r_1 (1 + i)$ α_x obtido de ev $\alpha_x = \dfrac{z_1 (s_1 + s_2) - 2\pi r_1}{2 r_1 (z_1 + z_2)} + \text{ev } \alpha$	21.23
Raio r_x para rôlo de medida colocada no vazio entre os dentes	r_1, s_1, α_1, W, z	$r_x = r_1 \dfrac{\cos \alpha_1}{\cos \alpha_x}$ com α_x obtido de ev $\alpha_x = \dfrac{s_1}{2 r_1} + \text{ev } \alpha_1 + \dfrac{W}{r_g} - \dfrac{\pi}{z}$	21.24

ou

$$\varepsilon_1 \pi = \frac{e_1}{m \cos \alpha} = 0{,}5 z_1 \left[\sqrt{\left(\frac{z_1 + 2 h_{k1}/m}{z_1 \cos \alpha} \right)^2 - 1} - \text{tg } \alpha \right] \tag{2}$$

e

$$e_2 = r_2 \left[\sqrt{\left(1 + \frac{h_{k2}}{r_2}\right)^2 - \cos^2 \alpha} - \operatorname{sen} \alpha \right]$$

TABELA 21.7* — *Valores de* ev $\alpha = (\text{tg}\,\alpha - \alpha)$.

$\alpha°$	,0	,2	,4	,6	,8
0	0,00000	0,00000	0,00000	0,00000	0,00000
1	0,00000	0,00000	0,00001	0,00001	0,00001
2	0,00001	0,00002	0,00003	0,00003	0,00004
3	0,00005	0,00006	0,00007	0,00008	0,00010
4	0,00011	0,00013	0,00015	0,00017	0,00020
5	0,00022	0,00025	0,00028	0,00031	0,00035
6	0,00038	0,00042	0,00047	0,00051	0,00056
7	0,00061	0,00067	0,00072	0,00078	0,00085
8	0,00091	0,00099	0,00106	0,00114	0,00122
9	0,00131	0,00139	0,00149	0,00159	0,00169
10	0,00179	0,00191	0,00202	0,00214	0,00227
11	0,00239	0,00253	0,00267	0,00281	0,00296
12	0,00312	0,00328	0,00344	0,00362	0,00379
13	0,00398	0,00416	0,00436	0,00456	0,00477
14	0,00498	0,00520	0,00543	0,00566	0,00590
15	0,00615	0,00640	0,00667	0,00693	0,00721
16	0,00749	0,00778	0,00808	0,00839	0,00870
17	0,00903	0,00936	0,00969	0,01004	0,01040
18	0,01076	0,01113	0,01152	0,01191	0,01231
19	0,01272	0,01313	0,01356	0,01400	0,01445
20	0,01490	0,01537	0,01585	0,01634	0,01684
21	0,01735	0,01787	0,01840	0,01894	0,01949
22	0,02005	0,02063	0,02122	0,02182	0,02243
23	0,02305	0,02368	0,02433	0,02499	0,02566
24	0,02635	0,02705	0,02776	0,02849	0,02922
25	0,02998	0,03074	0,03152	0,03232	0,03312
26	0,03395	0,03479	0,03564	0,03651	0,03739
27	0,03829	0,03920	0,04013	0,04108	0,04204
28	0,04302	0,04401	0,04502	0,04605	0,04710
29	0,04816	0,04925	0,05034	0,05146	0,05260
30	0,05375	0,05492	0,05612	0,05733	0,05856
31	0,05981	0,06108	0,06237	0,06368	0,06501
32	0,06636	0,06774	0,06913	0,07055	0,07199
33	0,07345	0,07493	0,07644	0,07797	0,07952
34	0,08110	0,08270	0,08432	0,08597	0,08764
35	0,08934	0,09107	0,09282	0,09459	0,09640
36	0,09822	0,10008	0,10196	0,10388	0,10581
37	0,10778	0,10978	0,11180	0,11386	0,11594
38	0,11806	0,12021	0,12238	0,12459	0,12683
39	0,12911	0,13141	0,13375	0,13612	0,13853
40	0,14097	0,14344	0,14595	0,14850	0,15108
41	0,15370	0,15636	0,15905	0,16178	0,16456
42	0,16737	0,17022	0,17311	0,17604	0,17901
43	0,18202	0,18508	0,18818	0,19132	0,19451
44	0,19774	0,20102	0,20435	0,20772	0,21114
45	0,21460	0,21812	0,22168	0,22530	0,22896
46	0,23268	0,23645	0,24027	0,24415	0,24808
47	0,25206	0,25611	0,26021	0,26436	0,26858
48	0,27285	0,27719	0,28159	0,28605	0,29057
49	0,29516	0,29981	0,30453	0,30931	0,31417
50	0,31909	0,32408	0,32915	0,33428	0,33949
51	0,34478	0,35014	0,35558	0,36110	0,36669
52	0,37237	0,37813	0,38397	0,38990	0,39592
53	0,40202	0,40821	0,41450	0,42087	0,42734
54	0,43390	0,44057	0,44733	0,45419	0,46115

*Tabela detalhada para ev α, ver em PETERS [21/55].

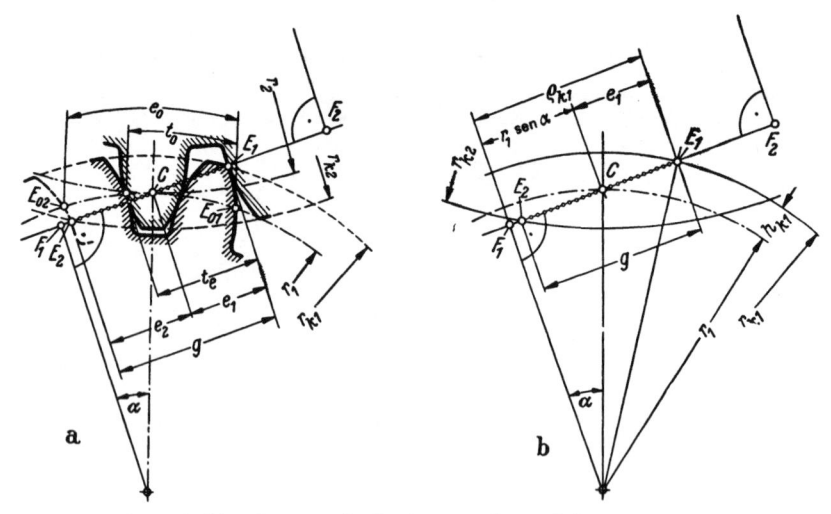

Figura 21.25 – Para o cálculo do grau de recobrimento teórico ε

ou

$$\varepsilon_2 \, \pi = \frac{e_2}{m \cos \alpha} = 0,5 \, z_2 \left[\sqrt{\left(\frac{z_2 + 2 \, h_{k2}/m}{z_2 \cos \alpha} \right)^2 - 1} - \operatorname{tg} \alpha \right] \tag{3}$$

Para $z_2 = \infty$, tem-se $e_2 = \dfrac{h_{k2}}{\operatorname{sen} \alpha}$ ou $\varepsilon_2 \, \pi = \dfrac{h_{k2}}{m \operatorname{sen} \alpha \cos \alpha}$.

Gráfico para a determinação de ε, ver pág. 197.

6. ENGRENAMENTO POR EVOLVENTE COM PERFIL DESLOCADO (ENGRENAMENTO V)

Por meio de um "deslocamento do perfil", isto é, por afastamento da linha média do perfil 2 da ferramenta de uma distância $x \, m$ da circunferência primitiva 6 (Fig. 21.26), é possível fabricar engrenagens com maior ângulo médio de pressão, com menor número mínimo de dentes e com maior capacidade de carga, com a mesma ferramenta, conseguindo-se, além disso, manter com precisão determinadas distâncias entre eixos, com um módulo prefixado m. Por outro lado, o grau de recobrimento em geral resulta algo menor, e a fôrça transversal (carregamento nos mancais) algo maior, desde que ao mesmo tempo seja aumentado o ângulo de engrenamento de funcionamento α_b.

Com deslocamento positivo do perfil (x positivo), a linha média 2 do perfil da ferramenta afasta-se da grandeza $x \, m$ da circunferência primitiva 6 (Fig. 21.26a e b), e com um deslocamento negativo do perfil (x negativo) com uma distância $x \, m$, desloca-se para dentro da circunferência primitiva (Fig. 21.26d), rolando após sôbre esta. Neste caso o raio da circunferência de base $r_g = r_0 \cos \alpha$ permanece constante. A influência do deslocamento do perfil sôbre a forma de dente diminui com o crescimento do número de dentes; com $z = \infty$, a influência é nula.

Influência do deslocamento positivo do perfil sôbre o engrenamento. Diminui a penetração no pé do dente, bem como o número mínimo de dentes sem penetração, o pé do dente aumenta de espessura e a cabeça torna-se mais afinada. Além disso, aumenta o grau de recobrimento, caso tenha havido inicialmente uma certa penetração, ou diminui, se inicialmente não houve penetração

Engrenamento *V*-zero (Fig. 21.27b). Nesse caso, o deslocamento positivo do perfil de uma das rodas (em geral a menor) é igual ao deslocamento negativo do perfil da roda conjugada. A distância entre eixos e o ângulo de engrenamento de funcionamento não varia em relação ao engrenamento normal. Êsse tipo é empregado geralmente em casos com grandes relações de multiplicação, a fim de conseguir dentes de pinhão mais espessos, ou um número menor de dentes do pinhão sem penetração considerável. Em transmissões menores, êsse tipo de engrenamento em geral enfraqueceria o engrenamento da roda maior de maneira inadmissível.

Engrenamento *V* (Fig. 21.27c). Cada par de engrenagens com perfil por evolvente deslocado que não satisfaz a condição do engrenamento *V*-zero é chamado de engrenamento *V*. Freqüentemente, apenas o pinhão sofre um deslocamento positivo do perfil. Em princípio, todos os engrenamentos *V* apresentam em funcionamento um ângulo de engrenamento (α_b) e uma distância entre eixos a diferentes dos do engrenamento normal de mesmo número de dentes, fabricado com a mesma ferramenta (com α_0 e a_0). A dis-

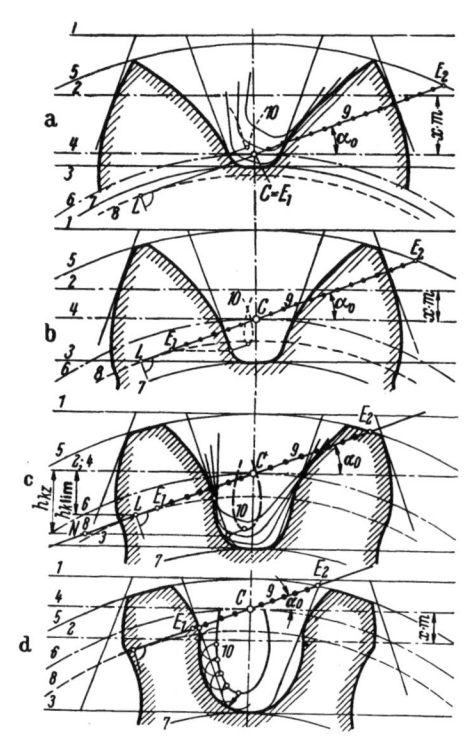

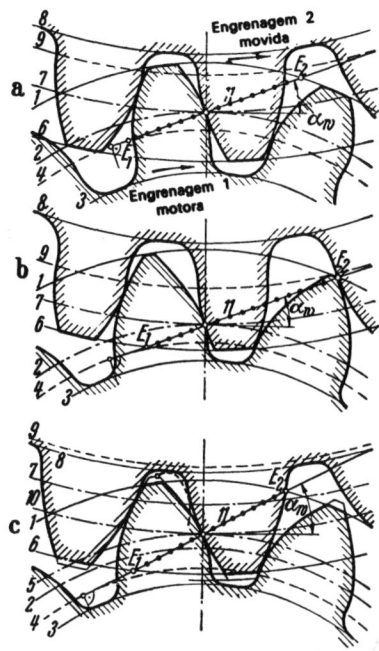

Figura 21.26 — Influência do deslocamento xm do perfil numa engrenagem de 12 dentes

a Executado com $x = +1,0$

b $x = +0,5$

c $x = 0$ (engrenamento zero = engrenamento normal)

d $x = -0,5$

2 centro do perfil da ferramenta; 6 circunferência de rolamento; 8 circunferência de base

Figura 21.27 — Associação de engrenagens com $z_1 = 12$ e $z_2 = 25$, com diferentes deslocamentos de perfil. 1 e 6 circunferências de cabeça, 2 e 7 circunferências primitivas, 3 e 8 circunferências de pé, 4 e 9 circunferências de base, 5 e 10 circunferências de rolamento*. a Engrenamento normal $x_1 = x_2 = 0$; ângulo de engrenamento de serviço $\alpha_b = \alpha_0 = 20°$; grau de recobrimento $\varepsilon = 1,28$; b engrenamento V zero $x = -x_2 = 0,5$; $\alpha_b = \alpha_0 = 20°$; $\varepsilon = 1,43$; c engrenamento $V x_1 = x_2 = 0,5$; $\alpha_b = 25,15°$; $\alpha_0 = 20°$; $\varepsilon = 1,19$

tância entre eixos a é sempre menor que $a_0 + m(x_1 + x_2)$. Diz-se, portanto, que as engrenagens devem ser levemente "aproximadas" após a fabricação. A conseqüência dessa "aproximação" é que a folga na cabeça diminui (ver Fig. 21.28). Desenhando-se os pontos de contato da cabeça com o dente conjugado, pode-se verificar se é necessário um encurtamento da cabeça, a fim de se evitar falso engrenamento (esmagamento). Isso ocorre quando os flancos dos dentes entram em contato com partes que não mais foram fabricadas como evolventes[9]. O ângulo de engrenamento de funcionamento α_b aumenta com a/a_0.

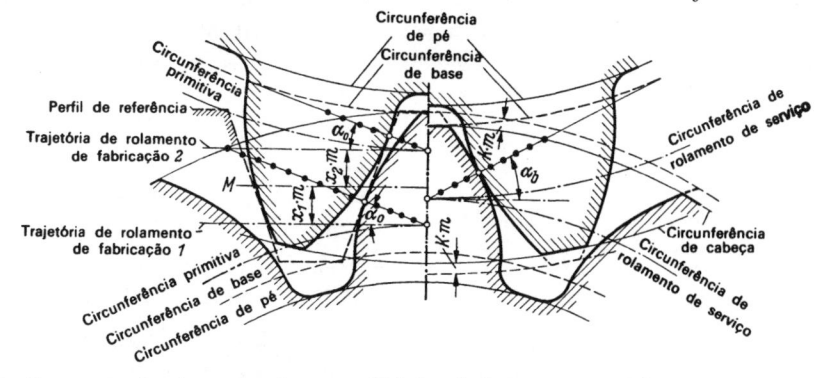

Figura 21.28 — Engrenamento de evolvente com perfil deslocado (engrenamento V)

Metade esquerda: fabricação do engrenamento da engrenagem e da contra-engrenagem com mesmo perfil de referência de 20°, com um deslocamento de perfil $x_1 \cdot m$ para a engrenagem 1, e $x_2 \cdot m$ para a engrenagem 2. *Metade direita*: posição de serviço do engrenamento, após aproximação, e encurtamento da cabeça pelo valor $K \cdot m$

O ponto de intersecção da linha de engrenamento de serviço (tangente comum às duas circunferências de base invariáveis) com a linha dos centros dá o ponto de rolamento de serviço e, portanto, também as circunferências de rolamento de serviço (Fig. 21.28).

*Na figura, o ângulo de engrenamento de funcionamento α_b é representado por α_w (nomenclatura ultrapassada).
[9]Verificação do engrenamento falso, ver p. ex. WINTER [21/60] e BOTKA [21/46].

Com um deslocamento maior do perfil, deve-se verificar ainda se os dentes resultam excessivamente agudos, devendo-se proceder, nesses casos, a um encurtamento da cabeça. Valores-limite, ver Tab. 22.16.

Um engrenamento V não é idêntico a um engrenamento normal de mesmo ângulo de engrenamento, mesmo diâmetro da circunferência primitiva, e mesmo passo, com os respectivos valores de serviço do engrenamento V. Além disso, distinguem-se ainda na espessura do dente e na altura da cabeça e do pé.

Aplicação prática e cálculo da correção do perfil, ver pág. 178.

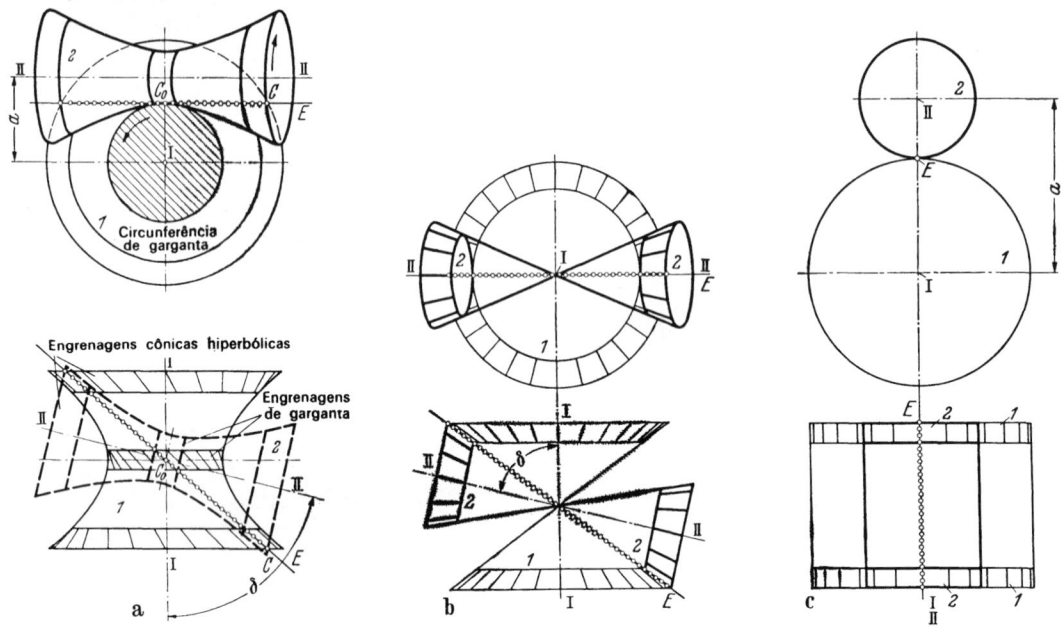

Figura 21.29 — Associação de hiperbolóides de revolução com geratriz comum (pontilhada), como forma fundamental para a associação de engrenagens helicoidais (Fig. a, secções centrais dos hiperbolóides), de engrenagens cônicas descentradas (Fig. a, secções externas), de engrenagens cônicas (Fig. b, secções externas) e de engrenagens cilíndricas (Fig. c)

21.4. TIPOS DE ENGRENAGENS

Os diferentes tipos de associação de engrenagens podem ser reduzidos de acôrdo com a associação de seus respectivos corpos básicos, por engrenamento de hiperbolóides (Fig. 21.29). Êstes estão em contato ao longo de uma reta, que é simultâneamente a geratriz comum a ambos os hiperbolóides[10].

No caso geral (Fig. 21.29a) os eixos I e II dos dois hiperbolóides cruzam-se a uma distância a, formando o ângulo de cruzamento δ. As partes externas destacadas, dêstes hiperbolóides, correspondem à associação dos corpos básicos de engrenagens cônicas deslocados (engrenagens hipóides), e as partes destacadas no ponto de cruzamento correspondem à associação de corpos básicos de parafusos sem-fim globóides (no caso de limitação externa cilíndrica, correspondem às engrenagens helicoidais).

No caso-limite $a = 0$ (Fig. 21.29b), as secções destacadas dos corpos básicos correspondem à associação de engrenagens cônicas com um ângulo de cruzamento δ e,

no caso limite $\delta = 0$ (Fig. 21.29c), à associação de rodas frontais de engrenagens, o que podemos observar no conjunto das Figs. 20.1 a 20.12.

21.5. AVARIAS DOS DENTES E MANEIRAS DE EVITÁ-LAS

O conhecimento das possíveis avarias dos dentes e de suas causas é essencial para a conformação adequada, a escolha do material e o cálculo de uma transmissão por engrenagens. Distinguimos:

1) *Avaria por Ruptura.* a) Ruptura violenta no pé do dente, devida a cargas bruscas na transmissão. *Solução.* Mediante proteção contra as sobrecargas ou por investigação prévia das sobrecargas possíveis, consideradas no cálculo dos valores admissíveis de carga.

b) *Ruptura por fadiga no pé do dente*, devida a sobrecargas repetidas superiores à resistência à fadiga ou temporária, sendo que nesse caso, representam um papel importante os defeitos do material, do tratamento térmico e da fabricação e, sobretudo, o maior ou menor efeito de concentração de tensões no pé do dente (arredondamento insuficiente, raias, fissuras provenientes da têmpera, limitação da zona temperada no pé do dente, ou *pitting* ou "pipocamento" no pé do dente).

[10]A superfície de um hiperbolóide é definida por uma reta "geratriz" que gira ao redor de um eixo ao qual é solidária.

Solução. Elevação da capacidade de carga no pé do dente, p. ex. por beneficiamento ou têmpera, pelo uso de um módulo maior ou de maior ângulo de engrenamento de serviço (por deslocamento do perfil), por reforçamento da zona de transição no pé do dente (jato de esferas de aço [21/75]), por eliminação dos pontos de concentração de tensões, por maior chanframento dos dentes nas faces laterais (Fig. 22.27), já que, em geral, a ruptura dos dentes se inicia nas faces laterais, onde deveria ser aliviada; finalmente, evitando ou levando em consideração, no cálculo dos valores de carga admissíveis, as fôrças adicionais.

c) *Ruptura de canto de dente*, em conseqüência de distribuição desigual da carga sôbre a largura do dente, p. ex. por desalinhamentos axiais, por êrro na direção do dente ou por deformação elástica considerável do pinhão sujeito à carga (flexo-torção).

Solução. Por eliminação ou consideração dos defeitos indicados na fabricação, por aumento da convexidade dos flancos (encurvamento lateral dos dentes), por redução da largura do dente (principal em pinhões em balanço), e pelas medidas citadas em b.

d) *Estilhaçamento na cabeça do dente* em engrenagens temperadas (principalmente em engrenagens de câmbios), ou devidas a carregamentos com choques.

Solução. Emprêgo de um material mais tenaz (convenientemente ligado) e redução das fôrças de choque.

2) *Avarias nos flancos.* Deseja-se um aspecto uniformemente liso e sedoso dos flancos dos dentes amaciados, nos quais a linha da circunferência de rolamento apenas seja fracamente visível. É muito recomendável o amaciamento dos flancos dos dentes com óleos EP (óleos hipóides), a fim de se obter uma boa distribuição da carga e um alisamento suficiente dos flancos dos dentes. As avarias mais freqüentes nos flancos dos dentes são: formação de crateras ou cavidades, estrias ou zonas desgastadas na cabeça ou no pé do dente, desgaste excessivo por deslizamento e formação de fissuras. Em detalhe, tem-se:

a) *formação de crateras* (*pitting*, "cavitação") (Fig. 21.30). Trata-se de uma espécie de desmoronamento na zona da circunferência de rolamento e debaixo dela, em conseqüência de pressão local excessiva na presença de lubrificante. Distinguem-se as cavidades de amaciamento (*initial pittings*), semelhantes a cabeças de alfinêtes, que freqüentemente aparecem durante o amaciamento e que não progridem quando o amaciamento melhora suficientemente a distribuição das pressões, e as cavidades ou crateras progressivas (*progressity pittings*), que são produzidas por uma sobrecarga local contínua, durante um tempo que varia de 0,1 a 20 milhões de ciclos a plena carga, e que ocasionam desprendimentos progressivamente maiores e mais numerosos nos flancos.

Figura 21.30 — Formação de cavidades (*pittings*) ou "cavitação" numa transmissão de turbina de aço beneficiado, de dentes inclinados

Segundo o estado atual das pesquisas (ver bibliografia), a cavitação durante o rolamento deve ser interpretada como um fenômeno de fadiga, no qual, além de ser ultrapassada a alta pressão nas fissuras capilares, ajuda a destacar fragmentos do material[11]. A cavitação é mais freqüente em aço beneficiado ou temperado, enquanto que em aço de menor dureza geralmente é encoberto pelo desgaste por deslizamento e pela formação plástica. A cavitação é favorecida pelo escorregamento negativo (que ocorre no pé do dente), provàvelmente porque, nesse caso, os flancos dos dentes entram na zona de tensão de tração tan-

[11]Em geral, pode-se dizer: Quanto menor fôr a fôrça de atrito tangencial nos flancos dos dentes, tanto maior será a capacidade de carga dos flancos. Ela aumenta aprox. com $(1/\mu)^2$, de maneira que para meio μ pode ser esperada uma capacidade de carga quatro vêzes maior. Conseqüentemente, uma maior capacidade de carga pode ser conseguida por menor rugosidade, maior velocidade tangencial e maior viscosidade nominal do óleo. Ver detalhes, VDI-Z. (1963) pp. 241-251 e Konstruktion (1960) pp. 239, 269, 319, 397-402.

gencial (devido à fôrça de atrito) e tornam possível a penetração do lubrificante, à pressão elevada, nas fissuras capilares.

Solução. Redução da sobrecarga local (carregamento uniforme nos flancos dos dentes), elevação da resistência nos flancos, segundo a pág. 125, parágrafos 1 e 2, redução da fôrça de atrito e emprêgo de um óleo mais viscoso (ver nota 11, à página anterior).

b) *Zona estriada na região da circunferência de rolamento*; é produzida predominantemente em aços de dureza excessivamente baixa, p. ex. em aço Si-Mn, com limite de escoamento demasiadamente baixo.

c) *Formação de fissuras* nos flancos dos dentes, que podem causar desmoronamentos locais progressivos e rupturas nos pés dos dentes.

Solução. Depende das respectivas causas (tratamento térmico defeituoso, fissuras da têmpera, fissuras da retífica ou defeitos do material).

d) *Formação de sulcos e zonas de engripamento*, segundo as Figs. 21.31a a 21.33. Formam-se com a ruptura repetida da película do lubrificante, sendo que também o contato das arestas dos dentes, no início do engrenamento, representa um fator importante.

Solução. Emprêgo de um óleo mais viscoso (p. ex. mais bem refrigerado) e principalmente de óleos EP (óleos com aditivos químicos ativos); além disso, emprêgo de engrenamentos com menor relação v_G/v, p. ex. por encurtamento das cabeças dos dentes, ou por rebaixamento correspondente dos flancos na cabeça do dente, ou pelo emprêgo de um módulo menor.

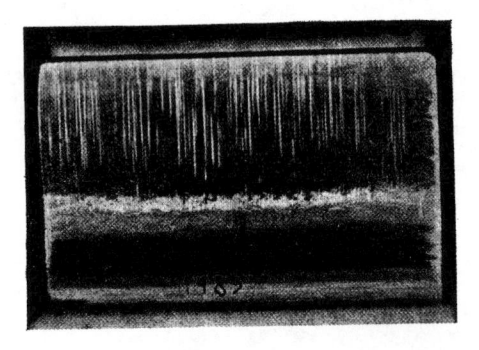

Figura 21.31 – Formação de estrias na cabeça do dente, em conseqüência da ruptura da película de lubrificante

Figura 21.32 – Zonas de engripamento conseqüentes da ruptura da película de lubrificante

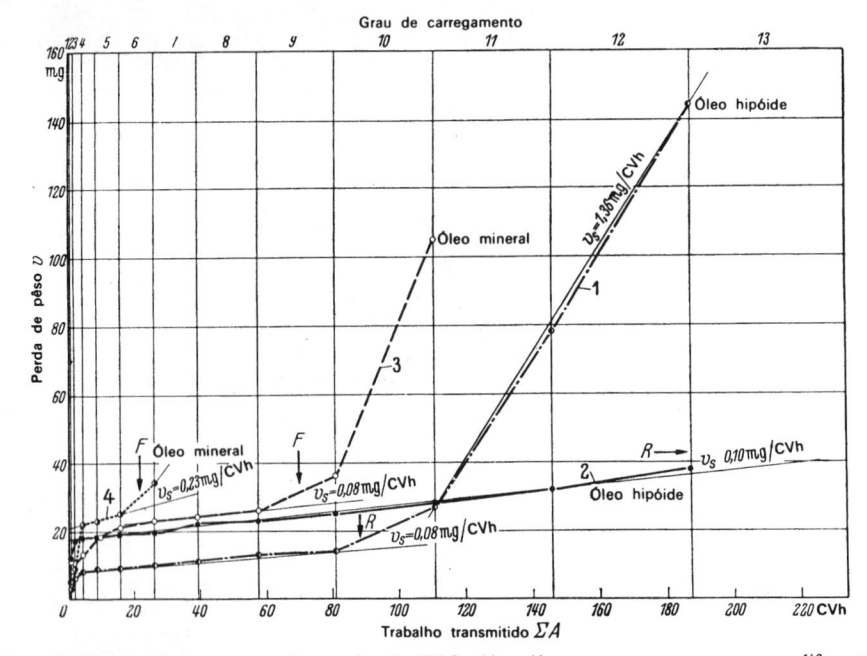

Figura 21.33 – Gráfico de desgaste, segundo ensaios da FZG sôbre óleos para engrenagens, para diferentes tipos de óleo [22/192]. Os defeitos nos flancos (F = engripamento, R = formação de estrias), e a conseqüente passagem para a região de desgaste elevado formam-se para os diversos tipos de óleo e carregamentos

e) *Aquecimento dos flancos* por trabalho de atrito excessivo, ou por refrigeração insuficiente.

Solução. Lubrificação e refrigeração mais eficientes (lubrificação por jato convenientemente disposto) e redução da potência de atrito (polimento dos flancos e relação v_G/v menor, de acôrdo com c).

f) *Desgaste por deslizamento*, isto é, perda excessiva de material nos flancos dos dentes, devida a uma associação inadequada dos materiais, flancos de dente insuficientemente lisos ou lubrificação escassa. Êste fenômeno é observado especialmente em engrenagens de módulo relativamente grande e baixa velocidade tangencial, nas quais a pressão reduzida do lubrificante e a baixa velocidade tangencial devem ser levadas em conta. O desgaste de deslizamento será grande principalmente se o lubrificante possuir impurezas minerais e os flancos dos dentes forem ásperos.

Solução. O desgaste é mínimo em flancos de dentes temperados; vale 2 a 3 vêzes êsse valor mínimo na associação de engrenagens das quais uma é temperada e a outra não, e 7 a 10 vêzes o valor mínimo com ambas as engrenagens não temperadas. Consegue-se também reduzir o desgaste pelo uso de um lubrificante mais viscoso, por meio de aditivos para polimento, e pelo emprêgo de óleos EP.

g) *Formação de rebarbas* na cabeça do dente ou outras deformações plásticas que indicam dureza insuficiente do material, em relação ao carregamento.

h) *Superfície ondulada* (que não seja proveniente do processo de fabricação) ou destacamentos consideráveis dos flancos de dente cementados. Em geral, a causa é a ultrapassagem do limite de escoamento na zona de transição da têmpera.

21.6. ELEVAÇÃO DA CAPACIDADE DE CARGA (TENDÊNCIAS RECENTES)

Segundo o estado atual dos conhecimentos, podem ser dadas as seguintes indicações (ver bibliografia):

1) *Utilização de engrenagens temperadas* (também na construção de máquinas em geral). A resistência ao rolamento dos flancos, nesse caso, é de 3 a 10 vêzes maior, ver Tab. 22.25. Além da cementação (a distorção térmica exige uma retificação posterior dos flancos), pode ser empregada a nitretação (pràticamente sem distorção térmica), a têmpera por chama e a têmpera por indução (distorção pequena e tempo de processamento curto). Nesta última, também deverá ser temperada a zona de transição do pé do dente, se a resitência do pé fôr elevada.

Além disso, deve-se levar em conta que, com o emprêgo de pinhões temperados e retificados, aumenta também a resistência de rolamento das rodas conjugadas não temperadas (ver Fig. 22.26 e Tab. 22.25).

2) *Por "nitretação branda"* (temperatura do banho aprox. 550°C), pode-se aumentar de maneira surpreendente a resistência ao rolamento das engrenagens de aço não temperadas, apesar de que, nesse caso, a camada nitretada é fina[12].

3) *Por jato de granalhas*, que age sôbre a zona de transição do pé do dente, pode-se elevar notàvelmente a resistência da mesma, principalmente em engrenagens beneficiadas ou temperadas [21/75].

4) *Formas de dente com maior capacidade de carga*. A elas pertencem

4.1) os engrenamentos por evolventes *com maior ângulo de engrenamento de serviço* (obtido por deslocamento do perfil ou por maior ângulo de engrenamento de construção, ver págs. 171 e 180);

4.2) *os engrenamentos por evolventes prolongados*, com graus de recobrimento frontal superiores a 2 (o carregamento é suportado pelo menos por 2 pares de dentes);

4.3) *os engrenamentos côncavos*, com a associação de flancos côncavos contra flancos convexos, p. ex. engrenamento *VBB* da firma Vickers [21/43] e o engrenamento *Nowikow* [21/69].

5) *A distribuição mais favorável da carga ao longo dos dentes* é obtida por

5.1) *ajuste automático* do pinhão ou da roda, sob a ação da fôrça no dente (Fig. 22.4);

5.2) *ajuste da direção dos flancos* (do ângulo de inclinação) na torção e na flexão do pinhão, sob a ação da carga, ver [21/59];

5.3) *descarregamento das extremidades* dos dentes através de dentes com convexidade lateral, ou por chanframento lateral dos dentes (Fig. 22.7);

5.4) "amaciamento" dos flancos dos dentes com óleo ativo, ou facilitação do amaciamento por fosfatização dos flancos.

6) *Em engrenagens com limitação de carga devida à formação de estrias*, pode-se aumentar consideràvelmente a capacidade de carga pelo achatamento dos flancos das cabeças, pelo rebaixamento das cabeças dos dentes (menor módulo) e, principalmente, pelo emprêgo de óleo EP.

[12]Segundo experiências da FZG em engrenagens com nitretação branda, de aço 34 Cr 4 beneficiado de dureza Brinell $H_B = 250$, conseguiu-se: resistência à fadiga de rolamento $k = 2,4$ kgf/mm² (em vez de 0,8) e $\sigma_D = 40$ kgf/mm² ; para outros dados, ver [21/70]. Provàvelmente, pode-se também elevar a resistência ao rolamento, mediante outros tratamentos dos flancos, desde que produzam compactação e aumento da resistência dos mesmos (aumento **da** resistência às fissuras capilares). Ver outros meios para aumento de k_D, pág. 171 .

21.7. RUÍDO DAS TRANSMISSÕES

Unidades acústicas e suas denominações ver, p. ex., HÜTTE I, 28.ª ed., Berlin 1955, p. 365 e DIN 1 320.

A redução dos ruídos de uma transmissão é, hoje em dia, de grande interêsse, sobretudo porque, além do ruído pròpriamente dito, também as vibrações que se originam na transmissão (ruído próprio) podem ser muito inconvenientes, p. ex. nas máquinas operatrizes, nos veículos a motor e na propulsão de navios. O ponto de partida para medidas adequadas para a diminuição do ruído é o registro do mesmo (registro da intensidade sonora e das freqüências) em diferentes rotações e cargas, a fim de se poder determinar as respectivas causas, a partir das principais freqüências e de sua variação. Além disso, devem ser procuradas as freqüências próprias dos sistemas de massas elásticos sujeitos às vibrações (eixos, engrenagens e a elasticidade dos dentes). Além disso, em engrenagens grandes de dentes inclinados que giram a velocidades elevadas (p. ex. transmissões de turbinas), para a análise do registro de vibrações é ainda importante o conhecimento da freqüência devida aos defeitos da máquina (ver parágrafo 1).

1. TIPO DE RUÍDO, FREQÜÊNCIAS E IMPULSOS

Tipo de ruído. A variação da pressão sonora com o tempo (Figs. 21.34 e 21.35) corresponde a vibrações próprias amortecidas, excitadas periòdicamente por impulsos. Nas Figs. 21.34 e 21.35 são dados a variação oscilatória da pressão sonora no tempo, a sucessão no tempo das vibrações isoladas ao ritmo da freqüência própria f_e e o aparecimento periódico de amplitudes máximas. Os espetros de freqüência registrados por meio do analisador "Suchton" (Fig. 21.36) mostram em geral uma estrutura dos ruídos das engrenagens semelhante a um som.

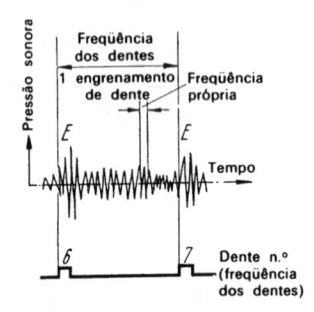

Figura 21.34 – Variação da pressão sonora registrada pelo oscilógrafo, referente ao ruído dos dentes (registrado a baixa rotação)*. Podem ser reconhecidos os impulsos de engrenamento E, a freqüência própria e **outros impulsos** menores entre E e E

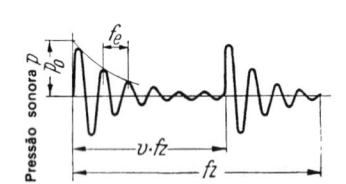

Figura 21.35 – Variação idealizada da pressão sonora do ruído dos dentes*. Vibração própria amortecida, excitada pelos impulsos de engrenamento e pelos impulsos na circunferência de rolamento (à distância $v \cdot f_z$)

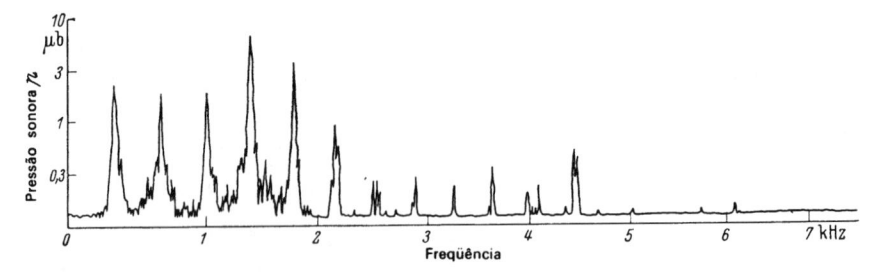

Figura 21.36 – Análise do ruído dos dentes, feita por meio de um analisador "Suchton"**, à rotação $n_1 = 800$ rpm e momento de torção 12,2 mkgf. Observe-se a ressonância nas seis primeiras freqüências de dentes f_z, sendo $f_z = n_1 \cdot z_1/60 = 0,36$ kHz. Engrenamento: engrenagens cilíndricas de dentes retos retificados, $z_1 = 27, z_2 = 34, m = 3$ mm, qualidade 5 e 6

Freqüências dos impulsos. Segundo as experiências atuais, no ruído dos dentes podem destacar-se impulsos com as seguintes freqüências (ou seus múltiplos inteiros), segundo as condições de serviço:

a) *Freqüência de rotação* $f_n = n/60$ (Hz); b) *freqüência dos dentes* $f_z = z \cdot n/60$ (Hz); c) *freqüência dos defeitos da máquina* $f_M = n \cdot z_M/60$ (Hz) com $z_M = $ número de dentes da engrenagem da mesa giratória da máquina de fabricação de engrenagens; d) *freqüência da ferramenta* f_W (ver impulso da ferramenta).

Freqüências de ressonância. Quando há coincidência com uma freqüência própria, as freqüências dos impulsos (f_n, f_z, f_M) e seus múltiplos inteiros resultam num aumento da intensidade sonora. Anàlogamente,

*Segundo GLAUBITZ e GÖSELE [21/85].
**Segundo NIEMANN e UNTERBERGER [21/92].

ao atravessar um campo de rotações, pode-se reconhecer a freqüência de ressonância pelo aumento característico da intensidade sonora neste ponto (Figs. 21.37 e 21.38), uma vez que as freqüências próprias são independentes do número de rotações, enquanto que as freqüências dos impulsos crescem linearmente com o mesmo. Como freqüências próprias, devem-se considerar, para efeito de aumento do ruído, especialmente as das rodas e dos eixos, bem como as das paredes da carcaça da transmissão. Pode-se conseguir, em certos casos, um delocamento das freqüências próprias nocivas, por meio de variação das massas ou das constantes elásticas

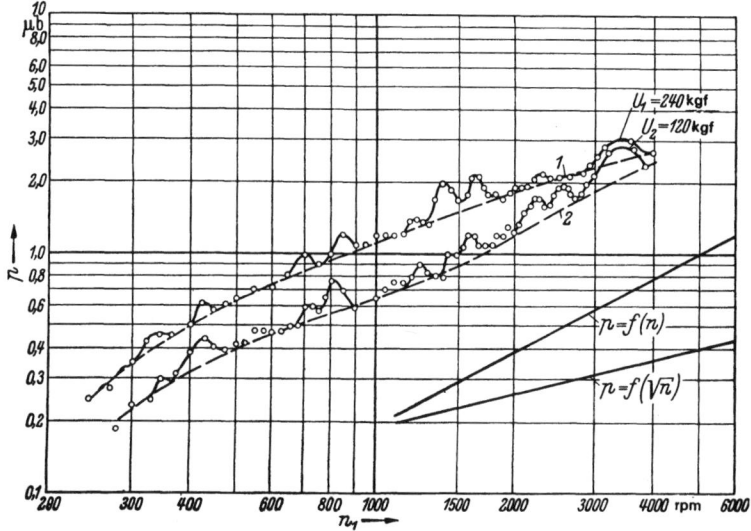

Figura 21.37 — Influência da rotação a pressão sonora total das engrenagens cilíndricas, segundo a Fig. 21.36, com 2 cargas U^*. Observem-se os pontos de ressonância elevados em determinadas rotações

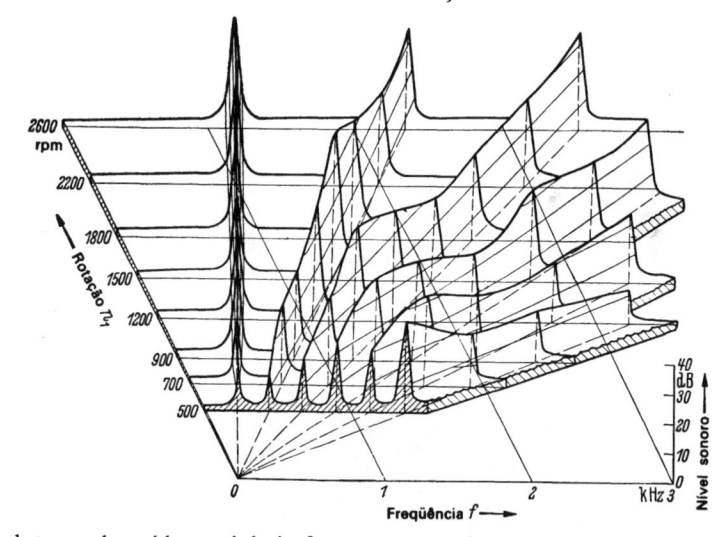

Figura 21.38 — Gráfico da Influência do número de rotações n_1 sôbre o espetro de freqüência do ruído dos dentes*. Engrenamento, ver Fig. 21.36

Impulsos. Como impulsos produtores de ruídos, até hoje foram constatados os seguintes:

a) *Impulso dependente do número de rotações*. Devido a defeitos de centragem ou a outros defeitos das engrenagens, dos acoplamentos etc., que atuam no ritmo do número de rotações, originam-se impulsos com a freqüência f_n. Na baixa rotação êles se manifestam em forma de vibrações, e sòmente nas altas rotações apresentam ruído. Êsses impulsos são evitados por eliminação ou correção dos defeitos de centragem ou outros defeitos das peças, p. ex. pelo balanceamento das partes em consideração.

b) *Impulso de engrenamento*. Na Fig. 21.40, a roda motora inferior gira para a esquerda. Sob a ação do momento de torção, os dentes carregados 2' e 2 deformam-se por flexão, com as flechas f' e f. A roda inferior gira para a esquerda em relação à roda superior suposta fixa, dessa mesma grandeza. Dêsse modo, o dente 3 entraria ainda descarregado na zona de ocupação do dente conjugado 3', também descarregado. Na realidade, o dente 3 já antes entra em choque com a aresta de cabeça do dente 3'. Os defeitos dos dentes atuam no mesmo sentido. O impulso obtido dessa maneira (impulso de engrenamento) aumenta com a deformação f, ou seja, com a carga (ver Fig. 21.42 e 21.43) e com os erros de passo (Fig. 21.44). Êsse impulso apresenta a freqüência dos dentes f_z. Pode ser diminuído por meio de um rebaixamento conve-

*Segundo NIEMANN e UNTERBERGER [21/92].

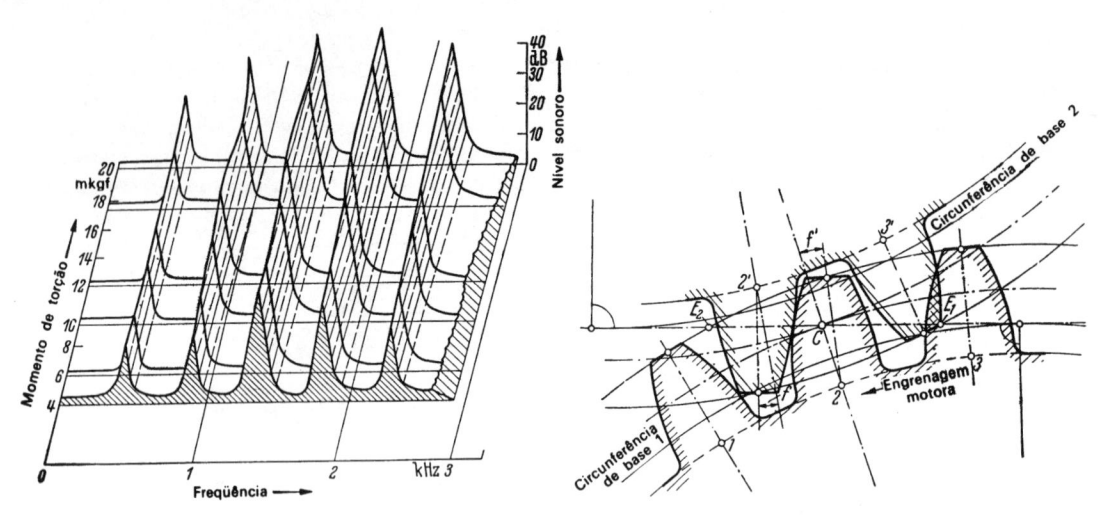

Figura 21.39 – Gráfico da influência do momento de torção sôbre o espetro de freqüências do ruído dos dentes*. Engrenagens cilíndricas retificadas, de dentes retos, distância entre eixos 91,5 mm, número de rotações 1 000 rpm

Figura 21.40 – Explicação dos choques na entrada dos dentes. Os dentes flexionam sob a carga da medida f ou f' (exageradas na figura), de maneira que o dente 3, descarregado, choca-se antecipadamente com o dente 3'

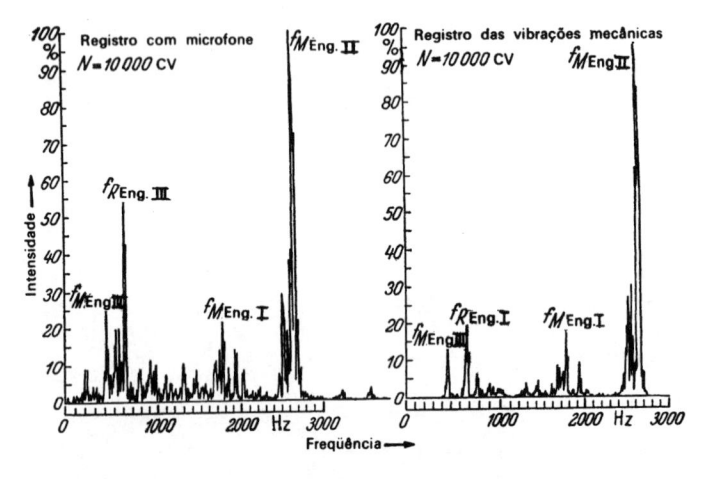

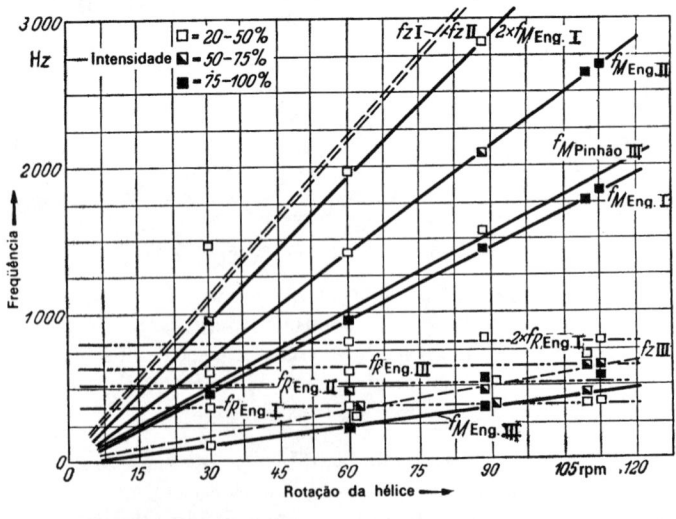

Figura 21.41 – Registro do ruído de uma transmissão marítima de 10 000 CV, segundo ZINK [21/101]. Dados da transmissão, ver Fig. 21.43. *Figura superior:* intensidade do ruído em função da freqüência, com rotação da hélice de 112 rpm. Observe-se a ressonância nas freqüências das máquinas f_M e nas freqüências próprias da engrenagem f_R. *Figura inferior:* variação das principais freqüências com o número de rotações

niente da cabeça (Fig. 21.45), através de um engrenamento progressivo do dente (dentes inclinados, ou medidas, segundo a Fig. 21.49) e também por diminuição do êrro de passo.

No desengrenamento de um dente (no ponto E_2, Fig. 21.40), o dente seguinte, já engrenado, recebe tôda a carga. Essa irregularidade pode também resultar num impulso (impulso de saída) que, no entanto, é menor do que o impulso de engrenamento (ver Fig. 21.34).

*Segundo NIEMANN e UNTERBERGER [21/92].

c) *Impulso devido à mudança de direção da fôrça de atrito* (*impulso na circunferência de rolamento*). Origina-se da mudança de direção da fôrça de atrito do dente no ponto de contato, e aparece com a freqüência do dente. Pode ser diminuído pelo alisamento dos flancos do dente (Fig. 21.46) pelo emprêgo de um lubrificante mais viscoso e por uma compensação da variação da fôrça de atrito (com dentes inclinados) ou por denteado unilateral.

d) *Impulso devido a defeitos da máquina.* No fresamento de engrenagens largas, os erros periódicos na rotação angular da mesa giratória da máquina de fabricação de engrenagens dão origem a um traçado "ondulado" nos flancos dos dentes, na direção longitudinal dos mesmos. Os impulsos de ruído correspondentes sucedem-se com a freqüência f_M (Fig. 21.41). As conseqüências f_M serão particularmente importantes quando houver ressonância de f_M com a freqüência própria torcional do eixo. Segundo ZINK [21/101], o ruído devido a defeitos das máquinas pode ser diminuído melhorando-se o estado superficial dos flancos dos dentes no amaciamento e, principalmente, por repetidas operações de acabamento dos pontos dos flancos sujeitos às cargas mais elevadas.

e) *Impulso da ferramenta.* Além dos defeitos dos dentes, que se manifestam como impulsos de ruído de freqüências f_z e f_M, pode haver outros impulsos devidos a erros na rotação e no avanço da ferramenta, com a freqüência f_W. Ainda não foram realizadas as pesquisas relativas a êste caso.

2. *FREQÜÊNCIA E INTENSIDADE SONORA*

Mantendo pressão sonora constante (medida em microbares, $= \mu$b), a intensidade sonora percebida (fones) cresce com a freqüência até aproximadamente 4 000 Hz, diminuindo, a seguir, como mostra a Tab. 21.8. Portanto, os ruídos de freqüência baixa em geral são menos perturbadores (o campo de audição abrange aprox. de 20 a 16 000 Hertz). Para a conversão das diversas medidas de ruído, ver Tab. 21.9.

TABELA 21.8 — *Relação entre a intensidade sonora* (*em fones*) *e a pressão sonora* (*em μb*), *para diferentes freqüências* (*em Hertz*).

Intensidade sonora (fones)	Pressão sonora (μb) na freqüência (Hertz)							
	50	100	200	500	1000	2000	5000	10000
0	0,090	0,016	0,003	0,0004	0,0002	0,00014	0,00012	0,0005
6	0,130	0,030	0,005	0,0008	0,0004	0,0003	0,00025	0,0012
12	0,180	0,040	0,010	0,0015	0,0008	0,0006	0,00065	0,0020
20	0,30	0,080	0,020	0,0040	0,002	0,0016	0,0013	0,0060
26	0,45	0,110	0,032	0,0064	0,004	0,0040	0,0032	0,0013
32	0,60	0,180	0,050	0,0100	0,008	0,0080	0,0080	0,0030
40	0,80	0,30	0,10	0,025	0,02	0,02	0,02	0,08
46	1,0	0,40	0,14	0,050	0,04	0,04	0,045	0,16
52	1,25	0,55	0,24	0,10	0,08	0,08	0,085	0,35
60	1,60	0,90	0,40	0,20	0,20	0,20	0,23	0,80
66	2,20	1,20	0,70	0,40	0,40	0,40	0,40	1,6
72	3,20	1,80	1,20	0,80	0,80	0,80	0,70	3,0
80	4,50	3,50	2,50	2,0	2,0	1,8	1,5	6,5
86	6,40	5,0	4,50	4,0	4,0	3,2	3,2	11,0
92	10,0	8,5	8,0	8,0	8,0	6,4	7,0	19,0
100	20	20	22	25	20	15	12	40
106	40	40	45	40	40	30	22	70
112	100	90	100	110	80	60	40	125
120	370	300	300	270	200	125	80	250

Nas transmissões usuais de engrenagens frontais, os valores máximos da intensidade sonora em geral estão na região de freqüências de 1 000 a 4 000 Hertz (ver Fig. 21.36 e 21.41). Nos ruídos compostos, o ruído parcial de maior intensidade é o que determina a intensidade sonora total. Portanto, num ruído composto de várias freqüências, a freqüência de maior intensidade sonora é decisiva. Sòmente depois de haver sido reduzido o ruído correspondente a esta freqüência é que vale a pena tomar medidas para diminuir o ruído da freqüência de intensidade sonora imediatamente a seguir. Mesmo para engrenagens grandes e de velocidade elevada, deve-se conseguir um nível sonoro que não seja sensìvelmente superior ao das máquinas vizinhas, p. ex. da máquina motriz. De qualquer maneira, nas engrenagens de turbinas de grande 129

TABELA 21.9 – *Comparação das medidas do ruído em valores numéricos*
dB = decibels, μb = microbares.

Potência sonora [W/cm²]	Pressão sonora [μb]	Nível sonoro [dB]	Intensidade sonora correspondente (a 1 000 Hertz) (fones)
10^{-4}	200	120	120
10^{-6}	20	100	100
10^{-8}	2	80	80
10^{-10}	0,2	60	60
10^{-12}	0,02	40	40
10^{-14}	0,002	20	20
10^{-16}	0,0002	0	0

potência, atualmente, devem-se ainda tolerar 100 fones (limite de sensação dolorosa aprox. 120 fones), uma vez que a intensidade sonora aumenta com a potência. Repartindo a potência entre várias transmissões, por ramificação da potência total, pode-se, em geral, diminuir a intensidade sonora.

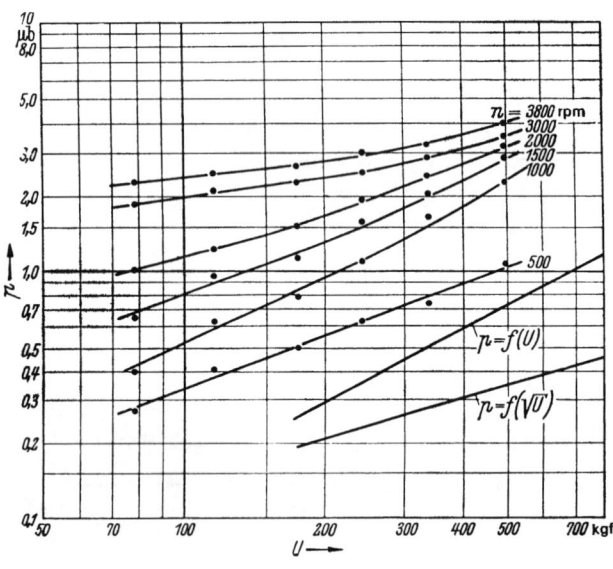

Figura 21.42 – Influência da fôrça tangencial e da rotação sôbre a pressão sonora total de engrenagens cilíndricas, segundo a Fig. 21.36*

3. EFEITO DE DIVERSAS GRANDEZAS E MEDIDAS QUE TÊM INFLUÊNCIA SÔBRE A INTENSIDADE SONORA

De acôrdo com os resultados das pesquisas atualmente existentes, podem ser dadas as seguintes indicações[13]:

a) *Fôrça tangencial U, velocidade tangencial v e potência transmitida N.* Segundo as Figs. 21.37, 21.42 e 21.43, existe uma dependência unívoca entre a pressão sonora p e os valores de v e U e, portanto, de N:

$$p = c \cdot v^x \, U^y.$$

Segundo os ensaios[13], resulta $x = 0,6$ a $1,2$, $y = 0,5$ a $1,1$, sendo c uma constante da transmissão. Em primeira aproximação, tem-se, com N em CV:

pressão sonora $p \cong c_1 N$ (em μb)
ou intensidade sonora $L \cong c_2 + 20 \log N$ (em fones).

Segundo estas fórmulas, ao se dobrar, p. ex., a potência transmitida em média, resulta um aumento de intensidade sonora de 6 fones. Na transmissão do ensaio[13], as constantes eram $c_1 \cong 8,3/100$ e $c_2 \cong 52$; para a transformação dêsses valores em outras transmissões, ver [21/92].

b) *Defeitos dos dentes e rebaixamento da cabeça.* Os erros no passo reforçam o ruído proporcionalmente à grandeza do êrro (Fig. 21.44). A influência será tanto maior quanto maior fôr o número de rotações. A causa reside no aumento dos impulsos de engrenamento. De acôrdo com êstes fatos, pode-se con-

*Segundo NIEMANN e UNTERBERGER [21/92].

[13]Essencialmente segundo pesquisas fundamentais da Forschungsstelle für Zahnräder und Getriebebau, TH München; detalhes, ver [21/92] e [21/98].

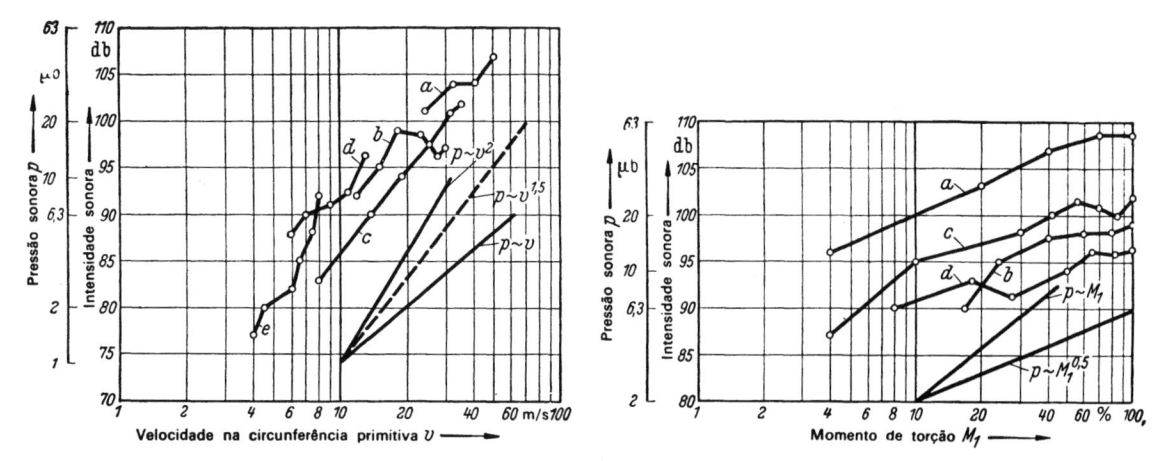

Figura 21.43 – Variação da intensidade sonora com a velocidade e a carga, em diferentes transmissões de engrenagens helicoidais, segundo ZINK [21/101]. O momento de torção foi referido a plena carga

Dados de funcionamento

Transmissão	Potência CV	Rotação n_1	Distância entre eixos mm	Largura dos dentes mm	z_1	i	β Graus
a 1. Estágio	10000	4795	1080	2 × 190	52	7,09	37,5
2. Estágio		675	1660	2 × 430	55	5,88	34
b	1200	6990	500	2 × 125	47	4,66	37
c	500	7000	224	2 × 110	40	3,5	36
d	25	6000	125	50	24	5,6	17
e	50	7550	200	100	15	4,2	16

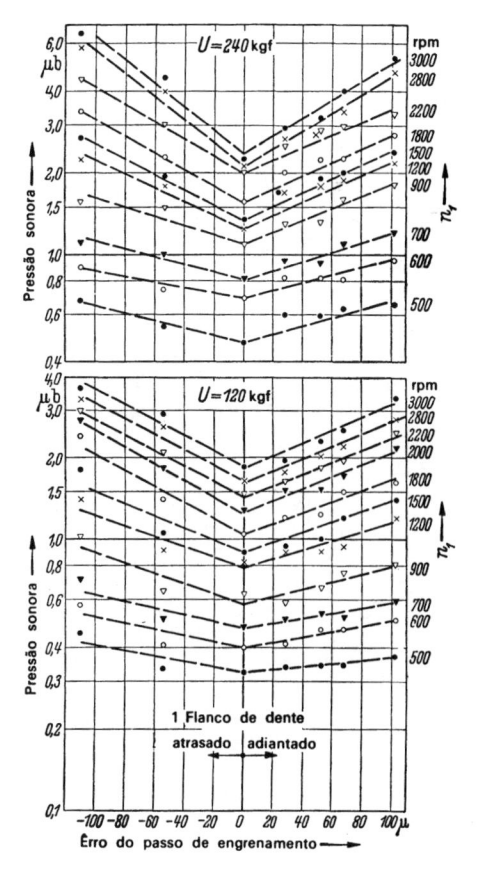

Figura 21.44 – Influência do êrro de passo sôbre o ruído dos dentes, em diferentes rotações n_1 e fôrças tangenciais U^*

seguir, mediante um rebaixamento ótimo da cabeça (dependente da carga), uma diminuição do ruído, segundo a Fig. 21.45, quando o rebaixamento da cabeça é aproximadamente igual à deformação elástica do dente.

*Segundo NIEMANN e UNTERBERGER [21/92].

131

c) *Acabamento e amaciamento.* Com a melhoria do acabamento superficial, o ruído diminui contìnuamente, como mostra a Fig. 21.46, para diversos tipos de acabamento. Para tanto, as engrenagens retificadas ou rasqueteadas são as mais silenciosas. No mesmo sentido atua o amaciamento das engrenagens (p. ex. com óleo ativo).

d) *Grau de recobrimento.* No engrenamento reto, com um grau de recobrimento $\varepsilon = 2$, tem-se um mínimo de ruído (Fig. 21.47). O efeito favorável pode ser atribuído à ausência de uma zona única de engrenamento (o que reduz o impulso de engrenamento) e à compensação das fôrças de atrito (o impulso na circunferência de rolamento diminui).

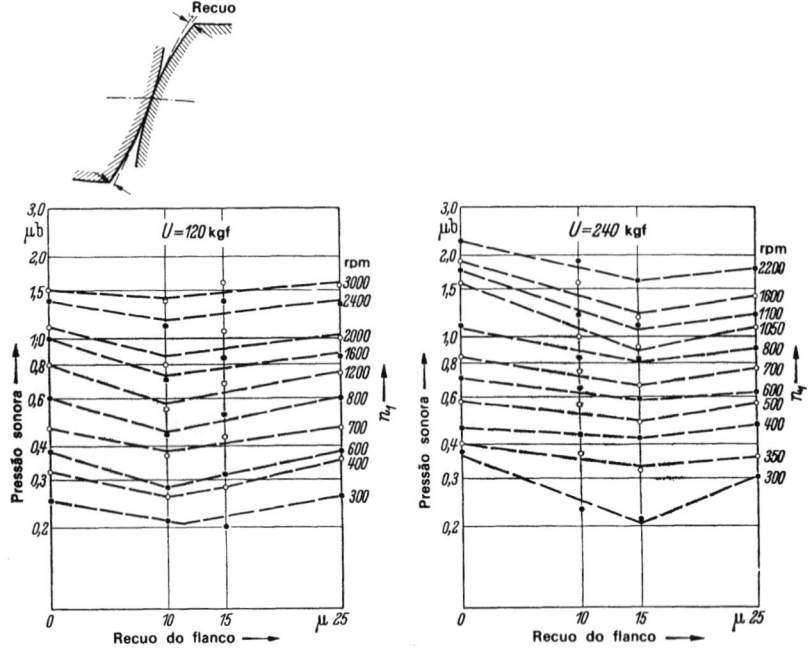

Figura 21.45 — Influências do recuo da cabeça sôbre o ruído dos dentes, para diferentes fôrças tangenciais U e rotações n_1*

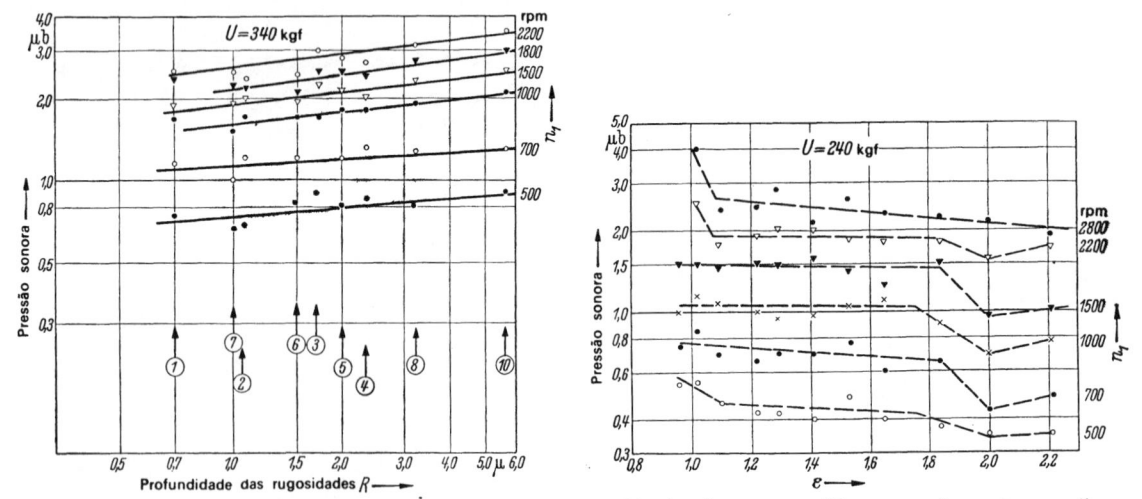

Figura 21.46 — Influência da rugosidade dos flancos sôbre o ruído dos dentes, para diferentes acabamentos e a diferentes rotações n_1*. Fôrça tangencial $U = 340$ kgf. 1 retificado fino; 2 retificado de acabamento médio; 3 retificado cruzado (retificado duplo, de acabamento fino); 4 retificado cruzado (de acabamento médio); 5 retificado cruzado (de acabamento grosseiro); 6 retificado cruzado e polimento eletrolítico; 7 fresado e rasqueteado; 8 fresado e polido; 10 fresado e beneficiado.

Figura 21.47 — Influência do grau de recobrimento teórico ε sôbre o ruído dos dentes de engrenagens cilíndricas retificadas, a diferentes rotações n_1 e com fôrça tangencial $U = 240$ kgf*

e) *Dentes inclinados (oblíquos).* Com dentes inclinados em geral, consegue-se uma diminuição considerável do ruído, em comparação ao engrenamento com dentes retos. Com maior ângulo de inclinação, reduz-se o ruído na zona de cargas maiores, segundo a Fig. 21.48. A explicação para êsse comportamento favorável reside (como em b) no engrenamento progressivo dos dentes. Em princípio, tal efeito deveria ser também conseguido em engrenagens de dentes retos mediante as medidas da Fig. 21.49.

*Segundo NIEMANN e UNTERBERGER [21/92].

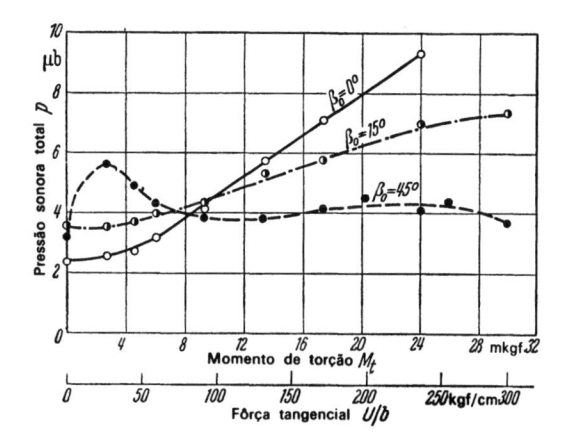

Figura 21.48 — Influência do ângulo de inclinação β_0 sôbre o ruído dos dentes, em função do momento de torção*

Figura 21.49 — Medidas para obtenção de um engrenamento progressivo em engrenagens cilíndricas de dentes retos*

B_1 e B_2 = linhas de contato;

$E_1 E_2$ = limites do campo de engrenamento;

Wk = direção do avanço da ferramenta. a recuo da cabeça decrescente ao longo da largura do dente; b diâmetro externo das engrenagens, limitado cônicamente; c diâmetro externo limitado por uma curva; d diâmetros internos e externos limitados cônicamente (fabricados pela guia da ferramenta na direção do cone para uma posição fixa da linha de rolamento)

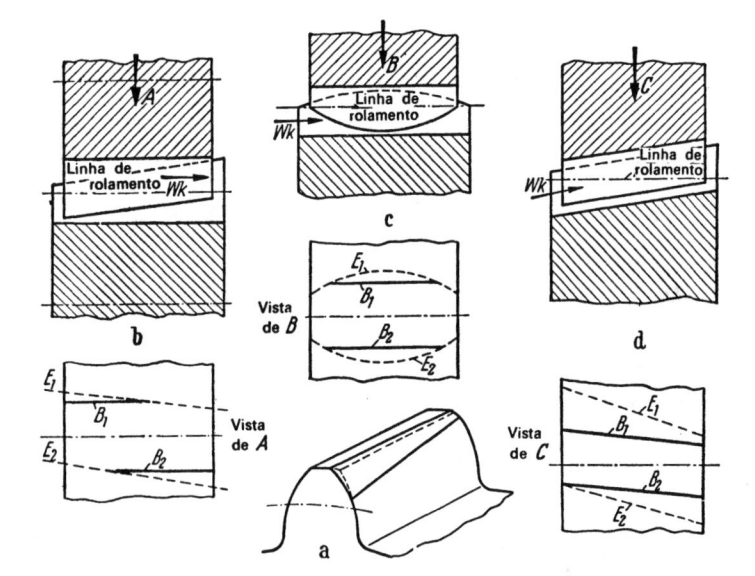

f) *Viscosidade e nível do óleo*. Mediante maior viscosidade, aditivos especiais adicionados ao óleo e por um nível de óleo mais alto, o ruído da transmissão em geral reduz-se apenas parcialmente (ver Fig. 21.50).

g) *Materiais amortecedores do ruído*. Da Fig. 21.51, deduz-se que, com o emprêgo de materiais amortecedores, intercalados entre o corpo e a coroa da engrenagem, pode-se reduzir o ruído, principalmente no caso de cargas elevadas. Esta possibilidade parece especialmente digna de consideração no caso de

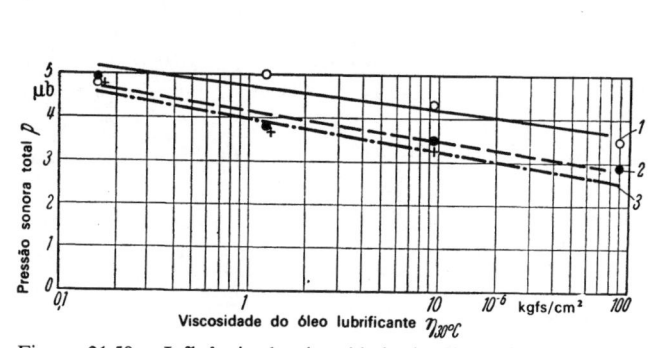

Figura 21.50 — Influência da viscosidade do óleo sôbre o ruído dos dentes, para diferentes níveis de óleo*

1 dente imergindo no óleo; 2 nível do óleo até o centro do eixo e 3 engrenagens totalmente imersas no óleo

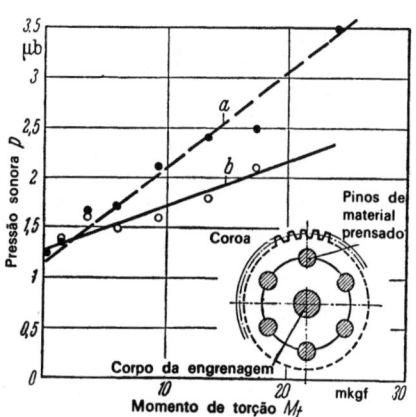

Figura 21.51 — Influência da interligação com pinos de material prensado, entre a coroa dentada e o corpo da roda, sôbre o ruído dos dentes**

a com roda cheia; b execução com pinos de material prensado

*Segundo NIEMANN e GLAUBITZ [21/93].
**Segundo NIEMANN [21/91].

engrenagens de turbinas com coroas dentadas sobrepostas[14]. Os materiais intercalados diminuem as fôrças de impulso (por redução da massa ativa) e a transmissão dos impulsos a corpos de ressonância (corpos de roda, eixos, mancais e carcaças das transmissões).

Da mesma forma agem as engrenagens de material amortecedor de ruídos (materiais aglomerados prensados, materiais sintéticos etc.), reduzindo sensìvelmente o ruído, resultando, porém, menor a fôrça transmissível por dente. Também é vantajoso, em muitos casos, o revestimento das carcaças das transmissões com materiais amortecedores de ruído[14].

h) *Peças vibrantes.* Uma vez que os impulsos nos dentes podem fazer vibrar, por transmissão, as peças que estão em contato com a transmissão, tais como eixos e mancais, carcaças, tubos e bombas de óleo, placas de fundação e bases, ruído próprio, deve-se — segundo as circunstâncias — fazer com que as peças afetadas apresentem uma conformação rígida ou sejam dotadas de isolamento acústico.

4. EXPERIÊNCIAS EM TRANSMISSÕES GRANDES

Nas transmissões grandes, de acôrdo com as diferentes condições de construção e de serviço (potências maiores, maiores velocidades tangenciais, maiores massas das engrenagens e larguras de dente), freqüentemente aparecem em primeiro plano outros impulsos e freqüências de ruído, o que não se verifica em engrenagens pequenas. Das medições de ruído efetuadas até hoje em transmissões grandes, tem-se[15]:

a) *Valores práticos da intensidade sonora a uma distância de 50 cm:*

em transmissões de rôsca sem-fim de boa qualidade............................... 70 até 75 fones
em transmissões pequenas a médias de engrenagens cilíndricas (transmissões industriais com velocidade tangencial baixa).. 75 até 85 fones
em transmissões de turbinas estacionárias { muito boa qualidade .... até 85 fones
{ ainda boa qualidade .... 95 até 100 fones
em transmissões marítimas { muito boa qualidade .... até 100 fones
{ ainda boa qualidade .... até 105 fones

b) *Intensidade sonora segundo os diferentes tamanhos.* A êsse respeito a Fig. 21.43 apresenta alguns resultados experimentais obtidos em transmissões de engrenagens cilíndricas de diferentes tamanhos, referidos à velocidade tangencial e ao momento de torção[16].

c) *Agrupamento dos espetros de ruído.* 1.º grupo: No espetro de ruído é decisiva a freqüência do dente f_z, uma vez que o choque de engrenamento é predominante e, por outro lado, a massa da roda é suficientemente grande para não poder ser excitada a sua freqüência própria. A emissão do ruído parte do engrenamento dos dentes. Incluem-se, nesse grupo, as transmissões de engrenagens cilíndricas de dentes retos, nas quais são decisivos os erros de passo e, além disso, as transmissões com engrenagens de dentes inclinados unilateralmente carregadas. Consegue-se, em geral, melhorar o comportamento por meio de polimento durante o amaciamento.

2.º grupo: No espetro de ruído é preponderante o dôbro da freqüência do dente ou, ainda, os múltiplos inteiros maiores de f_z. Nesse caso, em geral a massa da roda também vibra. Também aqui a emissão do ruído parte do engrenamento dos dentes.

3.º grupo: Além de f_z, surgem numerosas freqüências numa maior faixa de freqüências. As causas do ruído em geral são choques que aparecem menos periòdicamente que nos grupos 1 e 2, p. ex. nos casos de grandes erros de passo sob cargas elevadas ou quase em vazio, em que os flancos perdem o contato (trepidam). Figuram, nesse grupo, as transmissões para o avanço da ferramenta nas máquinas operatrizes, quando pouco carregadas, as transmissões por correntes trabalhando em vazio e as transmissões de engrenagens temperadas não retificadas a velocidades elevadas. É possível melhorar o comportamento por meio de retificação posterior dos flancos.

4.º grupo: Nesse caso, a freqüência principal do ruído não é a do dente, mas da máquina f_M, que também é uma função da rotação. Mais detalhes, ver págs. 127 e 129 e Fig. 21.41.

5.º grupo: É predominante a freqüência de rotação f_n ou seus múltiplos inteiros. A causa é 1 impulso por cada rotação, p. ex. devido ao defeito de um dente, à rotação excêntrica das engrenagens ou a um desbalanceamento do acoplamento.

6.º grupo: A transmissão funciona tranqüilamente; as freqüências f_z e f_M não se destacam e a intensidade do ruído é pequena. Nesses casos, em geral, o espetro de ruídos apresenta uma faixa larga de freqüências, na qual os sons parciais têm aproximadamente amplitudes iguais.

[14]Deve-se esclarecer que, para a produção do ruído, sòmente são necessárias quantidades muito pequenas de energia, e que mesmo em engrenagens da melhor qualidade, fabricadas em série, o comportamento acústico é muito variável. Para se conseguir, com certeza, engrenagens silenciosas, parece, portanto, necessário, consumir a energia vibratória restante em elementos amortecedores e impedir a sua transmissão a outros corpos sonoros.

[15]Essencialmente segundo ZINK [21/102].

[16]Dados para estimar a intensidade do ruído da transmissão, para tamanhos e potências diferentes, ver [21/92].

21.8. RENDIMENTO E POTÊNCIA PERDIDA

O rendimento total η_g de uma transmissão por engrenagens resulta da potência de acionamento N_1 e da potência de saída $N_2 = N_1 - N_v$, ou da potência perdida N_v na transmissão [17]

$$\eta_g = \frac{N_2}{N_1} = \frac{N_1 - N_v}{N_1} = 1 - \frac{N_v}{N_1} \leq 1 \qquad (4)$$

ou

$$\eta_g = \frac{N_2}{N_2 + N_v} = \frac{1}{1 + N_v/N_2} \leq 1. \qquad (5)$$

O problema é, portanto, a determinação da potência perdida total

$$N_v = N_0 + N_z + N_L \qquad (6)$$

Esta se compõe da potência de funcionamento em vazio N_0, da potência perdida nos dentes N_z sob a ação da carga e da potência perdida nos mancais N_L no funcionamento com carga.

A potência em vazio

$$N_0 = N_{0z} + N_{Pl} + N_{0L}$$

pode ainda ser subdividida em potência de atrito durante o funcionamento em vazio das engrenagens N_{0z}, a potência de agitação do lubrificante N_{Pl}, pelas engrenagens (com lubrificação por imersão), e a potência perdida nos mancais N_{0L}, durante o funcionamento em vazio,

As Figs. 21.52 e 21.53 mostram, para engrenagens cilíndricas de dentes retos, a influência da carga e da velocidade periférica sôbre as diversas componentes da potência perdida, e a Fig. 21.54 mostra a influência

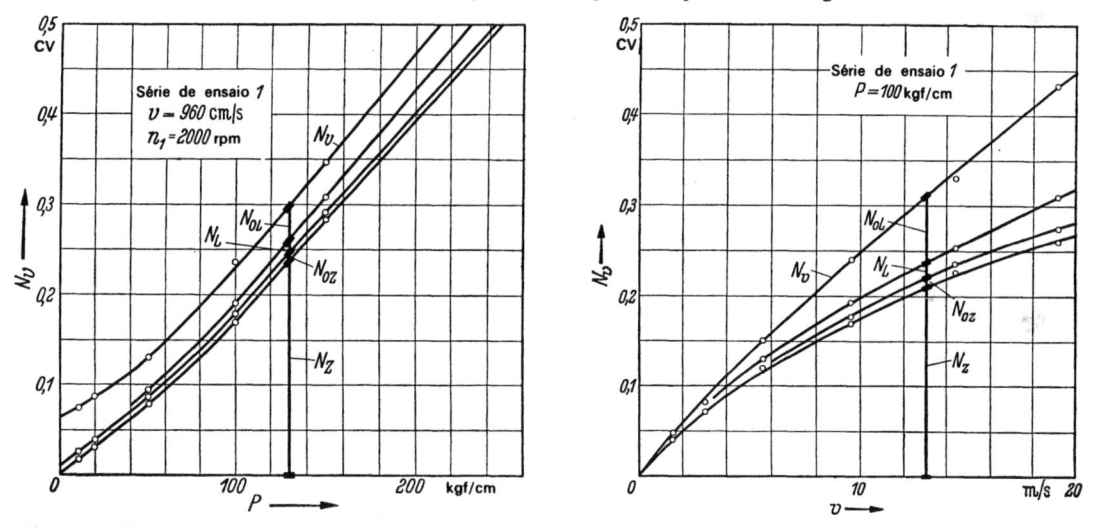

Figura 21.52 – Variação e composição da potência total perdida N_v, em função da fôrça normal do dente P por cm de largura do dente e da velocidade periférica v*

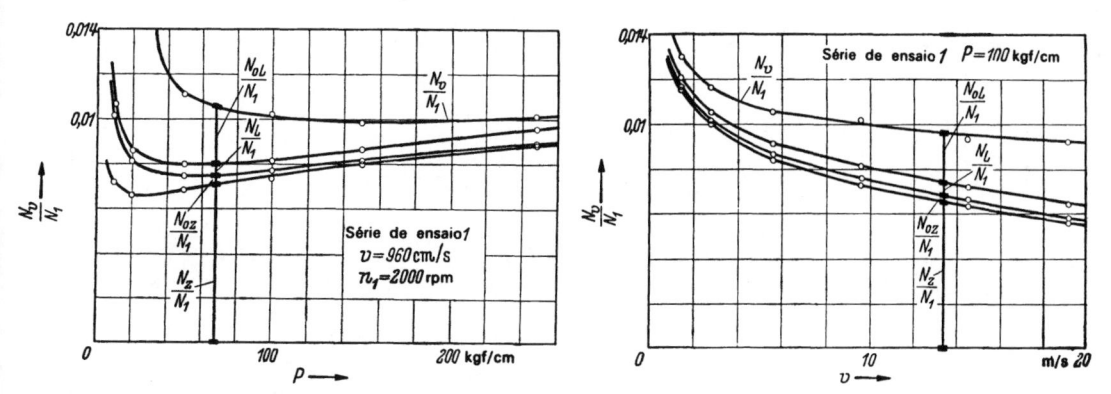

Figura 21.53 – Variação e composição da perda relativa de potência N_v/N , em função da fôrça normal do dente e da velocidade periférica v*

[17] Nesse caso, supõe-se que o acionamento é feito pelo eixo do pinhão 1; com um acionamento do eixo da roda 2, devem ser permutados os índices 1 e 2 nas equações acima.

*Segundo NIEMANN e OHLENDORF [21/114].

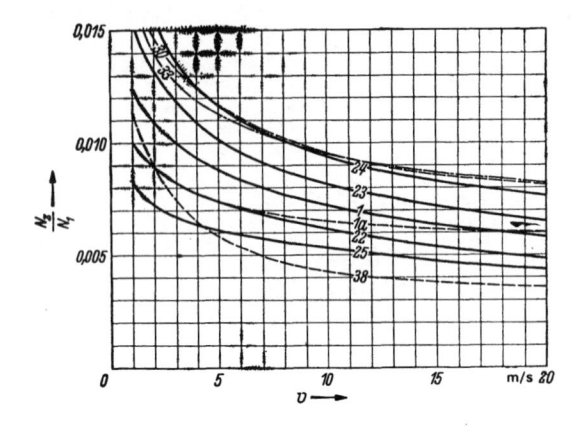

Figura 21.54 – Curvas da potência relativa perdida N_z/N_1 nos dentes, em função da velocidade tangencial, em diferentes condições de serviço*

Curva 1: Com $z_1 = z_2 = 20$; $m = 4,5$; $\alpha_b = 22,43°$; $\varepsilon = 1,5$; engrenagens temperadas com retificado cruzado fino ($G = 1,36\,\mu$ e $\mu_b\,0,108$), lubrificadas com óleo mineral B com viscosidade $\eta_E = 0,4 \cdot 10^{-2}$ kgfs/m², fôrça normal no dente $P = 10$ kgf por mm de largura do dente

Curva 1a: em comparação com 1, tem-se $P = 2$ kgf/mm

Curva 22: em comparação com 1, tem-se $\varepsilon = 1,1$ em vez de 1,5

Curva 23: em comparação com 1, tem-se $\varepsilon = 1,80$

Curva 24: em comparação com 1, tem-se $m = 6$ e $z_1 = z_2 = 15$

Curva 25: em comparação com 1, tem-se $m = 3$ e $z_1 = z_2 = 30$

Curva 30: em comparação com 1, tem-se $G = 7,4\,\mu$ (retificado cruzado grosseiro) em vez de 1,36

Curva 33: em comparação com 1, tem-se $G = 2,4\,\mu$ e $\mu_b = 0,124$ (não-temperado, fresado) em vez de $G = 1,36$ e $\mu_b = 0,108$

Curva 38: em comparação com 1, tem-se lubrificação com óleo sintético F (óleo poliéter, $\mu_b = 0,070$) em vez de óleo mineral B ($\mu_b = 0,108$)

da variação dos dados de funcionamento sôbre a relação N_z/N_1. Para outros dados experimentais sôbre a ordem de grandeza de N_z/N_1 e N_v/N_1, em diferentes transmissões por engrenagens, ver Tab. 21.10 e Eq. (21).

1. FÓRMULAS PARA A POTÊNCIA PERDIDA NOS DENTES[18]

A maioria das engrenagens funciona com atrito misto. A cunha de lubrificação entre os flancos dos dentes é interrompida pelas pontas das rugosidades que se tocam. Sòmente uma parte da fôrça normal P no dente é transmitida pela pressão hidrodinâmica do lubrificante (fôrça do dente P_h), sendo que a parte restante é transmitida diretamente pelos pontos de contato (fôrça do dente P_b). Da mesma maneira, a potência perdida no dente N_z pode ser considerada como formada pela soma da componente hidrodinâmica N_h com a componente de contato N_b. Para cada mm de comprimento da linha de contato, tem-se:

fôrça normal do dente $\qquad P = P_h + P_b \,(\text{kgf/mm})$,

e, portanto, $\qquad\qquad P_b = P - P_h \quad$ e $\quad \dfrac{P_b}{P} = 1 - \dfrac{P_h}{P}$,

potência perdida no dente $\quad N_z = N_b + N_h \,(\text{CV/mm})$,

potência transmitida $\qquad N_1 = P\,v\,\cos\alpha/75 \,(\text{CV/mm})$,

com velocidade tangencial na circunferência de rolamento v (m/s) e um ângulo de engrenamento de serviço $\alpha\,(°)$. Tem-se, portanto,

$$\frac{N_z}{N_1} = \frac{N_b}{N_1} + \frac{N_h}{N_1} \tag{7}$$

Na região de atrito fluido, tem-se $P_h = P$, $P_b = 0$ e $N_b = 0$. Essa região sòmente será alcançada se a espessura h da película de lubrificante fôr maior que a altura das rugosidades superficiais dos flancos de dente (Fig. 21.57).

Com a introdução das grandezas que aparecem no engrenamento da Fig. 21.55, as velocidades v, w, v_G (m/s), os comprimentos r_1, r_2, ρ_1, ρ_2, e, e_1, e_2 (mm), a espessura da película de lubrificante $h\,(\mu)$, a profundidade das rugosidades $G = G_1 + G_2\,(\mu)$, o coeficiente de atrito μ_b do contato metálico e a viscosidade dinâmica η do óleo[19] (kgf s/m²) são deduzidas as expressões que se seguem para N_b/N_1 e N_h/N_1.

[18]Segundo NIEMANN e OHLENDORF [21/114]. As equações são válidas para o caso de distribuição uniforme da carga sôbre tôda a largura do dente.

[19]Segundo a pág. 47 tem-se $\eta(\text{kgfs/m}^2) = 10^4\,\eta(\text{kgfs/cm}^2) = 1,02 \cdot 10^{-4}\,\eta(\text{cP})$.

Figura 21.55 — Engrenamento com indicação das dimensões e velocidades usadas no cálculo da potência perdida no dente N_z

Dimensões: ϱ_1 , ϱ_2 raios de curvatura dos flancos dos dentes (no ponto de rolamento C, tem-se $\varrho_1 = r$, sen α e $\varrho_2 = r_2$ sen α); r_1, r_2 raios da circunferência de rolamento; z_1, z_2 números de dentes; h espessura da película de lubrificante:

$$t_e = m\pi \cos \alpha = \frac{2r_1}{z} \pi \cos \alpha;$$

$$\varepsilon_1 = e_1/t_e; \qquad \varepsilon_2 = e_2/t_e$$

Velocidades: $v, w = w_1 + w_2$; $v_G \doteq w_2 - w_1$; $w_1 = v\varrho_1/r_1$; $w_2 = v\varrho_2/r_2$

(Na figura estão trocados w_1 e w_2.)

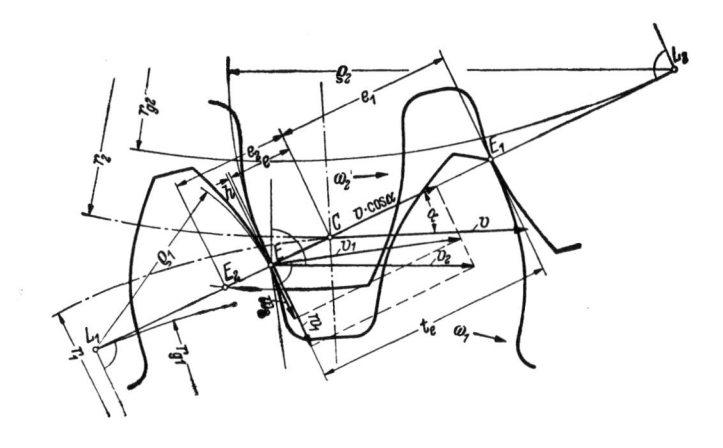

Expressão de N_b/N_1. Para o ponto de engrenamento E dos dentes, em cada instante, tem-se:

$$N_b = \mu_b P_b v_G/75 \ (\text{CV/mm})$$

$$\boxed{\frac{N_b}{N_1} = \mu_b \left(1 - \frac{P_h}{P}\right) f_b} \tag{8}$$

$$f_b = \frac{v_G}{v \cos \alpha} = \frac{e}{r_1 \cos \alpha} \frac{i+1}{i} \tag{9}$$

Expressão de N_h/N_1. Em cada ponto de engrenamento dos dentes, tem-se[20] :

$$N_h = 0,62 \cdot 10^{-3} \sqrt{\eta w P_h} \, w q \ (\text{CV/mm}),$$

$$q = 1 + 1,24 \left(\frac{v_G}{w}\right)^2,$$

$$\boxed{\frac{N_h}{N_1} = \sqrt{\frac{\eta v}{103 P}} \sqrt{\frac{P_h}{P}} f_h} \tag{10}$$

$$f_h = 1,47 \sqrt{\frac{w}{v} \frac{w q}{v \cos \alpha}} \tag{11}$$

$$h = 2,45 \eta \, w \frac{\varrho}{P_h} \ (\mu).$$

Expressão dos valores médios sôbre o percurso de engrenamento. Na Fig. 21.56 são representados, para o engrenamento da Fig. 21.55, a variação de P, e/t_e, N_b/N_1, N_h/N_1 e N_z/N_1, em função da posição do ponto de engrenamento sôbre o percurso de engrenamento. Na região do engrenamento duplo, a fôrça no dente P reparte-se sôbre dois pares de flancos, cujos 2 pontos de engrenamento passam simultâneamente, e à distância t_e, pelas partes esquerda e direita da região de engrenamento duplo. Foi adotada, nesse caso, em cada um dos 2 dentes, uma fôrça igual a $0,5 P$.

O valor médio integrado de N_b/N_1, N_h/N_1 e N_z/N_1 é a área da superfície hachurada F_b, F_h e F_z da Fig. 21.56, respectivamente, dividida por t_e, pois, percorrido t_e, repetem-se as mesmas perdas de potência.

Expressões finais de N_z/N_1[21]. Da integração efetuada para a determinação dos valores médios, obtêm-se, com as expressões enquadradas de N_z/N_1, N_b/N_1 e N_h/N_1, as seguintes expressões finais para os valores médios, tomando[22]

$$\boxed{f_b = f_{bm} = \frac{\pi}{z_1} \frac{i+1}{i} (1 - \varepsilon + \varepsilon_1^2 + \varepsilon_2^2)} \tag{12}$$

[20]Segundo a expressão de NIEMANN [21/112], na qual a associação e o movimento dos flancos dos dentes são reduzidos aos de dois cilindros, sendo então usadas as fórmulas da teoria de lubrificação comum [21/116].

[21]Para engrenagens cilíndricas de dentes inclinados, nas equações finais devem ser introduzidos os valores correspondentes à secção frontal. Os valores calculados dêste modo para N_z/N_1 devem então ser multiplicados por $1/\cos \beta g$, onde βg é o ângulo de inclinação medido na circunferência de base, segundo a pág. 171.

[22]f_{bm} corresponde a f_b, segundo a Eq. (9), para $e = 0,5 \, t_e (1 - \varepsilon + \varepsilon_1^2 + \varepsilon_2^2)$; f_{hm} corresponde a $f_h \sqrt{\varepsilon}$ com f_h segundo Eq. (11), com $w/v = 2$ sen α para o ponto de rolamento C e v_G/v para $e = t_e \varepsilon/3$.

137

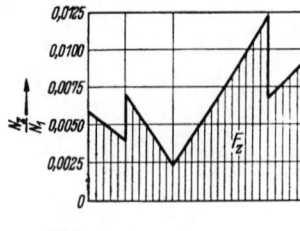

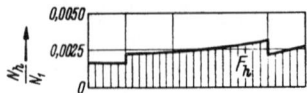

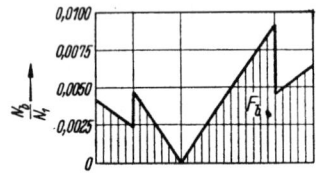

Figura 21.56 – Integração de N_z/N_1 sôbre o percurso de engrenamento. Variação da fôrça normal no dente P, de e/t_e, N_b/N_1, N_h/N_1 e de N_z/N_1 ao longo do percurso de engrenamento. Dados de funcionamento, ver Fig. 21.58, $P_h/P = 0,75$

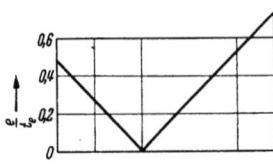

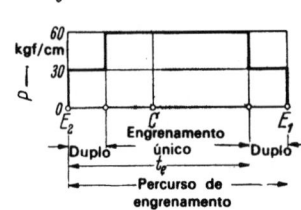

$$f_h = f_{hm} \cong 4,16 \, \text{tg} \, \alpha \, \sqrt{\varepsilon \, \text{sen} \, \alpha} \left[1 + 1,36 \left(\frac{\varepsilon}{z_1 \, \text{tg} \, \alpha} \, \frac{i+1}{i} \right)^2 \right] \tag{13}$$

$$h \cong 4,9 \, \text{sen} \, \alpha \, \eta \, v \, \varepsilon \, \frac{\varrho_c}{P} \, \frac{P}{P_h} \, (\mu).$$

Para um engrenamento zero[23] de $20°$, tem-se

$$f_{bm} \cong 2,6 \, \frac{i+1}{z_2+5} \tag{14}$$

e

$$f_{hm} \cong 1,25 \tag{15}$$

Segundo ensaios[24], *tem-se:*
coeficiente de atrito μ_b do contato metálico, ver Tab. 21.10, viscosidade média do óleo

TABELA 21.10 – *Valores práticos do coeficiente de atrito μ_b do contato metálico nos dentes, após o amaciamento.*

Material	Usinagem	Óleo lubrificante	μ_b
Aço temperado	Retificado	Óleo mineral	$0,097 \cdots 0,11$
		Óleo sintético	$0,070$
Aço beneficiado			$0,124$
Aço St 50	Fresado	Óleo mineral	$0,143$
Fibra prensada/aço temperado			$0,13$

[23]Da mesma maneira podem ser estabelecidas equações simplificadas ou gráficas de f_{bm} e f_{hm}, para outros tipos de engrenamento.

[24]Ver nota 18, pág. 136.

$$\eta \cong \frac{\eta_E}{1 + \sqrt{P\,v/3}} \quad (\text{kgf s/m}^2)\cdot \tag{16}$$

sendo η_E a viscosidade do óleo à temperatura de entrada[25], relação de fôrças[26]

$$\frac{P}{P_h} \cong 1 + \frac{G^{0,5}\,\eta_E^{0,8}}{11,6\,\eta\,v\,\varepsilon\,\text{sen}\,\alpha} \tag{17}$$

profundidade das rugosidades G, ver Fig. 21.57 e Tab. 21.11

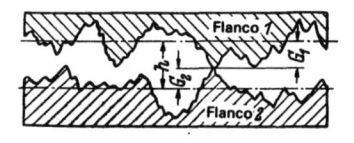

Figura 21.57 — Profundidade da rugosidade $G = G_1 + G_2$. Espessura da película de lubrificante $h = G$ no início do atrito fluido

TABELA 21.11 — *Valores práticos das profundidades das rugosidades G_1, G_2 após o amaciamento.*

Usinagem	Diâmetro das rodas d_1, d_2 mm	G_1, G_2 μ
Aplainado fino, fresado	100	1 ··· 3
	1 000 ··· 4 000	4 ··· 12
Retificado cruzado, produção em série	100	1 ··· 2
Retificado fino	100	0,5
	1 000	2

TABELA 21.12 — *Valores práticos de N_z e N_v, de acôrdo com a execução.*

Transmissão	Engrenagens	N_z [% de N_1]	N_v [% de N_1]	Observação
Transmissões em turbinas:				
Com engrenagens cilíndricas	Beneficiadas e fresadas	0,3 ··· 0,5	2 ··· 2,8	Mancais de deslizamento e lubrificação por injeção*
Com engrenagens cilíndricas	Temperadas e retificadas	0,2 ··· 0,33	1,9 ··· 2,6	
Transmissões planetárias	Rasqueteadas e nitretadas	0,3 ··· 0,5	1 ··· 1,6	Pinhão louco (sem mancais)**
Veículo a motor:				
Engrenagens cilíndricas	Temperadas e retificadas	0,6 ··· 1,4	2,5 ··· 3	Mancais de rolamento, lubrificação por imersão
Engrenagens cônicas helicoidais	Temperadas e lapidadas		3	
Engrenagens cônicas descentradas	Temperadas e lapidadas		4 ··· 6	
Transmissão de parafuso sem-fim $i = 5$	Parafuso temperado e retificado		5 ··· 10	Mancais de rolamento, lubrificação por imersão
Transmissão de parafuso sem-fim $i = 11$				
Parafusos sem-fim do mecanismo de direção $i = 23$	Coroa de bronze		34 ··· 48	

*As perdas nos mancais podem ser diminuídas empregando-se, para a lubrificação, um óleo mais fino.
**Execução segundo STOECKICHT.

Exemplos de cálculo de N_z/N_1. Na Fig. 21.58 são confrontados os resultados de ensaio e de cálculo de N_z/N_1, a diferentes velocidades tangenciais v e com uma carga $P = 6$ kgf/mm. Com êsses dados de serviço, obtêm-se, pelas fórmulas e pelo ensaio, respectivamente:

Para $v =$	1	8	15 m/s
Cálculo:			
$10^2 \cdot \eta =$	0,83	0,4	0,31 kgf s/m
$P/P_h =$	2,60	1,42	1,29
$N_z/N_1 =$	0,0130	0,0083	0,0076
Ensaio:			
$N_z/N_1 =$	0,0126	0,0082	0,0074

[25]Viscosidade de óleos para transmissões η, e conversão de unidades, ver pág. 44, Lubrificantes.
[26]P/P_h resulta da variação de h/G em função de $\eta v/P$.

Também para outras cargas nos dentes são pequenas as diferenças entre o cálculo e o ensaio. Assim, para $P = 35,5\,\text{kgf/mm}$ e $v = 11,5\,\text{m/s}$, obtém-se, pelo cálculo, $N_z/N_1 = 0,0089$, e pelo ensaio, $= 0,0090$.

Medidas favoráveis: A potência perdida relativa N_z/N_1 do dente, segundo os ensaios (Fig. 21.54) e segundo as fórmulas, na zona de atrito misto será tanto menor quanto menor fôr o percurso parcial de engrenemento máximo e_1 ou e_2 (quanto menor fôr o módulo), quanto menor fôr a profundidade das rugosidades e quanto maiores o raio de curvatura ρ, a viscosidade do óleo η, a velocidade tangencial v e o rebaixamento dos flancos. Além disso, a potência perdida pode ser reduzida consideràvelmente pelo emprêgo de óleo sintético (Fig. 21.59).

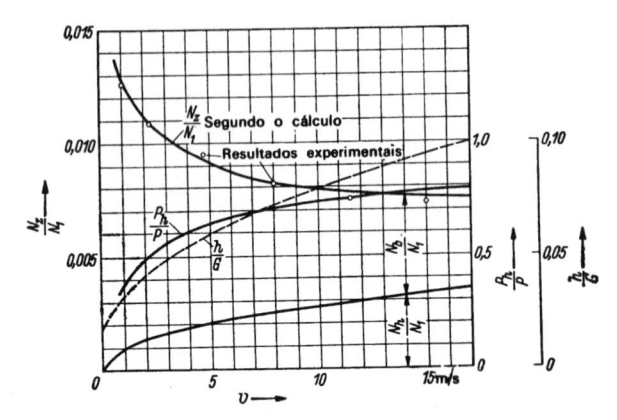

Figura 21.58 – Comparação de N_z/N_1, segundo o ensaio (pontos) e o cálculo (curva)*. Além disso, é representado o valor P_h/P, obtido por cálculo. Dados de serviço: Engrenagens temperadas, com retificado cruzado MAAG, $z_1 = 16$; $z_2 = 24$; $m = 4,5$; $\alpha_b = 22,43°$; $\varepsilon_1 = 0,735$; $\varepsilon_2 = 0,475$; distância entre eixos 91,5 mm; profundidade da rugosidade $G = G_1 + G_2 = 2,5\,\mu$; $P = 6$ kgf/mm; óleo mineral com $\eta_E = 2 \cdot 10^{-2}\,\text{kgfs/m}^2$

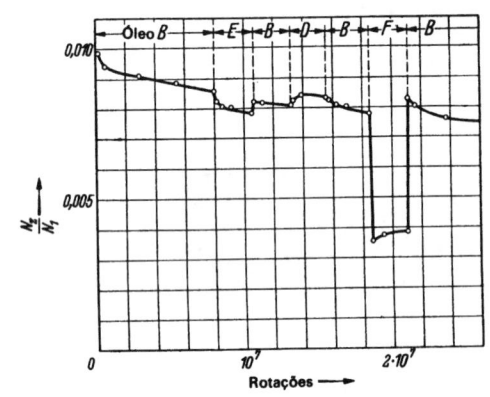

Figura 21.59 – Influência do lubrificante sôbre a perda de potência relativa nos dentes N_z/N_1, para os mesmos dados de serviço*

Engrenagens temperadas com retificado cruzado fino: $z_1 = z_2 = 20$; $m = 4,5$; fôrça normal no dente $P = 25\,\text{kgf/mm}$; velocidade tangencial $v = 9,6$ m/s; viscosidade do óleo $\eta_E = 0,4 \cdot 10^{-2}\,\text{kgfs/m}^2$

B óleo mineral sem aditivos; D óleo mineral B com aditivo para o óleo de engrenagens; E óleo mineral B com aditivo EP; F óleo sintético (óleo de poliéter)

2. FÓRMULA PARA A POTÊNCIA PERDIDA NA AGITAÇÃO DO ÓLEO

Segundo os ensaios[27], ela é muito pequena, valendo aproximadamente, para cada roda imersa,

$$N_{PL} \cong \frac{by}{2 \cdot 10^6}\,v^{3/2}\,\text{(CV)}. \tag{18}$$

Onde se tem
b (mm) largura da roda imersa,
y (mm) profundidade de imersão,
v (m/s) velocidade tangencial da roda imersa.

Com v pequeno, N_{PL} aumenta ligeiramente com a viscosidade η do óleo; com v grande, a influência de η é inversa.

3. FÓRMULA PARA POTÊNCIA PERDIDA NOS MANCAIS

As potências perdidas nos diversos mancais da transmissão devem ser somadas

$$N_L = \Sigma \frac{\mu_L P_L d_L n}{1,43 \cdot 10^6}\,\text{(CV)}. \tag{19}$$

Nessa fórmula, μ_L é o coeficiente de atrito dos mancais de deslizamento ou de rolamento (valores experimentais, ver Cap. 15), P_L (kgf) é a carga do mancal, d_L (mm) é o diâmetro do eixo, e n(rpm) é o número de rotações do eixo.

21.9. LUBRIFICAÇÃO E REFRIGERAÇÃO[27]

1) *Lubrificação e lubrificante.* A lubrificação deve reduzir em grande parte o atrito e o desgaste nos flancos dos dentes, bem como conduzir o calor proveniente do atrito. Além disso, o lubrificante usado não deve ser prejudicial às engrenagens, aos mancais e às juntas, devendo apresentar também estabilidade suficiente no uso.

*Segundo NIEMANN e OHLENDORF [21/114].
[27]Bibliografia, ver pág. 147.

Para êstes fins, são especialmente adequados os óleos minerais (com ou sem aditivos), que possibilitam manter uma baixa perda de potência por atrito, sempre que sua viscosidade para as condições de velocidade tangencial e de carregamento na engrenagem seja suficiente para se obter aproximadamente um "atrito fluido" (sem contato metálico entre os flancos dos dentes).

Sòmente quando não são preenchidas estas condições (em casos de velocidades tangenciais baixas, ver Tab. 22.12) é que se recorre à lubrificação a graxa; com velocidade muito reduzida, podem-se empregar, eventualmente, lubrificantes sólidos, como p. ex. o bissulfito de molibdênio. Em ambos os casos, porém, o coeficiente de atrito é sempre maior do que com lubrificação a óleo e com atrito fluido, sendo, além disso, quase nula a eliminação do calor pelo lubrificante.

2) *Tipos de lubrificação*. Destaca-se, por sua simplicidade, a lubrificação por imersão. Nesse caso, as próprias engrenagens ou uma roda que engrena com as mesmas ou, em outros casos, os discos especiais de lubrificação, rodas ou braços munidos de canecas são imergidos no óleo, chegando êste aos flancos dos dentes diretamente por contato ou por salpicamento, ou por meio de gotejamento das paredes para os flancos dos dentes, através de chapas coletoras e canais de condução. A profundidade de imersão das engrenagens não deve ultrapassar 6 vêzes o módulo[28]; a profundidade mínima de imersão deve ser aproximadamente 1 módulo.

Com valor-limite superior à velocidade tangencial v da engrenagem que transporta o lubrificante, com lubrificação por imersão, indica-se 13 a 15 m/s; em transmissões com funcionamento intermitente, com tempos de serviço curtos, êsse valor é freqüentemente ultrapassado. Além disso, segundo BLOK [21/125], [21/127], a aceleração centrífuga do óleo não deve ultrapassar o valor $\omega^2 r = v^2/r = 550 \text{ m/s}^2$ pois, caso contrário, a película de óleo será excessivamente fina. Nos ensaios da FZG, no entanto a lubrificação por imersão ainda resultou satisfatória com $v^2/r = 2\,500 \text{ m/s}^2$, onde r é o raio da roda que imerge no óleo.

Com velocidades tangenciais maiores, adota-se a lubrificação forçada. Nesse caso, injeta-se o óleo por meio de uma bomba, em forma de um jato largo, em geral radialmente (raras vêzes axialmente), sôbre os flancos dos dentes, imediatamente muito elevados; o óleo pode também ser injetado após o local de engrenamento. Em transmissões planetárias, a alimentação do óleo pode também ser feita a partir do eixo, através de furos na base dos dentes do pinhão.

Para altas velocidades tangenciais, a distância entre a cabeça do dente e a carcaça deve ser especialmente grande.

3) *Escolha do óleo*. Para muitas transmissões, são suficientes os óleos minerais puros; para exigências maiores, no que diz respeito ao poder de lubrificação, usam-se óleos com alguns aditivos, e, quando a capacidade de carga não satisfaz mais (aparecimento de estrias nos dentes), empregam-se os óleos EP (óleos *extrem pressure*, também chamados óleos hipóides), com mais aditivos, e que servem, ao mesmo tempo, para o amaciamento mais rápido das transmissões. Em muitos casos, exige-se também outras propriedades dos óleos, como p. ex. bom comportamento ao envelhecimento, ausência de tendência para ligar com a água, impedir a formação de espuma, curva viscosidade-temperatura muito pouco inclinada, baixo teor de cinzas e, eventualmente, ainda exigências especiais referentes ao ponto de inflamação e ao ponto de gôta[29].

4) *Viscosidade do óleo e limite de carga de engrenamento*. Em geral, pode-se dizer o seguinte: Quanto menor fôr a velocidade tangencial e quanto maior a pressão de contato e a profundidade das rugosidades dos flancos dos dentes, tanto maior deverá ser a viscosidade do óleo que, por outro lado, acarreta maiores perdas no funcionamento em vazio. Além disso, uma viscosidade mais elevada do óleo resulta numa maior capacidade hidrodinâmica de carga e num limite mais elevado da carga de engripamento. Quando, por outros motivos, deseja-se uma viscosidade menor, esta pode ser compensada, no que diz respeito ao limite de carga de desgaste, por meio de aditivos EP. Valores práticos para a escolha da viscosidade do óleo e cálculo do limite da carga de engripamento para engrenagens cilíndricas e cônicas se encontram nas págs. 168 e 201; para a escolha do óleo de transmissões de parafuso sem-fim, ver Cap. 24.

5) *Quantidade de óleo*. Com maior volume de óleo Q (litros) na carcaça da transmissão e no sistema circulatório, aumenta a dissipação de calor da carcaça, a vida do óleo e a limpeza do mesmo, através da decantação.

Com *lubrificação por imersão* vale o valor de orientação

$$\boxed{Q \cong 2,5\,N_z \cdots 8\,N_z} \quad \text{(litros)}. \tag{20}$$

A potência perdida N_z do engrenamento vale, segundo a Fig. 21.54, para engrenagens cilíndricas com lubrificação suficiente (Tab. 22.28), aproximadamente

---

[28]Se a roda que imerge no óleo estiver protegida inferiormente por uma chapa perfurada, o nível de óleo poderá ser mais alto.

[29]Óleos lubrificantes para transmissões, ver DIN, à pág. 144. Nos óleos EP, deve-se observar se os seus aditivos são compatíveis com os respectivos materiais usados (engrenagens, rolamentos e juntas).

$$N_z \cong N_1\left(\frac{0,1}{z_1\cos\beta} + \frac{0,03}{v+2}\right) \quad \text{(CV)} \tag{21}$$

com uma potência de acionamento N_1 (CV), um número de dentes do pinhão z_1, um ângulo de inclinação β e uma velocidade tangencial v (m/s).

Com *lubrificação forçada*, a vazão de óleo Q_e necessária para a injeção, para a condução total da perda N_z (CV) pelo óleo mineral, com uma diferença de temperatura $\Delta t[^\circ C]$ entre a entrada e a saída do óleo, segundo a fórmula de transmissão do calor, vale

$$Q_e = 30\,\frac{N_z}{\Delta t} \quad \text{(litros/min)}. \tag{22}$$

Além disso, não deve ser demasiadamente curto o tempo teórico de circulação $T = Q/Q_e$(min) do óleo Q, a fim de que as partículas desgastadas e os detritos possam decantar e o envelhecimento do óleo não progrida demasiadamente. Com lubrificação por injeção, diretamente do cárter da transmissão (sem circulação externa), geralmente só se alcança $T = 0,5$ a $2,5$, devido à escassez de espaço, enquanto que com a circulação do óleo através de um sistema de refrigeração ou de um tanque central é usual $T = 4$ a 30^{30}.

6) *Troca de óleo*. A primeira troca é feita após 200 a 300 horas de funcionamento, aproximadamente, e a seguir o óleo deve ser filtrado em intervalos de aproximadamente 2 500 horas de funcionamento (segundo BEUERLEIN [21/125]). Nos ensaios da FZG, com $T = 25$ e aspiração do óleo por um filtro fino, foram alcançadas mais de 5 000 horas de funcionamento a plena carga sem a troca de óleo inicial e sem conseqüências prejudiciais.

7) *Filtros magnéticos*. Para a captação e o contrôle das partículas metálicas desgastadas, deram bons resultados o uso de ímãs permanentes no cárter do óleo ou no circuito de circulação.

8) *Refrigeração*. A potência perdida N_v transformada em calor deve ser conduzida pela refrigeração (condução do calor ao meio externo) tão abundantemente que a temperatura do óleo não ultrapasse um certo valor-limite.

O equilíbrio térmico é alcançado sòmente após várias horas. A potência cedida sob forma de calor, ou seja a potência de refrigeração N_k, é então igual a N_v, e a potência transmitida será

$$N_1 = \frac{N_k}{N_v/N_1} \quad \text{(CV)} \tag{23}$$

Em engrenagens cilíndricas de um só estágio, com uma distância entre eixos a (mm), largura máxima da roda b_{max}, número de dentes do pinhão z_1, ângulo de inclinação β e a velocidade na circunferência de rolamento v (m/s), tem-se para uma refrigeração comum pelo ar[31]:

$$N_1 = \frac{N_{kar}}{N_v/N_1} \quad \text{(CV)}, \tag{24}$$

$$N_{kar} \cong \frac{tu}{374}\left(\frac{a}{100}\right)^{1,6}(0,27 + b_{max}/a)\,(1 + 1,2\,v^{0,4}) \quad \text{(CV)}, \tag{25}$$

$$\frac{N_v}{N_1} \cong \left(\frac{0,1}{z_1\cos\beta} + \frac{0,03}{v+0,2} + \frac{v+5}{10\,000}\right). \tag{26}$$

Nesse caso, tomou-se $N_v \cong N_z + 0,5\,N_L$, com N_z segundo a Eq. (21) e $N_L \cong 2\,(v+5)/10\,000$ para a potência perdida em 4 mancais de rolamento. Para a diferença de temperatura $t\,u$ ($^\circ$C) entre o óleo e o ar, admite-se 30 a 70. *Exemplo*: para $a = 400$, $b_{max}/a = 0,3$, $z_1 = 16$, $v = 10$ e $t\,u = 50^\circ$, segundo as Eqs. (24) a (26), é admissível $N_1 \cong 270$ CV.

Para transmissões de dois estágios de engrenagens cilíndricas, tem-se aproximadamente:

$$N_1 \cong 0,75\,(N_{1II} + N_{1III})0,5 \quad \text{(CV)} \tag{27}$$

com N_{1II} para o 1.º estágio e N_{1III} para o 2.º estágio, segundo as Eqs. (24) a (26).

Para potências ainda maiores, a potência de refrigeração restante

$$N_{kk} = N_k - N_{kar} = N_1(N_v/N_1) - N_{kar} = Q_d\,\beta_k\,\Delta t/632 \tag{28}$$

[30]Como medida, é freqüentemente utilizada a freqüência de circulação $W = 60/T$.

[31]Segundo investigações da FZG, a Eq. (25) vale para transmissões com lubrificação por imersão ou por injeção, com carcaça de aço, aço fundido ou ferro fundido, com uma superfície externa $F(m^2) \cong 0,17\,(a(mm)/100)^{1,85}$, com $b_{max}/a = 0,3$ e sem ventilador. Com um maior cárter de óleo e com melhor refrigeração através de um ventilador e de aletas de refrigeração colocadas na direção da corrente do ar, pode-se conseguir para N_{kar}, valores até 2,5 vêzes os dados pela Eq. (25). A influência das dimensões sôbre N_{kar} e N_v deve ainda ser examinada mais precisamente através de outros ensaios. Aos valores-limite de potência apresentados para êste caso por WELLAUER [21/142] faltam os dados referentes à execução, $t\,u$, N_{kar} e N_v/N_1.

deve ser conseguida por circulação a óleo ou por água. Nesse caso, Q_d [litros/min] é a vazão, β_k o coeficiente de absorção de calor do líquido (calor específico) e Δt é a diferença de temperatura entre a entrada e a saída.

Para o óleo: $\beta_k \cong 21$, $\Delta t = 3 \cdots 5$ sem refrigeração de retôrno, $= 10 \cdots 20$ com refrigeração de retôrno.

Para água: $\beta_k \cong 60$, $\Delta t = 10 \cdots 20$ e a superfície necessária da serpentina de refrigeração de cobre, tem-se

$$F_k \cong 1{,}48 \, N_{kk}/t_d \, (\text{m}^2) \tag{29}$$

para uma velocidade da água de 0,5 m/s, e para uma diferença de temperatura $t_d = 38°C$ entre o óleo e a água.

21.10. FUNDAMENTOS DA FABRICAÇÃO DE ENGRENAGENS

A escolha do processo de fabricação depende do material, das dimensões, do número de peças e da qualidade do engrenamento. Nas engrenagens para a construção de máquinas, figuram em primeiro plano os processos de fabricação com formação de cavaco, tais como a plainagem, o fresamento, o brochamento, a raspagem e a retificação. A fabricação sem formação de cavaco, mediante a fundição, injeção, embutimento, prensagem, forjamento ou sinterização de engrenagens inteiriças em moldes perfilados e, além disso, por estampagem ou por trefilação, com uma ferramenta perfilada de corte ou fieira, é empregada principalmente para engrenagens pequenas em grandes séries de fabricação.

O resumo abaixo permite distinguir as características dos principais processos de fabricação.

1. *PROCESSO POR GERAÇÃO* (por corte de contôrno)

Nesse processo a ferramenta executa, além do movimento de corte (movimento de plainagem, brochamento, fresagem, rasqueteamento, retificação) e do de avanço, um movimento de rotação em relação à engrenagem Z_1 em fabricação, igual ao movimento de uma engrenagem Z_2 (p. ex. uma cremalheira) em engrenamento com Z_1[32]. A ferramenta deve, portanto, possuir o perfil de Z_2 (no caso-limite, pelo menos o perfil do flanco de um dente de Z_2). Os flancos dos dentes de Z_1 originam-se por corte de contôrno com o flanco da ferramenta. Vantagem mais importante: é necessária apenas uma ferramenta para as engrenagens com qualquer número de dentes, devendo o tamanho do dente ser o mesmo (mesmo módulo); na fabricação em separado, dos flancos direitos e esquerdos, basta inclusive uma só ferramenta para todos os tamanhos e números de dentes.

a) *No processo de geração contínua*, o movimento de rolamento é contínuo, sem ser interrompido pela divisão dos dentes. Como ferramenta é usada uma engrenagem entalhadeira, de rasqueteamento ou de estampagem, uma fresa helicoidal, para fresamento, para rasqueteamento ou para retificação. Vantagem: fabricação sem interrupção e sem o movimento divisor de dente para dente. O processo com engrenagem (entalhadeira) pode também ser usado para a fabricação de engrenagens ôcas (engrenagens internas) e de engrenamentos em V, sem interrupção dos dentes no vértice do ângulo. Desvantagem: a precisão do engrenamento depende das engrenagens intermediárias da máquina de fabricação de engrenagens (erros periódicos).

b) *No processo de geração descontínua*, o movimento de rolamento da ferramenta não é contínuo, mas do tipo alternativo; a ferramenta é desengrenada depois de cada ciclo de trabalho de geração, e após o avanço de um dente da engrenagem em fabricação (processo de divisão) começa o ciclo seguinte, trabalhando da mesma maneira. Vantagem: a ferramenta é simples e pode ser fabricada com precisão (cremalheira de corte, fresa ou rebôlo, de engrenagem com flancos retos). A precisão do passo do engrenamento não mais depende do acionamento da mesa giratória e da ferramenta, mas sòmente da precisão do aparelho divisor; os erros de divisão não são, portanto, periódicos. Desvantagens: o movimento alternativo, a perda de tempo no movimento de volta e o movimento de câmbio.

2. *PROCESSO DE PERFIL* (conformação sem movimento de engrenamento)

A ferramenta que possui um perfil igual ao dos vazios entre os dentes é movida na direção dos mesmos. A ferramenta e a engrenagem entram em contato ao longo de todo o perfil.

a) *Na usinagem parcial do perfil*, a ferramenta de fôrma (fresa de disco ou fresa frontal, ferramenta de entalhar ou de estampagem, brocha ou rebôlo) usina um intervalo entre os dentes, e, após um avanço, o vazio seguinte. Vantagem: a ferramenta é relativamente simples (de um flanco ou de um dente) e a precisão não depende das engrenagens intermediárias; êsse processo é hoje novamente empregado na retificação das engrenagens, fabricando-se o perfil do rebôlo mediante um movimento em forma de evolvente diâmetro de corte. Desvantagem: necessita-se de uma ferramenta para cada número de dentes.

---

[32]O movimento de rotação da ferramenta pode também ser substituído por um movimento de rotação da engrenagem.

b) *Na usinagem integral do perfil*, emprega-se uma secção completa de tôda a engrenagem (negativo da engrenagem) como ferramenta de estampagem, de trefilação, brochamento ou prensagem para a fabricação da engrenagem. Vantagem: processo simples; apropriado para a produção de engrenagens pequenas em séries grandes (p. ex. engrenagens de relógio). Desvantagens: ferramenta cara.

3. PROCESSOS DE MOLDAGEM

Para a fabricação é usado um "molde", que representa uma matriz espacial completa da engrenagem. Nela as engrenagens são fundidas, sintetizadas, prensadas ou injetadas de uma só vez, completas, com todos os dentes. A essa classe de processos de fabricação passou a pertencer recentemente o forjamento de precisão de engrenagens de aço em estampo, sobretudo para engrenagens cônicas de alta resistência [21/170].

21.11. NORMAS E BIBLIOGRAFIA

1. *Normas*, ver também o parágrafo 13

Normas alemãs:

DIN   37 Símbolos para engrenagens.
     780 Séries de módulos.
     781 Engrenagens intercambiais para máquinas
     782} operatrizes.
     783 Pontas de eixo para engrenagens com mancais de rolamento.
     867 Forma dos dentes de engrenagens frontais e cônicas.
     868 Abreviações e definições para engrenagens.
     869 Encomenda de engrenagens frontais e cônicas.
     870 Deslocamento de perfil.
  1 821 Fresas para engrenagens da mecânica fina.
  1 825 – 1 829 Fresas com dentes retos.
  3 960 Grandezas fundamentais e erros em engrenagens frontais, conceitos fundamentais.
  3 961 ⎫
  3 962 ⎬ Tolerâncias para engrenagens frontais.
  3 963 ⎪
  3 967 ⎭
  3 964 Desvios da distância entre eixos.
  3 971 Grandezas fundamentais e erros em engrenagens cônicas, conceitos fundamentais.
  3 972 Perfil de referência para ferramentas de geração de engrenagens.
  3 980 – 3 989 Engrenagens frontais $m = 3$ até 12 mm.
  8 000 – 8 002 Fresas de geração para engrenagens frontais.
  8 866 Engrenagens cônicas para britadores.
 43 225 ⎫
 43 226 ⎬ Engrenagens para motores de bondes.
 43 233 ⎭
 64 005, 64 006 ⎫
 64 150, 64 525 ⎬ Engrenagens para máquinas têxteis.
   64 530 ⎭

Lubrificação de transmissões:

DIN 51 501 Óleos lubrificantes normais N.
      51 504 Óleos lubrificantes D.
      51 505 Óleos lubrificantes escuros e óleos para eixos.
      51 509 Óleos lubrificantes normais, para transmissões.
      51 512 Classes de viscosidade SAE para óleos de transmissão de veículos.

Ruídos:

DIN 1 320 Nomenclatura e unidades de ruídos.
     1 332 Formulário de acústica.

Normas Britânicas:

B. S.   436 – 1940 Engrenagens frontais.
B. S.   545 – 1949 Engrenagens cônicas.
B. S.   721 – 1937 Transmissões por parafuso sem-fim.
B. S.   970 – Aço soldável.
B. S. 1 498 – 1954 Máquinas de usinagem para transmissões de turbinas e similares.

Normas americanas:

B   61 – 1932 Forma do dente.
B   65 – 1949 Denominações.
B   66 – 1946 Tolerâncias do engrenamento.
B   67 – 1950 Engrenagens frontais de 20°.
B   68 – 1950 Engrenagens cônicas.
B   69 – 1950 Parafusos sem-fim.
B 610 – 1950 Definições.
B 611 – 1951 Ensaios.
B 612 – 1954 Avarias em engrenagens.

Além disso: AGMA-STANDARDS (normas dos fabricantes de engrenagens).

2. Manuais e Monografias

[21/1] BUCKINGHAM, E.: Analytical Mechanics of Gears. New York/Toronto/London 1949.
[21/2] DUDLEY, D. W.: Practical Gear Design. New York: Graw Hill 1954.
[21/3] HENRIOT, G.: Traité théoretique et practique des Engrenages. Vol. I. Paris: Dunot 1949; vol. II 1950.
[21/4] KECK, K. F.: Die Zahnradpraxis, vol. 1 e 2. München: Hanser 1956 e 1958.
[21/5] MATSCHOSS, C.: Geschichte des Zahnrades. Berlin: VDI-Verlag 1940.
[21/6] MEHL, C.: Die Evolventenzahnform der Stirnräder mit geraden Zähnen. Stuttgart 1951.
[21/7] MERRITT, H. E.: Gears. London: Pitman 1955.
[21/8] *NIEMANN, G.: Zahntriebe. In: Hütte vol. IIA, 28.ª ed., pp. 152-189 Berlin 1954.
[21/9] *NIEMANN, G. e H. GLAUBITZ: Fachtagung Zahnradforschung 1950. Braunschweig: Vieweg 1955.
[21/10] *NIEMANN, G. e H. WINTER: Zahnräder. In: Betriebshütte vol. 1, Fertigung, 5.ª ed. pp. 563-579 Berlin 1957.
[21/11] REULEAUX, F.: Die praktischen Beziehungen der Kinematik zur Geometrie und Mechanik. Braunschweig: Vieweg 1900.

144   *Trabalhos da FZG (Forschungsstelle für Zahnräder und Getriebebau, Techn. Hochschule München).

[21/12] *RITTER, R.:* Zahnradgetriebe, Zürich: Leemann 1950.

[21/13] *SCHIEBEL/LINDNER:* Zahnräder, vol. I: Stirn- und Kegelräder mit geraden Zähnen; vol. II: Stirn- und Kegelräder mit schrägen Zähnen. Schraubgetriebe. Berlin/Göttingen/Heidelberg: Springer 1954 e 1957.

[21/14] *THOMAS, A. K.:* Die Tragfähigkeit der Zahnräder. München: Hanser 1957.

[21/15] – : Grundzüge der Verzahnung. München: Hanser 1957.

[21/16] *TRIER, H.:* Die Zahnformen der Zahnräder, 5.ª ed. Berlin: Springer 1958.

[21/17] *TUPLIN, W.:* Machinery's Gear Design Handbook. London: Machinery 1944.

[21/18] *Zahnräder* e Zahnradgetriebe. Braunschweig: Vieweg 1955.

[21/19] International Conference on Gearing 1958. Inst. of Mechan. Engrs. London 1959.

[21/20] Schriftenreihen Antriebstechnik. Braunschweig: Vieweg 1951 a 1959.

[21/21] Fachhefte Getriebetechnik in VDI-Zeitschrift 1950 a 1959.

3. Geometria do Engrenamento

Deslocamento do perfil, ver também parágrafo 5 e pág. 206

[21/25] *ALTMANN, F. G.:* Zeichnerische Ermittlung von Zahnflanken zu einer gegebenen Eingriffslinie. Z. VDI vol. 82 (1938) pp. 165-168.

[21/26] *BAIER, O.:* Über die Abstandsempfindlichkeit ebener Verzahnungen. Konstruktion vol. 5 (1953) p. 243.

[21/27] *BURBEK, E.:* Rechnerische Untersuchungen über die durch Wälzfräsen herstellbaren Profile parallelflankiger Keilwellen. Konstruktion vol. 10 (1958) pp. 144-147.

[21/28] *GRODZINSKI, P.:* Exzentrische Zahnradgetriebe. Machine Design vol. 25 (1953) pp. 141-149.

[21/29] Stirnräder als Ersatz elliptischer Stirnräder. Reuleaux-Mitt. 1933, pp. 21-23 e 39-43.

[21/30] *HOFER, H.:* Genauere Berechnung des Unterschnitts an Zahnrädern. Z. VDI vol. 99 (1957) pp. 241-243.

[21/31] *LISKE, H.:* Anwendung unrunder Zahnräder. Z. VDI vol. 78 (1934) p. 199.

[21/32] *MARTIN, L. D.:* Eingriffswinkel bei Getriebezahnrädern. Machine Design vol. 26 (1954) pp. 129-135.

[21/33] *NOCH, R.:* Netztafeln zur Bestimmung des Überdeckungsgrades in Wälzgetrieben. Konstruktion vol. 6 (1954) pp. 191-197.

[21/34] *SCHLEGEL, O.:* Elliptische Stirnradgetriebe. Werkst. u. Betr. vol. 87 (1954) p. 18 (há bibliografia mais extensa).

[21/35] *SCHNARBACH, K.:* Zahnradgetriebe mit ungleichförmig umlaufendem Abtrieb. In: VDI-Forsch.-fasc. 461, Düsseldorf (1957).

[21/36] *WALKER, H.:* Gear Tooth Deflection and Profile Modification. Engineer 1938, pp. 409 e 434.

[21/37] *WOLFSSTIEG, W.:* Stirnräder mit keilförmig ausgebildeten Zähnen. Z. VDI vol. 94 (1952) p. 547, Fig. 3.

[21/38] *WOLKENSTEIN, R.:* Zahnstangengetriebe mit 0° Eingriffswinkel, ihre Anwendung in der Praxis. Werkst. u. Betr. vol. 90 (1957) pp. 134-136.

[21/39] Getriebe mit Sira-Verzahnung. The Oversea Engineer vol. 28 (1954) 321, pp. 64-65.

4. Engrenamento Cicloidal e de Pivô

[21/43] *KUTZBACH, K.:* Einseitige Zykloidenverzahnung. Z. VDI vol. 68 (1924) p. 788.

[21/44] *ERNST, H.:* Die Hebezeuge vol. 1. Braunschweig: Vieweg 1958.

5. Engrenamento de Evolvente

Deslocamento do perfil, ver também pág. 206

[21/46] *BOTKA, J.:* Die Interferenz von normalen Evolventenverzahnungen. Maschinenbautechnik vol. 2 (1953). pp. 108-115.

[21/47] *HIERSIG, H. M.:* Wege zur Weiterentwicklung der Stirnradverzahnung. Z. VDI vol. 51 (1949) p. 29.

[21/48] *HOFER, H.:* Einfache und genaue Unterschnittberechnung Z. VDI vol. 83 (1941) p. 785

[21/49] – : Verzahnungskorrekturen an Zahnrädern. Autom.-techn. Z. vol. 49 (1947) pp. 19-20; vol. 50 (1948) pp. 44-46.

[21/50] – : Genauere Berechnung des Unterschnitts an Zahnrädern. Z. VDI vol. 99 (1957) pp. 241-243.

[21/51] *KORHAMMER, A.:* Berechnung der Zahndicke von gerad- und schrägverzahnten Evolventenstirnrädern. Werkst. u. Betr. vol. 90 (1957) pp. 361-363.

[21/52] – : Grundsätzliches zur Evolventenverzahnung. Werkst. u. Betr. vol. 91 (1958) pp. 213-218.

[21/53] *MEHL, C.:* Die Evolventenzahnform der Stirnräder mit geraden Zähnen. Stuttgart: Frankh 1951.

[21/54] *NOCH, R.:* Begriffe und Rechnungsgrundlagen für die Profilverschiebung bei Stirnradgetrieben mit Evolventenverzahnung. Konstruktion vol. 7 (1955) pp. 376-381.

[21/55] *PETERS, J.:* Kreis- und Evolventenfunktionen. Bonn 1951.

[21/56] *TALKE, K.:* Bestimmung des spezifischen Gleitens bei Zahnrädern mit Evolventenverzahnung. Konstruktion vol. 3 (1951) pp. 349-350.

[21/57] *VIDÉKY, E.:* Kinematic and geometrical Calculation on Involute Spur Gears. Acta techn. Acad. Sci. hung. Tomus XI, Fasc. 3-4. Budapest 1954.

[21/58] – : Tip Relief on Spur Gears. Acta techn. Acad. Sci. hung. vol. 10, fasc. 1-2. Budapest 1955.

[21/59]*WEBER, C. e K. BANASCHEK:* Formänderung und Profilrücknahme bei gerad- und schrägverzahnten Stirnrädern. Braunschweig: Vieweg 1953.

[21/60] *WINTER, H.:* Eingriffstörungen bei profilverschobenen Verzahnungen. Industrieblatt vol. 58 (1958) pp. 520-524.

6. Defeitos nos Dentes e Formas para Evitá-los (ver também parágrafos 7 e 12 e págs. 205 e 207

[21/65] USA-Norm   B 6.12-1954 }
AGMA Standard 110.01-1944 } Designating Gear Tooth Wear and Failure.

[21/66] *JOHNSON, RANKIN e S. D. CRAINE:* Causes and Prevention of Premature Gear Failures. Iron Steel Engr. Setembro 1955, pp. 118-125.

7. Elevação da Capacidade de Carga (ver também [21/43] e parágrafo 12)

[21/69] *FEDJAKIN, R. W. e A. W. TSESNOKOW:* Zahntriebe mit einer Verzahnung nach M. L. Nowikow. Resumo, ver VDI-Z. vol. 101 (1959) pp. 212/213.-Comentário, ver Product Engineering, agôsto 31 (1959) p. 21.

[21/70] *FINNERN, B.:* Badnitrieren (Weichnitrieren) — ein Verfahren zur Erhöhung der Verschleiss und Wechselfestigkeit von Bauteilen. Maschinenschaden vol. 32 (1959) pp. 101-108.

[21/71]*NIEMANN, G. e H. RETTIG:* Gehärtete Zahnräder. Konstruktion vol. 10 (1958) pp. 213-223.

[21/72]*RETTIG, H. e H. WINTER:* Erhöhung der Tragfähigkeit von Zahnrädern durch Härtung. Industrie-Rdsch. Jg. 8 (1953) n.º 12 pp. 55-64.

[21/73] *STRAUB, J. C.:* Shot Peening in the Design of Gears. Agma-Report 101.05 (1953).

[21/74] *ULRICH, M.:* Steigerung der Dauerschwingungsfestigkeit von Zahnradern durch besondere Gestaltung, Härtung und Bearbeitung des Zahngrundes. Z. Luftwesen vol. 9 (1942) pp. 11-13.

[21/75]*WINTER, H.:* Tragfähigkeitssteigerung durch Kugelstrahlen bei Zahnrädern. Werkstattstechn. u. Maschinenbau vol. 46 (1956) pp. 342-348.

8. Ruído dos Dentes

[21/77] *BÜTTNER, P.:* Zahnradgetriebe für aussergewöhnlich hohe Drehzahlen. Mitt. Forsch.-Anst. Gutehoffn.-Konzerns vol. 8 (1940) p. 44.

[21/78] *BÜTTNER, P.:* Bekämpfung des Geräusches bei Getriebeturbinen. Z. Wärme (1938) p. 323.

[21/79] *COULING, S. A.:* The Production of High Speed Helical Gears... Proc. Inst. mech. Engrs. vol. 150 (1943) p. 172.

[21/80] *DIETRICH, G.:* Reibungskräfte, Laufunruhe und Geräuschbildung an Zahnrädern. Dtsch. Kraftfahrt-forsch. fasc. 25. VDI-Verlag 1939.

[21/81] *EHRLICH, W.:* Geräuschuntersuchungen an Kraftfahrzeug-Treibachsen. Automobiltechn. Z. vol. 58 (1957) pp. 68-75.

[21/82] *FREMAN, E. C.:* Precise Machining Produces quiet Gears. Automot. Ind. pp. 50-52 e 82.

[21/83] *GLAUBITZ, H.:* Das Problem des Zahnradgeräusches Konstruktion vol. 9 (1957) pp. 388-397.

[21/84] *GLAUBITZ, H. e K. GÖSELE:* Stand der Zahnradgeräuschforschung. Dtsch. Kraftfahrtforsch. fasc. 83. VDI-Verlag 1944.

[21/85] *GLAUBITZ, H. e K. GÖSELE:* Entstehung und Frequenzzusammensetzung der Geräusche von Kraftwagengetrieben. Dtsch. Kraftfahrtforsch. fasc. 64. VDI-Verlag 1942.

[21/86] *GENKIN, M. D.:* Herstellung geräuschloser Zahnräder. Werkbänke u. Instrumente, Moskau n.º 7 (1950) e n.º 1 e 2 (1951).

[21/87] *HARZ, H.:* Zahnradgeräusche. Dtsch. Kraftfahrtforsch. fasc. 69 VDI-Verlag 1942.

[21/88] *HOFER, H.:* Laufruhe von Zahnrädern und ihre Abhängigkeit von der Verzahnung. Werkstatttechnik vol. 29 (1935) p. 92.

[21/89] *MELDAHL, A.:* Weshalb pfeift ein Getriebe? Wie wird das Pfeifen vermieden? Brown Boveri Mitt. vol. 29 (1942) pp. 284-298.

[21/90] *MEISTER, F. J.:* Schallpegel, Lautheit, Lästigkeit und Geräuschbelastung des Ohres. Z. VDI. vol. 99 (1957) pp. 329-334.

[21/91]*NIEMANN, G.:* Geräuschbildung an Zahnradgetrieben. VDI-Tagungsheft 2: Antriebselemente pp. 179 a 182. Düsseldorf 1953.

[21/92]*NIEMANN, G. e M. UNTERBERGER:* Geräuschminderung bei Zahnrädern. VDI-Z. 101 (1959) pp. 213 a 223.

[21/93]*NIEMANN, G. e H. GLAUBITZ:* Schrägverzahnte schmale Stirnräder. Z. VDI vol. 93 (1951) pp. 215-222.

[21/94]*RETTIG, H. e H. WINTER:* Zahnradgeräusche. Industrie-Rdsch. Jg. 8 (1953) n.º 7 pp. 12-20.

[21/95] *SODEN, A. v.:* Das Zahnrad als Lärmquelle. Z. VDI vol. 77 (1933) p. 331.

[21/96] *STRELOW, H.:* Zusammenhänge zwischen Geräusch und Herstellungsverfahren bei Getrieben. In: Schriftenreihe Antriebstechnik vol. 18 pp. 230-250. Braunschweig: Vieweg 1957.

[21/97] *SYKES, W. E.:* Zahnradgeräusche, ihre Ursache und Abhilfe. Werkzeugmaschine 1937, p. 267.

[21/98] *TAGGART, R.:* Noise in Reduction Gears. I. Amer. Nav. Engrs. vol. 66 (1954) p. 829.

[21/99]*UNTERBERGER, M.:* Geräuschuntersuchungen an geradverzahnten Zahnrädern. Dissertation TH. München 1958.

[21/100] *ZELLER, W.:* Technische Lärmabwehr, pp. 120-125. Stuttgart 1950.

[21/101] *ZINK, H.:* Geräuschmessungen an Zahnradgetrieben. In: Zahnräder, Zahnradgetriebe, pp. 253-262. Braunschweig: Vieweg 1955.

[21/102] *ZINK, H.:* Geräuschuntersuchungen an Zahnradgetrieben. Z. VDI vol. 98 (1956) pp. 297-303.

[21/103] *ZINK, H.:* Die Messung von Geräuschen und Schwingungen an Getrieben und ihre Auswertung. In: VDI Berichte, vol. 32, pp. 5-15. Düsseldorf 1958.

9. Rendimento e Potência Perdida

[21/106] *CAMERON, A.:* Versuche an Schiffsgetrieben. In: Zahnräder, Zahnradgetriebe, pp. 202-215. Braunschweig: Vieweg 1955.

[21/107] *CAMERON, A. e A. D. NEWMAN:* Back-to-Back Testing of Marine Reduction Gears. Shipbuild. Mar. Engine-Builder vol. 60 (1953) pp. 306-311.

[21/108] *HAGEN, W.:* Oberflächengüte der Zahnflanken. Z. VDI vol. 97 (1955) pp. 849-859.

[21/109] *KARAS, F.:* Die äussere Reibung beim Walzendruck. Forsch. Ing.-Wes. vol. 12 (1941) pp. 266-274.

[21/110] *KLUGE, H. e H. BÖLLINGER:* Wirkungsgradmessungen an Zahnradwechselgetrieben. Automobiltechn. Z. vol. 37 (1934) pp. 3-8.

[21/111] *KUTZBACH, K.:* Reibung und Abnützung von Zahnrädern. Z. VDI. vol. 70 (1926) p. 999.

[21/112]*NIEMANN, G.:* Schmierfilmbildung, Verlustleistung und Schadensgrenzen bei Zahnrädern mit Evolventenverzahnung. Z. VDI vol. 97 (1955) pp. 305-308.

[21/113]*NIEMANN, G. e K. BANASCHEK:* Der Reibwert bei geschmierten Gleitflächen. Z. VDI vol. 95 (1953) pp. 167-173.

[21/114]*NIEMANN, G. e H. OHLENDORF:* Verlustleistung und Erwärmung bei Stirnradgetrieben. Z. VDI vol. 102 (1960) fasc. 6.

[21/115]*OHLENDORF, H.:* Verlustleistung und Erwärmung von Stirnrädern. Dissertation T. H. München 1958.

[21/116] *PEPPLER, W.:* Druckübertragung an geschmierten, zylindrischen Gleit- und Wälzflächen. VDI-Forsch-fasc. 391. Berlin 1938.

[21/117] *RADZIMOVSKY, E. J.:* Näherungswerte der Wirkungsgrade von Planetengetrieben. Konstruktion vol. 8 (1956), pp. 434-435.

[21/118] *RIKLI, H.:* Methode zur Bestimmung des Wirkungsgrades von Zahnrädern. Z. VDI 1911, p. 1 435.

[21/119] *TOBLER:* Verfahren zur experimentellen Bestimmung des Gesamtverlustes eines Zahnradgetriebes. Schweiz. Bauztg. vol. 121 (1943) pp. 313-314.

[21/120] *VIDÉKY. E.:* Analysis of Gear Friction. Acta Techn. Acad. Sci. hung. vol. 6, fasc. 3/4. Budapest 1953.

10. *Lubrificação* (ver também limite de carga de engripamento, pág 205)

[21/124] *BAUFORTH, M.:* Getriebeschmierung. Power Transmission, fevereiro 1954, pp. 155-161.

[21/125] *BEUERLEIN, P.:* Moderne Schmierungsfragen bei grossen Getrieben. Erdöl u. Kohle vol. 8 (1955) pp. 473 a 478.

[21/126] *BEUERLEIN, P.:* Abschnitte Schmiermittel und Schmiertechnik In: Kröners Taschenbuch der Maschinentechnik, Stuttgart 1955.

[21/127] *BLOK, H.:* Getriebeschmierstoff ein Getriebebaustoff. Fachtagung Zahnradforschung 1950, pp. 153-185. Braunschweig: Vieweg 1951.

[21/128] *CAMERON, A.:* The Determination of the Pressure Viscosity. J. Inst. Petroleum vol. 31 (1945) n.° 262.

[21/129] *CAMERON, A.:* Hydrodynamic Theory in Gear Lubrication. Gear Lubrication. Symposium. J. Inst. Petroleum London 1952.

[21/130] *CAMERON, A.:* Theorie der Zahnradschmierung. In: Zahnräder, Zahnradgetriebe, pp. 71-80. Braunschweig: Vieweg 1955.

[21/131] *GATCOMBE, E. K.:* Lubrification Characteristics of Involute Spur Gears. Trans. ASME vol. 67 (1945) n.° 3.

[21/132] *GATCOMBE, E. K.:* Non Steady State Load-Supporting Capacity of Fluid Wedge-Shape Films. Trans. ASME 1951, fasc. 73, p. 1 065.

[21/133] *HERSEY, M. D. e HOPKINS:* Viscosity of lubricants under pressure. Trans. ASME, pp. 64-67. New York 1954.

[21/134] *LARSON, R. G. e A. BONDI:* Functional Selection of Synthetic Lubricants. Industr. Engng. Chem. vol. 42 (dez. 1950) p. 2 421.

[21/135] *PIETSCH, E.:* Das Schmiermittel im Zahnradgetriebe unter besonderer Berücksichtigung der Grenzreibung. Dtsch. Kraftfahrtforsch. fasc. 59. Berlin. VDI-Verlag 1941.

[21/136]*RETTIG, H.:* Ermittlung der Schmierstoffeigenschaften im Zahnradtest. In: Zahnräder, Zahnradgetriebe, pp. 58-70. Braunschweig: Vieweg 1955.

[21/137] Lubricants, Specification and Classification. Lubrication, outubro 1950, p. 117.

[21/138] Getriebeschmierung; diversos artigos, ver em: Gear Lubrication Symposium Inst. Pet. Fevereiro 1952, tomo 1.

[21/139] Getriebeschmierung. Sci. Lubrication vol. 6 (1954) pp. 10-13 e 25-31.

[21/140] *TUPLIN, W. A.:* Gear Tooth Lubrication Machine Design vol. 26 (1954) n.° 8, pp. 125-131. Resumo, ver: Konstruktion Jg. 7 (1955) pp. 31-32.

[21/141] *WATSON, H. J.:* Testing and Selection of Lubricants. Petrol. Times 24. VI. 1953, pp. 662-664.

[21/142] *WELLAUER, E. J.:* Wärmeabgabe von Zahnrad-Getriebegehäusen bei Tauchschmierung. Resumo, ver Konstruktion Jg. 5 (1953) p. 165.

11. *Fabricação de engrenagens*

[21/145] *BOHLE, F.:* Zahnradfertigung; Ein neues Verfahren zur Endbearbeitung. Z. VDI vol. 100 (1958) pp. 227/29.

[21/146] *BUDNIK, A.:* Stirn- und Schneckenradbearbeitung. In: Betriebshütte vol. 1, Fertigung, 5.ª ed. pp. 380-385. Berlin 1957.

[21/147] *BUDNIK, A.:* Diagonal-Wälzfräsverfahren. Z. Werkstattstechn. u. Maschinenbau vol. 48 (1958) pp. 31-37.

[21/148] *CHARCHUT, W.:* Fertigungsfehler und ihre Ursachen beim Wälzfräsen von Verzahnungen. Z. VDI vol. 100 (1958) pp. 231-233.

[21/149] *GABLER, H.:* Zahnradschaben Stuttgart: Verlag Das Industrieblatt 1957.

[21/150] *GARY, M.:* Profilberechnung für Scheibenfräser zu Evolentenschnecken und... Schrägstirnräder. Z. Werkstattstechn. u. Maschinenbau vol. 48 (1958) pp. 153-156.

[21/151] *GLAUBITZ, H.:* Das spanlose Formen von Verzahnungen, insbesondere das Warmpressen. Z. VDI vol. 99 (1957) pp. 1 209-1 215.

[21/152] *GROSSMANN, W. D.:* Zahnflankenschleifen. Stuttgart: Verlag Das Industrieblatt, 1954.

[21/153] *HAGEN, W.:* Der Einfluss von Werkstoff, Maschine und Werkzeug auf die Oberflächengüte der Zahnflanken. Z. VDI vol. 97 (1955) n.os 25 e 27, pp. 849-859 e 956-959.

[21/154] *HEYES, J.:* Elektropolieren von Zahnrädern. Metalloberfläche vol. 3 (1951) fasc. 12, p. 177.

[21/155] — : Elektrolytisches Polieren und Entgraten von Zahnrädern. Z. VDI vol. 97 (1955) pp. 313-315.

[21/156] — : Elektropolieren und Werkstoff. Werkstattstechn. u. Maschinenbau vol. 43 (1953) pp. 122-126.

[21/157] *HÖFLER, W.:* Die Ursachen von Verzahnungsfehlern beim Wälzfräsen. Maschinenmarkt vol. 64 (1958) n.º 19.

[21/158] *KLEMMING, S. G.:* Schaben grosser Zahnräder. In: Getriebe — Kupplungen — Antriebselemente. Braunschweig: Vieweg 1957.

[21/159] *KRUMME. W.:* Praktische Verzahnungstechnik. München 1952.

[21/160] *KRÜGER, F.:* Die Länge der Wälzwege von Verzahnungen als Funktion der Schleifscheibenwinkel. Z. Werkstattstechn. Maschbau vol. 48 (1958) pp. 636-640.

[21/161] *KUTZBACH, K.:* Grundlagen und Fortschritt der Zahnraderzeugung. Berlin: VDI-Verlag 1925.

[21/162] Gleitbondern von Zahnrädern. Metalloberfläche vol. 4 (1952) fasc. 6.

[21/163] *LÖBELL, D.* Wälzfräsmaschinen zum Fräsen von Turbinenrädern. Maschinenmarkt vol. 64 (1958) n." 11.

[21/164] *NAKADA, T. e Y. FUKUDA:* Zur Messung der Drehungsfehler bei Drehtischen von Wälzfräsmaschinen. Konstruktion vol. 10 (1958) pp. 201-205.

[21/165] *NIEMANN, G. e H. RETTIG:* Untersuchungen an Blechzahnrädern. Mitt. Forsch.-Ges. Blechverarb. Setembro de 1956.

[21/166] *VAN OS, G. J.:* Sound Production and Vibrations of Marine Reduction Gears. In: Proc. Round Table Discussion on Marine Gears. Delft 1957.

[21/167] Abwälzfräsen elliptischer Zahnräder. Konstruktion vol. 8 (1956) p. 165.

[21/168] *POHL, F.:* Kegelradbearbeitung. In: Betriebshütte vol. 1, Fertigung, 5." ed., pp. 385-390. Berlin 1957.

[21/169] *RIECKHOFF, O.:* Über wirtschaftliche und zweckmässige durch Pressen. Werkstattstechn. u. Maschinenbau vol. 44 (1954) p. 371.

[21/170] — : Neue Versuche mit dem Warmpressen von Zahnrädern mit Stirnverzahnung. Werkstattstechn. u. Maschinenbau vol. 47 (1957) pp. 89-93.

[21/171] *RITTER, R.:* Zahnradgetriebe. Zürich: Leemann-Verlag 1950.

[21/172] *ROGG, O.:* Beitrag zur Frage des Zahnradschabens. Z. VDI vol. 98 (1956) pp. 311-318.

[21/173] *SYKES, A.:* Progress in Turbine Gear Manufacture. Instn. mech. Engr., Proc. vol. 159 (1947).

[21/174] *THIEMIG, W.:* Schaben, Schleifen, Stossen und Fräsen von Verzahnungen. In: VDI-Tagungsheft 2. Düsseldorf 1953.

[21/175] *UFERT, O. e H. JUNKLEWITZ:* Das Schaben von Grossgetrieberädern. Z. VDI vol. 100 (1958) pp. 209-215.

[21/176] *WEBER, C.:* Profilbeziehungen bei der Herstellung von zylindrischen Schnecken, Schneckenfräsern und Gewinden, Braunschweig: Vieweg 1954.

12. *Têmpera das Engrenagens e Tratamento dos Flancos*

Capacidade de carga, ver também págs. 145, 202 e 203

[21/179] *BAGH, P.:* Erfahrungen mit 58 CrV 4 als Zahnradwerkstoff. Konstruktion vol. 4 (1952) p. 333.

[21/180] *BEISSWÄNGER, H.:* Das Jonitrieren. Industrieblatt 58 (1958) pp. HT 40/43.

[21/181] *GLAUBITZ, H.:* Oberflächenhärtung und Bauteilfestigkeit von Zahnrädern. Werkst. u. Betr. vol. 80 (1947) pp. 249 e 277.

[21/182] *GLAUBITZ, H.:* Die zweckmässige Einhärtetiefe bei oberflächengehärteten Getriebezahnen. Z. VDI vol. 100 (1958) pp. 216-226.

[21/183] *HEISE, C. H.:* Formelbeständigkeit umlaufgehärteter Zahnräder. Werkstattstechn. u. Maschinenbau vol. 44 (1954) pp. 489-493.

[21/184] *HÖHNE, E.:* Oberflächenhärten von Zahnrädern. Z. VDI vol. 100 (1958) pp. 241-248.

[21/185] *KEGEL, K.:* Die Durchführung der induktiven Zahnradhärtung und ihre betrieblichen Voraussetzungen, In: Zahnräder, Zahnradgetriebe, pp. 170-175. Braunschweig: Vieweg 1955.

[21/186] *MÜLLER, J.:* Das Weichnitrieren und das Sulf-Inuzieren... zum Behandeln verzahnter Bauteile. Z. VDI vol. 100 (1958) pp. 235-239.

[21/187] *NIEMANN G. e H. RETTIG:* Gehärtete Zahnräder. Konstruktion vol. 10 (1958) pp. 213-223.

[21/188] *OESEN, H. v.:* Erfahrungsaustausch über neuzeitliche Oberflächenhärteverfahren für Zahnräder. In: Zahnräder, Zahnradgetriebe, pp. 162-163. Braunschweig: Vieweg 1955.

[21/189] *RETTIG, H.:* Werkstoff und Härteeinfluss auf Festigkeit und Verschleiss von gehärteten Zahnrädern. Zahnräder, Zahnradgetriebe, pp. 164-169. Braunschweig 1955.

[21/190] *RETTIG, H. e H. WINTER:* Erhöhung der Tragfähigkeit von Zahnrädern durch Härtung. Industrie. Rdsch. vol. 8 (1953) n.º 12, pp. 55-64.

[21/191] *ULRICH, M. e H. GLAUBITZ:* Festigkeits- und Verschleissverhalten brenngehärteter Zahnräder. Z. VDI vol. 91 (1949) pp. 584-587 — Stand der Induktionshärtung p. 577.

[21/192] *WAHL, C. G.:* Zahnradgetriebe mit nitrierten Verzahnungen für hohe Umfangsgeschwindigkeiten. Z. VDI vol. 100 (1958) pp. 252-254.

[21/193] *WINTER, H. e H. RETTIG:* Induktionshärtung. Maschinenmarkt 1954, n.º 70/71, pp. 73-80.

13. *Erros nos dentes e Medição dos erros* (ver também parágrafo 11)

[21/198] *APITZ, G., BUDNICK, A., KECK, K. Fr. e W. KRUMME:* Die DIN-Verzahnungstoleranzen und ihre Anwendung. Braunschweig: Vieweg 1954.

[21/199] *BUDNICK, A.:* Probleme um die Verzahntoleranzen. In: VDI-Tagungsheft 2, Antriebselemente, pp. 117 a 128. Düsseldorf 1953.

[21/200] *BUDNICK, A.:* Die Tolerierung von Schrägzahn-Stirnrädern. Werkstattstechn. u. Maschinenbau vol. 44 (1954) pp. 543-546.

[21/201] *CHARCHUT, W.:* Fertigungsfehler und ihre Ursachen beim Wälzfräsen von Verzahnungen. Z. VDI vol. 100 (1958) pp. 231/233.

[21/202] *HÖFLER, W.:* Die Ursachen der Verzahnungsfehler beim Wälzfräsen und Wälzstossen. Diss. Karlsruhe 1956.

[21/203] *KECK, K. Fr.:* Hinweise zur Anwendung der DIN-Verzahnungstoleranzen. Werkstattstechn. u. Maschinenbau vol. 44 (1954) pp. 329-331; 1955, pp. 110-112.

[21/204] *KRÜGER, F.:* Das Zweiflanken-Wälzdiagram und die Fehler im Betriebszustand. Werkstattstechn. u. Maschinenbau vol. 48 (1958) pp. 259-261.

[21/205] *LEHNERT, G.:* Qualitative Bestimmung von Verzahnungsfehlern durch Messen der Zahnverformung im Eingriff unter Betriebslast. Z. VDI vol. 96 (1954) pp. 213-220.

[21/206] *NOCH, R.:* Normung, Tolerierung und Messen von Verzahnungen. Konstruktion vol. 8 (1956) pp. 406-412.

[21/207] *POHL, F.:* Das Messen grosser Zahnräder. In: Getriebe — Kupplungen — Antriebselemente. Braunschweig: Vieweg 1957.

[21/208] *SAWYER e McCUBBIN:* Bestimmung von Oberflächenbeschaffenheit und Verschleiss an Zahnflanken Machinery 1950. n.º 12, pp. 135-142.

[21/209] *THIEMIG, W.:* Praktische Erfahrungen mit den Verzahnungsnormen. Z. VDI vol. 97 (1955) pp. 205/06.

[21/210] *ZIEHER, G.:* Die Einzelfehler von Evolventen-, Stirn- und Kegelrädern im Fehlerschaubild der Ein- und Zweiflankenprüfung. Werkstattstechn. u. Maschinenbau vol. 42 (1952) p. 242.

[21/211] Messen an Zahnrädern und Getrieben. VDI-Berichte vol. 32. Düsseldorf 1959.

22. Engrenagens cilíndricas, conformação e cálculo

Nomenclatura, ver pág. 192; dados práticos sôbre a potência transmissível, dimensões construtivas e preço, ver págs. 91 a 98.

22.1. CONFORMAÇÃO

Antes de ser iniciado o cálculo da transmissão, devem-se esclarecer algumas questões relacionadas ao tipo de aplicação, à conformação, ao número de unidades e à fabricação.

1. *ESCOLHA DA DISPOSIÇÃO GERAL*

Prefere-se uma posição horizontal dos eixos, com as juntas da carcaça da transmissão situadas no plano que passa pelos eixos (Fig. 22.1 e 22.9). Para transmissões pequenas a médias, adotam-se também caixas inteiriças, com grandes tampas laterais, para a montagem e desmontagem (Fig. 22.2).

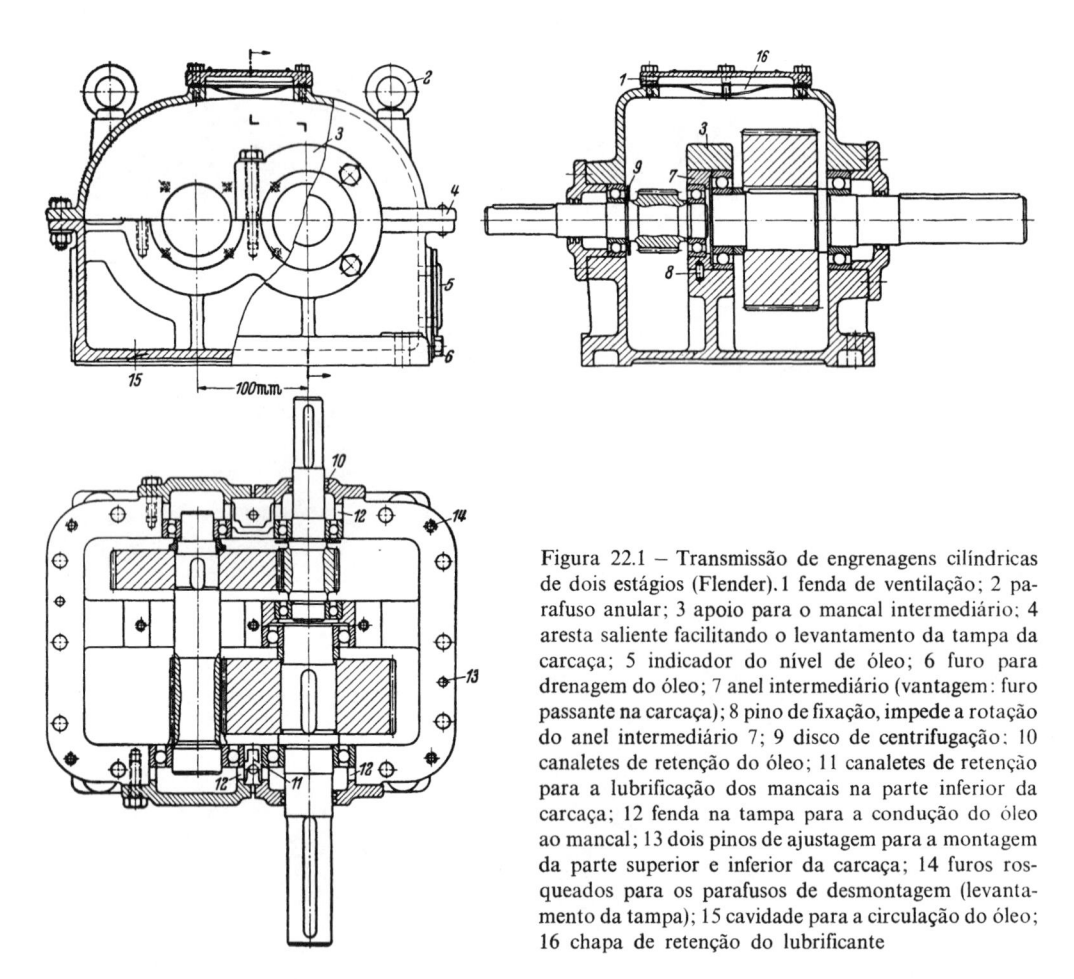

Figura 22.1 – Transmissão de engrenagens cilíndricas de dois estágios (Flender). 1 fenda de ventilação; 2 parafuso anular; 3 apoio para o mancal intermediário; 4 aresta saliente facilitando o levantamento da tampa da carcaça; 5 indicador do nível de óleo; 6 furo para drenagem do óleo; 7 anel intermediário (vantagem: furo passante na carcaça); 8 pino de fixação, impede a rotação do anel intermediário 7; 9 disco de centrifugação; 10 canaletes de retenção do óleo; 11 canaletes de retenção para a lubrificação dos mancais na parte inferior da carcaça; 12 fenda na tampa para a condução do óleo ao mancal; 13 dois pinos de ajustagem para a montagem da parte superior e inferior da carcaça; 14 furos rosqueados para os parafusos de desmontagem (levantamento da tampa); 15 cavidade para a circulação do óleo; 16 chapa de retenção do lubrificante

Com o aumento das dimensões construtivas, é vantajosa a ramificação da potência, por meio de várias transmissões em paralelo, p. ex. a transmissão do momento de torção de um pinhão a várias rodas, que, por sua vez, transmitem a potência a uma roda grande, diretamente ou por meio de pinhões intermediários (Figs. 22.3 e 22.4). Nesse caso, a repartição da potência (compensação das fôrças no dentes) deve ser assegurada por elementos elásticos intermediários ou por uma regulagem automática do pinhão (Fig. 22.4). A construção de transmissões planetárias com várias rodas intermediárias resulta em dimensões extremamente reduzidas e em pesos muito leves (Fig. 22.4).

No caso de vários estágios, deve-se decidir se os eixos de entrada e de saída devem ser alinhados (distância entre eixos $a_I = a_{II}$, Fig. 22.1), se os estágios das engrenagens (na plana dos eixos) devem ser justapostos ou dispostos um atrás do outro. Em geral, uma disposição de transmissão que mais se aproxima de um quadrado resulta menor em pêso e custo.

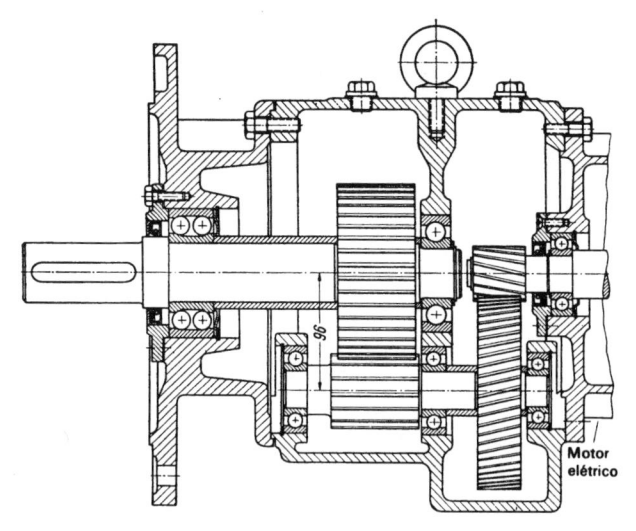

Figura 22.2 – Transmissão flangeada de motor elétrico (Süddeutsche Elektro-motorenwerke)

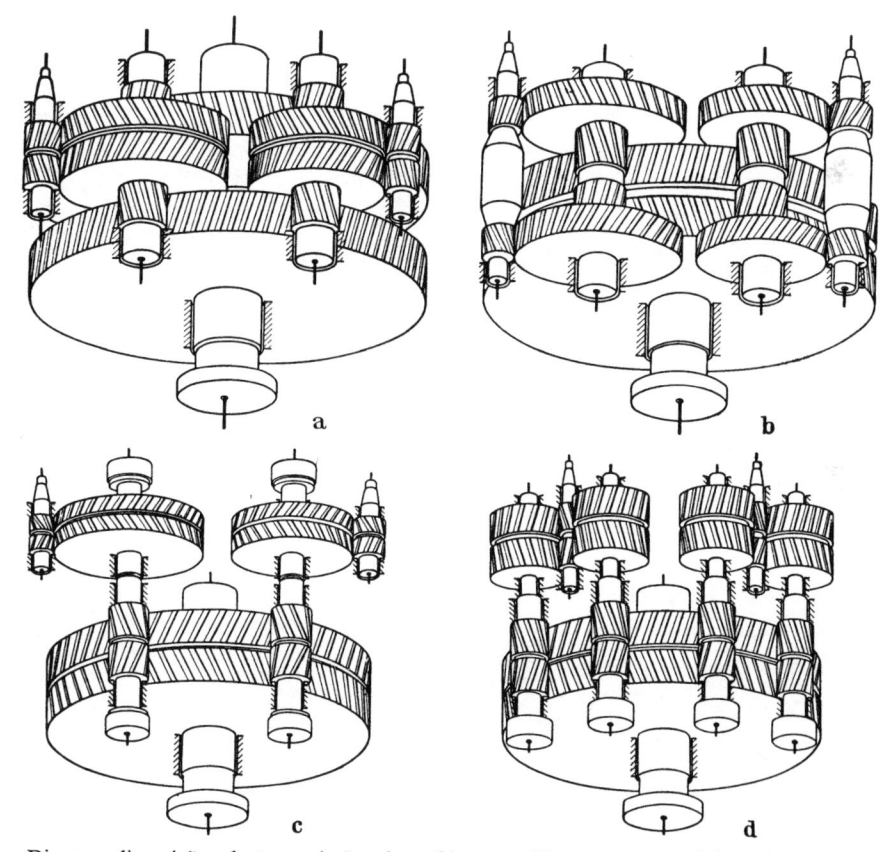

Figura 22.3 – Diversas disposições de transmissões de turbinas marítimas, com um pinhão de acionamento para as turbinas de alta e de baixa pressão, respectivamente, segundo NEUFELD [22/40]; a "nested type" com o 1.° estágio entre o 2.°; b "nested type" com o 2.° estágio entre o 1.°; c "articulated type"; d "locked traintype"

2. REPARTIÇÃO DOS ESTÁGIOS DA TRANSMISSÃO

Atualmente, constroem-se transmissões com:

1 estágio: relação de transmissão total i até 8 (em casos extremos, até 18),
2 estágios: relação de transmissão total i até 45 (em casos extremos, até 60),
3 estágios: relação de transmissão total i até 200 (em casos extremos, até 300).

Para vários estágios I, II, ..., com as relações de transmissão i_I, i_{II}, ..., as distâncias entre eixos a_I, a_{II}, ..., as larguras de dente b_I, b_{II}, ..., e as resistências ao rolamento k_I, k_{II}, ..., valem[1]:

[1]Segundo NIEMANN [20/2]. Em engrenagens temperadas, em vez de k_I, k_{II}, adota-se a resistência do pé do dente σ_I, σ_{II}.

151

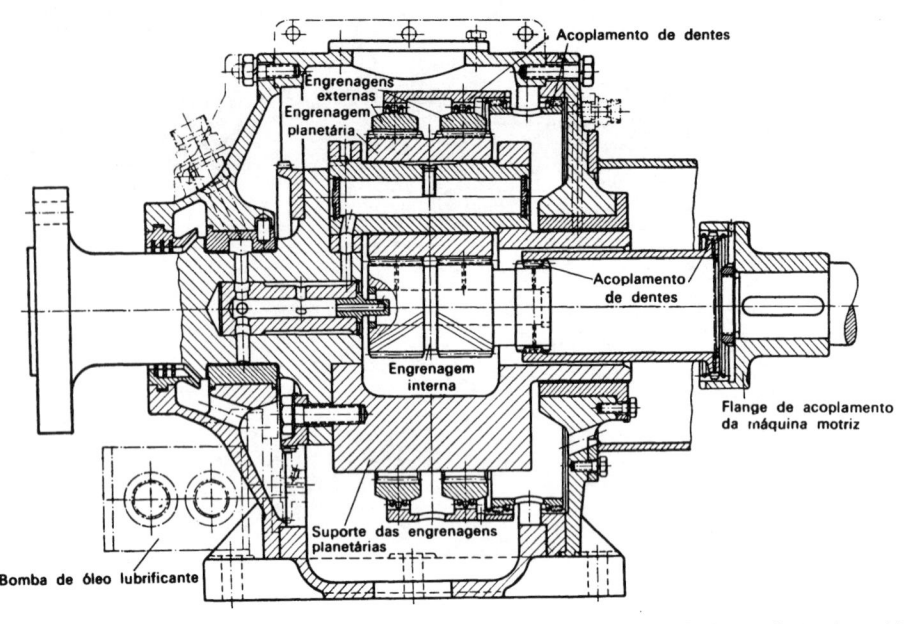

Figura 22.4 – Transmissão planetária Stoeckicht, com engrenagens de dentes em V (transmissão de turbina), com 3 rodas planetárias; ajuste automático do pinhão (engrenagem interna) e das engrenagens externas de engrenamento interno, sendo o momento de torção transmitido por meio de acoplamentos dentados duplos, ver [22/121]

1) Relação de transmissão total $i = i_{\mathrm{I}}\, i_{\mathrm{II}} \cdots$ \hfill (1)

2) Igualdade da potência transmissível de todos os estágios:

$$N = N_{\mathrm{I}} = N_{\mathrm{II}} = \cdots \sim k_{\mathrm{I}}\frac{i_{\mathrm{I}}}{(i_{\mathrm{I}}+1)^3}\, n_{\mathrm{I}}\, b_{\mathrm{I}}\, a_{\mathrm{I}}^2 = k_{\mathrm{II}}\frac{i_{\mathrm{II}}}{(i_{\mathrm{II}}+1)^3}\, n_{\mathrm{II}}\, b_{\mathrm{II}}\, a_{\mathrm{II}}^2 = \cdots \qquad (2)$$

3) Números de rotação dos pinhões $n_{\mathrm{I}} = i_{\mathrm{I}}\, n_{\mathrm{II}} = i_{\mathrm{I}}\, i_{\mathrm{II}}\, n_{\mathrm{III}} \cdots$ \hfill (3)

Adotando-se as relações

$$f_a = \frac{k_{\mathrm{II}}}{k_{\mathrm{I}}}\frac{b_{\mathrm{II}}}{b_{\mathrm{I}}}\left(\frac{a_{\mathrm{II}}}{a_{\mathrm{I}}}\right)^2 \quad \text{e} \quad f_a' = \frac{k_{\mathrm{III}}}{k_{\mathrm{II}}}\frac{b_{\mathrm{III}}}{b_{\mathrm{II}}}\left(\frac{a_{\mathrm{III}}}{a_{\mathrm{II}}}\right)^2 \qquad (4)$$

resulta, de 1 e 3, a distribuição da relação de transmissão em dois estágios

$$i_{\mathrm{I}} = \frac{i - (if_a)^{\frac{1}{3}}}{(if_a)^{\frac{1}{3}} - 1} \quad \text{e} \quad i_{\mathrm{II}} = \frac{i}{i_{\mathrm{I}}} \qquad (5)$$

Na transmissão de três estágios não se pode exprimir o resultado explìcitamente. Nesse caso, escolhe-se i_{I}' e calcula-se

$$i_{\mathrm{II}}' = \frac{i/i_{\mathrm{I}} - (f_a'\, i/i_{\mathrm{I}})^{\frac{1}{3}}}{(f_a'\, i/i_{\mathrm{I}})^{\frac{1}{3}} - 1} \quad \text{e} \quad i_{\mathrm{I}}'' = \frac{i_{\mathrm{I}}'\, i_{\mathrm{II}}' - (f_a\, i_{\mathrm{I}}'\, i_{\mathrm{II}}')^{\frac{1}{3}}}{(f_a\, i_{\mathrm{I}}'\, i_{\mathrm{II}}')^{\frac{1}{3}} - 1}, \qquad (6)$$

repetindo-se o cálculo com i_{I}''. Com a convergência do resultado i_{I} e i_{II}, calcula-se ràpidamente $i_{\mathrm{III}} = \dfrac{i}{i_{\mathrm{I}}\, i_{\mathrm{II}}}$

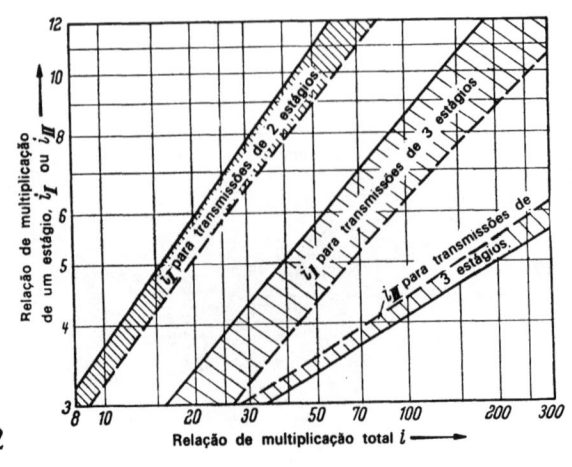

Figura 22.5 – Divisão de i para transmissões de dois e três estágios. Curvas de linhas cheias para um $V = $ mínimo e $k_{\mathrm{I}} = k_{\mathrm{II}} = k_{\mathrm{III}}$; curvas tracejadas para igualdade de N e $a_{\mathrm{I}} = a_{\mathrm{II}}$, $b_{\mathrm{II}} = 2b_{\mathrm{I}}$ e $k_{\mathrm{II}} = i_{\mathrm{I}}^{1/3}\, k_{\mathrm{I}}$ (anàlogamente para o 3.º estágio); zona hachurada = recomendação

Ao contrário, se forem escolhidas as relações de transmissão i_I, i_{II},..., obter-se-á

$$f_a = \left(\frac{i_{II} + 1}{i_I + 1}\right)^3 \frac{i_I^2}{i_{II}} \quad e \quad f_a' = \left(\frac{i_{III} + 1}{i_{II} + 1}\right)^3 \frac{i_{II}^2}{i_{III}} \tag{7}$$

Uma vez que o volume total das rodas

$$V = V_I + V_{II} + \cdots \sim b_I a_I^2 \frac{i_I^2 + 1}{(i_I + 1)^2} + b_{II} a_{II}^2 \frac{i_{II}^2 + 1}{(i_{II} + 1)^2} + \cdots$$

deve ser mínimo, pode-se recomendar para a distribuição da relação de transmissão (segundo FZG): na transmissão de dois estágios

$$i_I \cong 0,8 (i^2 k_I/k_{II})^{1/3}, \tag{8}$$

na transmissão de três estágios

$$\left.\begin{array}{l} i_I \cong 0,6 \left[i^4 \left(\frac{k_I}{k_{II}}\right) \left(\frac{k_I}{k_{III}}\right)^2 \right]^{\frac{1}{7}} \\[2em] i_{II} \cong 1,1 \left[i^2 \left(\frac{k_{II}}{k_I}\right)^2 \frac{k_{II}}{k_{III}} \right]^{\frac{1}{7}} \end{array}\right\} \tag{9}$$

Nesse caso, f_a e f_a' são obtidos da Eq. (7), donde resultam as relações das distâncias entre eixos e das larguras, segundo a Eq. (4). No entanto, o mínimo é muito suave, de maneira que são admissíveis os desvios das Eqs. (8) e (9) (ver Fig. 22.5).

Na escolha da largura, deve-se cuidar para que a relação $b/d_1 \leq f_b$ não ultrapasse o valor-limite em nenhum dos estágios, p. ex. $f_b = 1,2$. Portanto, vale

$$\frac{b_I}{a_I} \leq \frac{2f_b}{i_I + 1} \quad e \quad \frac{b_{II}}{a_{II}} \leq \frac{2f_b}{i_{II} + 1} \quad e \quad \frac{b_{III}}{a_{III}} \leq \frac{2f_b}{i_{III} + 1}$$

Em transmissões com $a_I = a_{II} = \ldots, f_b$ decisivo é, geralmente, o do último estágio.

3. ESCOLHA DO ENGRENAMENTO

As diferentes formas de execução dos engrenamentos são representadas nas Figs. 20.1 a 20.6. As mais usadas são as engrenagens cilíndricas com dentes externos (rodas cheias), de dentes retos, já que, nesse caso, não precisam ser suportadas fôrças axiais e os mancais dos dois lados das engrenagens são de construção simples. Em pinhões ou engrenagens apoiadas de um só lado, a largura do dente e, portanto, também a potência transmissível, são limitadas pelas fôrças nos dentes, devido à deformação elástica do eixo (valores práticos, ver pág. 155).

Com a velocidade tangencial crescente (aumento do ruído), passa-se a usar o engrenamento de dentes inclinados (engrenagens helicoidais), no qual devem ser observadas as maiores exigências de precisão no engrenamento e na absorção das fôrças axiais resultantes. Nos engrenamentos inclinados duplos (engrenamentos em V, engrenagem, as fôrças axiais se compensam e a largura total admissível dos dentes duplica-se em relação aos dentes inclinados simples. Êsse tipo de dentes é, portanto, especialmente indicado para transmissões grandes.

Em transmissões planetárias e em outros tipos de transmissões de engrenagens cilíndricas que ocupam pouco espaço, a coroa pode também ser construída como engrenagem ôca com engrenamento interno, de dentes retos ou inclinados (ver Figs. 20.1b e 22.4).

Escolha do número de dentes, ver Tab. 22.15. Em engrenagens para altas velocidades de aço beneficiado, adota-se z_1 maior que 25, e, para os de aço temperado, um número de dentes ligeiramente menor, a fim de conseguir, com o módulo maior e mesmo diâmetro, uma maior capacidade de carga do pé do dente. Para um dado diâmetro, pode-se aumentar o número de dentes até que a segurança exigida para a ruptura dos dentes (p. ex. $S_B = 2$) ainda seja satisfeita. Sôbre as formas de dente de maior capacidade de carga, ver pág. 125.

4. ESCOLHA DA ASSOCIAÇÃO DOS MATERIAIS

A capacidade de carga dos diferentes materiais para engrenagens é indicada na Tab. 22.25. A maior capacidade de carga é atingida com engrenagens temperadas (engrenagens para veículos a motor, aviões e máquinas operatrizes).

Nas transmissões grandes, p. ex. transmissões de turbinas e de laminadores, empregam-se, até agora, principalmente os aços beneficiados, passando-se a usar, apenas lentamente, as engrenagens temperadas. Nesse caso, as engrenagens grandes são equipadas com aros (bandagens) de aço para beneficiamento ou têmpera, que em geral são montados com assento de pressão sôbre os cubos, que são fresados a seguir. **153**

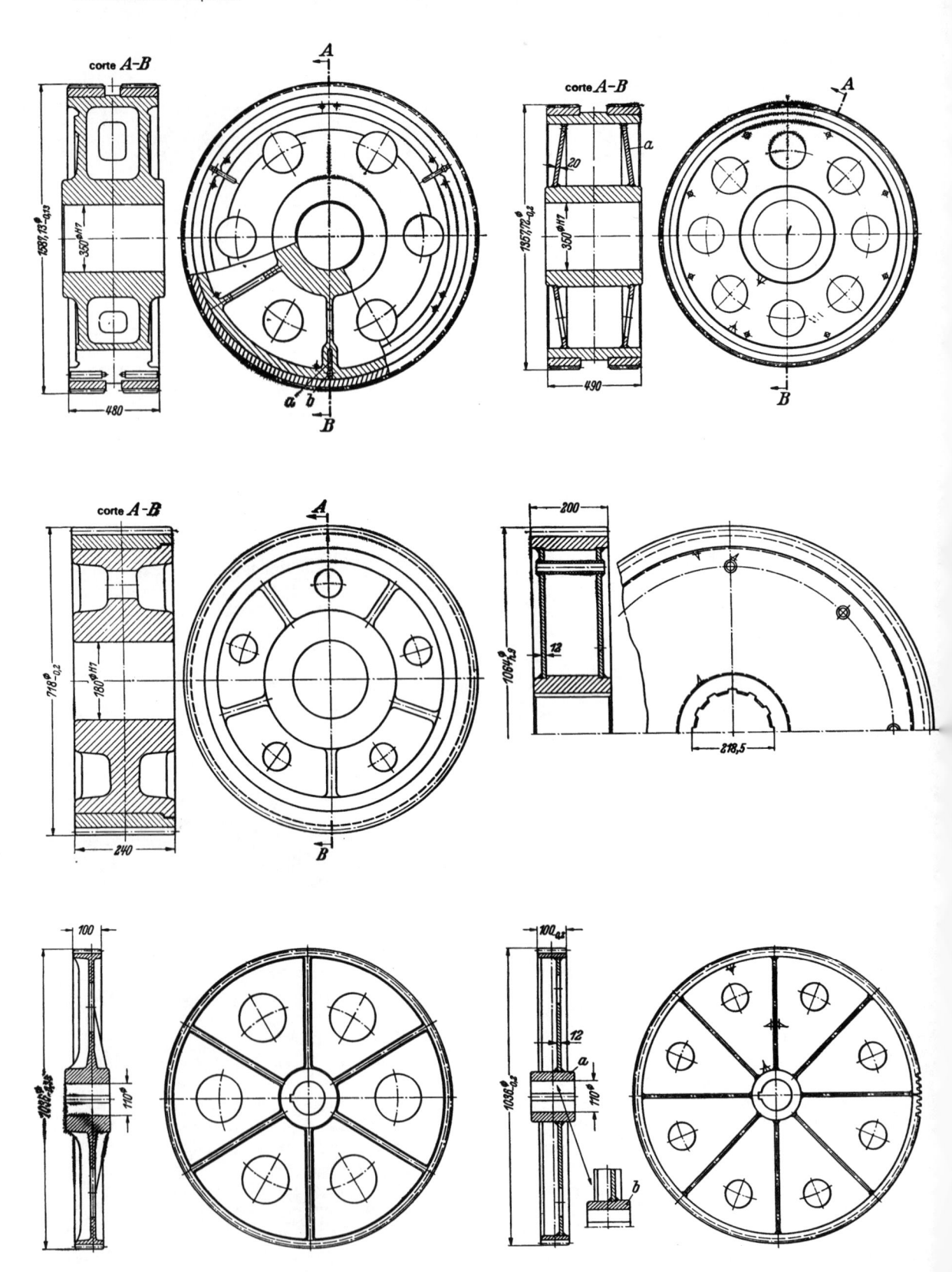

Figura 22.6 – Construção das engrenagens grandes; à esquerda, com corpo de engrenagem fundido, e, à direita, com corpo de engrenagem soldado

As engrenagens pequenas (pinhões) são sempre constituídas de uma resistência à tração aprox. $5\,kgf/mm^2$ maior, ou de aço temperado.

As dimensões das bandagens e a sobremedida do ajuste forçado das engrenagens grandes já fabricadas, para os diâmetros da circunferência primitiva $d_{02} = 1\,800$ até $3\,000\,mm$ e da circunferência de pé d_f:

Diâmetro interno $D_i = 0,91\ d_f$ até $0,96\ d_f$;
Interferência mínima $u = 1,0\ D_i/1\,000$ até $1,12\ D_i/1\,000$;
Interferência máxima $u = 1,1\ D_i/1\,000$ até $1,4\ D_i/1\,000$.

(Os valores de u da direita correspondem aos valores D_i da direita.)

5. CONFORMAÇÃO DAS ENGRENAGENS

As engrenagens pequenas são construídas cheias (Fig. 22.1) (engrenagens cheias de aço, até aprox. 500 mm de diâmetro), as maiores, em forma de disco de uma só parede, e as muito grandes e largas, em forma de disco de duas paredes, sendo fundidas ou soldadas (Fig. 22.6). Para engrenagens mais solicitadas, a coroa dentada é unida ao cubo mediante um ajuste forçado, com pinos de ajuste, chavêtas, parafusos ou ranhuras múltiplas. Mais detalhes sôbre a conformação construtiva das engrenagens fundidas e soldadas, ver Fig. 22.6.

As engrenagens pequenas (pinhões), para grandes relações de transmissão, são construídas freqüentemente para formar uma só peça com o eixo. Em engrenagens pequenas montadas sôbre o eixo, em engrenagens grandes e também em coroas dentadas, a espessura restante da parede entre o pé do dente e o furo (ou rasgo de chavêta) deve ser maior que 1,5 do módulo.

Chanframento dos dentes. Como as rupturas por fadiga, nos dentes, quase sempre partem das extremidades dos mesmos, procura-se descarregá-las mediante um chanframento lateral (Fig. 22.7) ou por afinamento lateral dos dentes (p. ex. por rasquetamanto abaulado).

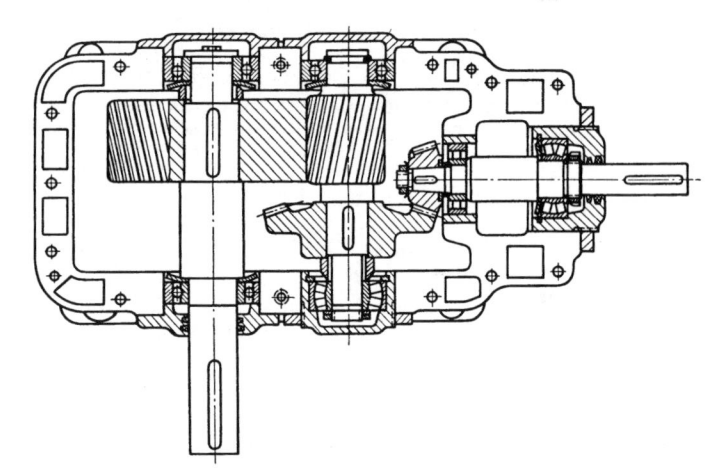

Figura 22.7 — Chanfro lateral nos dentes

Figura 22.8 — Transmissão com um estágio de engrenagens cônicas e um estágio de engrenagens cilíndricas (Wülfel). Observe-se a possibilidade de ajuste axial do pinhão e da engrenagem cônica, por meio do anel rosqueado na bucha do mancal

6. LARGURA DOS DENTES, EIXOS E CARCAÇAS DAS TRANSMISSÕES

Com o aumento da largura dos dentes, ou seja, nas transmissões grandes, passa a ser primordial o cuidado na distribuição uniforme da carga sôbre tôda a largura do dente. Conseqüentemente, os eixos, os pinhões (Fig. 22.3b) e as carcaças das transmissões devem, nesse caso, ser de construção rígida e, além disso, devem-se conservar pequenos os defeitos dos eixos (desvios do paralelismo dos eixos) e os erros de direção dos flancos. A melhor solução contra a distribuição irregular da carga é a possibilidade de ajuste automático do engrenamento, sob a ação da carga (Fig. 22.4).

Valores práticos para a largura do dente b:

com apoio bilateral rígido .... $b/d_{b1} \leqq 1,2$
com apoio unilateral (em balanço) .... $b/d_{b1} \leqq 0,75$

Nos dentes em V, a largura total do dente é $2b$.

Nas transmissões fabricadas em série, de emprêgo geral na construção de máquinas, está sempre prevista a possibilidade de execução com $b = 0,5a$ (a = distância entre eixos), em transmissões de um estágio; em transmissões de dois estágios, com $b_I = a/3$ no primeiro estágio, e com $b_{II} = 2b_I$, no segundo. No entanto, pode-se também manter constante a relação b/a em todos os estágios, escalonando as distâncias entre eixos segundo números normalizados, p. ex. $a_I : a_{II} : a_{III} = 100 : 125 : 160$.

155

As carcaças das transmissões (fundidas ou soldadas) são construídas com parede única, nas dimensões pequenas e médias (Fig. 22.1 e 22.9); em transmissões muito grandes, p. ex. transmissões de turbinas marítimas, são preferidas as caixas de parede dupla.

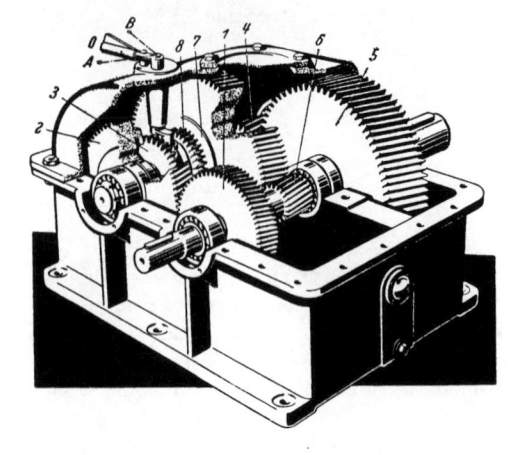

Figura 22.9 — Transmissão de diversas marchas (câmbio) (Renk). Na posição 0: marcha em vazio, as duas coroas dentadas 3 e 8 do acoplamento dentado não estão engrenadas. Na posição A: transmissão da fôrça do pinhão 6 sôbre a coroa 7, acoplamento dentado 8 e pinhão 4, engrenagens 5 sôbre o eixo acionado de saída. Na posição B: transmissão da fôrça da roda 1 sôbre a roda 2, acoplamento dentado 3 e pinhão 4, para a coroa 5 no eixo de saída

7. FUROS E BUCHAS

Para os mancais dos eixos, preferem-se furos passantes na carcaça (Fig. 22.8), especialmente nas transmissões de série. A fixação axial dos eixos ou dos mancais efetua-se nesse caso, mediante tampas sobrepostas ou embutidas, ou por anéis elásticos. Para a montagem opcional de mancais maiores ou menores, são usadas buchas intermediárias.

8. LIGAÇÃO DA ENGRENAGEM COM O EIXO

Atualmente é executada, em geral, com assento forçado leve e chavêta plana (Fig. 22.8), e, de maneira crescente, com ajuste prensado, porém com outras ligações resistentes à torção, tais como perfis de ranhuras múltiplas, perfis de dentes entalhados, perfis K etc. (ver união de eixo e cubo).

9. ESCOLHA DO TIPO DE MANCAL

Em transmissões pequenas a médias, empregam-se principalmente mancais de rolamento, uma vez que, nesses casos, é quase sempre suficiente a lubrificação pelo óleo espirrado pelas engrenagens (prever discos de centrifugação diante dos mancais! Fig. 22.8). Valores práticos para a vida teórica adotada, ver Tab. 22.1. Nas transmissões grandes, é preponderante a execução com mancais de deslizamento, a lubrificação forçada com bomba de óleo.

10. EXIGÊNCIAS NA FABRICAÇÃO DAS ENGRENAGENS

Com o aumento da velocidade tangencial nas engrenagens, aumenta o efeito dinâmico dos erros dos dentes, isto é, a fôrça dinâmica adicional no dente, as vibrações e o ruído. Conseqüentemente, com maior velocidade tangencial é necessário observar as menores tolerâncias de êrro. Os valores práticos para a escolha da "qualidade" das engrenagens, segundo a velocidade tangencial e os erros admissíveis nos dentes, ver Tab. 22.12.

Para grandes larguras de dente, ou seja, para grandes transmissões, é particularmente importante manter reduzido o êrro na direção dos flancos de dente, pois, caso contrário, sòmente uma parte dos flancos de dente suporta tôda a carga, resultanto sobrecargas nesses locais[2]. Correspondentemente, com relações b/d_1 elevadas (p. ex. em transmissões de turbinas), deve-se compensar a deformação elástica do pinhão, causada pelo momento de torção, e a flexão elástica do seu eixo por uma correção correspondente do ângulo de inclinação β_1 do pinhão.

Outras medidas a serem tomadas em grandes transmissões de turbinas (transmissões marítimas): Diminuição da espessura do dente, nos extremos, de aprox. 25 μ, mediante o correspondente rasqueteamento abaulado dos flancos de dente. A "ondulação" dos flancos de dente, que se origina devido aos defeitos periódicos da máquina fresadora de geração, deve ser menor que 5 a 20 μ, a fim de não perturbar a regularidade de funcionamento. O jôgo nos flancos de dente deve ser de aprox. 0,1 a 0,15 mm. Um recuo da cabeça (rebaixamento dos flancos na cabeça do dente) eleva o limite de carga de engripamento e melhora a regularidade de funcionamento, contanto que esta não seja demasiadamente grande. O pinhão sòmente deveria ser fabricado após ter sido construída e medida a coroa, sendo ajustado com a correção conveniente.

Engrenagens temperadas: A têmpera das engrenagens requer, para cada tipo de tratamento térmico, experiências especiais no que diz respeito à escolha do material e à execução, a fim de que possam ser atin-

[2]Recomendações para erros de direção f_R, ver Tab. 22.12.

TABELA 22.1 — *Vida exigida para os rolamentos de transmissões, segundo* [22/27].

Aplicação	Vida h			
Transmissões estacionárias com um tempo diário de funcionamento de				
3 h	4 000 ··· 8 000			
8 h	15 000 ··· 20 000			
24 h	50 000 ··· 60 000			
24 h com elevada segurança de funcionamento	acima de 60 000			
Transmissões e acionamento de eixos para veículos sôbre trilhos (referido à carga média parcial)				
Locomotivas Diesel e carros automotores	20 000			
Locais de montagem de difícil acesso	40 000			
Ônibus sôbre trilhos	10 000			
Transmissões de navios e lanchas				
Referido a plena carga	5 000 ··· 40 000*			
Referido a carga parcial	10 000 ··· 60 000			
Transmissões de automóveis	1.ᵃ marcha	2.ᵃ marcha	3.ᵃ marcha	4.ᵃ/5.ᵃ marcha
Carros de passeio ou caminhões leves com transmissões de 4 marchas	20	80	180/240	—
Caminhões pesados com transmissão de 6 marchas	100	250	500	1 000
(para o acionamento nos eixos, valem os valores aproximadamente 50% superiores)				

*Valores inferiores para lanchas rápidas, valores médios para barcos fluviais e valores superiores para navios de alto mar.

gidas, contìnuamente, as maiores capacidades de carga possíveis. Detalhes, ver bibliografia, pág. 148, e resistência no pé do dente, pág. 203.

Profundidade da têmpera: Na têmpera completa dos dentes falta a desejada tensão de compressão inicial[3] na zona de contôrno, de modo que a resistência do pé do dente cai a aproximadamente 75% da que se atinge com têmpera superficial. No caso da têmpera superficial, deve também ser temperada a concavidade no pé do dente quando se deseja uma resistência elevada do mesmo. É particularmente inconveniente a zona de transição de dureza na região do pé do dente onde ocorre a maioria das rupturas. Para a orientação de profundidades de têmpera t_H, dos diferentes processos de têmpera superficial, são dados:

Têmpera superficial	Profundidade de têmpera
Cementação	$0,25\, m_n$ para $m_n = 1,5 \cdots 4$ mm $0,5\, \sqrt{m_n}$ para $m_n = 4 \cdots 30$ mm
Têmpera por indução ou por chama	$0,3\, m_n$
Nitretação	$0,1 \cdots 0,6$ mm
Nitretação branda	$0,015$ mm
Cianetação	até $0,4$ mm

11. CAUSAS FREQÜENTES DE AVARIAS E RECLAMAÇÕES

1. Distribuição desigual da carga sôbre a largura do dente (cavitação, ruptura do dente).
2. Sobrecarga devida a fôrças externas inadmissíveis: oscilação forte do momento de torção, acelerações de massas, rotações críticas na região de serviço, carga adicional axial ou de flexão nas peças da transmissão, ou distorção da caixa da transmissão causada pelas fôrças externas (escolha do acoplamento).
3. Fenômenos de corrosão ou de desgaste excessivo: por amaciamento insuficiente dos flancos de dente, por lubrificação insuficiente ou lubrificante inadequado (ver págs. 141 e 170).
4. Defeitos do material: qualidades insuficientes do material, erros no tratamento térmico ou na têmpera

[3]A tensão de compressão inicial é devida ao aumento de volume na zona superficial temperada.

157

5. Defeitos do engrenamento: defeitos de dente demasiadamente grandes, qualidade deficiente dos flancos, arredondamento insuficiente no pé do dente (concentração de tensões) ou perturbações do engrenamento no pé do dente, folga nos flancos demasiadamente elevada ou reduzida.

6. Ruído excessivo nos dentes: soluções (ver págs. 127 a 134).

7. Deslocamento da coroa dentada (da bandagem) sôbre o cubo (ver pág. 155).

22.2. FUNDAMENTOS DE CÁLCULO DAS ENGRENAGENS CILÍNDRICAS

Nomenclatura e dimensões, ver pág. 192, resumo das fórmulas para o cálculo prático, ver pág. 183.

Os seguintes dados de cálculo são válidos para engrenagens cilíndricas de dentes retos ou inclinados, com ou sem deslocamento do perfil.

1. *TIPOS, DISPOSIÇÃO E PRECISÃO DOS CÁLCULOS*

A determinação aproximada das principais dimensões, a partir dos dados de serviço e de valores experimentais, pode ser realizada segundo a pág.183.

A determinação geométrica das diversas dimensões das engrenagens resulta das relações indicadas nas págs.183 e 173.

O cálculo do deslocamento do perfil e das dimensões relacionadas com o mesmo é apresentado nas págs.180 a 183.

O cálculo da capacidade de carga é feito como "comprovação da capacidade de carga". Por isso, calcula-se por comprovação os coeficientes de segurança S_B teóricos contra a ruptura do dente, S_G contra a cavitação e S_E contra o engripamento dos flancos de dente; e, ainda, para os coeficientes de segurança menores que 1 (para transmissões com uma determinada vida), o cálculo de comprovação da vida a plena carga L_h. As fórmulas para o cálculo dos coeficientes de segurança estão compiladas na pág.184.

O cálculo aqui apresentado ultrapassa o usual nos seguintes pontos[4]. Êles levam em consideração o estado atual das pesquisas sôbre engrenagens:

1) a possibilidade de fórmulas de cálculo de um mesmo tipo para engrenagens de dentes retos e inclinados, com ou sem deslocamento do perfil tendo como base o engrenamento da secção normal;

2) a diferença entre a carga nominal externa e a carga externa efetiva, através do coeficiente de impacto C_S;

3) a carga dinâmica adicional devida aos defeitos do dente e à variação da constante de elasticidade do dente, através do fator C_D, segundo ensaios;

4) a distribuição desigual da carga sôbre a largura do dente, devida a defeitos de alinhamento dos flancos e dos eixos, mediante o coeficiente C_T, segundo ensaios;

5) no caso de dentes inclinados, a variação da constante de elasticidade do dente ao longo das linhas de contato, situadas obliquamente sôbre o dente, e a variação do comprimento total das linhas de contato simultâneas em função da largura do dente, através do coeficiente C_β;

6) o cálculo da solicitação no pé do dente σ ou da pressão nos flancos k, através dos coeficientes q_k fàcilmente tabeláveis para todos os engrenamentos, para o ataque da fôrça na cabeça do dente, ou por meio de y_c, correspondente ao ponto de rolamento C, e sua conversão para os pontos de engrenamento construtivos, através do grau de recobrimento "efetivo" ε_w, segundo ensaios;

7) a comprovação da segurança de engripamento, para determinar de antemão a qualidade necessária do lubrificante;

8) a comprovação dos valores de resistência da engrenagem σ_0 e k_0, com base nos resultados dos ensaios com as respectivas associações de materiais das engrenagens, e sua conversão para σ_D e k_D, segundo os desvios respectivos das hipóteses.

A segurança ou a vida a plena carga, calculada dessa maneira, aproxima-se da real sempre que são satisfeitas as condições de funcionamento: o coeficiente de impacto C_S, a qualidade e os erros dos dentes, a resistência do dente σ_D e k_D e o valor ensaiado M_{ens} do lubrificante. O valor dos coeficientes de segurança deve, portanto, ser tomado de acôrdo com as divergências previstas com respeito às condições supostas e, também, segundo as conseqüências de uma avaria da transmissão. Valores práticos para os coeficientes de segurança, ver pág.193.

Nos parágrafos 2 a 8 seguintes, são comentadas e justificadas mais detalhadamente as grandezas, as solicitações e os coeficientes utilizados na comprovação da capacidade de carga.

2. *PRINCIPAIS DIMENSÕES E VALORES DE CARGA B e B_w*

Da relação entre as dimensões:

distância entre eixos $a = 0,5 (d_{b1} + d_{b2}) = 0,5 \, d_{b1} (1 + i)$,

---

[4] A disposição do nôvo cálculo permite também a volta ao cálculo antigo, mais simples, ignorando-se os novos coeficientes nas fórmulas. O melhor caminho para a simplificação do cálculo e a construção de gráficos de potência segundo o cálculo nôvo, para determinadas dimensões, associação de materiais, qualidades de dente e dados de funcionamento.

diâmetro da circunferência de rolamento $d_{b1} = \dfrac{2a}{1+i}$,

relação de multiplicação $i = \dfrac{z_2}{z_1} = \dfrac{d_{b2}}{d_b} = \dfrac{2a}{d_{b1}} - 1$,

valor das relações b/d_{b1} e b/a

e dos valores nominais da carga:

fôrça tangencial $U = \dfrac{2M_1 \, 10^3}{d_{b1}}$

momento de torção $M_1 = 716 \; N_1/n_1$

resulta o valor nominal da carga em kgf/mm² :

$$B = \frac{U}{d_{b1} b} = \frac{2 \cdot 10^3 M_1}{d_{b1}^2 b} = \frac{1{,}43 \cdot 10^6 N_1}{d_{b1}^2 bn_1} = \frac{10^6 N_1 (i+1)^2}{2{,}8 \, n_1 \, a^2 \, b} \qquad (10)$$

Para o cálculo da solicitação efetiva do dente, usa-se o valor de carga efetivo

$$B_w = BC_S \, C_D \, C_T \, C_\beta \qquad (11)$$

Nessa fórmula, C_S é o coeficiente de impacto (pág. ͻ5), C_D é o fator dinâmico (pág. 195), C_T é o coeficiente de distribuição da carga (pág. 196) e C_β é o coeficiente para dentes inclinados (pág. 196).

3. FÔRÇA DINÂMICA ADICIONAL E COEFICIENTES C_D e ε_w

Para a visualização: a) *No rolamento lento* de uma associação de engrenagens solicitadas com a fôrça tangencial U, durante o percurso de engrenamento, ocorrem pequenas diferenças ΔS_0 no caminho de rotação das duas rodas (medidas sôbre a circunferência de rolamento) (ver Fig. 22.10). Tais diferenças são causadas pela zona de flutuação ΔC_z das constantes de elasticidade dos dentes e pelos desvios da forma teórica dos flancos de dente (êrro do engrenamento f). Nesse caso, em cada posição de engrenamento é transmitida exatamente a fôrça tangencial U.

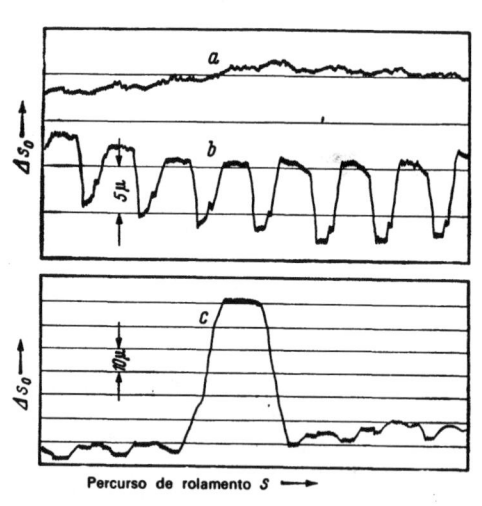

Figura 22.10 – Diferenças Δs_0 no deslocamento rotativo, com o rolamento lento da associação de engrenagens sujeito a carga, segundo medições da FZG, $a = 91{,}5$; $b = 10$; $m = 3$ mm; $i = 1$ ou 1,26; qualidade 5 a 6; curva a para $u = U/b = 2{,}2$ kgf/mm; b para $u = 55$ kgf/mm; c para $u = 49$ kgf/mm com êrro individual $f_e = 70\,\mu$

Percurso de rolamento $S \longrightarrow$

b) *Com velocidade tangencial elevada,* a energia cinética das engrenagens é tão grande que as diferenças ΔS_0 no caminho de rotação quase se anulam, sendo que as grandezas de perturbação ΔC_z e f modificam a fôrça tangencial U correspondente.

c) *Desenvolvimento das vibrações (Fig. 22.11):* Os fatôres de interferência produzem um impulso vibratório, resultando uma vibração com a freqüência própria f_E. Com a velocidade crescente, o ponto de engrenamento de solicitação máxima desloca-se na direção do fim de engrenamento.

Para o cálculo: São decisivos os valores máximos das solicitações no pé do dente e nos flancos, que ocorrem durante o processo de vibração indicado. Sua grandeza não depende ùnicamente da fôrça máxima efetiva por mm de largura do dente $u_w = u + u_{din}$. Igualmente importante é a posição de engrenamento na qual ocorre êsse máximo. Para a sua determinação, serve o grau de recobrimento efetivo ε_w. A rigor deveriam ser determinados u_{din} e ε_w separadamente para cada uma das engrenagens e para cada uma das solicitações, já que estas quatro solicitações máximas não ocorrem na mesma posição de engrenamento. No entanto, através da disposição adequada dos cálculos, resulta suficiente a determinação de um só valor para u_{din} e para ε_w, respectivamente.

159

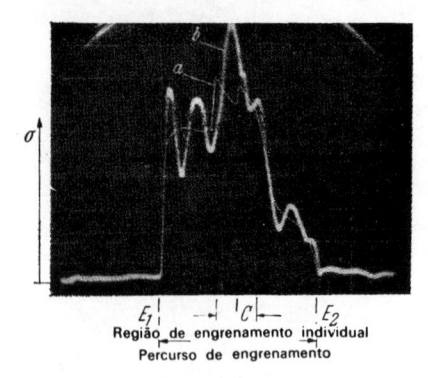

Região de engrenamento individual
Percurso de engrenamento

Figura 22.11 – Variação da tensão no pé do dente durante o engrenamento do mesmo, segundo medições da FZG (RETTIG). À esquerda, início do engrenamento na cabeça do dente. Dados de serviço: $a = 140$; $b = 10$; $m = 6$ mm; $i = 1$; $u = 47$ kgf/mm. Curva a: $v = 0,5$ m/s (rotação lenta); curva b: $v = 15$ m/s (vibrações com o deslocamento do ponto de solicitação máxima)

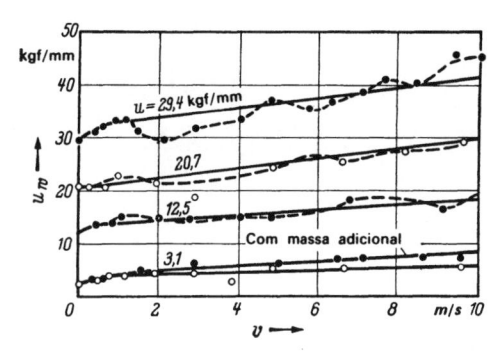

Figura 22.12 – Variação da fôrça tangencial efetiva u_w em função da velocidade tangencial v, com fôrças tangenciais estáticas de diferentes intensidades u, e com êrro de dente $f_e = 40\,\mu$; segundo medições da FZG [22/208]. Engrenagens de ensaio com $a = 91,5$; $b = 10$; $m = 3$ mm; $i = 1$

Segundo ensaios realizados, u_{din} e, portanto, também $u_w = u + u_{din}$ crescem quase linearmente com a velocidade tangencial v, contanto que sejam desprezados os desvios causados pelas ressonâncias. É particularmente desfavorável e deve ser evitada a ressonância da freqüência dos dentes com a freqüência própria da resultante da massa da engrenagem, da constante de elasticidade dos dentes e também da constante de elasticidade do eixo; acima da rotação de ressonância, u_{din} é novamente menor (ver Fig. 22.13).

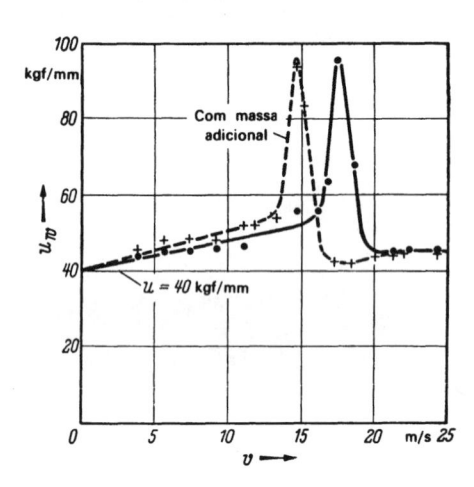

Figura 22.13 – Variação da fôrça tangencial efetiva u_w com v, antes e depois de serem atingidos os valores máximos nos pontos de ressonância, segundo medições de RETTIG (FZG). Engrenagens de ensaio com $a = 140$; $b = 10$; $m = 6$ mm; $i = 1$

O incremento linear é eficiente, também, para a solicitação do pé do dente e dos flancos (Fig. 22.14), variando no entanto a inclinação da reta devido ao deslocamento do ponto de aplicação da fôrça. Além disso, é significativo que, tanto para a fôrça como para as solicitações no pé do dente e nos flancos, a relação entre a solicitação total e a solicitação estática diminui com carga crescente (Fig. 22.15), alcançando valores muito elevados com cargas reduzidas.

Ademais, os ensaios mostram que o ponto de aplicação da fôrça eficaz no dente se desloca sensìvelmente em relação ao ponto de aplicação teórico, da seguinte maneira:

1. com o aumento da rotação, desloca-se mais para o fim do engrenamento,

2. com o aumento do êrro positivo do dente (flanco saliente), desloca-se mais para o início do engrenamento,

3. com o aumento da carga, desloca-se mais para o fim do engrenamento (diminui a zona de engrenamento individual).

Coeficiente C_D[5] : Na Fig. 22.37 está representado u_{din} em função de v, o qual mostra a influência da carga e o êrro, que são expressos, em primeira aproximação, pelo parâmetro $u\,C_S + 0,26f$, de acôrdo com o atual estado de pesquisas. Nesse caso, f é o êrro máximo do passo, da forma dos flancos ou do rolamento, em μ. Observe-se o valor-limite de u_{din}. Em primeira aproximação, tem-se

$$u_{din} \leqq 0,3\,u\,C_S + f. \tag{12}$$

[5]Dados mais detalhados sôbre a obtenção de C_D, ver [22/208]. Na equação de u_{din} e ε_w está contido, indiretamente, o êrro de dente efetivo f_w após o amaciamento, que foi introduzido com $f_w \cong f^{0,9}$.

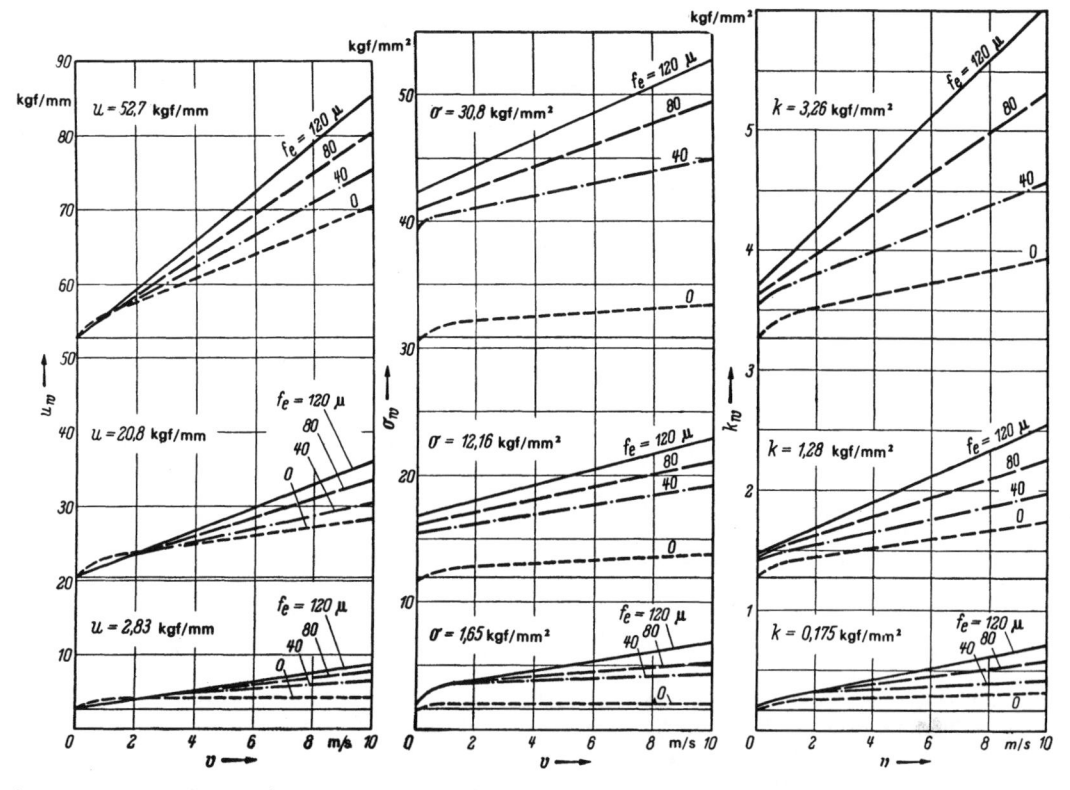

Figura 22.14 — Solicitações efetivas u_w, σ_w e k_w em função do êrro de passo do engrenamento f_e e da velocidade tangencial v, com diferentes cargas estáticas u, segundo medições FZG [22/208]; engrenagens de ensaio, ver Fig. 22.12

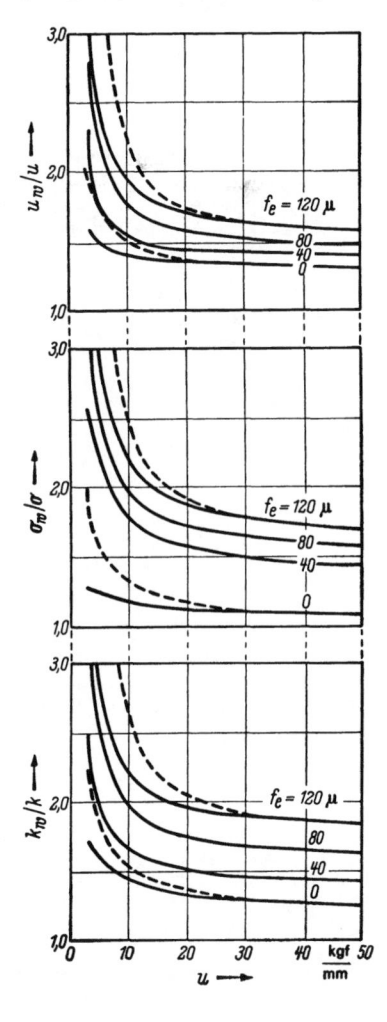

Figura 22.15 — Relação entre a solicitação efetiva u_w, σ_w, k_w e a solicitação estática u, σ, k, em função da carga estática u e do êrro de passo f_e do engrenamento, segundo ensaios da FZG [22/207]; curvas tracejadas para uma massa de engrenagem aumentada; engrenagens de ensaio ver Fig. 22.12

161

Incluindo o caso de dentes inclinados, com recobrimento intermitente ε_{sp}, pode-se escrever

$$u_D = u_{din}/(\varepsilon_{sp} + 1) \tag{13}$$

e, dessa maneira, o valor da carga dinâmica adicional é $B_D = u_D/d_{1b}$. De $B\,C_S\,C_D = B\,C_S + B_D$ resulta, então, a expressão do fator dinâmico:

$$C_D = 1 + \frac{B_D}{B\,C_S} = 1 + \frac{u_{din}}{u\,C_S\,(\varepsilon_{sp} + 1)} \leqq 1 + \frac{0{,}3\,u\,C_S + f}{u\,C_S\,(\varepsilon_{sp} + 1)}. \tag{14}$$

Coeficiente ε_w: Para a determinação do ponto de aplicação da fôrça máxima no dente, utiliza-se o grau de recobrimento efetivo ε_w. Em primeira aproximação, o mesmo é dado por:

$$\varepsilon_w = 1 + (\varepsilon_n - 1)\frac{m_n + v/4}{m_n + f/6}. \tag{15}$$

Com ε_w e fixada a posição do ponto mais desfavorável de aplicação da fôrça no início de cada engrenamento individual. Portanto, emprega-se ε_w sòmente para a determinação da capacidade de carga dos flancos do pinhão motor e do pé do dente na engrenagem movida (ver págs. 169 e 167).

As conseqüências práticas da fôrças dinâmicas adicionadas e do deslocamento do ponto de aplicação da fôrça máxima são indicadas na Tab. 22.2, obtida com base em ensaios de fadiga relativos à capacidade de carga do pé de dente e dos flancos. Verifica-se que os resultados de ensaio são bem abordados pelo cálculo.

4. DISTRIBUIÇÃO DA CARGA AO LONGO DA LARGURA DO DENTE E COEFICIENTE C_T

A associação de engrenagens vai acusar, quando montada e sujeita à carga de serviço, uma maior ou menor distribuição desigual de carga ao longo da largura do dente. Esta pode ser obtida pelas impressões de compressão no dente, produzidas pelo par de flancos de dentes das engrenagens em carga, com uma aplicação prévia de fuligem (Fig. 22.16). A esta distribuição de carga corresponde um êrro de alinhamento f_R resultante nos flancos dos dentes, que se compõe das seguintes parcelas[6]: o êrro na direção dos flancos f_β, proveniente da fabricação das engrenagens; o êrro de paralelismo f_p, que resulta da operação de furação para os mancais e da deformação da caixa de transmissão durante o serviço; o êrro de alinhamento, devido à flexão dos eixos com grandes relações b/d_{b1} e à distorção do pinhão pelo momento de torção. Ensaios mostram que a desigualdade de carga inicial (Fig. 22.17) é diminuída desigualmente pelo processo

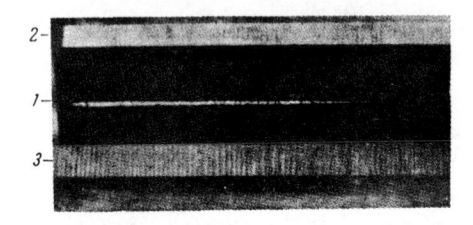

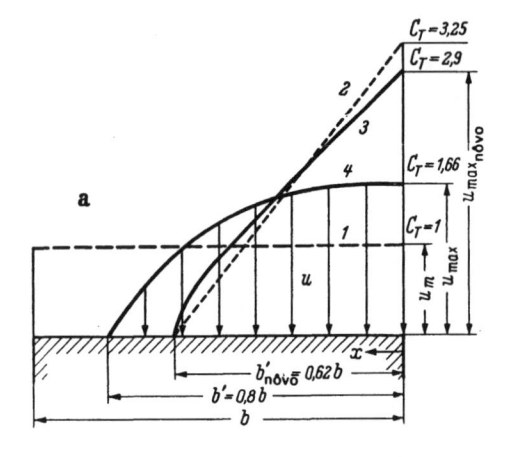

Figura 22.16 – Linha de pressão 1 sôbre a superfície do flanco de dente, enegrecida com fuligem, num engrenamento carregado unilateralmente; 2 cabeça do dente (vista por cima); 3 cabeça do dente anterior

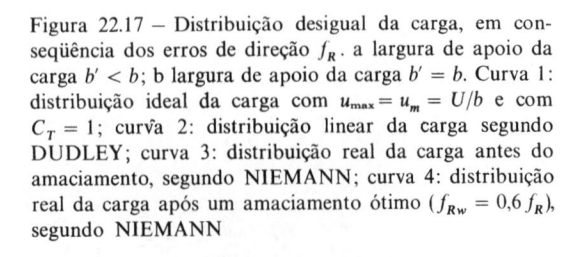

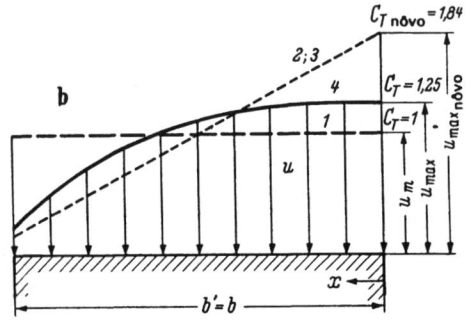

Figura 22.17 – Distribuição desigual da carga, em conseqüência dos erros de direção f_R. a largura de apoio da carga $b' < b$; b largura de apoio da carga $b' = b$. Curva 1: distribuição ideal da carga com $u_{max} = u_m = U/b$ e com $C_T = 1$; curva 2: distribuição linear da carga segundo DUDLEY; curva 3: distribuição real da carga antes do amaciamento, segundo NIEMANN; curva 4: distribuição real da carga após um amaciamento ótimo ($f_{Rw} = 0{,}6\,f_R$), segundo NIEMANN

[6]O êrro de alinhamento f_R em mícrons está relacionado à largura do dente b.

TABELA 22.2 – *Resultados dos ensaios de fadiga I e II, referentes ao efeito das cargas dinâmicas nos dentes* (Segundo NIEMANN e RETTIG [22/208].)

sempre $a = 91,5$ mm; $b = 10$ mm; $\alpha_0 = 20°$

Engrenamento	m [mm]	3	3	3	3	3	4,5
	z_2/z_1	42/19	39/19	34/27	34/37	34/27	24/16
	α_b [°]	20	26,69	20	20	20	22,44
	ε	1,24	1,16	1,65	1,65	1,65	1,47
Material	Pinhão	20 MnCr 5	20 MnCr 5	GG 18	16 MnCr 5	16 MnCr 5	
	Engrenagem			16 MnCr 5	34 Cr 4	24 Cr 4	37 MnSi 5
	HV [kgf/mm²]	730	730	230/780	334/780	780/334	260/240

Ensaio sôbre		Capacidade de carga do pé de dente						Capacidade de carga dos flancos				
	Ensaio número	I	II	I	II	I	II	I	II	I	II	I	II
Influência	v [m/s]	5,0	19,8	4,8	19,3	6,15		6,15	17	6,15		11,5	
	f_{e1} [μ]	6		6		12		6		6	60	6	
	f_{e2} [μ]	6		6		6	160	8		8		6	
	Elemento motriz	Engrenagem		Engrenagem		Engrenagem		Engrenagem		Engrenagem		Pinhão	Engren.
Capacidade de carga à fadiga Relação	u [kgf/mm]	47,2	37,6	75,0	59,0	10,52	0,94	4,79	4,30	4,79	2,63	11,7	9,3
	u_I/u_{II}	1,25		1,27		11,2		1,11		1,82		1,26	
*)	$f, (f_w)$ [μ]	6		6		12	(118)	8		8	(46)	6	
**)	u_{din} [kgf/mm]	7,27	22,9	11,16	34,9	3,5	9,62	2,34	3,00	2,34	4,67	5,06	4,42
Segundo o cálculo	u_w [kgf/mm]	54,47	60,5	86,16	93,9	14,0	10,56	7,13	7,30	7,13	7,24	16,76	13,72
	ε_w	1,26	1,48	1,17	1,31	1,59	1,08	1,68	2,09	1,68	1,20	1,62	
***)	σ_{wI}/σ_{II}	1,02		1,00		0,988		—		—		—	
***)	k_I/k_{II}	—		—		—		0,976		0,985		1,01	

*Para o cálculo de ε_w e u_{din}, foi utilizado um $f \cdot f = f_w^{1/0,9}$.

**Para as engrenagens ensaiadas, foi adotado um valor 1,3 vêzes maior que o da Fig. 22.37 para u_{din}, devido aos maiores efeitos de inércia da grande largura do cubo de 30 mm (com $b = 10$ mm).

***Quando ocorrem exatamente os valores calculados, as relações σ_{wI}/σ_{wII} e k_{wI}/k_{wII} devem ser iguais a 1.

de amaciamento, de modo que, após o mesmo, não mais subsiste a suposta distribuição linear de carga, mas forma-se uma distribuição de forma aproximadamente parabólica com um máximo valor. Como a distribuição desigual da carga é de interêsse para a capacidade de carga apenas quando a solicitação máxima alcança a zona-limite de solicitação, pode-se admitir, na zona-limite, que a diminuição do valor máximo pelo processo de amaciamento é, em primeira aproximação, proporcional ao êrro f_R[7], inclusive nas associações de diferentes tipos de aço (efeito das deformações plásticas e desgaste por atrito). Dessa maneira resulta a "distribuição de carga após o amaciamento", segundo a Fig. 22.17, na qual, em primeira aproximação da distribuição real, pode ser admitida uma parábola cúbica.

Coeficiente C_T. O coeficiente do êrro de distribuição da carga é $C_T = \dfrac{u_{max}}{u_m}$, onde $u_m = \dfrac{U}{b}$ é a fôrça tangencial média, e u_{max} a fôrça tangencial máxima local, por mm de largura de dente b. Segundo a Fig. 22.17, devem-se distinguir dois casos para o cálculo: 1) a largura de dente b' que suporta a carga é menor que b; 2) $b' = b$.

Para 1), segundo a Fig. 22.17a, tem-se, com uma distribuição de carga de acôrdo com a parábola cúbica, $u = u_{max}[1 - (x/x_0)^3]$ e $x_0 = b'$: fôrça tangencial

$$U = u_m b = \int_0^b u\,dx = u_{max}\frac{3}{4}\,b' \tag{16}$$

e, portanto,

$$\boxed{C_{T(par)} = \frac{u_{max}}{u_m} = \frac{4b}{3b'}} \tag{17}$$

Com a introdução da constante elástica do dente C_z, como fôrça de dente, por mm de largura, para 1 mícron de flexão de dente, tem-se, para o êrro de direção f_{Rw}, após o amaciamento:

$$u_{max} = C_z f_{Rw} \frac{b'}{b}. \tag{18}$$

Das Eqs. (16) e (17), tem-se

$$u_{max} = u_m C_T = \frac{4}{3}\frac{U}{b'} \tag{19}$$

e, portanto, das Eqs. (18) e (19)

$$b' = \sqrt{\frac{4}{3}\frac{Ub}{f_{Rw} C_z}}. \tag{20}$$

Das Eqs. (17) e (20), com $T = f_{Rw} C_z b/U$

$$\boxed{C_{T(par)} = \sqrt{\frac{4b f_{Rw} C_z}{3U}} = \sqrt{\frac{4}{3}\,T}} \tag{21}$$

No caso-limite, tem-se $b' = b$ e $C_T = 1{,}33$, segundo a Eq. (17).

Para 2), segundo a Fig. 22.17b, tem-se, com $u = u_{max}[1 - (x/b)^3] + u_{min}(x/b)^3$:

$$U = \int_0^b u\,dx = u_{max}\frac{3b}{4} + u_{min}\frac{b}{4}. \tag{22}$$

$$u_{max} = C_z f_{R\omega} + u_{min}. \tag{23}$$

Das Eqs. (22) e (23):

$$u_{max} = \frac{U}{b} + \frac{f_{Rw} C_z}{4} \tag{24}$$

e, portanto

$$\boxed{C_{T(par)} = \frac{u_{max}}{u_m} = 1 + \frac{f_{Rw} C_z b}{4U} = 1 + \frac{1}{4}\,T} \tag{25}$$

[7]O êrro de alinhamento f_R, em mícrons, é referido à largura do dente b.

No caso-limite, tem-se $u_{min} = 0$, donde $C_T = 1,33$, segundo a Eq. (22). Para uma distribuição linear da carga (linha 2 da Fig. 22.17) resulta

para $b'/b < 1$:

$$\boxed{C_{T(lin)} = \sqrt{2T} = 2b/b' \geqq 2}$$

para $b'/b = 1$:

$$\boxed{C_{T(lin)} = 1 + 0,5T = 1 \cdots 2}$$

Para ambas as distribuições de carga, pode-se tomar C_T da Tab. 22.38. Deve-se observar, nesse caso, que a carga efetiva será $U\,C_S\,C_D$ em vez de U, ou $B\,C_S\,C_D$ em vez de B. Valores de orientação para o êrro f_R na direção dos flancos de dente antes do amaciamento, e de f_{Rw} após bom amaciamento, ver Tab. 22.12.

Coeficiente C_β. Para dentes inclinados, a distribuição da carga é modificada também pelo comprimento total das larguras dos dentes, em engrenamento, com relação a b, assim como pela constante de elasticidade do dente, que varia ao longo das linhas inclinadas de contato dos dentes. Esta influência é levada em consideração mediante o coeficiente C_β, segundo as deduções das págs.174 a 176.

5. SOLICITAÇÃO NO PÉ DO DENTE σ E COEFICIENTE DE SEGURANÇA À RUPTURA S_B

Princípio de cálculo: Segundo a Fig. 22.18, para dentes retos a fôrça normal no dente $P = \dfrac{U}{\cos \alpha_b} =$

$= \dfrac{B d_{b1}\, b}{\cos \alpha_b}$ se decompõe, no ponto de intersecção com o eixo de simetria do dente, na componente tangencial $P \cos \alpha'$ e na componente radial $P \operatorname{sen} \alpha'$. Com estas, calcula-se, para o ponto de início da ruptura do dente no lado da tração, a tensão normal na flexão σ_f, a tensão de compressão σ_d e a tensão média de cisalhamento τ_m; através do coeficiente comparativo $\mu = \sigma_{lim}/\tau_{m\,lim}$ para a tensão de comparação σ resultante[8]:

$$\sigma = \sqrt{(\sigma_f - \sigma_d)^2 + (\mu\,\tau_m)^2} \tag{26}$$

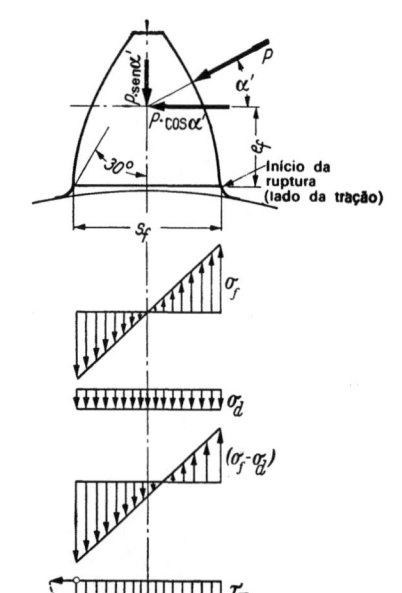

Figura 22.18 — Cálculo das tensões no pé do dente

As diferentes tensões a serem introduzidas valem, segundo a Fig. 22.18,

$$\sigma_f = \frac{M_f}{W_f} = \frac{P\,e_f \cos \alpha'}{b\,s_f^2/6}\;; \qquad \sigma_d = \frac{P \operatorname{sen} \alpha'}{b\,s_f}\;; \qquad \tau_m = \frac{P \cos \alpha'}{b\,s_f}. \tag{27}$$

Com

$$\sigma = z_1\,q\,B = z_1\,q\,\frac{U}{bd_{b1}} = z_1\,q\,\frac{P \cos \alpha_b}{bd_{b1}} \tag{28}$$

[8]No cálculo de σ sem a consideração da tensão de cisalhamento, resulta p. ex., para os engrenamentos de perfil deslocado, uma capacidade de carga demasiadamente grande. A explicação disso foi obtida através de estudo foto-elástico de tensões nos ensaios de engrenagens em movimento, variando-se os pontos de aplicação da fôrça: a solicitação no pé do dente não diminui linearmente com o braço de alavanca e_f da flexão, mas muito menos, de acôrdo com a tensão de cisalhamento remanente. Mais detalhes, ver Fig. 22.20 e [22/87].

resulta, das Eqs. (26), para dentes retos:

$$q = \frac{\sigma}{(P/b)\cos\alpha_b}\frac{d_{b1}}{z_1} = \frac{\cos\alpha'}{\cos\alpha_b}\frac{mb}{s_f}\sqrt{\left(\frac{6\,e_f}{s_f} - \mathrm{tg}\,\alpha'\right)^2 + \mu^2}\,. \qquad (29)$$

A equação correspondente para dentes inclinados é obtida com a introdução dos valores d_{b1n}, e_{fn}, s_{fn}, α'_n do engrenamento da secção normal:

$$q = \frac{\cos\alpha'_n}{\cos\alpha_{bn}}\frac{m_{bn}}{s_{fn}}\sqrt{\left(\frac{6\,e_{fn}}{s_{fn}} - \mathrm{tg}\,\alpha'_n\right)^2 + \mu^2} \qquad (30)$$

Coeficiente μ: Segundo os ensaios fotoelásticos das tensões (Figs. 22.19 e 22.20), e de acôrdo com as experiências com o "Pulsator" [22/87], com variação do ponto de aplicação da fôrça no dente, tem-se[9] $\mu \cong 2,5$ e, portanto, $\mu^2 \cong 6,25$.

Coeficientes q_{w1} e q_{w2}: O coeficiente q pode, portanto, ser calculado e tabelado de antemão, para cada tipo de engrenamento, para o pinhão 1 e a engrenagem 2, p. ex. como coeficiente q_E para o ataque da fôrça no ponto de engrenamento individual B_2 para a engrenagem 1 (ver Fig. 22.21), e para o ponto de engrenamento individual B_1 para a engrenagem 2, ou como coeficiente q_k para o ataque da fôrça na cabeça do dente.

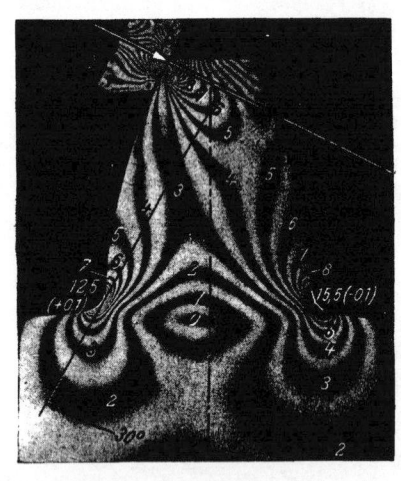

Figura 22.19 – Determinação fotoelástica das solicitações no pé do dente. Os números representados, de 1 a 15,5, para linhas de mesmas tensões principais, são proporcionais às tensões. O início da ruptura do dente (tensão no bordo 12,5) é esperado do lado da tração do dente. Segundo [22/87]

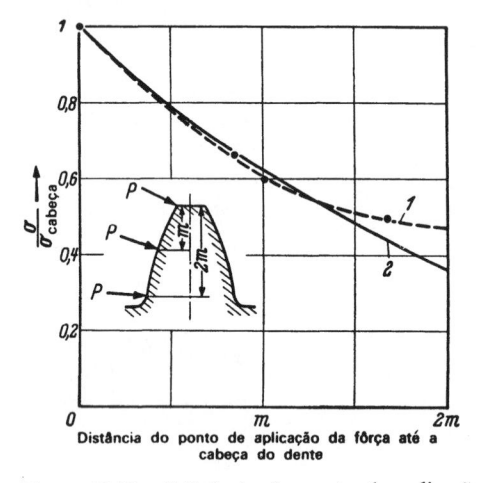

Figura 22.20 – Influência do ponto de aplicação da fôrça sôbre a tensão no pé do dente, segundo ensaios fotoelásticos [22/87] (curva 1) e segundo a equação aproximada
$\sigma/\sigma_{cabeça} = 1{,}4/(\varepsilon + 0{,}4)$ (curva 2), onde ε é o recobrimento do perfil

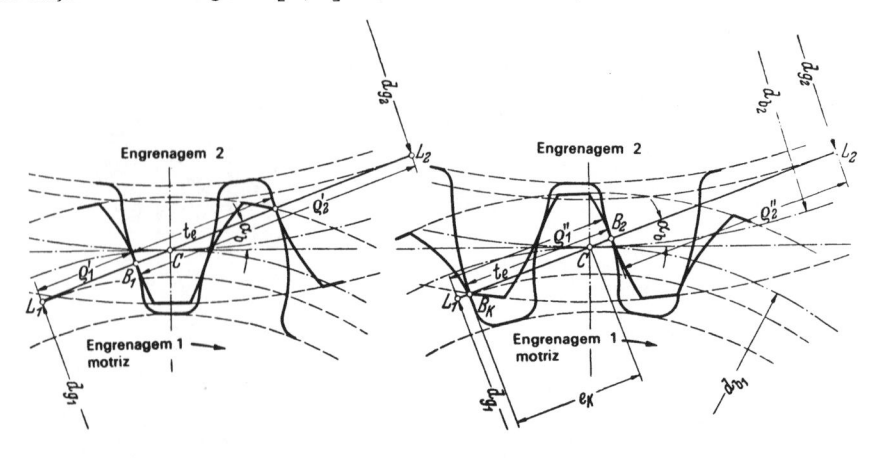

Figura 22.21 – Posição do engrenamento com ataque de fôrça no ponto de engrenamento individual. Esquerda: ponto de engrenamento individual B_1 (a cabeça do dente da engrenagem 1 sai do engrenamento); direita: ponto de engrenamento individual B_2 (a cabeça do dente da engrenagem 2 entra no engrenamento)

[9] O valor relativamente alto para μ, segundo as medições, é justificado pela geometria das tensões, pois a tensão tangencial τ, na transição do pé do dente, é sensìvelmente maior que o valor médio introduzido τ_m. Portanto, pode-se escrever também: $\mu\tau_m = 1{,}5\,\tau$ e $\tau = 1{,}67\,\tau_m$. Um exemplo para a determinação fotoelástica das solicitações no pé do dente, bem como a sua avaliação, podem ser vistos na Fig. 22.19.

Relação aproximada (compare Fig. 22.20): $q_E = q_k q_\varepsilon$ e $q_\varepsilon \cong \dfrac{1,4}{\varepsilon_n + 0,4}$, onde ε_n é o recobrimento do perfil na secção normal do engrenamento (Fig. 22.39)

Considerando-se ainda o deslocamento do ponto de ataque da fôrça de dente efetiva, em relação ao ponto teórico de engrenamento individual, segundo a pág. 162, tem-se, para os dentes retos e oblíquos, o coeficiente efetivo

para a engrenagem 1: $q_{w1} = q_{k1} q_{\varepsilon 1}$ e para a engrenagem 2: $q_{w2} = q_{k2} q_{\varepsilon 2}$. (31)

Sendo, para a *engrenagem motora* 1: $q_{\varepsilon 1} \cong 1,4/(\varepsilon_n + 0,4)$ e $q_{\varepsilon 2} \cong 1,4/(\varepsilon_w + 0,4)$. (32)

Para o caso em que 2 é a *engrenagem motora*: $q_{\varepsilon 1} \cong 1,4/(\varepsilon_w + 0,4)$ e $q_{\varepsilon 2} \cong 1,4/(\varepsilon_n + 0,4)$. (33)

ε_w, ver Eq. (15).

Secção transversal do dente s_f : A secção transversal crítica do dente desloca-se um pouco para baixo, com o ataque da fôrça mais baixo. No entanto, para o cálculo comparativo prático, isto fará pouca diferença se se tomar esta secção ou uma outra situada na sua proximidade, p. ex. uma secção definida pela altura no dente ou pela tangente de contato com inclinação de 30° (ver Fig. 22.18) ou por outra determinação semelhante. O essencial é que os valores-limite da tensão de comparação (σ_D), utilizados para a comparação, sejam determinados pelo mesmo tipo de cálculo[10].

Conformação e resistência do pé do dente: Segundo a Fig. 22.22, f_k varia pouco com arredondamento no pé do dente, com $r_f = 0,2\,m$, assim como a resistência no pé do dente $\sigma_D = \sigma_0/f_k$, inclusive para as engrenagens temperadas. Correspondentemente, foram indicados os valores-limite para $r_f = 0,2\,m$ (ver pág. 199), de tal maneira que pode ser dispensada a transformação com f_k, quando se mantém $r_f \geqq 0,2\,m$. Além disso, supõe-se que, na zona de transição do pé do dente, sejam evitadas estrias profundas ou escalonamentos de retificação, e que a zona temperada não termine justamente na zona de transição do pé do dente.

Figura 22.22 — Coeficiente f_k para a influência do arredondamento r_f no pé do dente sôbre a resistência à fadiga no mesmo, segundo ensaios da FZG. 1 segundo ensaios fotoelásticos; 2 para engrenagens beneficiadas ($\sigma_r = 90$ kgf/mm²); 3 a 4 para engrenagens cementadas; 5 para engrenagens de St 60 sem beneficiamento; $m = $ módulo do dente

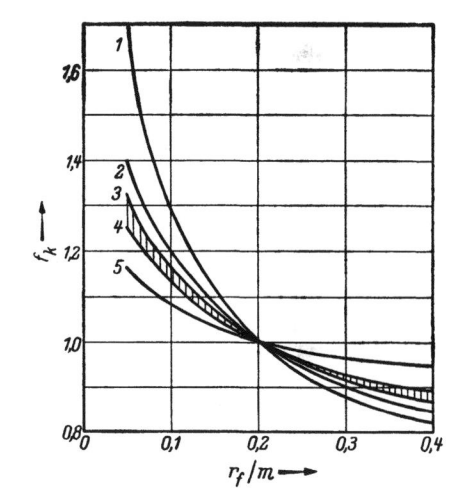

Por outro lado, pode-se aumentar muito a resistência à fadiga na zona de transição do pé do dente mediante encruzamento, como com bombardeio por jato de areia, p. ex. nas engrenagens temperadas até 160% [21/75].

Segurança contra a ruptura do dente S_B : Introduzindo a resistência à fadiga do pé do dente σ_D (pág. 200) e os valores efetivos (índice w) para q, σ e B, a segurança contra a ruptura é

para a engrenagem 1:

$$S_{B1} = \frac{\sigma_{D1}}{\sigma_{w1}} = \frac{\sigma_{D1}}{B_w z_1 q_{w1}}, \tag{34}$$

para a engrenagem 2:

$$S_{B2} = \frac{\sigma_{D2}}{\sigma_{w2}} = \frac{\sigma_{D2}}{B_w z_1 q_{w2}}. \tag{35}$$

6. *PRESSÃO NOS FLANCOS k E COEFICIENTE DE SEGURANÇA À "CAVITAÇÃO" S_G*

Princípio de cálculo (para engrenamentos de dentes retos): Segundo a Fig. 22.23, a solicitação na linha de contato dos flancos dos dentes é substituída pela solicitação de pressão de dois rolos paralelos, que coincidem com a associação dos dentes nos seguintes pontos: comprimento b da linha de contato, raios

[10]Segundo as recomendações da comissão alemã de normas (Deutschen Normenausschusses) os valores q_k aqui apresentados (ver pág. 198) e os valores de resistência σ_D (ver pág. 200) foram calculados com a secção transversal correspondente a uma tangente de 30°.

de curvatura ϱ_1 e ϱ_2 no plano da secção normal à linha de contato (ϱ_1 e ϱ_2 medidos no ponto de contato dos flancos descarregados), associação de materiais e acabamento superficial.

Para êste tipo de associação de rolamento (ver volume I), a carga referida vale (valor k, segundo STRIBECK)[11] :

$$k = \frac{P}{2\varrho b} = 2,86 \; \frac{P_H^2}{E} \qquad (\text{kgf/mm}^2). \tag{36}$$

Onde se tem $\dfrac{1}{\varrho} = \dfrac{1}{\varrho_1} + \dfrac{1}{\varrho_2}$ ou $\varrho = \dfrac{\varrho_1 \, \varrho_2}{\varrho_1 + \varrho_2}$ (para os flancos côncavos, ϱ_2 é negativo), $p_H \, [\text{kgf/mm}^2]$ é a pressão hertziana e $E = \dfrac{2E_1 \, E_2}{E_1 + E_2}$ $[\text{kgf/mm}^2]$ é calculado a partir dos módulos de elasticidade E_1 e E_2 dos materiais associados.

Para a visualização, é de interêsse: 1) o valor k, segundo a Fig. 22.23, é a carga referida à superfície de projeção $2b\varrho$ do cilindro substitutivo:

2) a pressão hertziana p_H de contato, segundo a Fig. 22.23, é a pressão máxima que ocorre na linha de contato elàsticamente achatada, quando os cilindros estão em repouso e a carga está na região elástica;

3) nas engrenagens, a pressão real nos flancos não coincide com p_H, uma vez que aparecem, adicionalmente, o processo de rolamento, o movimento de deslizamento (fôrça tangencial de atrito) e a pressão do lubrificante, dando origem a mudanças consideráveis na distribuição e na grandeza da solicitação (Fig. 22.24). Apesar dessas diferenças, p_H conserva o seu valor também nas engrenagens, para a primeira idealização da pressão de contato, e como grandeza comparativa, para a solicitação local que não pode ser exatamente determinada.

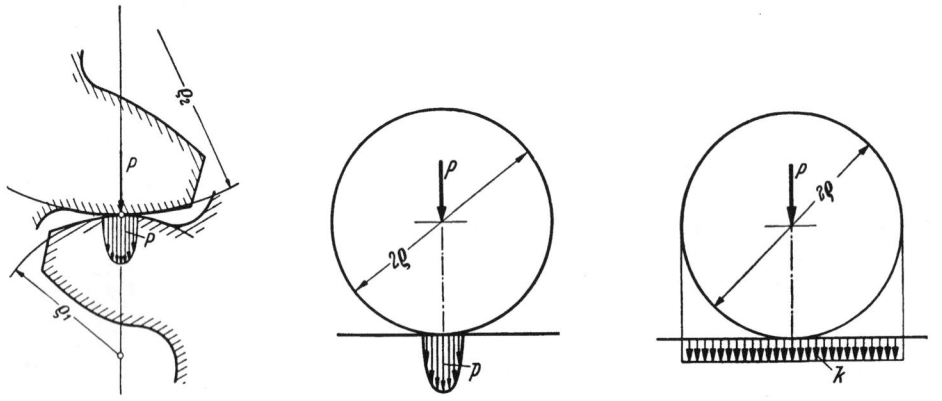

Figura 22.23 – Cálculo da pressão hertziana p e do valor k, segundo STRIBECK, para flancos de dentes

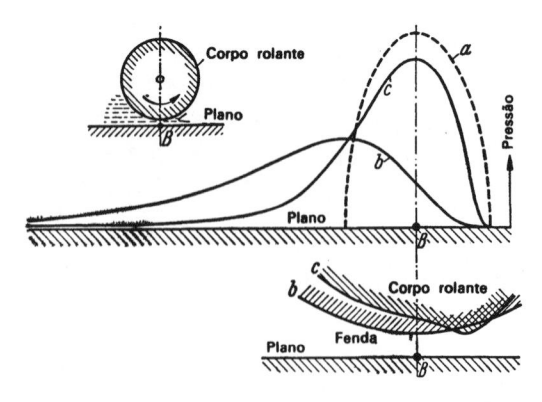

Figura 22.24 – Influência da pressão do lubrificante sôbre a deformação e a pressão nos flancos dos dentes, segundo C. WEBER [22/11]. a distribuição das pressões segundo HERTZ; b distribuição hidrodinâmica das pressões, sem deformação; c deformação do corpo rolante e distribuição correspondente das pressões

[11]*Conversões:* Para aço contra aço, tem-se $E = 2,1 \cdot 10^4 \text{ kgf/mm}^2$, de maneira que, nesse caso, $p_H = 85,7 \; \sqrt{k}$. Na literatura inglêsa, a pressão hertziana é designada por S_{max}(abreviação de max. stress) e é medida em libras por polegada quadrada (lbs./sq. in); além disso, o valor de k multiplicado por 2 é ali designado por "Sc" (abreviação de "contact stress"), sendo medido em lbs./sq. in. Conversão:

$$p_H \, (\text{kgf/mm}^2) = \frac{S_{max}}{1420} \, (\text{lbsp./sq. in}),$$

$$k \, (\text{kgf/mm}^2) = \frac{Sc}{2840} \, (\text{lbsp./sq. in}).$$

Para o cálculo prático das engrenagens, utiliza-se com vantagem o valor k, pois, nesse caso, não se necessita do módulo de elasticidade E, uma vez que o valor de k é proporcional[12] ao valor da carga B.

Valor crítico[13] *de* k: Como a cavitação, segundo a prática, inicia-se no pé do dente (região dos escorregamentos negativos), calcula-se o valor máximo de k, para o ponto de *engrenamento individual* B_1 (Fig. 22.21), da engrenagem 1,

$$k_1 = \frac{i+1}{i}\, y_1\, B \tag{37}$$

e, para a *roda grande* 2 no ponto de rolamento C[14],

$$k_2 = k_C \frac{i+1}{i}\, y_C\, B \tag{38}$$

Determinação de y_C : Introduzindo-se $B = \dfrac{U}{d_{b1}\, b} = \dfrac{P \cos \alpha_b}{d_{b1}\, b}$ e $k_C = \dfrac{P}{2\varrho_C\, b}$ na Eq. (38), obtém-se

$y_C = \dfrac{i}{i+1}\, \dfrac{d_{b1}}{2\varrho_C \cos \alpha_b}$. Segundo a Fig. 22.21, o raio de curvatura para o ponto de rolamento C é

$$\varrho_{1C} = \overline{L_1\, C} = 0,5\, d_{b1}\, \text{sen}\, \alpha_b\, ; \quad \varrho_{2C} = \overline{L_2\, C} = 0,5\, d_{b2}\, \text{sen}\, \alpha_b = 0,5\, i\, d_{b1}\, \text{sen}\, \alpha_b$$

e, portanto,

$$\varrho_C = \frac{\varrho_{1C}\, \varrho_{2C}}{\varrho_{1C} + \varrho_{2C}} = 0,5\, \text{sen}\, \alpha_b\, d_{b1}\, \frac{i}{i+1}$$

e

$$\boxed{y_C = \frac{1}{\text{sen}\, \alpha_b \cos \alpha_b}} \tag{39}$$

Determinação de y_1 : Das Eqs. (37) e (38), obtém-se, também, com a introdução de $y_\varepsilon = \varrho/\alpha_C$:

$$\boxed{y_1 = y_C \frac{k_1}{k_C} = y_C \frac{\varrho_C}{\varrho} = y_C \frac{\varrho_{1C}\, \varrho_{2C}}{\varrho'_1\, \varrho'_2} = \frac{y_C}{y_\varepsilon}} \tag{40}$$

Segundo a Fig. 22.21 esquerda, tem-se, para o ponto de engrenamento individual B_1 (o dente anterior está justamente desengrenando):

$$\varrho'_1 = \overline{L_1\, B_1} = \varrho_{1C} + e_1 - t_e = \varrho_{1C} - t_e (1 - \varepsilon_1)$$

com o percurso de engrenamento de cabeça e_1 e $\varepsilon_1 = e_1/t_e$;

$$\varrho'_2 = \overline{L_2\, B_1} = \varrho_{2C} - e_1 + t_e = \varrho_{2C} + t_e (1 - \varepsilon_1)$$

e, portanto,

$$\frac{\varrho'_1}{\varrho_{1C}} = 1 - \frac{t_e (1 - \varepsilon_1)}{0,5\, d_{b1}\, \text{sen}\, \alpha_b} = 1 - \frac{2\pi(1 - \varepsilon_1)}{z_1\, \text{tg}\, \alpha_b}\, ; \quad \frac{\varrho'_2}{\varrho_{2C}} = 1 + \frac{2\pi(1 - \varepsilon_1)}{z_2\, \text{tg}\, \alpha_b}.$$

Pondo-se $\dfrac{\varrho'_2}{\varrho_{2C}} \cong 1$, leva-se em conta, pelo menos aproximadamente, o efeito desfavorável do escorregamento negativo sôbre a resistência ao rolamento (o escorregamento aumenta com $\varrho'_2/\varrho_{2C} > 1$); além disso, pode-se então calcular y_ε independentemente da engrenagem conjunta. Tem-se, então,

$$y_\varepsilon = \frac{\varrho'_1}{\varrho_{1C}} = 1 - \frac{2\pi(1 - \varepsilon_1)}{z_1\, \text{tg}\, \alpha_b} \tag{41}$$

[12]Outras razões são: 1. o módulo E varia, p. ex., no ferro fundido, também com a altura da carga; 2. o valor-limite para k pode ser determinado indiretamente pelo ensaio para todos os tipos de associações de materiais, sem o conhecimento de E; 3. o cálculo mais cômodo com k leva ao mesmo resultado que o cálculo com p_H^2/E.

[13]Nos Estados Unidos [21/1] e [21/2], em lugar do valor k, emprega-se o "fator K:

$$\text{fator } K \text{ (lbsp./sq. in)} = 1\,420\, \frac{i+1}{i}\, B \text{ (kgf/mm}^2\text{)}; \quad k_1 \text{ (kgf/mm}^2\text{)} = y_1\, \frac{\text{fator } K}{1\,420} \text{ (lbsp./sq. in)};$$

$$k_2 \text{ (kgf/mm}^2\text{)} = y_C\, \frac{\text{fator } K}{1\,420} \text{ (lbsp./sq. in).}$$

[14]Sòmente para relações de multiplicação muito pequenas, na região de $i \cong 1$, k_2 é ainda maior no ponto de engrenamento individual B_2 (Fig. 22.21).

Coeficiente y_{w1} e y_{w2} : Levando-se em conta ainda o deslocamento da fôrça crítica no dente em relação ao ponto teórico de engrenamento individual segundo a pág. 162, e para o caso de dentes inclinados, segundo pág. 177, com y_C e y_β, segundo pág. 178, obtém-se, para coeficientes eficazes da

engrenagem 1: $\boxed{y_{w1} = y_C \cdot y_\beta / y_\varepsilon}$ e da engrenagem 2: $\boxed{y_{w2} = y_C \cdot y_\beta}$. (42)

$$\boxed{y_\varepsilon = 1 - \frac{2\pi}{z_{1n}\,\mathrm{tg}\,\alpha_{bn}}(1 - \varepsilon_{1w})}$$ (43)

$\varepsilon_{1w} \cong \varepsilon_{1n}\dfrac{\varepsilon_w}{\varepsilon_n}$, quando a engrenagem 1 é motriz,

$\varepsilon_{1w} \cong \varepsilon_{1n}$, quando a engrenagem 2 é motriz; ε_w, segundo a Eq. (15).

Seguraça à cavitação S_G : Com a introdução da resistência à fadiga no rolamento k_D (pág. 200) e dos valores eficazes (índice w) de k, y e B, resulta a segurança contra a cavitação

para a engrenagem 1: $\qquad S_{G1} = \dfrac{k_{D1}}{k_{w1}} = \dfrac{k_{D1}}{B_w\,y_{w1}}\dfrac{i}{i+1}$; (44)

para a engrenagem 2: $\qquad S_{G2} = \dfrac{k_{D2}}{k_{w2}} = \dfrac{k_{D2}}{B_w\,y_{w2}}\dfrac{i}{i+1}$. (45)

7. PRESSÃO NOS FLANCOS PARA A CARGA DE ENGRIPAMENTO k_F E A SUA SEGURANÇA S_F

O limite da carga de engripamento, isto é, a carga na qual se inicia a "formação de estrias" ou o engripamento nos flancos dos dentes (ver pág. 124), varia sobretudo com a escolha do lubrificante, com a velocidade tangencial e com as dimensões das engrenagens, bem como com a qualidade superficial dos flancos (rugosidade e associação de materiais) e a temperatura do lubrificante. Pela escolha conveniente do mesmo, quase sempre o limite da carga de engripamento pode ser elevado acima dos outros limites de carga. Portanto, a comprovação da segurança contra o engripamento serve, sobretudo, para a determinação do lubrificante necessário.

Princípio de cálculo[15]. Para o cálculo do limite de carga de engripamento (índice F) pode ser usado o valor k no ponto de rolamento, cuja grandeza depende do coeficiente do lubrificante k_{ens} e do coeficiente do engrenamento y_F :

$$k_F = \frac{k_{ens}\cos\beta_0\,y_\beta}{y_F}$$ (46)

Nessa equação, tem-se:

$$y_F \cong \left(\frac{12,7}{d_{b1}}\frac{i+1}{i}\right)^2\left[1 + \left(\frac{e_{max}}{10}\right)^4\right]\sqrt{m_n}\ .$$ (47)

Sendo $e_{max} = e_1$ ou $= e_2$, respectivamente, o percurso de engrenamento da cabeça da engrenagem 1 ou da engrenagem 2, na secção frontal (decisivo é o maior valor);

k_{ens} é o valor de ensaio da carga de engripamento do lubrificante à respectiva velocidade tangencial v, segundo a Fig. 22.43; é o valor que será obtido para as dimensões das engrenagens de ensaio, quando o início do engrenamento ocorre com e_{max}.

A Fig. 22.43 mostra a dependência do valor k_{ens} de v, e do momento de torção da carga de engripamento M_{ens} determinado no ensaio normal A^{15} da FZG, para óleos de engrenagens. Valores práticos para M_{ens}, para diferentes óleos de engrenagens, ver Tab. 22.29.

Segurança contra o engripamento S_F : Com a introdução do valor eficaz k no ponto de rolamento

$$k_w = k_{w2} = \frac{i+1}{i}\,y_C\,y_\beta\,B_w$$ (48)

resulta, para a segurança ao engripamento,

$$S_F = \frac{k_F}{k_{w2}} = \frac{k_{ens}\cos\beta_0}{B_w\,y_C\,y_F}\frac{i}{i+1}$$ (49)

---

[15]Nesse cálculo, pressupõe-se que para o óleo em questão seja disponível o valor-limite M_{ens} ou k_{ens}, obtido no ensaio FZG. A fórmula de y_F para a conversão do limite da carga de engripamento das engrenagens de ensaio, para os respectivos pares de engrenagens em questão, baseia-se em ensaios comparativos da carga de engripamento da FZG, ainda incompletos, para diferentes engrenamentos, com velocidade e lubrificantes. Para a determinação da carga-limite de engripamento num ensaio da FZG, ou em outros ensaios de engrenagens, ver [22/194 a 197]. Outros cálculos dos limites de carga de engripamento, ver ALMEN [22/158], BLOK [22/162] e DUDLEY [22/6].

8. *VALORES DE RESISTÊNCIA DAS ENGRENAGENS*

Os valores da resistência à fadiga σ_D e k_D das engrenagens, necessários para a comprovação da capacidade de carga, devem ser determinados para pares de engrenagens através de ensaios de funcionamento (Fig. 22.5). A partir dos valores-limite da carga B assim determinados para a região da resistência à fadiga (aprox. com 5.10^7 ciclos de carga), são calculados, para σ_D ou k_D, através das mesmas fórmulas que mais tarde serão utilizadas para a comprovação da capacidade de carga de uma transmissão existente, pois o valor absoluto da resistência é função do tipo de cálculo. Como para a transformação de B para os valores de resistência são necessários os coeficientes C_T do êrro de distribuição da carga e C_D do fator dinâmico, êstes também devem ser conhecidos para os ensaios de funcionamento.

Como primeira aproximação, servem os valores de k_0 e σ_0 dados na pág.199 para diferentes materiais de engrenagens. São êstes os valores de k_D e σ_D, válidos para certas condições. Segundo a pág. 200, podem ser convertidos aproximadamente para outras condições de serviço. Os dados mostram que deve ser levado em conta, para σ_D, o tipo de carga (normalmente, tem-se carga oscilante; em engrenagens intermediárias, carga alternativa) e principalmente a execução da transição do pé do dente (é vantajosa uma tensão inicial de compressão obtida por têmpera superficial ou por jato de granalhas [21/75], e é inconveniente o efeito de concentração de tensões por estrias, por transição brusca no pé e por limitação da zona temperada na transição do pé). Por outro lado, deve ser considerada para k_D a influência do material conjugado (Fig. 22.26), do tipo de óleo[16] e da viscosidade do mesmo, da velocidade tangencial v (Fig. 22.25) e do tratamento dos flancos (influência da granulação da camada superficial e do coeficiente de atrito, ver pág. 125). Para as associações de material freqüentemente usado é recomendável, portanto, a determinação k_D mediante um ensaio de funcionamento, pelo menos o material conjugado, a estrutura do material e o tratamento dos flancos que repercutem de forma diversa sôbre o valor de k_D para os diferentes materiais de engrenagens (ver Fig. 22.26 e pág. 125).

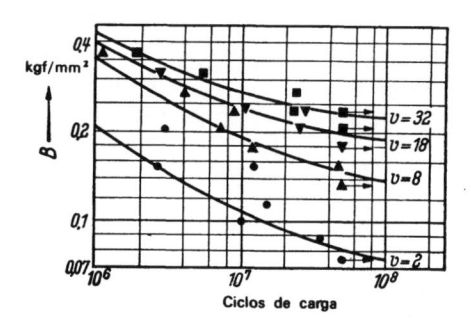

Figura 22.25 — Influência da velocidade tangencial v(m/s) sôbre a capacidade de carga dos flancos (valor da carga B). Ensaios da FZG com aço 53 MnSi 4 ($HV \cong 260$), $b = 22$, $m = 3$, $z_1 = 23$, $z_2 = 37$, $\alpha_0 = 20°$; $\alpha_b = 22,4°$, retificado liso, óleo DTE, com 50 cSt para uma temperatura do óleo de 67°C

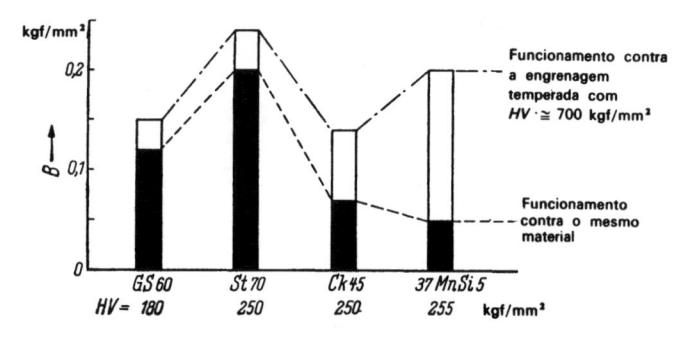

Figura 22.26 — Influência da rugosidade e da dureza do material da engrenagem conjugada sôbre a capacidade de carga dos flancos (valor de carga B com 10^8 ciclos de carga) para alguns materiais não temperados de engrenagens. Ensaios da FZG com $a = 91,5$ mm; $m = 3$ mm; $b = 10$ mm; $i = 1,26$; $n_1 = 3\,000$ rpm; retificado com qualidade 4; lubrificação por injeção com óleo DTE pesado (óleo mineral) a 60°C $\hat{=}$ 32 cSt; HV é a dureza Vickers dos flancos de dentes*

22.3. ENGRENAMENTOS DE DENTES INCLINADOS

Nomenclatura e dimensões, ver pág. 192.

Para os valores da secção frontal (secção normal ao eixo da engrenagem): designações de engrenamento de dentes retos.

Para valores da secção normal N (secção normal à linha dos flancos F): designações com índice n.

Para valores da secção normal B (secção normal à linha B): designações com índice B.

Para valores da circunferência primitiva de fabricação: com índice 0.

Para valores da circunferência de rolamento: com índice b.

1. *CARACTERÍSTICAS E PROPRIEDADES*

Nas engrenagens cilíndricas de dentes inclinados, com ângulos de inclinação β (β_0 na circunferência primitiva, β_g na circunferência de base, Figs. 22.27 e 22.28), as secções frontais para quaisquer distâncias Δb apresentam os mesmos engrenamentos que, no entanto, estão deslocados sôbre a circunferência primitiva do valor Δb tg β_0.

[16]Nos ensaios da FZG, para o aço 37 MnSi 5 ($HV - 305$), com funcionamento em óleo sintético k_D 5 vêzes maior que o correspondente ao funcionamento com óleo mineral. Justificação das conseqüências e da influência de diferentes grandezas sôbre k_D, ver nota de rodapé pág. 123.

171

Com a rotação das engrenagens os flancos dos dentes percorrem a superfície E de engrenamento, em repouso (Fig. 22.28). No engrenamento de evolventes[17], esta corresponde a um plano que tangencia os cilindros das circunferências de base da engrenagem e da engrenagem conjugada, sendo limitado pelos cilindros das circunferências de cabeça no caso de engrenamentos sem penetração.

As respectivas *linhas de contato* (linhas B) com os flancos conjugados (não desenhados) são as linhas de intersecção dos flancos correspondentes com a superfície de engrenamento. As linhas B são retas, também no caso de engrenagens cilíndricas de dentes inclinados, contanto que β seja constante sôbre a largura do dente. No entanto, ao contrário do que acontece no engrenamento de dentes retos, correm obliquamente sôbre o flanco do dente (Fig. 22.28), formando, na superfície de engrenamento, o ângulo β_g com o eixo da engrenagem, e, no flanco do dente do engrenamento plano, o ângulo β_t com a linha dos flancos F. As linhas dos flancos F (linhas de intersecção dos flancos de dente com os cilindros da circunferência primitiva) são helicoidais, cujas tangentes formam o ângulo β_0 com as paralelas ao eixo da engrenagem.

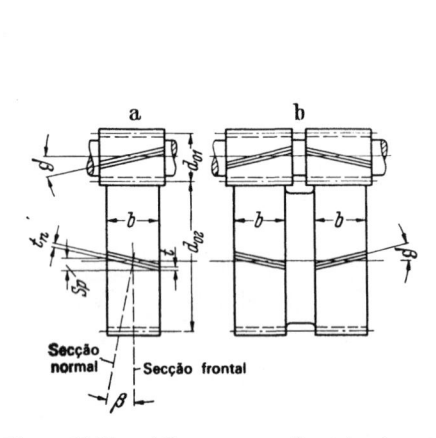

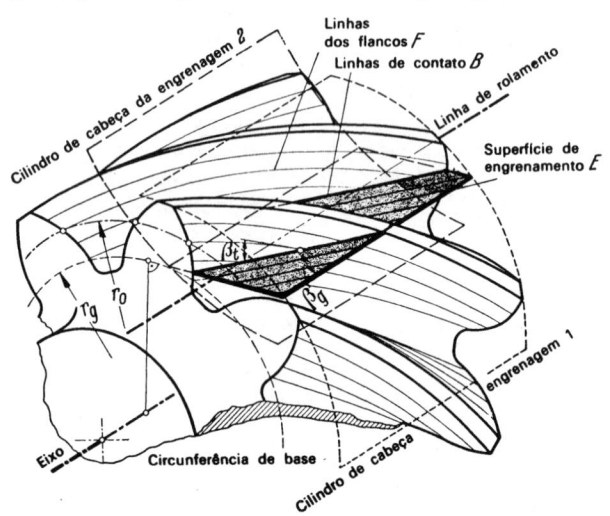

Figura 22.27 — a) Engrenagens frontais de dentes inclinados

b) Engrenagens frontais de dentes em V

Figura 22.28 — Engrenagens cilíndricas de dentes inclinados, com plano de ação E e retas de contato B

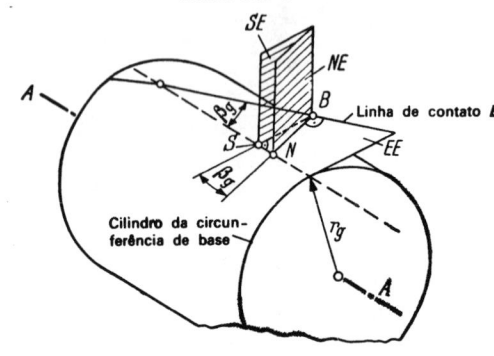

Figura 22.29 — Relação entre os raios de curvatura dos flancos ϱ e ϱ_B

ϱ = percurso BS no plano da secção frontal SE

ϱ_B = percurso BN no plano da secção normal NE, normal à linha B

O raio de curvatura ϱ_B dos flancos de dente na secção normal B está situado na superfície de engrenamento, e, de acôrdo com a Fig. 22.29, para cada ponto de engrenamento é maior que o raio de curvatura ϱ correspondente da secção frontal: $\varrho_B = \varrho/\cos\beta_g$.

Disso resultam as seguintes particularidades para o engrenamento de dentes inclinados:

1) *Aplicação da carga.* A distância até o pé do dente varia ao longo das linhas B, variando, portanto, o braço de alavanca correspondente à flexão do dente, e com êle a constante elástica da associação dos dentes por mm de largura. Correspondentemente, também a absorção da carga ao longo da linha B será desigual (ver pág. 174).

2) *Posição de engrenamento individual.* Em cada posição dos dentes há, simultâneamente, vários dentes em engrenamento, excetuando-se o caso de rodas muito estreitas. Não existe, portanto, uma posição de engrenamento individual, como no caso dos dentes retos.

3) *Comprimento total das linhas B.* Varia com a posição dos dentes (ver Fig. 22.32), variando, portanto, a carga média por mm de comprimento, a não ser que seja inteiro o coeficiente ε_{sp} de recobrimento descontínuo ($= 1, = 2, = 3, \ldots$), segundo a Eq. (60).

[17]As demais indicações referem-se à execução usual com engrenamentos de evolventes: nesta os flancos de dente possuem um perfil de evolvente na secção frontal, apresentando apenas perfil aproximado de evolvente na secção normal, já que a secção do cilindro da circunferência de base na secção normal não é uma circunferência, mas sim uma elipse. Seu engrenamento de referência, isto é, o engrenamento plano com que podem engrenar a engrenagem e a contra-engrenagem, é uma cremalheira com dentes de perfil trapezoidal, como no caso de dentes retos.

4) *Engrenamento do dente e regularidade de funcionamento.* A entrada de um dente no engrenamento, assim como a sua saída, não ocorre simultâneamente sôbre a largura do dente, mas sim progressivamente, de maneira que se atinge um funcionamento mais suave e mais regular.

5) *Efeito dos erros de dente.* Os defeitos de alinhamento do dente e do eixo alteram a distribuição da carga sôbre a largura do dente, aproximadamente da mesma maneira que no engrenamento de dentes retos; no entanto, os erros de passo causam um perigo maior de ruptura dos cantos de dente, já que, no engrenamento de dentes inclinados, o dente que entra ou sai da posição de engrenamento deve eventualmente absorver tôda a fôrça tangencial apenas numa parte[18].

6) *Constância do movimento de rotação.* Com dentes oblíquos de mesma qualidade, a constância do movimento de rotações é maior, já que o maior recobrimento total (mais dentes em engrenamento simultâneo) compensa, em parte, o efeito dos erros[19].

7) *Número mínimo de dentes.* Com ângulo de inclinação β_0 crescente, diminui o número necessário de dentes z_1, proporcionalmente a $\cos^2 \beta_g \cos \beta_0$, pois, para evitar a penetração no pé, é decisivo o número equivalente de dentes $z_{1n} = \dfrac{z_1}{\cos^2 \beta_g \cos \beta_0} \geqq \dfrac{2}{1,2 \operatorname{sen}^2 \alpha_{0n}} \dfrac{h_{k\,\text{ferram}}^{\bullet}}{m_n}$ (ver Tab. 22.21). Assim, no engrenamento de 20° com $\beta_0 = 45°$ e $x = 0$ ($= 0,5$), o número de dentes será $z_1 = 6$ ($= 3$).

2. RELAÇÕES GEOMÉTRICAS

Entre as grandezas na secção frontal e na secção normal, existem as seguintes relações:

Relações entre ângulos:

$$\operatorname{tg} \alpha_0 = \frac{\operatorname{tg} \alpha_{0n}}{\cos \beta_0} ; \qquad\qquad \operatorname{sen} \beta_g = \operatorname{sen} \beta_0 \cos \alpha_{0n} ; \qquad (50)$$

$$\cos \beta_g = \frac{\operatorname{sen} \alpha_{0n}}{\operatorname{sen} \alpha_0} = \cos \beta_0 \frac{\cos \alpha_{0n}}{\cos \alpha_0} ; \qquad \operatorname{tg} \beta_g = \operatorname{tg} \beta_0 \cos \alpha_0 ; \qquad (51)$$

$$\operatorname{tg} \beta_t = \operatorname{sen} \beta_g \operatorname{tg} \alpha_0 = \operatorname{tg} \beta_0 \operatorname{sen} \alpha_{0n} . \qquad (52)$$

As relações acima valem também para α_b, α_{bn} e β_b no lugar de α_0, α_{0n} e β_0

$$\frac{\operatorname{tg} \beta_b}{\operatorname{tg} \beta_0} = \frac{d_b}{d_0} = \frac{d_{b1}}{d_{01}} = \frac{\cos \alpha_0}{\cos \alpha_b} = \frac{\cos \alpha_{0n}}{\cos \alpha_{bn}} \frac{\cos \beta_0}{\cos \beta_b} ; \qquad \frac{\operatorname{sen} \beta_b}{\operatorname{sen} \beta_0} = \frac{\cos \alpha_{0n}}{\cos \alpha_{bn}} . \qquad (53)$$

Módulo[20]

$$\frac{m_n}{m} = \cos \beta_0 \quad \frac{m_{en}}{m_e} = \cos \beta_g ; \qquad \frac{m_e}{m} = \cos \alpha_0 ; \qquad \frac{m_{en}}{m_n} = \cos \alpha_{0n} . \qquad (54)$$

Diâmetro equivalente (ver Tab. 22.21):

$$d_{01n} = \frac{d_{01}}{\cos^2 \beta_g} = z_{1n} m_n ; \qquad d_{02n} = \frac{d_{02}}{\cos^2 \beta_g} = z_{2n} m_n ; \qquad (55)$$

$$d_{b1n} = \frac{d_{b1}}{\cos^2 \beta_g} \qquad\qquad d_{b2n} = \frac{d_{b2}}{\cos^2 \beta_g} . \qquad (56)$$

Número equivalente de dentes (ver Tab. 22.21):

$$z_{1n} = \frac{z_1}{\cos^2 \beta_g \cos \beta_0} = z_1 (z_n/z); \qquad z_{2n} = i z_{1n} = \frac{z_2}{\cos^2 \beta_g \cos \beta_0} = z_2 (z_n/z). \qquad (57)$$

Número mínimo de dentes:

$$z_1 = z_{1n} \cos^2 \beta_g \cos \beta_0 \geqq \frac{2}{\operatorname{sen}^2 \alpha_{0n}} \frac{h_{k\,\text{ferram}}}{m_n \, 1,2} \cos^2 \beta_g \cos \beta_0 = \frac{(z_{1n})_{\text{mín}}}{z_n/z} \qquad (58)$$

com o fator $1/1,2$ para o limite prático de penetração; $(z_{1n})_{\text{mín}}$, ver Tab. 22.16.

Recobrimento do perfil (ver Fig. 22.39):

$$\varepsilon = \frac{e_1 + e_2}{m \pi \cos \alpha_0} = \varepsilon_n \cos^2 \beta_g = \frac{e_{1n} + e_{2n}}{m_n \pi \cos \alpha_{0n}} \cos^2 \beta_g . \qquad (59)$$

[18]Correspondentemente, nos engrenamentos de dentes inclinados, os erros de passo admissíveis deverão ser menores, e, com grandes larguras de dente, convém retrair os flancos dos dentes nos lados frontais, de alguns μ (flancos abaulados lateralmente, ver pág. 156), ou aumentar o chanfrado dos dentes nos lados da engrenagem (ver Fig. 22.8).

[19]No gráfico de rolamento das engrenagens de dentes inclinados, temos uma diminuição dos erros de rolamento, com o aumento progressivo do deslocamento axial no sentido de encaixar uma engrenagem na outra.

[20]$m_e = t_e/\pi = \cos \alpha_0$ é o módulo de engrenamento; passo de **engrenamento** t_e, ver pág. 115.

Recobrimento descontínuo:

$$\varepsilon_{sp} = \frac{b \, tg \, \beta_0}{m \, \pi} = \frac{b \, sen \, \beta_0}{m_n \, \pi}. \tag{60}$$

Passo:

$$H = \frac{\pi \, d_0}{tg \, \beta_0} = \frac{\pi \, d_b}{tg \, \beta_b}. \tag{61}$$

Raio de curvatura dos perfis dos flancos:

$$\frac{\varrho_B}{\varrho} = \frac{1}{\cos \beta_g} = \frac{sen \, \alpha_b}{sen \, \alpha_{bn}} = \frac{d_{b1n} \, sen \, \alpha_{bn}}{d_{b1} \, sen \, \alpha_b} = \frac{\varrho_n}{\varrho}. \tag{62}$$

Deslocamento do perfil:

$$(x_1 + x_2) \, m_n = (x_1 + x_2) \, m \cos \beta_0, \tag{63}$$

$$\frac{a}{a_0} = \frac{\cos \alpha_0}{\cos \alpha_b}. \tag{64}$$

Encurtamento da cabeça (Fig. 21.28): $K \, m = K_n \, m_n$. \hfill (65)

3. DISTRIBUIÇÃO DA CARGA AO LONGO DAS LINHAS DE CONTATO B E COEFICIENTE C_β

A Fig. 22.30 mostra a distribuição desigual da carga ao longo das linhas de contato das engrenagens cilíndricas de dentes inclinados[21], segundo ensaios fotoelásticos; a Fig. 22.31 mostra a distribuição da carga com a variação da largura do dente e a variação do ângulo de inclinação, segundo os resultados experimentais obtidos em associações de engrenagens de aço temperado com diferentes ângulos de inclinação[21,22]. Dos ensaios, conclui-se:

1) a distribuição da carga é senoidal;

2) o máximo está situado aproximadamente no ponto médio, e o mínimo nos extremos do percurso de engrenamento;

3) com ângulo de inclinação crescente (com uma linha B mais íngreme sôbre o flanco do dente) diminui fortemente o grau de irregularidade; com $\beta = 45°$, êle é pràticamente nulo;

4) com várias linhas de contato B simultâneas, as linhas curtas suportam uma carga relativamente maior do que a sua correspondente posição no percurso de engrenamento (efeito de concordância de carregamento no prolongamento dos dentes).

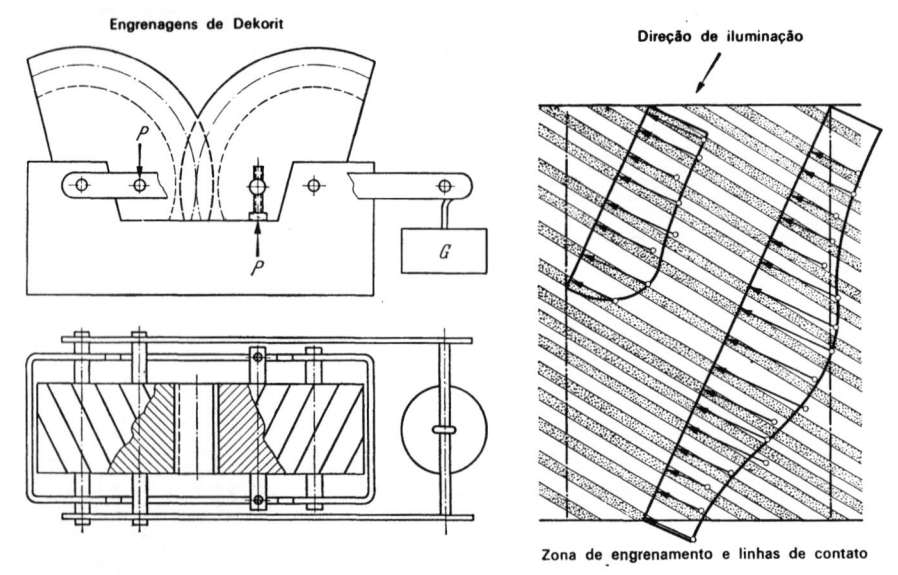

Figura 22.30 — Distribuição da carga num engrenamento cilíndrico de dentes inclinados, medida num ensaio fotoelástico; à esquerda: dispositivo de carga; à direita: distribuição da carga ao longo das Linhas B, determinadas sôbre os discos hachurados recortados [22/225]

[21]Ver NIEMANN e RICHTER [22/225].

[22]Nesses ensaios, os flancos de dente foram finalmente enegrecidos com fuligem antes do carregamento, sendo medida, após, a largura da linha de pressão marcada sôbre o dente, nos diversos pontos, por meio de um microscópio; calcula-se, daí, a carga por mm da linha B, segundo a fórmula de HERTZ (experiências de W. RICHTER, FZG, München), ver [22/225].

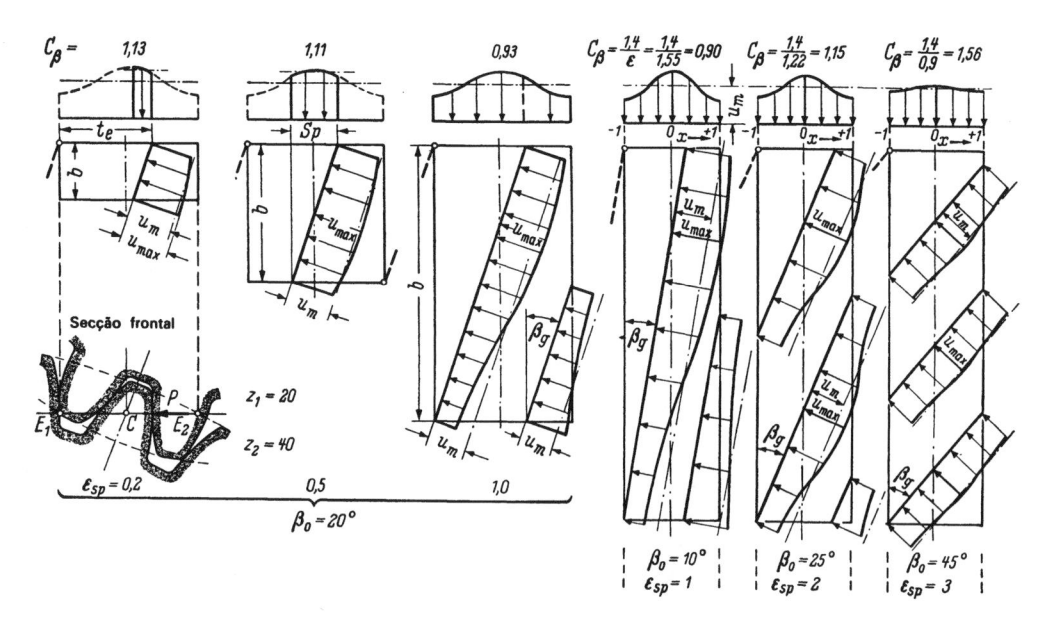

Figura 22.31 – Distribuição da carga ao longo das linhas B; à esquerda: em função do recobrimento intermitente ε_{sp}; à direita: em função do ângulo de inclinação β_0 [22/225]

A distribuição da carga ao longo das linhas B, ou ao longo de sua projeção sôbre o percurso de engrenamento, pode ser determinada com a fôrça tangencial local u, que age na linha B por milímetro de largura do dente. Segundo os resultados de W. RICHTER, tem-se, de acôrdo com a Fig. 22.31,

$$u = u_m \left[1 + 0,4 \cos 2\,\beta_g \cos (\pi\,x)\right], \tag{66}$$

com o máximo u_{max} com $x = 0$ situado sôbre o ponto médio do percurso de engrenamento, e o mínimo com $x = +1$ ou -1 nos pontos extremos E_1 ou E_2 do percurso de engrenamento.

O valor médio é:

$$u_m = \frac{U}{b}\,\frac{b}{b_N}, \tag{67}$$

sendo $b_N = \Sigma l \cos \beta_g$ o comprimento total mínimo Σl das linhas B simultâneas, projetado sôbre a largura do dente b (Fig. 22.32).

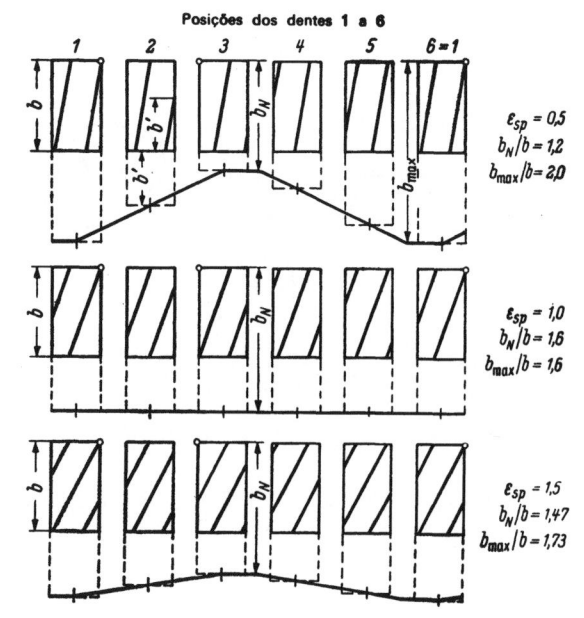

Figura 22.32 – Comprimento total das linhas de contato B simultâneas, em função da posição de engrenamento e do recobrimento intermitente ε_{sp}, com recobrimento frontal $\varepsilon = 1,6$

Para recobrimentos intermitentes iguais a números inteiros, as linhas B estão uniformemente distribuídas sôbre o percurso de engrenamento, e o seu comprimento total é constante (Fig. 22.32). Nesse caso, tem-se

$$b_N = \varepsilon\,b \quad \text{e} \quad u_m = \frac{U}{b\,\varepsilon}, \tag{68}$$

175

onde ε é o recobrimento do perfil da secção frontal. Anàlogamente, segundo as Eqs. (66) e (68), tem-se, para $x = 0$:

$$u_{max} = u_m (1 + 0,4 \cos 2\beta_g) \cong u_m \, 1,4 \cos \beta_g = 1,4 \cos \beta_g \frac{U}{b\varepsilon}. \tag{69}$$

Para um recobrimento intermitente, que não seja igual a um número inteiro, segundo a Fig. 22.32, o comprimento e a posição da linha B em relação ao ponto médio do percurso de engrenamento depende da posição dos dentes, devendo-se, portanto, determinar u_{max}/u_m como valor de integração para cada posição de dentes. Para a posição dos dentes mais desfavorável, respectivamente, resulta:

$$u_{max} = \frac{U}{b} \, C_\beta \cos \beta_g. \tag{70}$$

O valor de integração

$$C_\beta = \frac{u_{max} b}{U \cos \beta_g} = \frac{2\,\varepsilon_{sp}}{\varepsilon} \frac{[1 + 0,4 \cos(\pi x)]\,\text{max}}{\int [1 + 0,4 \cos(\pi x)]\,dx} \tag{71}$$

depende apenas de ε e de ε_{sp}, sendo representado na Fig. 22.38. Para graus de recobrimento intermitentes iguais a números inteiros ($\varepsilon_{sp} = 1, = 2, \ldots$), tem-se $C_\beta = \dfrac{1,4}{\varepsilon}$; para $\varepsilon_{sp} \geqq 1$, resulta $C_\beta \cong \dfrac{1,4}{\varepsilon}$.

4. DIMENSÕES CRÍTICAS PARA OS PONTOS DE ENGRENAMENTO

Para responder à questão sôbre quais os pontos de engrenamento que devem ser considerados em cada caso no cálculo da solicitação, registraram-se, para uma série de associações de engrenagens com vários ângulos de inclinação, as seguintes grandezas sôbre o percurso de engrenamento (Fig. 22.33): a carga admissível u (fôrça tangencial por mm de largura de dente), a pressão nos flancos k e a solicitação no pé do dente σ para a respectiva posição do ponto de engrenamento sôbre o percurso de engrenamento.

Além disso, registraram-se os pontos de engrenamento individual E na secção frontal e E_n na secção normal, sendo designados por E_1 (E_{1n}) quando de interêsse para a roda 1 e, respectivamente, E_2 (E_{2n}) para a roda 2. Os valores numéricos representados para u, k e σ, no ponto de rolamento C, são proporcionais às grandezas correspondentes do engrenamento de dentes retos.

Resultado: 1) Para ângulos de inclinação até $30°$, faz pouca diferença se k e σ são calculados para a posição do dente no ponto E de engrenamento individual (secção frontal) ou no ponto E_n (secção normal);

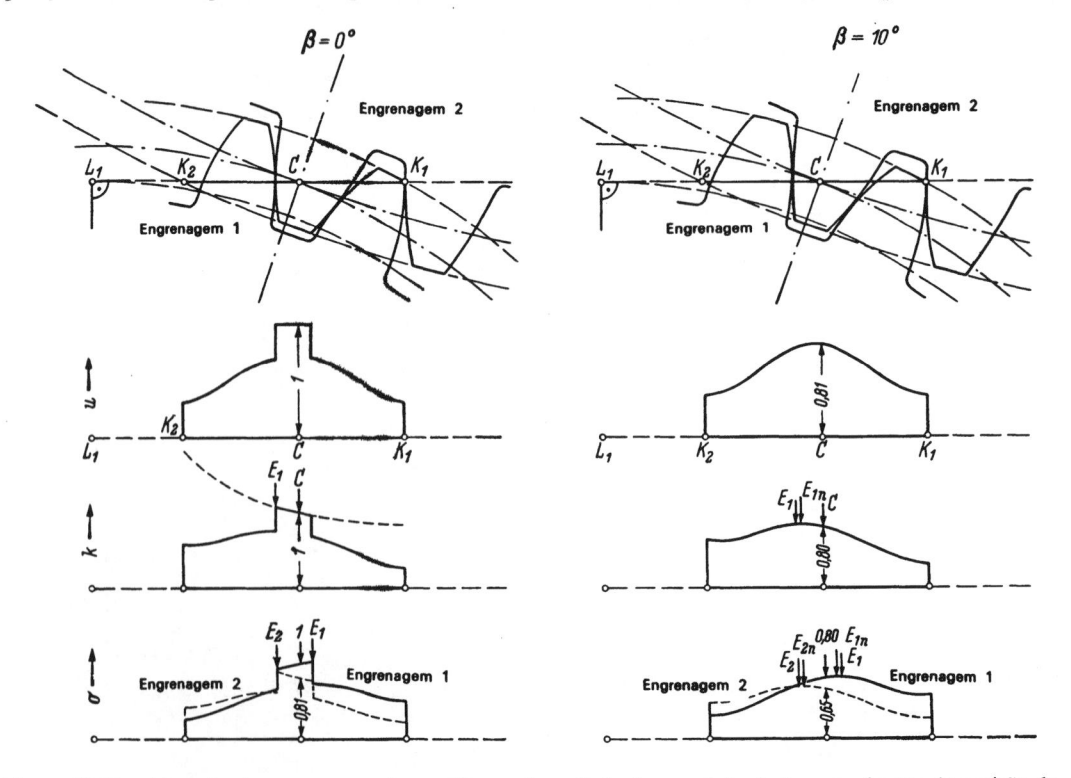

Figura 22.33 – Absorção da carga u, pressão nos flancos k e solicitação no pé do dente σ, em função da posição do ponto de engrenamento sôbre o percurso de engrenamento $K \; K_2$, da secção frontal. Representado para engrenamento

pode-se, inclusive, calcular aproximadamente com o dente na posição do ponto de rolamento, quando $z_1 \geqq 20$ e o ponto de rolamento se encontra aproximadamente à altura média do dente.

2) Para ângulos de inclinação ainda maiores, o máximo de k_1, σ_1 e σ_2 ocorre nos pontos extremos do percurso de engrenamento. No entanto, com as grandes velocidades de deslizamento ali existentes, o máximo é reduzido pelo desgaste, deslocando-se mais em direção ao ponto médio do percurso de engrenamento.

3) O valor máximo da pressão dos flancos k_2, na zona do pé do dente (deslizamento negativo) da roda 2, encontra-se também no caso de dentes inclinados no ponto de rolamento C, de modo que não é apenas mais cômodo, porém mesmo mais correto, calcular k_2 para a posição do dente no ponto de rolamento[23].

4) Correspondentemente aos resultados citados (1 a 3), os coeficientes de cálculo para engrenamentos de dentes retos e inclinados são determinados apenas para o engrenamento da secção normal.

Uma pequena segurança adicional é obtida no cálculo prático, pelo fato de que a absorção no ponto de engrenamento individual E_n pode ser algo menor que o valor u_{max} no ponto médio do percurso de engrenamento considerado no cálculo prático, dependendo da posição de E_n.

5. SOLICITAÇÃO NO PÉ DO DENTE σ E COEFICIENTE DE SEGURANÇA À RUPTURA S_B

Para a determinação da tensão de comparação σ, escreve-se, de maneira análoga à Eq. (28), válida para dentes retos:

$$\sigma = z_1 \, q \, BC_\beta = z_1 \, q \, \frac{U}{b \, d_{b1}} \, C_\beta \, .$$

Disso resulta, com C_β, da Eq. (70)

$$q = \frac{\sigma \cos \beta_g}{u_{max}} \frac{d_{b1}}{z_1} = \frac{\sigma \cos \beta_g}{(P/b)_{max} \cos \alpha_b} \, m_b \, .$$

Substituindo os valores da secção frontal α_b, d_{b1} e z_1 pelos respectivos valores α_{bn}, d_{bn1} e z_{1n} da secção normal, tem-se:

$$q = \frac{\sigma}{(P/b)_{max} \cos \alpha_{bn}} \frac{d_{b1n}}{z_{1n}} \frac{\cos^2 \beta_g}{\cos^2 \beta_0} \cong \frac{\sigma}{(P/b)_{max} \cos \alpha_{bn}} \, m_{bn} \, .$$

Dessa maneira, a Eq. (29), para os engrenamentos de dentes retos, será válida para q se nela forem substituídos os valores correspondentes ao engrenamento da secção normal, ver Eq. (30). A influência

[23]Sòmente para relações de multiplicação muito pequenas ($i \cong 1$ a $1,5$) k_2 pode ainda ser maior no ponto de engrenamento individual E_2.

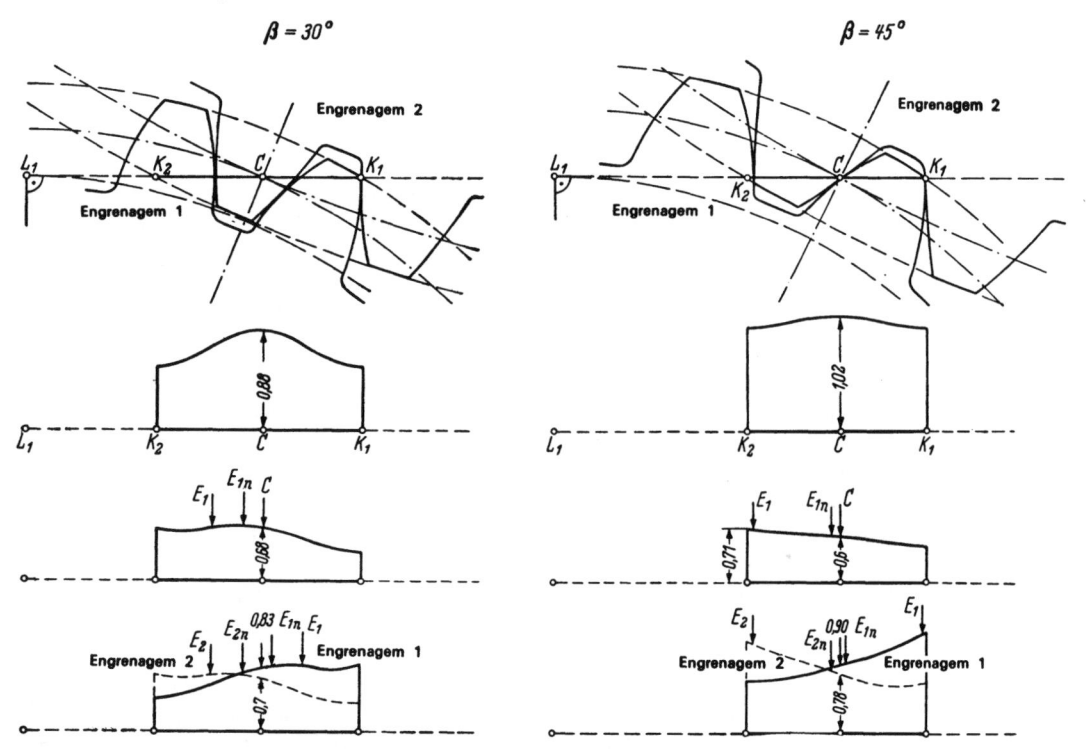

$\beta = 30°$ — $\beta = 45°$

de dentes inclinados com recobrimento intermitente igual a um número inteiro. Os Valores de $\cdot = 2,5$, a, b, m_n e o valor da carga B são–iguais para todos os engrenamentos. Mais detalhes, ver parágrafo 4

do têrmo $\cos^2 \beta_g / \cos^2 \beta_0$ torna-se sensível apenas com ângulos de inclinação grandes, podendo o mesmo ser justificado pelo maior perigo de ruptura dos cantos de dente, ali existente.

A consideração dos erros dos dentes, bem como a determinação de q_w, efetua-se como no engrenamento de dentes retos (ver pág. 166), partindo do grau de recobrimento ε_n do engrenamento da secção normal. Dessa maneira, valem também para o coeficiente de segurança à ruptura dos dentes S_B as equações do engrenamento de dentes retos:

$$S_{B1} = \frac{\sigma_{D1}}{B_w z_1 q_{w1}} \quad \text{e} \quad S_{B2} = \frac{\sigma_{D2}}{B_w z_1 q_{w2}}.$$

6. PRESSÃO NOS FLANCOS k E COEFICIENTE DE SEGURANÇA À CAVITAÇÃO S_G

Para o cálculo da pressão nos flancos k, escreve-se, anàlogamente às Eqs. (37) e (38) de engrenamento de dentes retos:

$$k_1 = \frac{i+1}{i} y_1 \, y_\beta \, B \, C_\beta \quad \text{e} \quad k_2 = \frac{i+1}{i} y_C \, y_\beta \, B \, C_\beta.$$

Onde, para o valor de k_2 no ponto de rolamento C, vale

$$k_2 = k_C = \left(\frac{P}{b}\right)_{\max} \frac{1}{2 \, \varrho_{CB}}.$$

Com as Eqs. (62) e (70) resulta, portanto, para os coeficientes $y_C \, y_\beta$,

$$y_C \, y_\beta = \frac{i}{i+1} \frac{d_{b1} \cos \beta_g}{2 \, \varrho_{BC} \cos \alpha_b} = \frac{i}{i+1} \frac{d_{b1} \cos^2 \beta_g}{2 \, \varrho_C \cos \alpha_b}.$$

De acôrdo com a dedução para o caso de dentes retos, tem-se

$$\frac{i}{i+1} \frac{d_{b1}}{2 \, \varrho_C \cos \alpha_b} = \frac{1}{\operatorname{sen} \alpha_b \cos \alpha_b},$$

de maneira que, com a substituição de α_b na secção frontal por α_{bn} na secção normal, resulta:

$$y_C \, y_\beta = \frac{\cos^2 \beta_g}{\operatorname{sen} \alpha_b \cos \alpha_b} = \frac{1}{\operatorname{sen} \alpha_{bn} \cos \alpha_{bn}} \frac{\cos^4 \beta_g}{\cos \beta_0}.$$

Assim sendo resulta para y_C o valor do engrenamento da secção normal, e para y_β um coeficiente que depende sòmente de:

$$y_C \frac{1}{\operatorname{sen} \alpha_{bn} \cos \alpha_{bn}}, \qquad y_\beta = \frac{\cos^4 \beta_g}{\cos \beta_0}. \tag{72}$$

Da mesma forma pode ser efetuada a dedução para k_1, resultando, como antes, os mesmos valores para y_β, e para y_1 os valores correspondentes ao engrenamento da secção normal.

A consideração dos erros dos dentes, e, com ela, a determinação de y_w, é efetuada, como no caso dos dentes retos (ver pág. 170), partindo-se do grau de recobrimento ε_n do engrenamento na secção normal. Dêsse modo, são válidas para a segurança da cavitação as equações dos engrenamentos de dentes retos:

$$S_{G1} = \frac{k_{D1}}{B_w y_{w1}} \frac{i}{i+1} \quad \text{e} \quad S_{G2} = \frac{k_{D2}}{B_w y_{w2}} \frac{i}{i+1}.$$

22.4. DESLOCAMENTO DO PERFIL, APLICAÇÃO E CÁLCULO

Fundamentos e tipos de deslocamento de perfil, ver pág. 120; números mínimos de dentes com deslocamento de perfil, ver pág. 194; coeficientes de capacidade de carga q e y para engrenamentos de perfil deslocado, ver pág. 198.

1. APLICAÇÃO E ESCOLHA[24]

Os engrenamentos de perfil deslocado são empregados para evitar a penetração quando o número de dentes é reduzido, ou na adaptação de uma distância entre eixos prefixada e, sobretudo, para aumentar a capacidade de carga e a resistência ao engripamento. Para a escolha dos deslocamentos de perfil, são dadas as seguintes indicações:

1) *Recomendações segundo DIN 3 992 (projeto 1959)*. Escolha da soma do deslocamento do perfil $m_n (x_1 + x_2)$, com $(x_1 + x_2)$ das diversas regiões da Fig. 22.34; repartição da soma entre a engrenagem pequena 1 e engrenagem grande 2, de acôrdo com outros gráficos, levando em conta uma velocidade de deslizamento ligeiramente maior na cabeça da engrenagem motriz, em face à da cabeça da engrenagem

[24]Um exame minucioso das numerosas possibilidades e suas conseqüências sôbre a capacidade de carga, ver WINTER [22/246].

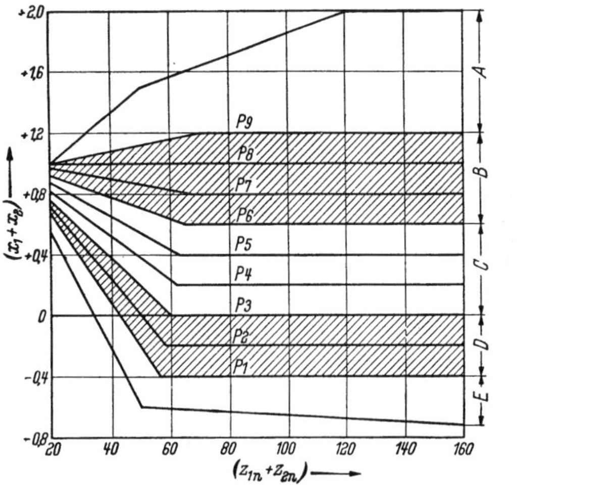

Figura 22.34 — Resumo para a escolha de $(x_\beta + x_2)$, segundo DIN 3992. Regiões A e E para casos especiais; B para grande capacidade de carga dos pés e dos flancos; C para engrenamentos equilibrados; D para grandes recobrimentos de perfil

movida. Dessa maneira, obtêm-se os engrenamentos bem equilibrados no que diz respeito à velocidade de deslizamento e à solicitação no pé do dente.

2) *Engrenamento 0,5 segundo DIN 3994 e 3995 (projeto 1959)*. Tem-se, aqui, $x_1 = x_2 = + 0,5$ e a distância entre eixos $a = F(z_1 + z_2)m$; o coeficiente F é fixado por $(z_1 + z_2)$ e por β_0. Para êsse engrenamento generalizado, com propriedades das engrenagens em série e com maior capacidade de carga que o engrenamento zero de 20° (ver Fig. 22.35), os dados mais importantes do engrenamento podem ser tirados das tabelas e dos gráficos (DIN 3995), podendo inclusive ser predeterminados os coeficientes de capacidade de carga q e y [22/247].

3) *Engrenamento zero, tipo V*, no qual o deslocamento do perfil é $m_n x_2 = -m_n x_1$ e a distância entre eixos permanece constante, já que $x_1 + x_2 = 0$. Nesse caso, é aumentada a capacidade de carga do pinhão, em parte à custa da capacidade de carga da coroa [22/246].

4) *Proposta de norma belga*[25]. Engrenamento zero tipo V para $z_1 + z_2 \geq 60$, com $x_1 = -x_2 = 0,03$ $(30-z_1)$; além disso, o engrenamento V para $z_1 + z_2 = 30$ até 60 $(z_1 \geq 10)$, com $x_1 = 0,03 (30-z_1)$ e $x_2 = 0,03 (30 - z_2)$. Tem-se aqui $a = F(z_1 + z_2)m$, de maneira que é mantida a condição para rodas intercambiáveis [22/246].

5) *Engrenamento V_3*. Nesse caso, adotam-se 3 dentes a menos que no engrenamento normal de mesmo a (em geral um dente a menos no pinhão e dois na roda). O deslocamento do perfil $(x_1 + x_2)m_n$ é então calculado para $a = 0,5m (z_1 + z_2 + 3)$ (sem as propriedades das engrenagens em série) [22/246].

6) *Engrenamento MAAG*, no qual o deslocamento do perfil para o pinhão e a coroa é fixado especialmente por tabelas, para cada associação de dentes (engrenamento V, sem as propriedades das engrenagens em série) [22/246].

7) *Engrenamento em V com condições adicionais.*

a) com mesma velocidade de deslizamento e mesmo limite de carga de engripamento para as cabeças do pinhão e da coroa [22/246 e 233],

b) com a mesma espessura de pé de dente o pinhão e a coroa [22/9],

c) com capacidade de carga máxima e igual no pé do dente (ver Fig. 22.35 e [22/246]),

d) com espessura mínima na cabeça do dente.

8) *Engrenamento em V, segundo a recomendação da FZG*. Para a obtenção de uma capacidade de carga grande, uma espessura mínima na cabeça, $\varepsilon_n > 1$, e para uma velocidade de deslizamento aproximadamente igual, escolhe-se

$$(x_1 + x_2) \cong 3,5 \frac{80}{z_{1n} + z_{2n} + 10} \quad , \tag{73}$$

$$x_1 \cong \frac{x_1 + x_2}{i + 1} + \frac{i - 1}{i + 1 + 0,4 z_{2n}}. \tag{74}$$

Resultando daí, p. ex. para $z_{1n} = 9$ e $i = z_{2n}/z_{1n} = 5$:

$$x_1 + x_2 = 2,25; \quad x_1 = 0,516 \quad \text{e} \quad x_2 = 1,734.$$

Com o emprêgo dos deslocamentos de perfil, deve-se observar que com $z_2 = \infty$ (cremalheira) um deslocamento de perfil muito grande também não modifica o perfil. Conclui-se, portanto, que um deslocamento de perfil numa engrenagem grande (com um maior número de dentes) não é muito vantajoso. No entanto, nesses casos, a fixação de maiores ângulos de engrenamento na fabricação, p. ex. o engrenamento zero de 26° ou 28°, conduz a novas possibilidades, com as vantagens do engrenamento zero (ver Fig. 22.35).

[25]Também no caso de dentes inclinados, deve-se usar, aqui, z e não z_n.

179

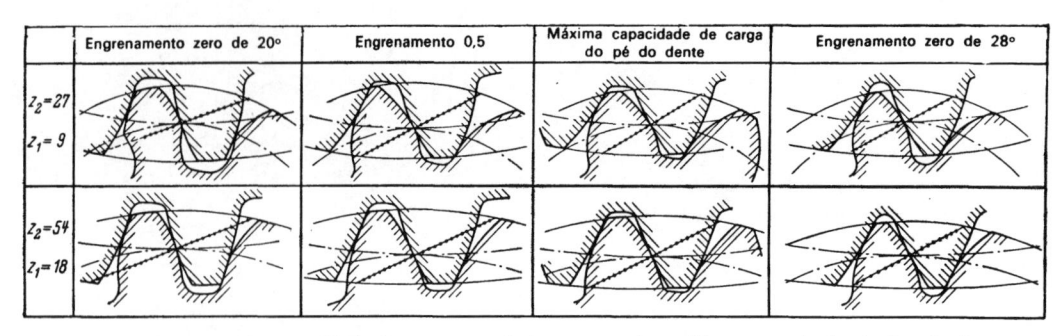

	Engrenamento zero de 20°	Engrenamento 0,5	Máxima capacidade de carga do pé do dente	Engrenamento zero de 28°
$z_2 = 27$ $z_1 = 9$				
$z_2 = 54$ $z_1 = 18$				

Figura 22.35 — Aumento da capacidade de carga por deslocamento do perfil e por variação do ângulo de engrenamento em dentes retos

Para z_2/z_1 =	Capacidade de carga do pé do dente		Capacidade de carga dos flancos	
	27/9	54/18	27/9	54/18
Engrenamento zero de 20°...............	100%	100%	100%	100%
Engrenamento 0,5	203%	126%	160%	133%
Engrenamento para capacidade de carga máxima no pé do dente................	220%	124%	182%	128%
Engrenamento zero de 28°	153%	112%	168%	129%

No caso de dentes inclinados, um deslocamento de perfil também aumenta a capacidade de carga? Até agora existem apenas resultados parciais. Sabe-se que a capacidade de carga aumenta com α_b e ε. Já que no deslocamento de perfil um aumento de α em geral implica numa redução de ε, a capacidade de carga, em cada caso, depende da influência que prevalece. Para uma primeira orientação, pode-se recomendar os engrenamentos de dentes quase pontudos e os engrenamentos com $\varepsilon_n > 2$, que possuem capacidade de carga particularmente elevada.

2. CÁLCULO DO DESLOCAMENTO DE PERFIL[26]

Tabela para ev α, ver pág.119, tabela para B_x e B_v (apenas para $\alpha_{0n} = 20°$), ver pág. 181.

1) *Se forem dados*: Soma do deslocamento do perfil $m_n(x_1 + x_2)$, além de z_1, z_2, β_0, m_n, α_{0n};
procura-se: distância de serviço entre eixos a, além de α_{bn}, β_b e do encurtamento de cabeça necessário Km_n (Fig. 21.28);
calcula-se: com a introdução dos valores da secção frontal ou da secção normal[27].

Na secção frontal:

α_b da tabela ev (pág.119) para

$$ev\,\alpha_b = ev\,\alpha_0 + \frac{2(x_1 + x_2)\,tg\,\alpha_{0n}}{z_1 + z_2}$$

com α_0 de $tg\,\alpha_0 = tg\,\alpha_{0n}/\cos\beta_0$

$$a = a_0\frac{\cos\alpha_0}{\cos\alpha_b}\,;\quad com\ a_0 = \frac{(z_1 + z_2)m_n}{2\cos\beta_0},$$

além disso, α_{bn} de $sen\,\alpha_{bn} = sen\,\alpha_b\frac{sen\,\alpha_{0n}}{sen\,\alpha_0}$,

$$K\,m_n = (x_1 + x_2)\,m_n - a_0\left[\frac{\cos\alpha_0}{\cos\alpha_b} - 1\right].$$

Na secção normal:

α_{bn} da tabela ev (pág. 119) para

$$ev\,\alpha_{bn} = ev\,\alpha_{0n} + \frac{2(x_1 + x_2)\,tg\,\alpha_{0n}}{z_1 + z_2}\cos^3\beta_0,$$

ou α_{bn} da Tab. 22.3 ($\alpha_{0n} = 20°$) para

$$B_x = \frac{2(x_1 + x_2)}{z_1 + z_2}\cos^3\beta_0\,;$$

$$a = a_0 + \frac{a_0}{\cos^2\beta_0}\left(\frac{\cos\alpha_{0n}}{\cos\alpha_{bn}} - 1\right) = a_0 + \frac{a_0}{\cos^2\beta_0}B_v\,;$$

$$K_n\,m_n = (x_1 + x_2)\,m_n - \frac{a_0}{\cos^2\beta_0}\left[\frac{\cos\alpha_{0n}}{\cos\alpha_{bn}} - 1\right]$$

$$= \frac{a_0}{\cos^2\beta_0}(B_x - B_v)$$

com B_v para o valor α_{bn}; além disso, β_b de

$$tg\,\beta_b = tg\,\beta_0\frac{a}{a_0}.$$

[26]O cálculo é efetuado para o engrenamento sem folga nos dentes; a folga dos dentes e a espessura dos mesmos são dadas adicionalmente. Segundo DIN 870, x é sempre referido ao módulo m_n na secção normal. Outras tabelas e gráficos para o cálculo prático, ver A. KORHAMMER [22/238].

[27]O cálculo com os dados do engrenamento da secção frontal é matemàticamente exato, enquanto que o cálculo com os dados da secção normal, na prática, dá origem a discrepâncias sensíveis com números muito pequenos de dentes e com β_0 grande (o engrenamento na secção normal diverge algo da evolvente).

TABELA 22.3* – Para $B_x = \dfrac{(\operatorname{ev}\alpha_{bn} - \operatorname{ev}\alpha_{0n})}{\operatorname{tg}\alpha_{0n}}$ e $B_v = \dfrac{\cos\alpha_{0n}}{\cos\alpha_{bn}} - 1$.

α_{bn} ($\alpha_{0n}=20°$)	0 B_x	B_v	2 B_x	B_v	4 B_x	B_v	6 B_x	B_v	8 B_x	B_v
20,0	0,00000	00000	00013	00013	00026	00026	00038	00038	00051	00051
1	00064	00064	00077	00077	00090	00089	00103	00102	00115	00115
2	00128	00128	00141	00141	00155	00154	00168	00167	00181	00179
3	00194	00192	00207	00205	00220	00218	00233	00231	00246	00244
4	00260	00257	00273	00270	00286	00283	00300	00296	00313	00309
5	00326	00322	00340	00336	00353	00349	00367	00362	00380	00375
6	00394	00388	00407	00401	00421	00415	00435	00428	00448	00441
7	00462	00454	00476	00467	00489	00481	00503	00494	00517	00507
8	00531	00521	00545	00534	00558	00547	00572	00561	00586	00574
9	00600	00587	00614	00601	00628	00614	00642	00628	00656	00641
21,0	00671	00655	00685	00668	00699	00682	00713	00695	00727	00709
1	00742	00722	00756	00736	00770	00749	00785	00763	00799	00777
2	00813	00790	00828	00804	00842	00818	00857	00831	00871	00845
3	00886	00859	00900	00873	00915	00886	00930	00900	00944	00914
4	00960	00928	00974	00941	00989	00955	01003	00969	01018	00983
5	01033	00997	01048	01011	01063	01025	01078	01039	01093	01053
6	01108	01067	01123	01081	01138	01095	01153	01109	01168	01123
7	01184	01137	01199	01151	01214	01165	01229	01179	01245	01193
8	01260	01207	01275	01221	01291	01235	01306	01250	01321	01264
9	01337	01278	01352	01292	01368	01306	01384	01321	01399	01335
22,0	01415	01349	01431	01363	01446	01378	01462	01392	01478	01406
1	01494	01421	01509	01435	01525	01450	01541	01464	01557	01478
2	01573	01493	01589	01507	01605	01522	01621	01536	01637	01551
3	01653	01565	01669	01580	01686	01595	01702	01609	01718	01624
4	01734	01638	01751	01653	01767	01668	01783	01682	01800	01697
5	01816	01712	01833	01726	01849	01741	01866	01756	01882	01771
6	01899	01785	01915	01800	01932	01815	01949	01830	01966	01845
7	01982	01860	01999	01874	02016	01889	02033	01904	02050	01919
8	02066	01934	02084	01949	02101	01964	02118	01979	02135	01994
9	02152	02009	02169	02024	02186	02039	02203	02054	02221	02069
23,0	02238	02085	02255	02100	02272	02115	02290	02130	02307	02145
1	02325	02160	02342	02176	02360	02191	02377	02206	02395	02221
2	02412	02237	02430	02252	02448	02267	02465	02283	02483	02298
3	02501	02313	02519	02329	02536	02344	02554	02360	02572	02375
4	02590	02390	02608	02406	02626	02421	02644	02437	02662	02452
5	02680	02468	02699	02484	02717	02499	02735	02515	02753	02530
6	02771	02546	02790	02562	02808	02577	02827	02593	02845	02609
7	02863	02624	02882	02640	02900	02656	02919	02672	02938	02687
8	02956	02703	02975	02719	02993	02735	03012	02751	03031	02767
9	03050	02783	03069	02798	03088	02814	03107	02830	03126	02846
24,0	03145	02862	03163	02878	03183	02894	03202	02910	03220	02926
1	03240	02942	03259	02958	03279	02975	03298	02991	03317	03007
2	03337	03023	03356	03039	03375	03055	03395	03072	03414	03088
3	03434	03104	03453	03120	03473	03137	03493	03153	03512	03169
4	03532	03185	03552	03202	03572	03218	03591	03235	03611	03251
5	03631	03267	03651	03284	03671	03300	03691	03317	03711	03333
6	03731	03350	03751	03366	03772	03383	03792	03399	03812	03416
7	03832	03433	03853	03449	03873	03466	03893	03482	03914	03499
8	03934	03516	03955	03532	03975	03549	03996	03566	04016	03583
9	40037	03600	04058	03616	04078	03633	04099	03650	04120	03667
25,0	0,04141	03684	04162	03701	04183	03717	04204	03734	04224	03751
1	04246	03768	04267	03785	04288	03802	04309	03819	04330	03836
2	04351	03853	04372	03870	04394	03887	04415	03905	04436	03922
3	04458	03939	04479	03956	04501	03973	04522	03990	04544	04008
4	04566	04025	04587	04042	04609	04059	04631	04077	04652	04094

*Uma tabela de 6 decimais para B_x e B_v, com $\alpha_{bn} = 20,00°$, $20,01°$ etc., com a base $\alpha_{0n} = 20°$ e também $15°$, é publicada por BERGSTRÄSSER: VDI-Forsch. Fasc. 436 [22/231].

TABELA 22.3 (continuação).

α_{bn} ($\alpha_{0n}=20°$)	0		2		4		6		8	
	B_x	B_v	B_x	B_v	B_x	B_v	B_x	B_v	B_x	B_v
5	04674	04111	04696	04129	04718	04146	04740	04163	04762	04180
6	04784	04198	04806	04216	04828	04233	04850	04251	04872	04268
7	04894	04286	04916	04303	04939	04321	04961	04338	04983	04356
8	05006	04373	05028	04391	05051	04409	05073	04426	05096	04444
9	05118	04462	05141	04479	05164	04497	05186	04515	05209	04533
26,0	05232	04550	05255	04568	05278	04586	05301	04604	05324	04622
1	05347	04640	05370	04658	05393	04675	05416	04693	05439	04711
2	05462	04729	05485	04747	05509	04765	05532	04783	05555	04801
3	05579	04820	05602	04838	05626	04856	05649	04874	05673	04892
4	05696	04910	05720	04928	05744	04947	05767	04965	05791	04983
5	05815	05001	05839	05020	05863	05038	05887	05056	05911	05075
6	05935	05093	05959	05111	05983	05130	06007	05148	06031	05167
7	06056	05185	06080	05204	06104	05222	06129	05241	06153	05259
8	06177	05278	06202	05296	06226	05315	06251	05333	06276	05352
9	06300	05371	06325	05389	06350	05408	06375	05427	06399	05445
27,0	06424	05464	06449	05483	06474	05502	06499	05521	06524	05539
1	06549	05558	06574	05577	06600	05596	06625	05615	06650	05634
2	06675	05653	06701	05672	06726	05691	06752	05710	06777	05729
3	06803	05748	06828	05767	06854	05786	06879	05805	06905	05824
4	06931	05843	06957	05862	06983	05882	07008	05901	07034	05920
5	07060	05939	07086	05959	07112	05978	07138	05997	07165	06016
6	07191	06036	07217	06055	07243	06075	07270	06094	07296	06113
7	07322	06133	07349	06152	07375	06172	07402	06191	07429	06211
8	07455	06230	07482	06250	07509	06269	07535	06289	07562	06309
9	07589	06328	07616	06348	07643	06368	07670	06387	07697	06407
28,0	07724	06427								

2) Se forem dados: z_1, z_2, β_0, α_{0n}, m_n e a distância desejada entre eixos a;

procura-se: o deslocamento de perfil necessário para se conseguir a; além disso, α_{bn}, β_b e o encurtamento necessário da cabeça;

calcula-se:

Na secção frontal:

$$a_0 = \frac{(z_1 + z_2)\,m}{2},$$

α_b final

$$\text{de } \cos\alpha_b = \frac{a_0}{a}\cos\alpha_0,$$

e

$$x_1 + x_2 = \frac{(\text{ev }\alpha_b - \text{ev }\alpha_0)(z_1 + z_2)}{2\,\text{tg}\,\alpha_{0n}}$$

com ev α da Tab. 21.7;

α_0, $K\,m_n$ (assim como α_{bn} e β_b) calculados como em 1)

Na secção normal:

$$a_0 = \frac{(z_1 + z_2)\,m_n}{2\cos\beta_0},$$

α_{bn} final

$$\text{de } \cos\alpha_{bn} = \frac{\cos\alpha_{0n}}{1 + \cos^2\beta_0\,(a-a_0)/a_0}$$

ou α_{bn}, ver Tab. 22.3

$$B_v = \frac{a - a_0}{a_0}\cos^2\beta_0;$$

e

$$x_1 + x_2 = \frac{(\text{ev }\alpha_{bn} - \text{ev }\alpha_{0n})(z_1 + z_2)}{2\,\text{tg}\,\alpha_{0n}\cos^3\beta_0} = \frac{B_x(z_1 + z_2)}{2\cos^3\beta_0};$$

com ev α_{bn} ou B_x da tabela para o calor α_{bn}; $K\,m_n$ e β_b calculados como em 1)

22.5. CÁLCULO PRÁTICO DAS ENGRENAGENS FRONTAIS[28]

[28]Os dados de cálculo, compilados de forma bem prática, facilitam um trabalho esquematizado. A principal tarefa do engenheiro responsável consiste, porém, na ponderação e consideração conveniente das respectivas condições (condições de funcionamento, possíveis variações no material e na fabricação etc.); isto exige um bom conhecimento e visão dos fundamentos do cálculo e das hipóteses e simplificações feitas (ver pág. 158).

1. DETERMINAÇÃO DAS DIMENSÕES PRINCIPAIS

Com a ajuda dos valores aproximados para B_{ad}, $\dfrac{b}{a}$ ou $\dfrac{b}{d_{b1}}$, podem ser determinadas, em primeira aproximação, as principais dimensões:

distância entre eixos a

$$a \geqq 71 \sqrt[3]{(i+1)^2 \frac{a}{b} \frac{N_1}{n_1 B_{ad}}} = 56,4 \,(i+1) \sqrt[3]{\frac{d_{b1}}{b} \frac{N_1}{n_1 B_{ad}}} \tag{75}$$

ou diâmetro do pinhão

$$d_{b1} = \frac{2a}{i+1} \geqq 113 \sqrt[3]{\frac{d_{b1}}{b} \frac{N_1}{n_1 B_{ad}}} \tag{76}$$

ou largura total do dente

$$b = \frac{b}{d_{b1}} d_{b1} = \frac{b}{a} a = 1,43 \cdot 10^6 \frac{N_1}{d_{b1}^2 \, n_1 \, B_{ad}} = \frac{10^6}{2,8} \frac{N_1}{n_1} \frac{(i+1)^2}{a^2 \, B_{ad}}. \tag{77}$$

2. MEDIDAS PARA O CÁLCULO DA CAPACIDADE DE CARGA

Qualidade dos dentes e erros máximos nos dentes f e f_R (ver Tab. 22.12).

Na secção frontal:

  dados

$$a, b, z_1, z_2, d_{k1} \text{ e } d_{k2};$$

  calcula-se:

na circunferência de rolamento:

$$d_{b1} = 2a \frac{z_1}{z_1 + z_2}; \qquad d_{b2} = d_{b1} \frac{z_2}{z_1};$$

$$h_{k1} = 0,5\,(d_{k1} - d_{b1}); \qquad h_{k2} = 0,5\,(d_{k2} - d_{b2}),$$

na circunferência primitiva:

$$d_{01} = z_1\, m = \frac{z_1\, m_n}{\cos \beta_0}; \qquad d_{02} = d_{01} \frac{z_2}{z_1}; \qquad m = \frac{d_{01}}{z_1} = \frac{m_n}{\cos \beta_0}.$$

Recobrimento do perfil:

$$\varepsilon = \frac{e_1 + e_2}{m\, \pi \cos \alpha_0} = \varepsilon_n \cos^2 \beta_g.$$

Recobrimento intermitente:

$$\varepsilon_{sp} = \frac{b\, \text{tg}\, \beta_0}{m\, \pi} = \frac{b\, \text{sen}\, \beta_0}{m_n\, \pi}.$$

Gráfico para ε e ε_n, ver pág. 197.

Na secção normal:

  dados

  na circunferência primitiva: m_n, α_{0n}, β_0

  calcula-se

  na circunferência de rolamento:

$$\alpha_{bn} \text{ de } \cos \alpha_{bn} = \cos \alpha_{0n} \frac{\text{sen}\, \beta_0}{\text{sen}\, \beta_b} = \frac{\text{sen}\, \beta_g}{\text{sen}\, \beta_b},$$

$$\beta_b \text{ de } \text{tg}\, \beta_b = \text{tg}\, \beta_0 \frac{d_{b1}}{d_{01}}.$$

Diâmetro equivalente:

$$d_{b1n} = \frac{d_{b1}}{\cos^2 \beta_g}; \qquad d_{b2n} = \frac{d_{b2}}{\cos^2 \beta_g} \qquad \text{(ver Tab. 22.21)};$$

$$\beta_g \text{ de } \text{sen}\, \beta_g = \text{sen}\, \beta_0 \cos \alpha_{0n},$$

na circunferência primitiva: número equivalente de dentes

$$z_{1n} = \frac{z_1}{\cos^2 \beta_g \cos \beta_0}; \qquad z_{2n} = z_{1n} \frac{z_2}{z_1} = \frac{z_2}{\cos^2 \beta_g \cos \beta_0} \qquad \text{(ver Tab. 22.21)},$$

183

recobrimento do perfil:

$$\varepsilon_n = \varepsilon_{1n} + \varepsilon_{2n} = \frac{e_{1n} + e_{2n}}{m_n \pi \cos \alpha_{0n}} \quad \text{(Gráfico, ver pág. 197).}$$

3. DIMENSÕES PARA A FABRICAÇÃO

Na secção frontal: circunferência primitiva d_{01}, d_{02}.

circunferência de base: $d_{g1} = d_{01} \cos \alpha_0 = d_{b1} \cos \alpha_b$,

$d_{g2} = d_{02} \cos \alpha_0 = d_{b2} \cos \alpha_b$;

além disso, d_{k1}, d_{k2}, z_1, z_2 e b.

Na secção normal: Na circunferência primitiva temos m_n, α_{0n}, para os valores de deslocamento do perfil x_1 e x_2 (cálculo, ver pág. 180), para o ângulo de inclinação $\beta_{01} = -\beta_{02}$, para o jôgo nos dentes S_{0n}.

Eventualmente, ainda, os dados adicionais, como diâmetro do pé do dente d_f, arredondamento no pé do dente, tipo de retificação, profundidade da têmpera etc.

4. COMPROVAÇÃO DA CAPACIDADE DE CARGA E DA VIDA A PLENA CARGA

Em primeiro lugar, calcula-se, com base nos valores nominais de serviço U ou M_1, N_1 e n_1, e nas dimensões principais, o valor nominal da carga B:

$$B = \frac{U}{b \, d_{b1}} = \frac{2 \cdot 10^3 M_1}{b \, d_{b1}^2} = \frac{1{,}43 \cdot 10^6 N_1}{b \, d_{b1}^2 \, n_1} = \frac{10^6 (i+1)^2 N_1}{2{,}8 \, b \, a^2 \, n_1} \quad (\text{kgf/mm}^2). \tag{78}$$

A seguir, dos gráficos das tabelas das págs. 193 a 201, tira-se ou calcula-se os seguintes coeficientes e grandezas-limite:

coeficiente de carga

$$C_S, \, C_D, \, C_T, \, C_\beta. \tag{79}$$

Disso resulta

$$B_w = B \, C_S \, C_D \, C_T \, C_\beta, \tag{80}$$

coeficiente para solicitação no pé do dente

$$q_{w1} = q_{k1} \, q_{\varepsilon1}; \quad q_{w2} = q_{k2} \, q_{\varepsilon2}, \tag{81}$$

coeficientes para a pressão nos flancos

$$y_{w1} = y_C \frac{y_\beta}{y_\varepsilon}; \quad y_{w2} = y_C \, y_\beta, \tag{82}$$

coeficiente para o limite da carga de engripamento

$$y_F = \left(\frac{12{,}7}{d_{b1}} \frac{i+1}{i}\right)^2 \left[1 + \left(\frac{e_{max}}{10}\right)^4\right] \sqrt{m_n},$$

valores-limite para a resistência no pé do dente σ_{D1} e σ_{D2},

valores-limite para a pressão nos flancos k_{D1} e k_{D2},

coeficiente de ensaio da carga de engripamento k_{ens}.

Disso resultam, então, os coeficientes de segurança contra a ruptura dos dentes, a cavitação e o engripamento, de acôrdo com o resumo da Tab. 22.4. Valores práticos para S, ver pág. 193.

Para a comprovação metódica da capacidade de carga, é conveniente um formulário no formato DIN A 4; como exemplo, pode servir a pág. 186.

TABELA para B_x e B_v (continuação)

TABELA 22.4 – *Cálculo dos coeficientes de segurança S*

Segurança contra	Para engrenagem pequena 1	Para engrenagem grande 2
Ruptura do dente	$S_{B1} = \dfrac{\sigma_{D1}}{\sigma_{w1}} = \dfrac{\sigma_{D1}}{B_w z_1 q_{w1}}$	$S_{B2} = \dfrac{\sigma_{D2}}{\sigma_{w2}} = \dfrac{\sigma_{D2}}{B_w z_1 q_{w2}}$
Cavitação	$S_{G1} = \dfrac{k_{D1}}{k_{w1}} = \dfrac{k_{D1}}{B_w y_{w1}} \dfrac{i}{i+1}$	$S_{G2} = \dfrac{k_{D2}}{k_{w2}} = \dfrac{k_{D2}}{B_w y_{w2}} \dfrac{i}{i+1}$
Engripamento	$S_F = \dfrac{k_F}{k_w} = \dfrac{k_{ens} \cos \beta_0}{B_w y_C y_F} \dfrac{i}{i+1}$	

Em relação ao coeficiente de segurança S, deve-se indicar o coeficiente de impacto C_S tomado por base.

Para engrenagens dentro da região de fadiga, deve-se ainda calcular a vida a plena carga $L_h(h)$. Esta vale para o flanco de dente (no caso de $S_G < 1$):

$$L_h = \frac{L_w}{n\,60} \cong \frac{167 \cdot 10^3\,k_D}{n} S_G^2 \quad (h) \tag{83}$$

e para o pé de dente (no caso de $S_B < 1$):

$$L_h = \frac{L_w}{n\,60} \cong \frac{33 \cdot 10^3}{n} S_B^5 \quad h). \tag{84}$$

Nesse caso, S_G e S_B são os coeficientes de segurança S, calculados para a resistência à fadiga, segundo a Tab. 22.4. Valores experimentais para L_h, ver pág. 193.

5. FÔRÇAS NOS MANCAIS

Em engrenagens cilíndricas de dentes retos ou inclinados, segundo a Fig. 22.36, os mancais radiais A e B são carregados em conjunto por:

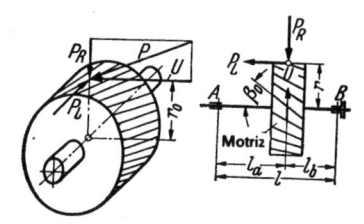

$$P = \sqrt{U^2 + P_R^2} = \frac{U}{\cos \alpha_b}$$

e também pelo momento

$$P_L\,r = U r\,\mathrm{tg}\,\beta_b.$$

Disso resultam as fôrças de apoio A e B:

Figura 22.36 – Cálculo das fôrças nos mancais de uma engrenagem cilíndrica de dentes inclinados

$$A = U\sqrt{\left(\frac{l_b}{l}\right)^2 \pm \left(\frac{l_b}{l}\,\mathrm{tg}\,\alpha_b \pm \frac{r}{l}\,\mathrm{tg}\,\beta_b\right)^2}, \tag{85}$$

$$B = U\sqrt{\left(\frac{l_a}{l}\right)^2 \mp \left(\frac{l_a}{l}\,\mathrm{tg}\,\alpha_b \mp \frac{r}{l}\,\mathrm{tg}\,\beta_b\right)^2}. \tag{86}$$

Os sinais superiores correspondem à Fig. 22.36, os inferiores ao acionamento em sentido contrário.
O mancal axial em B está sujeito à carga $P_L = U\,\mathrm{tg}\,\beta_b$. $\tag{87}$

22.6. EXEMPLOS DE CÁLCULO

Os 6 exemplos de cálculo, apresentados nas págs. 186 a 191 para a comprovação da capacidade de carga, mostram, com base em transmissões ensaiadas, como os resultados do cálculo das diversas transmissões construídas e utilizadas se enquadram para um engrenamento intermitente ou contínuo, com engrenagem grandes ou pequenas, temperadas ou não.

Exemplo 1 e 2: Transmissão de talha elétrica, 1.° e 2.° estágios, nas págs. 186 e 187,
Exemplo 3 e 4: Câmbio de automóvel, 1.ª e 3.ª marchas, nas págs. 188 e 189
Exemplo 5 e 6: Transmissão de turbina marítima, 1.° e 2.° estágios. nas págs. 190 e 191.
Para o exemplo de cálculo de um engrenamento com dentes inclinados de perfil deslocado, recalcula-se ainda os valores para o engrenamento do exemplo 4 (pág. 189).
Dados:

$$\alpha_{0n} = 20°, \quad \beta_0 = 23°, \quad \cos \beta_0 = 0{,}9205, \quad m_n = 2{,}75, \quad d_{01} = 89{,}625,$$
$$d_{02} = 98{,}587, \quad z_1 = 30, \quad z_2 = 33, \quad a = 95{,}0\ \text{mm}.$$

Procurados: $(x_1 + x_2)$ e α_{bn}, necessários para a obtenção de a.
Cálculo (ver eq. na pág. 183):

$$a_0 = 0{,}5\,(d_{01} + d_{02}) = 94{,}106$$

$$B_v = \frac{a - a_0}{a_0}\cos^2 \beta_0 = \frac{0{,}894}{94{,}106}\,0{,}92050^2 = 0{,}0080493.$$

Para o valor B_v da Tab. 22.3:

$$\alpha_{bn} = 21{,}2213° \quad \text{e} \quad B_x = 0{,}008287,$$

e, portanto,

$$x_1 + x_2 = \frac{B_x\,(z_1 + z_2)}{2\cos^3 \beta_0} = \frac{B_x\,(63)}{2 \cdot 0{,}9205^3} = \underline{0{,}3347.}$$

185

TABELA 22.5 — *Comprovação da capacidade de carga para transmissões de engrenagens frontais**, Ex. 1.

1	Transmissão para	Talha elétrica, 1.° estágio	
2	Dados de serviço:	$N_1 = 8,5$ $\quad$ $M_1 = 4,5$ $\quad$ $B = 0,139$ $\quad$ $n_1 = 1350$ $\quad$ $v = 2,54$	
3	Dimensões principais:	$a = 81$ $\quad$ $b = 50$ $\quad$ $d_{b1} = 36$ $\quad$ $z_1 = 18$ $\quad$ $z_2 = 63$ $\quad$ $i = 3,5$ $\quad$ $d_{k1} = 40$ $\quad$ $d_{k2} = 130$ $\quad$ $\beta_0 = 0$	1 — Acionamento; 2
4	Engrenamento:	Engrenamento zero de 20° de dentes retos	
5	Êrro do dente**:	Qualidade (DIN 3961): **9** $f_e \leqq 24$ $\quad$ $f_f \leqq$ $\quad$ $f_i' \leqq 12$ $f_R \leqq 14$ $\quad$ $f_{Rw} \leqq 10,5$	Saída
6	Recobrimento:	$\varepsilon_{1n} = 0,77$ $\quad$ $\varepsilon_n = 1,66$ $\quad$ $\varepsilon = 1,66$ $\varepsilon_{1w} = 0,598$ $\quad$ $\varepsilon_w = 1,29$ $\quad$ $\varepsilon_{sp} = 0$	Esquema da transmissão

7	Dimensões das engrenagens:	Na secção frontal	Na secção normal
	Circunferência primitiva	$\alpha_0 = 20°$ $\quad$ $m = 2$ $d_{01} = 36$ $\quad$ $d_{02} = 126$	$\alpha_{0n} =$ $\quad$ $m_n =$ $x_1 = 0$ $\quad$ $x_2 = 0$ $z_{1n} =$ $\quad$ $z_{2n} =$
	Circunferência de rolamento	$d_{b1} = 36$ $\quad$ $d_{b2} = 126$ $h_{k1} = 2$ $\quad$ $h_{k2} = 2$	$\alpha_{bn} =$ $\quad$ $m_{bn} =$ $d_{1n} =$ $\quad$ $d_{2n} =$

8	Coeficiente de carga:	$B_w = B \cdot C_S \cdot C_D \cdot C_T \cdot C_\beta = 0,139 \cdot 1 \cdot 1,26 \cdot 1,47 \cdot 1 = 0,257$ $\quad$ $u = 5,0$ $\quad$ $u_{din} = 1,3$ $\quad$ $C_D = 1,26 \leqq 6,1$	

9	Coeficientes:	Comprovação para a engrenagem pequena 1	Comprovação para a engrenagem grande 2
	q_w	$q_{w1} = q_{k1} \cdot q_{\varepsilon 1} = 2,88 \cdot 0,68 = 1,96$	$q_{w2} = q_{k2} \cdot q_{\varepsilon 2} = 2,35 \cdot 0,83 = 1,95$
	y_w	$y_{w1} = y_C \cdot y_\beta / y_\varepsilon = 3,11 \cdot 1/0,614 = 5,06$	$y_{w2} = y_C \cdot y_\beta = 3,11 \cdot 1 = 3,11$
	y_F	$y_F = 0,31$ $\quad$ com $\quad$ $e_{max} = 5,25$	

10	Material:	n.° **10** $\quad$ St 70.11 $\quad$ $H_B = 220$	n.° **10** $\quad$ St 70.11 $\quad$ $H_B = 220$
	σ_D	$\sigma_{D1} = 1 \cdot \sigma_{01} = 24$	$\sigma_{D2} = 1 \cdot \sigma_{02} = 24$
	k_D	$k_{D1} = y_G \cdot y_H \cdot y_S \cdot y_V \cdot k_{01}$ $k_{D1} = 1 \cdot 1,12 \cdot 1,27 \cdot 0,754 \cdot 0,70 = 0,75$	$k_{D2} = y_G \cdot y_H \cdot y_S \cdot y_V \cdot k_{02}$ $k_{D2} = 1 \cdot 1,12 \cdot 1,27 \cdot 0,754 \cdot 0,70 = 0,75$

11	Lubrificante:	Óleo Shell 90 para engrenagens $\quad$ $V_{50} = 125$ cSt a 50°C $\quad$ $V = 240$ cSt a 40°C Temperatura $y_\varepsilon = 1,27$ $\quad$ $M_{ens} = —$ $\quad$ $k_{ens} = —$ $\quad$ de serviço	

12	Coeficientes de segurança:	para $C_S = 1$	
	Ruptura do dente	$S_{B1} = \dfrac{\sigma_{D1}}{B_w \cdot z_1 \cdot q_{w1}} = 2,65$	$S_{B2} = \dfrac{\sigma_{D2}}{B_w \cdot z_1 \cdot q_{w2}} = 2,66$
	Cavitação	$S_{G1} = \dfrac{k_{D1}}{B_w \cdot y_{w1}} \cdot \dfrac{i}{i+1} = 0,45$	$S_{G2} = \dfrac{k_{D2}}{B_w \cdot y_{w2}} \cdot \dfrac{i}{i+1} = 0,73$
	Engripamento	$S_F = \dfrac{k_{ens} \cdot \cos\beta_0}{B_w \cdot y_C \cdot y_F} \cdot \dfrac{i}{i+1} = —$ $\quad$ (omite-se, pois V é muito pequena)	

13	Vida a plena carga:	$L_{h1} = 18,8$ Limitado pela cavitação	$L_{h2} = 173$ Limitado pela cavitação

*Designações e dimensões segundo a pág. 192; valores calculados representados em negrito.
*É decisivo, em cada caso, o êrro máximo no pinhão ou na roda, respectivamente.

TABELA 22.6 – *Comprovação da capacidade de carga para transmissões de engrenagens frontais**, Ex. 2.

1	Transmissão para	Talha elétrica, 2.° estágio		
2	Dados de serviço:	$N_1 = 8{,}35 \qquad M_1 = 15{,}5 \qquad B = 0{,}206$ $n_1 = 386 \qquad\quad v = 1{,}03$		
3	Dimensões principais:	$a = 133{,}5 \qquad b = 58 \qquad d_{b1} = 51$ $z_1 = 17 \qquad z_2 = 72 \qquad i = 4{,}24$ $d_{k1} = 57 \qquad d_{k2} = 222 \qquad \beta_0 = 0$		
4	Engrenamento:	Engrenamento zero de 20° de dentes retos		
5	Êrro do dente*:	Qualidade (DIN 3961): **9** $f_e \leqq 27 \qquad f_f \leqq \qquad f_i' \leqq$ $f_R \leqq 15{,}2 \qquad f_{Rw} \leqq 11{,}4$		
6	Recobrimento:	$\varepsilon_{1n} = 0{,}755 \qquad \varepsilon_n = 1{,}665 \qquad \varepsilon = 1{,}665$ $\varepsilon_{1w} = 0{,}583 \qquad \varepsilon_w = 1{,}288 \qquad \varepsilon_{sp} = 0$		

Esquema da transmissão

	Dimensões das engrenagens:	Na secção frontal		Na secção normal	
7	Circunferência primitiva	$\alpha_0 = 20°$ $d_{01} = 51$	$m = 3$ $d_{02} = 216$	$\alpha_{0n} = $ $x_1 = 0$ $z_{1n} = $	$m_n = $ $x_2 = 0$ $z_{2n} = $
	Circunferência de rolamento	$d_{b1} = 51$ $h_{k1} = 3$	$d_{b2} = 216$ $h_{k2} = 3$	$\alpha_{bn} = $ $d_{1n} = $	$m_{bn} = $ $d_{2n} = $
8	Coeficiente de carga:	$B_w = B \cdot C_S \cdot C_D \cdot C_T \cdot C_\beta = 0{,}206 \cdot 1 \cdot 1{,}057 \cdot 1{,}25 \cdot 1 = 0{,}272$ $u = 10{,}5 \qquad\qquad u_{din} = 0{,}60 \qquad\qquad C_D = 1{,}057 \leqq 3{,}88$			
9	Coeficientes:	Comprovação para a engrenagem pequena 1		Comprovação para a engrenagem grande 2	
	q_w	$q_{w1} = q_{k1} \cdot q_{e1} = 2{,}92 \cdot 0{,}678 = 1{,}98$		$q_{w2} = q_{k2} \cdot q_{e2} = 2{,}32 \cdot 0{,}83 = 1{,}93$	
	y_w	$y_{w1} = y_C \cdot y_\beta / y_\varepsilon = 3{,}11 \cdot 1/0{,}577 = 5{,}40$		$y_{w2} = y_C \cdot y_\beta = 3{,}11 \cdot 1 = 3{,}11$	
	y_F	$y_F = 0{,}233 \qquad$ com $\qquad e_{max} = 8{,}06$			
	Material:	n.° **10** St 70.11 $\qquad H_B = 220$		n.° **10** St 70.11 $\qquad H_B = 220$	
	σ_D	$\sigma_{D1} = 1 \cdot \sigma_{01} = 24$		$\sigma_{D2} = 1 \cdot \sigma_{02} = 24$	
	k_D	$k_{D1} = y_G \cdot y_H \cdot y_s \cdot y_v \cdot k_{01}$ $k_{D1} = 1 \cdot 1{,}12 \cdot 1{,}27 \cdot 0{,}71 \cdot 0{,}70 = 0{,}705$		$k_{D2} = y_G \cdot y_H \cdot y_s \cdot y_v \cdot k_{02}$ $k_{D2} = k_{D1} = 0{,}705$	
	Lubrificante:	Óleo Shell 90 para engrenagens $y_\varepsilon = 1{,}27 \qquad M_{ens} = -$	$V_{50} = 125$ cSt a 50° C $k_{ens} = -$	$V = 240$ cSt a **40°** C Temperatura de serviço	
	Coeficientes de segurança:	para $C_S = 1$			
	Ruptura do dente	$S_{B1} = \dfrac{\sigma_{D1}}{B_w \cdot z_1 \cdot q_{w1}} = 2{,}62$		$S_{B2} = \dfrac{\sigma_{D2}}{B_w \cdot z_1 \cdot q_{w2}} = 2{,}7$	
	Cavitação	$S_{G1} = \dfrac{k_{D1}}{B_w \cdot y_{w1}} \cdot \dfrac{i}{i+1} = 0{,}388$		$S_{G2} = \dfrac{k_{D2}}{B_w \cdot y_{w2}} \cdot \dfrac{i}{i+1} = 0{,}674$	
	Engripamento	$S_F = \dfrac{k_{ens} \cdot \cos\beta_0}{B_w \cdot y_C \cdot y_F} \cdot \dfrac{i}{i+1} = -$ (omite-se, pois V é muito pequena)			
	Vida a plena carga:	$L_{h1} = 46$ Limitado pela cavitação		$L_{h2} = 585$ Limitado pela cavitação	

*É decisivo, em cada caso, o êrro máximo no pinhão ou na roda, respectivamente.

TABELA 22.7 – *Comprovação da capacidade de carga para transmissões de engrenagens frontais*, Ex. 3.

1	Transmissão para	Automóvel, 1.ª marcha, câmbio	
2	Dados de serviço:	$N_1 = 29$ $M_1 = 24,2$ $B = 0,98$ $n_1 = 858$ $v = 2,24$	
3	Dimensões principais:	$a = 95$ $b = 20$ $d_{b1} = 49,762$ $z_1 = 11$ $z_2 = 31$ $i = 2,818$ $d_{k1} = 61,322$ $d_{k2} = 146,70$ $\beta_0 = 0$	Acionamento — Saída Esquema da transmissão
4	Engrenamento:	Engrenamento V de 20° de dentes retos	
5	Êrro do dente*:	Qualidade (DIN 3961): **6** $f_e \leq 9,4$ $f_f \leq$ $f_i' \leq$ $f_R \leq 4,5$ $f_{Rw} \leq 3,4$	
6	Recobrimento:	$\varepsilon_{1n} = 0,835$ $\varepsilon_n = 1,44$ $\varepsilon = 1,44$ $\varepsilon_{1w} = 0,792$ $\varepsilon_w = 1,367$ $\varepsilon_{sp} = 0$	

7	Dimensões das engrenagens:	Na secção frontal	Na secção normal
	Circunferência primitiva	$\alpha_0 = 20°$ $m = 4,5$ $d_{01} = 49,5$ $d_{02} = 139,5$	$\alpha_{0n} =$ $m_n =$ $x_1 = 0,3136$ $x_2 = -0,200$ $z_{1n} =$ $z_{2n} =$
	Circunferência de rolamento	$d_{b1} = 49,762$ $d_{b2} = 140,238$ $h_{k1} = 5,78$ $h_{k2} = 3,23$	$\alpha_{bn} = 20,81$ $m_{bn} =$ $d_{1n} =$ $d_{2n} =$

8	Coeficiente de carga:	$B_w = B \cdot C_S \cdot C_D \cdot C_T \cdot C_\beta = 0,9 \cdot 1 \cdot 1,054 \cdot 1,01 \cdot 1,0 = 1,043$ $u = 48,7$ $u_{din} = 2,6$ $C_D = 1,054 \leq 1,50$	

9	Coeficientes:	Comprovação para a engrenagem pequena 1	Comprovação para a engrenagem grande 2
	q_w	$q_{w1} = q_{k1} \cdot q_{\varepsilon1} \cdot 2,60 \cdot 0,761 = 1,98$	$q_{w2} = q_{k2} \cdot q_{\varepsilon2} \cdot 2,82 \cdot 0,792 = 2,24$
	y_w	$y_{w1} = y_C \cdot y_\beta / y_\varepsilon = 3,0 \cdot 1/0,688 = 4,37$	$y_{w2} = y_C \cdot y_\beta = 3,0 \cdot 1 = 3,0$
	y_F	$y_F = 0,386$ com $e_{max} = 11,1$	

10	Material:	n.° **20** **20 MnCr 5** $H_B = 650$	n.° **20** **20 MnCr 5** $H_B = 650$
	σ_D	$\sigma_{D1} = 1 \cdot \sigma_{01} = 47$	$\sigma_{D2} = 1 \cdot \sigma_{02} = 47$
	k_D	$k_{D1} = y_G \cdot y_H \cdot y_s \cdot y_v \cdot k_{01}$ $k_{D1} = 1 \cdot 1 \cdot 0,75 \cdot 0,744 \cdot 5,0 = 2,79$	$k_{D2} = y_G \cdot y_H \cdot y_s \cdot y_v \cdot k_{02}$ $k_{D1} = 2,79$

11	Lubrificante:	Shell Macoma 68 $V_{50} = 76$ cSt a 50° C $V = 21$ cSt a 80° C Temperatura $y_s = 0,75$ $M_{ens} = —$ $k_{ens} = —$ de serviço	

12	Coeficientes de segurança:	para $C_S = 1$	
	Ruptura do dente	$S_{B1} = \dfrac{\sigma_{D1}}{B_w \cdot z_1 \cdot q_{w1}} = 2,07$	$S_{B2} = \dfrac{\sigma_{D2}}{B_w \cdot z_1 \cdot q_{w2}} = 1,83$
	Cavitação	$S_{G1} = \dfrac{k_{D1}}{B_w \cdot y_{w1}} \cdot \dfrac{i}{i+1} = 0,57$	$S_{G2} = \dfrac{k_{D2}}{B_w \cdot y_{w2}} \cdot \dfrac{i}{i+1} = 0,658$
	Engripamento	$S_F = \dfrac{k_{ens} \cdot \cos\beta_0}{B_w \cdot y_C \cdot y_F} \cdot \dfrac{i}{i+1} = —$ (omite-se, pois V é muito pequena)	

13	Vida a plena carga:	$L_{h1} = 176$ Limitado pela cavitação	$L_{h2} = 647$ Limitado pela cavitação

*É decisivo, em cada caso, o êrro máximo no pinhão ou na roda, respectivamente.

TABELA 22.8 — *Comprovação da capacidade de carga para transmissões de engrenagens frontais,* Ex. 4.

1	Transmissão para	Automóvel, 3.ª marcha, câmbio	

| 2 | Dados de serviço: | $N_1 = 29$ $M_1 = 24,2$ $B = 0,338$
 $n_1 = 858$ $v = 4,07$ | |

| 3 | Dimensões principais: | $a = 95,0$ $b = 17,5$ $d_{b1} = 90,476$
 $z_1 = 30$ $z_2 = 33$ $i = 1,1$
 $d_{k1} = 96,28$ $d_{k2} = 104,775$ $\beta_0 = 23°$ | |

Esquema da transmissão

| 4 | Engrenamento: | Engrenamento zero de 20° de dentes retos | |

| 5 | Êrro do dente*: | Qualidade (DIN 3961): **6**
 $f_e \leq 8,25$ $f_f \leq 6$ $f'_i \leq$
 $f_R \leq 4,2$ $f_{Rw} \leq 3,15$ | |

| 6 | Recobrimento: | $\varepsilon_{1n} = 0,85$ $\varepsilon_n = 1,64$ $\varepsilon = 1,42$
 $\varepsilon_{1w} = 0,82$ $\varepsilon_w = 1,585$ $\varepsilon_{sp} = 0,79$ | |

7	Dimensões das engrenagens:	Na secção frontal	Na secção normal
	Circunferência primitiva	$\alpha_0 = 21,6°$ $m = 2,99$ $d_{01} = 89,625$ $d_{02} = 98,587$	$\alpha_{0n} = 20°$ $m_n = 2,75$ $x_1 = 0,210$ $x_2 = 0,125$ $z_{1n} = 37,7$ $z_{2n} = 41,5$
	Circunferência de rolamento	$d_{b1} = 90,476$ $d_{b2} = 99,524$ $h_{k1} = 2,902$ $h_{k2} = 2,625$	$\alpha_{bn} = 21,23$ $m_{bn} = 2,77$ $d_{1n} = 104,57$ $d_{2n} = 115,03$

| 8 | Coeficiente de carga: | $B_w = B \cdot C_S \cdot C_D \cdot C_T \cdot C_\beta = 0,338 \cdot 1,25 \cdot 1,057 \cdot 1,02 \cdot 1,01 = 0,460$
 $u = 30,6$ $u_{din} = 3,9$ $C_D = 1,057 \leq 1,288$ | |

9	Coeficientes:	Comprovação para a engrenagem pequena 1	Comprovação para a engrenagem grande 2
	q_w	$q_{w1} = q_{k1} \cdot q_{e1} = 2,30 \cdot 0,687 = 1,58$	$q_{w2} = q_{k2} \cdot q_{e2} = 2,35 \cdot 0,705 = 1,66$
	y_w	$y_{w1} = y_C \cdot y_\beta / y_e = 2,96 \cdot 0,813/0,923 = 2,61$	$y_{w2} = y_C \cdot y_\beta = 2,96 \cdot 0,813 = 2,41$
	y_F	$y_F = 0,14$ com $e_{max} = 6,4$	

	Material:	n.° **19** **16 MnCr 5** $H_B = 650$	n.° **19** **16 MnCr 5** $H_B = 650$
	σ_D	$\sigma_{D1} = 1 \cdot \sigma_{01} = 42$	$\sigma_{D2} = 1 \cdot \sigma_{02} = 42$
	k_D	$k_{D1} = y_G \cdot y_H \cdot y_s \cdot y_v \cdot k_{01}$ $k_{D1} = 1 \cdot 1 \cdot 0,75 \cdot 0,823 \cdot 5,0 = 3,09$	$k_{D2} = y_G \cdot y_H \cdot y_s \cdot y_v \cdot k_{02}$ $k_{D2} = k_{D1} = 3,09$

	Lubrificante:	Shell Macoma 68 $V = 76$ cSt a 50° C $V = 21$ cSt a **80°** C Temperatura $y_s = 0,75$ $M_{ens} = 30$ $k_{ens} = 7,0$ de serviço	

	Coeficientes de segurança:	para $C_S = 1,25$	
	Ruptura do dente	$S_{B1} = \dfrac{\sigma_{D1}}{B_w \cdot z_1 \cdot q_{w1}} = 1,92$	$S_{B2} = \dfrac{\sigma_{D2}}{B_w \cdot z_1 \cdot q_{w2}} = 1,84$
	Cavitação	$S_{G1} = \dfrac{k_{D1}}{B_w \cdot y_{w1}} \cdot \dfrac{i}{i+1} = 1,35$	$S_{G2} = \dfrac{k_{D2}}{B_w \cdot y_{w2}} \cdot \dfrac{i}{i+1} = 1,46$
	Engripamento	$S_F = \dfrac{k_{ens} \cdot \cos\beta_0}{B_w \cdot y_C \cdot y_F} \cdot \dfrac{i}{i+1} = 17,1$	

	Vida a plena carga:	$L_{h1} = \infty$ Limitado por —	$L_{h2} = \infty$ Limitado por —

*É decisivo, em cada caso, o êrro máximo no pinhão ou na roda, respectivamente.

TABELA 22.9 – *Comprovação da capacidade de carga para transmissões de engrenagens frontais*, Ex. 5.

1	Transmissão para	Turbina marítima, 1.° estágio	
2	Dados de serviço:	$N_1 = 8230$ $\quad M_1 = 1045$ $\qquad B = 0,0433$ $n_1 = 5646$ $\qquad v = 85,3$	
3	Dimensões principais:	$a = 1134,71$ $\quad b = 2 \times 290$ $\quad d_{b1} = 288,71$ $z_1 = 43$ $\qquad z_2 = 295$ $\qquad i = 6,86$ $d_{k1} = 302,48$ $\quad d_{k2} = 1988,94$ $\quad \beta_0 = 35$	
4	Engrenamento:	Engrenamento V-zero de 20°, com dentes em V	
5	Êrro do dente*:	Qualidade (DIN 3961): **5···6** $f_e \leqq 17$ $\qquad f_f \leqq$ $\qquad f_i' \leqq$ $f_R \leqq 16$ $\qquad f_{Rw} \geqq 12$	Esquema da transmissão
6	Recobrimento:	$\varepsilon_{1n} = 1,115$ $\quad \varepsilon_n = 1,85$ $\quad \varepsilon = 1,31$ $\varepsilon_{1w} = 1,20$ $\quad \varepsilon_w = 2$ $\qquad \varepsilon_{sp} = 9,63$	

	Dimensões das engrenagens:	Na secção frontal	Na secção normal
7	Circunferência primitiva	$\alpha_0 = 23,95°$ $\qquad m = 6,714$ $d_{01} = 288,71$ $\quad d_{02} = 1980,72$	$\alpha_{0n} = 20°$ $\qquad m_n = 5,5$ $x_1 = 0,25$ $\qquad x_2 = -0,25$ $z_{1n} = 74$ $\qquad z_{2n} = 508$
	Circunferência de rolamento	$d_{b1} = 288,73$ $\quad d_{b2} = 1980,69$ $h_{k1} = 6,875$ $\qquad h_{k2} = 4,125$	$\alpha_{bn} = 20°$ $\qquad \beta = 35°$ $d_{1n} = 406,92$ $\quad d_{2n} = 2791,71$

8	Coeficiente de carga:	$B_w = B \cdot C_S \cdot C_D \cdot C_T \cdot C_\beta = 0,0433 \cdot 1,75 \cdot 1,10 \cdot 1,12 \cdot 1,07 = 0,10$ $u = 12,5$ $\qquad u_{din} = 22,7$ $\qquad\qquad C_D \leqq 1,10$	

	Coeficientes:	Comprovação para a engrenagem pequena 1	Comprovação para a engrenagem grande 2
9	q_w	$q_{w1} = q_{k1} \cdot q_{\varepsilon 1} = 2,33 \cdot 0,623 = 1,39$	$q_{w2} = q_{k2} \cdot q_{\varepsilon 2} = 2,20 \cdot 0,583 = 1,282$
	y_w	$y_{w1} = y_C \cdot y_\beta / y_\varepsilon = 3,11 \cdot 0,615/1 = 1,92$	$y_{w2} = y_C \cdot y_\beta = 3,11 \cdot 0,615 = 1,92$
	y_F	$y_F = 0,038$ $\qquad$ com $\qquad e_{max} = 15,2$	

	Material:	n.° $\quad$ **53 Mn Si 4** $\qquad H_B = 260$	n.° $\quad$ **38 Mn Si 4** $\qquad H_B = 200$
10	σ_D	$\sigma_{D1} = 1 \cdot \sigma_{01} = 31,5$	$\sigma_{D2} = 1 \cdot \sigma_{02} = 24,5$
	k_D	$k_{D1} = y_G \cdot y_H \cdot y_s \cdot y_v \cdot k_{01}$ $k_{D1} = 1 \cdot 1 \cdot 0,76 \cdot 1,295 \cdot 0,69 = 0,678$	$k_{D2} = y_G \cdot y_H \cdot y_s \cdot y_v \cdot k_{02}$ $k_{D2} = 1 \cdot 1 \cdot 0,76 \cdot 1,295 \cdot 0,41 = 0,402$

11	Lubrificante:	Esso Mar 56 EP $\quad V_{50} = 38$ cSt a 50° C $y_s = 0,76$ $\qquad M_{ens} = 9,4$	$V = 25$ cSt a **60°** C Temperatura $k_{ens} = 0,27$ $\qquad$ de serviço

	Coeficientes de segurança:	para $C_S = 1,75$	
12	Ruptura do dente	$S_{B1} = \dfrac{\sigma_{D1}}{B_w \cdot z_1 \cdot q_{w1}} = 5,27$	$S_{B2} = \dfrac{\sigma_{D2}}{B_w \cdot z_1 \cdot q_{w2}} = 4,43$
	Cavitação	$S_{G1} = \dfrac{k_{D1}}{B_w \cdot y_{w1}} \cdot \dfrac{i}{i+1} = 3,1$	$S_{G2} = \dfrac{k_{D2}}{B_w \cdot y_{w2}} \cdot \dfrac{i}{i+1} = 1,82$
	Engripamento	$S_F = \dfrac{k_{ens} \cdot \cos\beta_0}{B_w \cdot y_C \cdot y_F} \cdot \dfrac{i}{i+1} = 16$	

13	Vida a plena carga:	$L_{h1} = \infty$ Limitado por —	$L_{h2} = \infty$ Limitado por —

*É decisivo, em cada caso, o êrro máximo no pinhão ou na roda, respectivamente.

TABELA 22.10 – *Comprovação da capacidade de carga para transmissões de engrenagens frontais*, Ex. 6.

1	Transmissão para	Turbina marítima, 2.° estágio	
2	Dados de serviço:	$N_1 = 8575$ $\quad M_1 = 7460$ $\quad B = 0,0398$ $n_1 = 823$ $\qquad v = 25,2$	
3	Dimensões principais:	$a = 2419,67$ $\quad b = 2 \times 550$ $\quad d_{b1} = 584,28$ $z_1 = 46$ $\qquad z_2 = 335$ $\qquad i = 7,28$ $d_{k1} = 611,12$ $\quad d_{k2} = 4272,23$ $\quad \beta_0 = 30°$	
4	Engrenamento:	Engrenamento V-zero de 20°, com dentes em V	
5	Êrro do dente*:	Qualidade (DIN 3961): **5 ... 6** $f_e \leqq 24$ $\qquad f_f \leqq$ $\qquad f_i' \leqq$ $f_R \leqq 22$ $\qquad f_{Rw} \leqq 16,5$	
6	Recobrimento:	$\varepsilon_{1n} = 1,075$ $\quad \varepsilon_n = 1,84$ $\quad \varepsilon = 1,435$ $\varepsilon_{1w} = 1,15$ $\quad \varepsilon_w = 1,97$ $\quad \varepsilon_{sp} = 7,95$	

Esquema da transmissão

7	Dimensões das engrenagens:	Na secção frontal	Na secção normal
	Circunferência primitiva	$\alpha_0 = 22,8°$ $\qquad m = 12,702$ $d_{01} = 584,28$ $\quad d_{02} = 4255,07$	$\alpha_{0n} = 20°$ $\qquad m_n = 11$ $x_1 = 0,22$ $\qquad x_2 = -0,22$ $z_{1n} = 68,2$ $\qquad z_{2n} = 477$
	Circunferência de rolamento	$d_{b1} = 584,28$ $\quad d_{b2} = 4255,07$ $h_{k1} = 13,42$ $\qquad h_{k2} = 8,58$	$\alpha_{bn} = 20°$ $\qquad m_{bn} = 11$ $d_{1n} = 750$ $\qquad d_{2n} = 5455$

8	Coeficiente de carga:	$B_w = B \cdot C_S \cdot C_D \cdot C_T \cdot C_\beta = 0,0398 \cdot 1,75 \cdot 1,07 \cdot 1,09 \cdot 0,98 = 0,0795$ $u = 23,2$ $\qquad u_{din} = 25,4$ $\qquad\qquad C_D = 1,07 \leqq 1,10$	

9	Coeficientes:	Comprovação para a engrenagem pequena 1	Comprovação para a engrenagem grande 2
	q_w	$q_{w1} = q_{k1} \cdot q_{\varepsilon 1} = 2,25 \cdot 0,625 = 1,40$	$q_{w2} = q_{k2} \cdot q_{\varepsilon 2} = 2,23 \cdot 0,59 = 1,315$
	y_w	$y_{w1} = y_C \cdot y_\beta / y_\varepsilon = 3,11 \cdot 0,701/1 = 2,18$	$y_{w2} = y_C \cdot y_\beta = 3,11 \cdot 0,701 = 2,18$
	y_F	$y_F = 0,19$ $\quad$ com $\quad e_{max} = 31,0$	

10	Material:	n.° $\quad$ **53 Mn Si 4** $\quad H_B = 260$	n.° $\quad$ **38 Mn Si 4** $\quad H_B = 186$
	σ_D	$\sigma_{D1} = 1 \cdot \sigma_{01} = 31,5$	$\sigma_{D2} = 1 \cdot \sigma_{02} = 23$
	k_D	$k_{D1} = y_G \cdot y_H \cdot y_s \cdot y_v \cdot k_{01}$ $k_{D1} = 1 \cdot 1 \cdot 0,76 \cdot 1,245 \cdot 0,69 = 0,652$	$k_{D2} = y_G \cdot y_H \cdot y_s \cdot y_v \cdot k_{02}$ $k_{D2} = 1 \cdot 1 \cdot 0,76 \cdot 1,245 \cdot 0,36 = 0,34$

11	Lubrificante:	Esso Mar 56 EP $\quad V_{50} = 38$ cSt a 50° C $\quad V = 25$ cSt a temp de serviço **60°** C $y_s = 0,76$ $\qquad M_{ens} = 9,4$ $\qquad k_{ens} = 0,32$	

12	Coeficientes de segurança:	para $C_S = 1,75$	
	Ruptura do dente	$S_{B1} = \dfrac{\sigma_{D1}}{B_w \cdot z_1 \cdot q_{w1}} = 6,1$	$S_{B2} = \dfrac{\sigma_{D2}}{B_w \cdot z_1 \cdot q_{w2}} = 4,80$
	Cavitação	$S_{G1} = \dfrac{k_{D1}}{B_w \cdot y_{w1}} \cdot \dfrac{i}{i+1} = 3,3$	$S_{G2} = \dfrac{k_{D2}}{B_w \cdot y_{w2}} \cdot \dfrac{i}{i+1} = 1,70$
	Engripamento	$S_F = \dfrac{k_{ens} \cdot \cos \beta_0}{B_w \cdot y_C \cdot y_F} \cdot \dfrac{i}{i+1} = 5,2$	
	Vida a plena carga:	$L_{h1} = \infty$ Limitado por —	$L_{h2} = \infty$ Limitado por —

*É decisivo, em cada caso, o êrro máximo no pinhão ou na roda, respectivamente.

22.7. TABELAS E GRÁFICOS PARA O CÁLCULO DE ENGRENAGENS CILÍNDRICAS

1. *RESUMO DAS TABELAS E DOS GRÁFICOS*

2. *NOMENCLATURA E DIMENSÕES*

a, a_0 (mm) — distância entre eixos $a = 0,5(d_{b1} + d_{b2})$; $a_0 = 0,5(d_{01} + d_{02})$

b (mm) — largura do dente

B (kgf/mm^2) — carga nominal = $U/(b\,d_{b1})$

B_w (kgf/mm^2) — valor efetivo da carga

C_z (kgf/mm μ) — constante de elasticidade do dente, referida a U

C_S, C_D, C_T, C_β — coeficientes para as influências no carregamento

d_{01}, d_{02} (mm) — diâmetro da circunferência primitiva (secção frontal)

d_{b1}, d_{b2} (mm) — diâmetro da circunferência de rolamento (secção frontal)

d_{01n}, d_{02n} (mm) — diâmetro da circunferência primitiva (secção normal)

d_{b1n}, d_{b2n} (mm) — diâmetro da circunferência de rolamento (secção normal)

e_1, e_2 (mm) — percursos de engrenamento da cabeça (secção frontal)

e_{1n}, e_{2n} (mm) — percursos de engrenamento da cabeça (secção normal)

E, E_G (kgf/mm^2) — módulo de elasticidade da engrenagem, da engrenagem conjugada

f, f_w (μ) — valor máximo de f_e, f_f, f'_i, após o amaciamento

f_e (μ) — êrro de passo do engrenamento

f_f (μ) — êrro da forma dos flancos

f'_i (μ) — passo do rolamento intermitente

f_k — coeficiente de concentração de tensões

f_R, f_{Rw} (μ) — êrro da direção dos flancos, após o amaciamento com carga

h_{k1}, h_{k2} (mm) — altura da cabeça do dente, a partir da circunferência de rolamento

H_B (kgf/mm^2) — dureza Brinell

i — relação de multiplicação = z_2/z_1

k, k_C, k_w (kgf/mm^2) — pressão nos flancos em geral, no ponto de rolamento C, pressão efetiva nos flancos

k_0, k_D (kgf/mm^2) — resistência dos flancos à fadiga

k_F, k_{ens} (kgf/mm^2) — pressão dos flancos no ponto de rolamento com a carga de engripamento, no ensaio A 8,3 da FZG

K, K_n — coeficiente para o encurtamento da cabeça na secção frontal, na secção normal

L_h (h) — vida a plena carga, em horas

L_w — vida a plena carga, em números de ciclos de carga

m, m_n (mm) — módulo na circunferência primitiva

m_b, m_{bn} (mm) — módulo na circunferência de rolamento

M_1 (mkgf) — momento de torção nominal na engrenagem

M_{ens} (mkgf) — momento de torção para o engripamento, no ensaio A 8,3 da FZG

N_1 (CV) — potência nominal na engrenagem pequena

n_1 (rpm) — rotação nominal na engrenagem pequena

p_H (kgf/mm^2) — pressão hertziana

$q, q_k, q_\varepsilon, q_\omega$ — coeficientes para solicitação no pé do dente

S_B, S_G, S_F — coeficientes de segurança

U (kgf) — fôrça tangencial nominal na circunferência de rolamento

^{29}Tabelas e diagramas segundo dados da FZG.

u (kgf/mm)	fôrça tangencial por mm de largura de dente $= B d_{b1}$	$\varepsilon_1, \varepsilon_2$	partes do recobrimento do perfil na secção frontal
u_{din}, u_D (kgf/min)	fôrça tangencial dinâmica por mm de largura de dente no engrenamento de dentes retos, no engrenamento de dentes inclinados	$\varepsilon_{1n}, \varepsilon_{2n}$	partes do recobrimento do perfil na secção normal
		$\varepsilon, \varepsilon_n$	recobrimento do perfil na secção frontal, na secção normal
v(m/s)	velocidade tangencial na circunferência de rolamento	ε_w	grau de recobrimento efetivo
V_1 V_{50} (cSt)	viscosidade do óleo, a 50°C	ε_{sp}	recobrimento intermitente
x_1, x_2	coeficientes do deslocamento de perfil referidos a m_n	$\varrho, \varrho_1, \varrho_2, \varrho_C, \varrho_B$ (mm)	raio de curvatura
		σ, σ_w (kgf/mm²)	tensão no pé do dente, generalizado, tensão efetiva
$y, y_\varepsilon, y_C, y_\beta, y_\omega$	coeficientes para a pressão nos flancos	σ_0, σ_D (kgf/mm²)	resistência à fadiga no pé do dente
y_G, y_H, y_S, y_v	coeficiente para k_D	*Índices:*	
y_F	coeficiente para o engripamento	1, 2	para grandezas da engrenagem pequena, da engrenagem grande
z_1, z_2	número de dentes na secção frontal		
z_{1n}, z_{2n}	número equivalente de dentes (secção normal)	0	para grandezas na circunferência primitiva
α_{0n}, α_{bn}	ângulo de engrenamento na circunferência primitiva, de rolamento (secção normal)	b	para grandezas na circunferência de rolamento (condições de serviço)
α_0, α_b	ângulo de engrenamento na circunferência primitiva, de rolamento (secção frontal)	e	para grandezas no percurso de engrenamento
		g	para grandezas na circunferência de base
$\beta_0, \beta_b, \beta_g$	ângulo de inclinação na circunferência primitiva, de rolamento, na circunferência de base	n	para grandezas na secção normal
		sen n	para grandezas na secção frontal

TABELA 22.11 — *Valores práticos para* B_{ad} (kgf/mm²) *para engrenagens cilíndricas com* $\alpha_{bn} \cong 20°$.

para $S_G \geqq 1$:	$B_{ad} = B_0$	
para $S_G < 1$:	$B_{ad} = B_0$ até $3 B_0$ com a introdução de $S_G = 1$	$B_0 = \dfrac{0.35 \, k_D \, i}{\sqrt{\cos^3 \beta_0 \, C_S \, S_G (i + 1)}}$
k_D segundo a Tab. 22.26	C_S segundo a Tab. 22.18	S_G segundo a Tab. 22.13

TABELA 22.12 — *Dados práticos para a lubrificação, a qualidade dos dentes e os erros de dente* f_e *e* f_R

Velocidade tangencial v(m/s)	Lubrificação	Flancos dos dentes	Qualidade DIN 3962	Fatôres g_e	g_R	Rugosidade R_t^* μm
0 ⋯ 0,8	Graxa aplicada	fundidos	12	16	4	
			11	10	3,2	
		desbastados	10	6,3	2,6	
0,8 ⋯ 4	Lubrificação por imersão em graxa ou óleo	fresado liso	9	4	2,0	6 ⋯ 9
		retificado grosso	8	2,8	1,6	
4 ⋯ 12	Lubrificação por imersão em óleo	lapidado fino	7	2	1,3	3 ⋯ 5
		rasqueteado	6	1,4	1,0	2 ⋯ 3
12 ⋯ 60	Lubrificação por salpicamento	retificado fino	5	1	0,8	1,5 ⋯ 2
		engrenagem de calibração	4	0,7	0,64	

Êrro do passo de engrenamento segundo DIN 3961: $f_e \leqq g_e (3 + 0.3m + 0.2 \sqrt{d_0}) \, (\mu)$; êrro na direção dos flancos, segundo proposta da FZG: $f_R \leqq g_R \sqrt{b} \, (\mu)$; b = largura do dente (mm). Êrro efetivo na direção dos dentes (após bom amaciamento): $f_{RW} \cong 0.75 \, f_R + g_K \cdot \mu \cdot C_S$ com $g_K = 0$ para engrenagens cilíndricas apoiadas nos dois lados; $= 0.3$ para engrenagens cilíndricas apoiadas de um só lado; $= 1.2$ para engrenagens cônicas apoiadas de um só lado, sem abaulamento nos flancos; $= 0.6$ com flancos lateralmente abaulados; $= 0.3$ com flancos lateralmente abaulados e pinhão cônico apoiado nos dois lados.

*A profundidade da rugosidade não é fixada pela norma DIN 3962, apesar de ter grande influência sôbre a capacidade de carga dos flancos (ver nota de rodapé pág. 123). Para as associações de flancos 1 e 2, tem-se $R_t = (R_{t1} + R_{t2}) \, 0.5$.

TABELA 22.13 — *Orientação para o coeficiente de segurança necessário.*

Segurança contra	Transmissão para serviço contínuo	Transmissão para serviço intermitente
Ruptura do dente $S_B \geqq$	1,8 ⋯ 4	1,5 ⋯ 2
Cavitação S_G	1,3 ⋯ 2,5	0,4 ⋯ 1
Engripamento S_F	3 ⋯ 5	3 ⋯ 5

TABELA 22.14 — *Dados indicativos sôbre a vida a plena carga L_h.*

Transmissões para serviço intermitente	L_h (h)		
Máquinas operatrizes	$100 \cdots \infty$		
Máquinas de levantamento:			
Talhas manuais, talhas elétricas	$10 \cdots 80$		
Talhas para material a granel	$40 \cdots 200$		
Talhas de garras	$320 \cdots \infty$		
	carros de passeio	caminhões	tratores
Automóveis: veículos automotores:			
1.ª marcha e marcha à ré	$10 \cdots 40$	$40 \cdots 200$	$200 \cdots$
Marchas superiores	∞	∞	∞

TABELA 22.15 — *Séries de módulos.*

DIN 780		Diametral-Pitch*			Circular-Pitch		
m_n mm		D_p pol	m_n mm	t_n mm	C_p pol	m_n mm	t_n mm
0,3	6,5	28	0,9071	2,8499	$^1/_{16}$	0,5053	1,5875
(0,35)	7	26	0,9769	3,0691	$^1/_8$	1,0106	3,1750
0,4	8	24	1,0583	3,3249	$^3/_{16}$	1,5160	4,7625
(0,45)	9	22	1,1545	3,6271	$^1/_4$	2,0213	6,3500
0,5	10	20	1,2700	3,9898	$^5/_{16}$	2,5266	7,9375
(0,55)	11	18	1,4111	4,4331	$^3/_8$	3,0319	9,5250
0,6	12	16	1,5875	4,9873	$^7/_{16}$	3,5372	11,1125
(0,65)	13	14	1,8143	5,6997	$^1/_2$	4,0425	12,7000
0,7	14	12	2,1167	6,6497	$^9/_{16}$	4,5479	14,2875
0,8	15	11	2,3091	7,2542	$^5/_8$	5,0532	15,8750
0,9	16	10	2,5400	7,9796	$^{11}/_{16}$	5,5585	17,4625
1,0	18	9	2,8222	8,8663	$^3/_4$	6,0638	19,0500
1,25	20	8	3,1750	9,9746	$^{13}/_{16}$	6,5691	20,6375
1,5	22	7	3,6286	11,3995	$^7/_8$	7,0744	22,2250
1,75	24	6	4,2333	13,2994	$^{15}/_{16}$	7,5798	23,8125
2,0	27	5	5,0800	15,9593	1	8,0851	25,4000
2,25	30	4	6,3500	19,9491	$1^1/_{16}$	8,5904	26,9875
2,5	33	$3^1/_2$	7,2571	22,7988	$1^1/_8$	9,0957	28,5750
2,75	36	3	8,4667	26,5988	$1^3/_{16}$	9,6010	30,1625
3,00	39	$2^3/_4$	9,2364	29,0169	$1^1/_4$	10,1063	31,7500
3,25	42	$2^1/_2$	10,1600	31,9186	$1^5/_{16}$	10,6117	33,3375
3,5	45	$2^1/_4$	11,2889	35,4652	$1^3/_8$	11,1170	34,9250
3,75	50	2	12,7000	39,8982	$1^7/_{16}$	11,6223	36,5125
4,0	55	$1^3/_4$	14,5143	45,5980	$1^1/_2$	12,1276	38,1000
4,5	60	$1^1/_2$	16,9333	53,1976	$1^5/_8$	13,1382	41,2750
5	65	$1^1/_4$	20,3200	63,8372	$1^3/_4$	14,1489	44,4500
5,5	70	1	25,4000	79,7965	$1^7/_8$	15,1595	47,6250
6	75				2	16,1701	50,8000

$*m_n = 25,4/D_p = 25,4\,C_p/\pi;\ t_n = 25,4\ \pi/D_p = 25,4\,C_p\ ;\ (\pi = 3,141593;\ 1'' = 25,4\ mm,$ segundo DIN 4 890).

TABELA 22.16 — *Número mínimo de dentes z_n na secção normal*

Para engrenamento zero de 20°: $z_{1n} + z_{2n} \geq 24$

$z_n \geq 18$ a velocidade elevada

Para engrenamento de 20° (a velocidade média).

	z_n limitado pela penetração																limitado pelo dente pontudo			
$z_n \geq$	28,3	26,9	25,5	24	22,6	21,2	19,8	18,5	17	15,6	14,3	12,8	11,4	10	8,6	7,2	8,8	10,4	12,2	14,1	16,1
Para $x =$	−1	−0,9	−0,8	−0,7	−0,6	−0,5	−0,4	−0,3	−0,2	−0,1	0	0,1	0,2	0,3	0,4	0,5	0,6	0,7	0,8	0,9	1,0

TABELA 22.17 — *Valores mínimos* de m_n, d_{b1} e s_{rest} (= *espessura da parede restante na coroa dentada*).

$m_n \geq b/10$	engrenamento fundido de precisão
$m_n \geq b/15$	usinado, apoiado sôbre construção de aço ou pinhão em balanço
$m_n \geq b/25$	usinado com precisão, com bom apoio nas carcaças
$m_n \geq b/30$	usinado com precisão, com apoios rígidos e exatamente paralelos
$m_n \geq b/50$	usinado com precisão, $b/d_{b1} \leq 1$, com apoios rígidos e exatamente paralelos
$b/d_{b1} \leq 0,7$	com pinhão "em balanço"
$b/d_{b1} \leq 1,2$	com eixo do pinhão rígido, apoiado de ambos os lados
$s_{rest} \geq 2m_n$	

*Com dentes em V, b é a largura do dente de um lado do V.

TABELA 22.18 — *Valores práticos do coeficiente de impacto* C_S^*.

	Acionamento		
Máquina de trabalho	Motor elétrico	Turbina, máquina a pistão, de vários cilindros	Máquina a pistão, de um cilindro
Geradores, transmissões de avanço, correias transportadoras, elevadores leves e talhas, ventiladores turbo-hélices e compressores, agitadores e misturadores para densidade uniforme	11	1,25	1,5
Acionamento principal de máquinas operatrizes, elevadores pesados, mecanismos de rotação de guindastes, ventiladores de minas, agitadores e misturadores para densidade não-uniforme, bombas a pistão de vários cilindros, bombas distribuidoras	1,25	1,5	1,75
Prensas de estampagem, tesouras, amassadores de borracha, máquinas de laminação e da indústria siderúrgica, dragas de caçamba, centrífugas pesadas, bombas distribuidoras pesadas	1,75	2,0	2,25

$*C_S = M_{verd}/M_1$, sendo M_{verd} o momento de torção externo máximo que aparece repetidamente, e M_1 o momento de torção nominal no cálculo. Se o momento de partida M_A fôr decisivo, dever-se-á calcular $M_{verd} = M_A$, segundo a pág. 104.

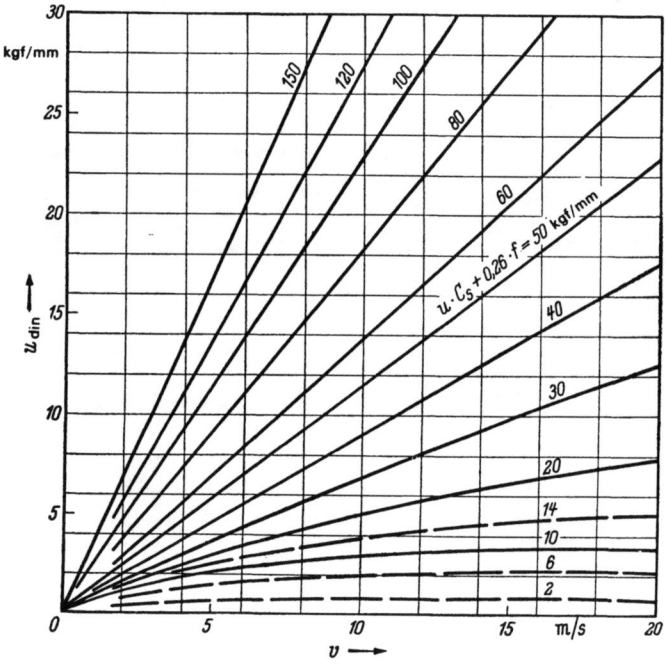

Figura 22.37 — Fator dinâmico C_D e u_{din}

$$C_D = 1 + \frac{u_{din}}{u\,C_S(\varepsilon_{sp} + 1)} \leq 1 + \frac{0,3\,u\,C_S + f}{u\,C_S(\varepsilon_{sp} + 1)}; \quad u = U/b = Bd_b$$

$f\,[\mu] = 0$ máximo dos erros de dente existentes, f_e, f_f, f_i'

195

TABELA 22.19 – *Êrro de distribuição da carga C_T para $T = C_Z f_{Rw} b/(U C_S C_D)$, segundo as págs.162 e 164.*

$C_Z \cong 1$ para associações aço/aço; $\cong 0{,}74$ para aço/ferro fundido;
$\cong 0{,}55$ para ferro fundido/ferro fundido; f_{Rw}, ver Tab. 22.12;
C_T (lin) para distribuição linear da carga (vale quando não se tem segurança quanto a C_T (par);
C_T (par) para distribuição parabólica da carga (após o melhor amaciamento a plena carga).

T =	0	0,2	0,3	0,4	0,5	1,0	1,5	2,0	2,5	3,0	4,0	5,0	6	7
C_T (lin) =	1,0	1,1	1,15	1,20	1,25	1,5	1,75	2,0	2,24	2,45	2,83	3,17	3,47	3,75
C_T (par) =	1,0	1,05	1,075	1,10	1,125	1,25	1,41	1,63	1,82	2,0	2,31	2,59	2,83	3,05

TABELA 22.20 – *Determinação de f_{Rw} e C_T para a fôrça tangencial de serviço $U C_S C_D$, quando fôr conhecida a largura útil b' do dente (na circunferência de rolamento) da "configuração de carga", com fôrça tangencial U_p.*

Tem-se, da Tab. 22.20: T_p para $(b/b')^2$; $f_{Rw} = T_p U_p/C_Z b)$,
da Tab. 22.19: C_T para $T = T_p U_p/(U C_S C_D)$.

T_p (lin) vale para a distribuição linear da carga sôbre b'
T_p (par) vale para a distribuição parabólica da carga sôbre b' $\left.\right\} T_p = C_Z f_{Rw} b/U_p$.

Exemplo: para $(b/b')^2 = 3$; $U_p/b\,C_Z = 4$ kgf/mm; $U/(b\,C_S C_D) = 16$, têm-se T_p (lin) = 6, $f_{Rw} = 24\,\mu$; $T = 1{,}5$; C_T (lin) = 1,75.

$(b/b')^2$ =	1	1,2	1,3	1,4	1,5	2	2,5	3	4	5	6	7	8	9
T_p (lin) =	até 2	2,4	2,6	2,8	3	4	5	6	8	10	12	14	16	18
T_p (par) =	até 1,33	1,6	1,73	1,86	2	2,66	3,33	4	5,33	6,66	8	9,33	10,7	12

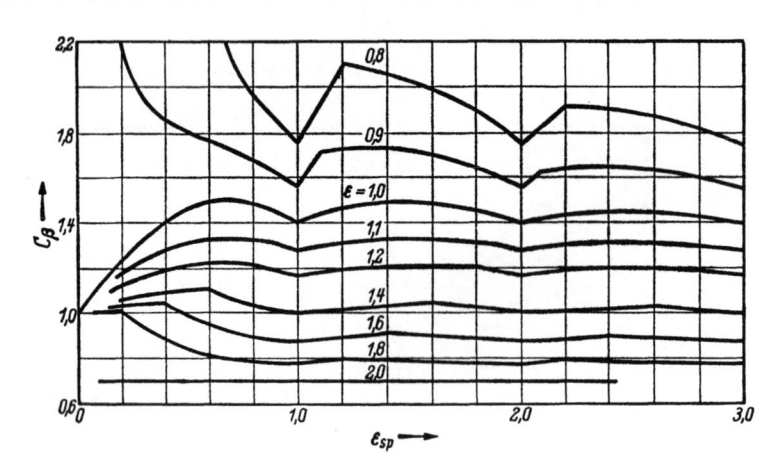

Figura 22.38 – Coeficiente C_β para dentes inclinados com $\alpha_{0n} \cong 20°$

para $\beta = 0$, tem-se $C_\beta = 1$; para $\varepsilon_{sp} = 1, 2, 3 \ldots$, $C_\beta = 1{,}4/\varepsilon$; para $\varepsilon_{sp} \geqq 1$, $C_\beta \cong 1{,}4/\varepsilon$

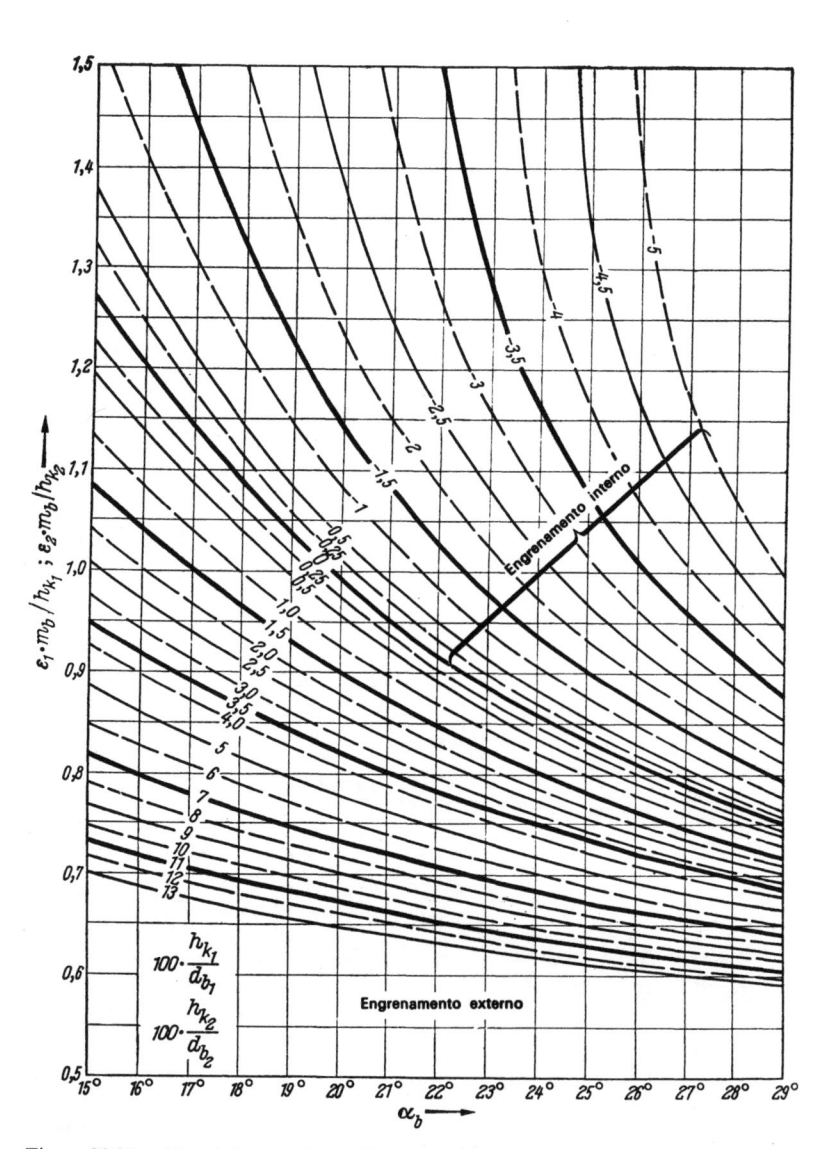

Figura 22.39 — Recobrimento do perfil $\varepsilon = \varepsilon_1 + \varepsilon_2$ na secção frontal e $\varepsilon_n = \varepsilon/\cos^2 \beta_g$ na secção normal. ε_1 e ε_2 do gráfico, com $m_b = d_{b1}/z_1 = d_{b2}/z_2$ e $h_{k1} = 0,5\,(d_{k1} - d_{b1})$, ou $h_{k2} = 0,5\,(d_{k2} - d_{b2})$. Equação para o gráfico:

$$\varepsilon_1 \frac{m_b}{h_{k1}} = \frac{d_{b1}(\operatorname{tg}\alpha_{k1} - \operatorname{tg}\alpha_b)}{2\,\pi\,h_{k1}}\;; \quad \alpha_{k1}\text{ de }\cos\alpha_{k1} = \cos\alpha_b\,d_{b1}/d_{k1}\;;$$

$$\alpha_b \text{ de sen}\,\alpha_b = \operatorname{sen}\alpha_{bn}/\cos\beta_g$$

TABELA 22.21 — *Valores de cálculo dependentes do ângulo de inclinação* β_0 *para* $\alpha_{0n} = 20$.

β_0	$\cos^2 \beta_g$	z_n/z segundo a eq. (57)
0°	**1,000**	**1,000**
1	0,9997	1,000
2	0,9989	1,002
3	0,9976	1,004
4	0,9957	1,007
5°	**0,9933**	**1,011**
6	0,9904	1,015
7	0,9869	1,021
8	0,9829	1,027
9	0,9784	1,035
10°	**0,9734**	**1,043**
11	0,9679	1,053
12	0,9618	1,063
13	0,9553	1,074
14	0,9483	1,087
15°	**0,9408**	**1,100**
16	0,9329	1,115
17	0,9245	1,131
18	0,9157	1,148
19	0,9064	1,167
20°	**0,8967**	**1,187**
21	0,8866	1,208
22	0,8761	1,231
23	0,8652	1,256
24	0,8539	1,282
25°	**0,8423**	**1,310**
26	0,8303	1,340
27	0,8180	1,372
28	0,8054	1,406
29	0,7925	1,443
30°	**0,7792**	**1,482**
31	0,7658	1,523
32	0,7520	1,568
33	0,7381	1,616
34	0,7239	1,666
35°	**0,7095**	**1,721**
36	0,6949	1,779
37	0,6802	1,841
38	0,6653	1,907
39	0,6503	1,979
40°	**0,6352**	**2,055**
41	0,6199	2,137
42	0,6046	2,226
43	0,5893	2,320
44	0,5739	2,422
45°	**0,5585**	**2,532**

197

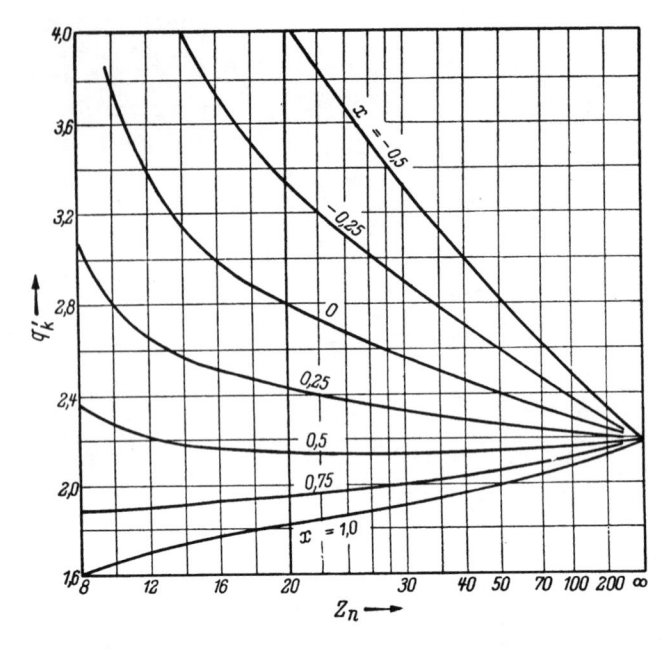

Figura 22.40 − Coeficiente do pé do dente q_k. Válido para fôrça atuando na cabeça do dente a 2,25 m_n de altura do dente; $\alpha_{0n} = 20°$; folga nula nos flancos; secção transversal do pé do dente no ponto de contato com a tangente a 30°; fabricação com cremalheira de 0,38 m_n de arredondamento da cabeça e com folga na cabeça $s_k = 0,25\ m_n$

TABELA 22.22 − *Coeficiente q_ε e y_ε.*

Sendo 1 a engrenagem motriz:

$$q_{\varepsilon 1} = 1,4/(\varepsilon_n + 0,4)$$
$$q_{\varepsilon 2} = 1,4/(\varepsilon_w + 0,4)$$

$$y_\varepsilon = 1 - \frac{2\pi}{z_{1n}\,\mathrm{tg}\,\alpha_{bn}}\left(1 - \varepsilon_{1n}\frac{\varepsilon_w}{\varepsilon_n}\right) \leqq 1$$

Sendo 2 a engrenagem motriz:

$$q_{\varepsilon 1} = 1,4/(\varepsilon_w + 0,4)$$
$$q_{\varepsilon 2} = 1,4/(\varepsilon_n + 0,4)$$

$$y_\varepsilon = 1 - \frac{2\pi}{z_{1n}\,\mathrm{tg}\,\alpha_{bn}}(1 - \varepsilon_{1n}) \leqq 1$$

ε_n = recobrimento do perfil na secção normal, segundo a Fig. 22.39

$$\varepsilon_w = 1 + (\varepsilon_n - 1)\frac{m_n + v/4}{m_n + f/6} \leqq 2$$

com v em (m/s); m_n em (mm) e f em (μ) = máximo dos erros de dente existentes f_e, f_f, f_i.

TABELA 22.23 − *Coeficiente y_C.*

α_{bn}	y_C segundo a Eq. (72)
10°	5,85
11	5,34
12	4,91
13	4,56
14	4,26
15°	4,00
16	3,77
17	3,58
18	3,40
19	3,25
20°	3,11
21	2,99
22	2,88
23	2,78
24	2,69
25°	2,61
26	2,54
27	2,47
28	2,41
29	2,36
30°	2,31
31	2,27
32	2,23
33	2,19
34	2,16
35°	2,13

TABELA 22.24 − *Coeficiente y_β para $\alpha_{0n} = 20°$.*

β_0	y_β segundo a Eq. (72)
0°	1,0
1	0,999
2	0,998
3	0 997
4	0,994
5°	0,990
6	0,986
7	0,981
8	0,976
9	0,969
10°	0,962
11	0,954
12	0,946
13	0,937
14	0,927
15°	0,916
16	0,905
17	0,894
18	0,882
19	0,869
20°	0,856
21	0,842
22	0,828
23	0,813
24	0,798
25°	0,783
26	0,767
27	0,751
28	0,735
29	0,718
30°	0,701
31	0,684
32	0,667
33	0,650
34	0,632
35°	0,615
36	0,597
37	0,579
38	0,562
39	0,544
40°	0,527
41	0,509
42	0,492
43	0,475
44	0,458
45°	0,441

TABELA 22.25 – *Características dos materiais***(conversão para outras condições de serviço, ver pág. 200).

Nr.	Material Tipo e tratamento	Designação	Corpo de prova no estado final σ_r kgf/mm²	σ_{bw} kgf/mm²	Na engrenagem Dureza H_B Núcleo	Flanco	Resistência à fadiga k_0'	σ_0 kgf/mm²	Resistência estática σ_{0B} kgf/mm²	Profundidade de rugosidade R_t* μm
1	Ferro fundido cinzento	GG 18	18	9	170		0,19	4,5	18	
2		GG 26	26	12	210		0,33	6,0	26	6,0
3	Ferro fundido nodular	ferrítico	60	—	170		0,32	25	100	
4		perlítico	70···75	—	250		0,64	25	140	6,0
5	Aço fundido	GS 52	52	21	150		0,21	15	47	
6		GS 60	60	24	175		0,30	17,5	52	4,5
8	Aço para usinagem	St 50.11	50···60	23···28	150		0,36	19	55	
9		St 60.11	60···70	28···33	180		0,52	21	65	3,0
10		St 70.11	70···85	33···40	208		0,70	24	80	
11	Aço beneficiado	C 22	50···60	22···27	140		0,23	19,3	60	
12		C 45	65···80	30···34	185		0,40	23	80	
13		C 60	75···90	34···41	210		0,51	25,6	90	3,0
14		34 Cr 4	75···90	36···44	260		0,80	30	90	
15		37 Mn Si 5	80···95	38···46	260		0,70	31,5	95	
16		42 CrMo 4	95···110	46···54	300		0,80	31,5	110	
18	Aço cementado	C 15	50···65	27	190	736	4,9	22	95	
19		16 MnCr 5	80···110	—	270	650	5,0	42	140	
20		20 MnCr 5	100···130	—	360	650	5,0	47	160	2···3
21		15 CrNi 6	90···120	—	310	650	5,0	44	160	
22		18 CrNi 8	120···145	—	400	650	5,0	47	170	
23	Aço temperado por chama ou por indução	Ck 45	65···80	—	220	595	4,3	31,5	140	
24		37 MnSi 5	90···105	—	270	560	3,7	34	125	3,0
25		53 MnSi 4	90···110	—	275	615	4,5	35	110	
27	Aço cianetado	41 Cr 4	140···180	—	460	595	4,3	32	190	
28		37 MnSi 5	150···190	—	470	550	3,6	35	200	3,0
29	Tecido duro	grosso	—	—	—	—	0,18	5,6	17	6,0
30		fino	—	—	—	—	0,23	5,6	17	4,0
31	Ferro fundido nodular	GGG 90	80···90	—	300		1,8	22	140	
32	Aço nitretado em banho	C 45	55÷60	—	450		1,8	31,8	110	
33	Aço nitretado em banho	42 CrMo 4	85÷90	—	660		2,7	58,0	150	3,0
34	Aço nitretado em gás	31 CrMoV 9	70÷85	—	700		3,5	45,0	150	
35	Aço temperado por chama ou por indução	42 CrMo 4	90÷110	—	275	615	4,5	35	110	

[1]As engrenagens de ensaio possuíam, em geral, as seguintes dimensões: $m = 3$ mm; engrenamento normal de 20°; $v \cong 8$ m/s; $z_1 = 27$; $z_2 = 34$; $b = 10$ mm. Influências sôbre a capacidade de carga, ver pág. 171 e 125.

[2]Para funcionamento contra aço temperado com retificação fina maior de até 35%.

[3]Para $v = 12$ m/s e com contra-engrenagem de aço retificada.

[4]Vale para arredondamento no pé do dente $r_f \geq 0,2\,m$.

[5]Vale para têmpera superficial além do pé do dente: com têmpera total, diminui de aprox. 20%; com têmpera superficial apenas no flanco do dente, tem-se $\sigma_0 < 25$ kgf/mm².

[6]Corresponde ao valor máximo $C = U/bt = 0,8$ kgf/mm².

[7]Para um movimento contra-engrenagem de aço de dureza aproximadamente igual, óleo com viscosidade de 100 cSt e rugosidade dos flancos segundo a tabela.

*Para a associação dos flancos 1 e 2, tem-se $R_t = 0,5\,(R_{t1} + R_{t2})$; influência de R_t sôbre k_0, ver pág. 123, nota de rodapé.

**Na 2.ª reimpressão foram anexados os materiais 31 a 35, tendo sido eliminados os materiais 7, 17 e 26 por serem de menor utilização.

TABELA 22.26 — *Resistência dos flancos k_D^* e vida a plena carga L_h*

$$k_D = y_G\, y_H\, y_S\, y_v\, k_0$$

com k_0 segundo a Tab. 22.25, para o cálculo do coeficiente de segurança S_G,

com k_0 segundo a Fig. 22.41, com vida prefixada L_h.

Coeficiente $y_G = 1$ para o contato dos materiais, segundo a Tab. 22.25, contra aço

$y_G = 1{,}5$ para o contato contra ferro fundido (GG)

$y_G = 0{,}5 + 2{,}1 \cdot 10^4/(2E_G)$ para o contato contra material com módulo de elasticidade E_G (kgf/mm^2)

$y_H = (H/H_B)^2$, quando a dureza dos flancos H difere de H_B, segundo a Tab. 22.25, permanecendo abaixo de 650; caso contrário, $y_H = 1$

y_S depende da viscosidade V do óleo na temperatura de serviço

V (cSt) =	6,3	21	37	68
y_S =	0,7	0,75	0,8	0,9

V =	100	145	200	265	300
y_S =	1,0	1,1	1,2	1,3	1,35

y_v depende da velocidade tangencial v (m/s)

$$y_v \cong 0{,}7 + \frac{0{,}6}{1 + (8/v)^2}$$

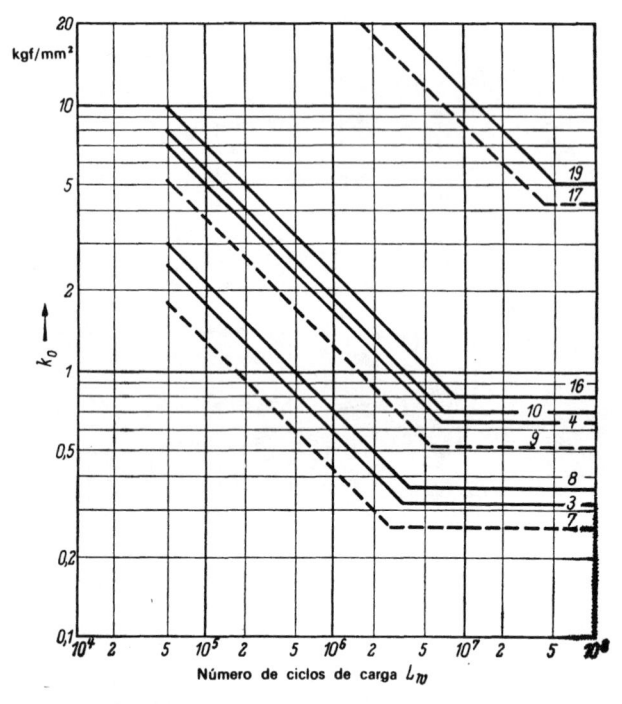

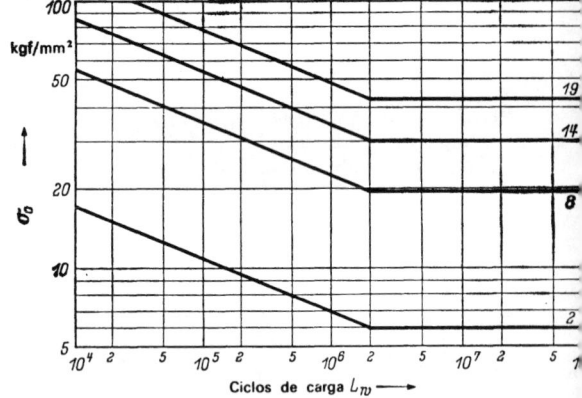

Figura 22.41 — Curvas de vida para a resistência dos flancos k_0. Números nas curvas = número dos materiais, segundo a Tab. 22.25. Para outros materiais, intercalar as curvas de acôrdo com o valor da resistência à fadiga k_0, segundo a Tab. 22.25. Duração a plena carga com $S_G < 1$

$$L_h = \frac{L_w}{n\,60} \cong \frac{167 \cdot 10^3\, k_D}{n}\, S_G^2 \quad \text{(h)}$$

Figura 22.42 — Curvas de vida para a resistência no pé do dente σ_0. Número nas curvas = números dos materiais, segundo a Tab. 22.25. Para outros materiais, intercalar as curvas de acôrdo com a resistência à fadiga σ_0, segundo a Tab. 22.25. Vida a plena carga com $S_B < 1$

$$L_h = \frac{L_w}{n\,60} \cong \frac{33 \cdot 10^3}{n}\, S_B^5 \quad \text{(h)}$$

TABELA 22.27 — *Resistência no pé do dente σ_D^* e vida a plena carga L_h*

$\sigma_D = \sigma_0$ segundo a Tab. 22.25, para o cálculo do coeficiente de segurança S_B

$\sigma_D = \sigma_0$ segundo a Fig. 22.42, com vida prefixada L_h

$\sigma_D = \sigma_{0B}$ segundo a Tab. 22.25, para o cálculo da segurança contra ruptura violenta

$\sigma_D = 0{,}7\,\sigma_0$ para rodas intermediárias (carga alternante)

$\sigma_D = \sigma_0/f_k$, quando o arredondamento no pé do dente $r_f < 0{,}2\,m$; f_K, ver Fig. 22.22

*Valor-limite para solicitação estática e dinâmica, com rugosidade dos flancos, segundo a Tab. 22.25. Influência da rugosidade e da lubrificação sôbre k_D, ver pág. 123.

TABELA 22.28 — *Valores práticos para a viscosidade do óleo V_{50} (cSt a 50°C) para transmissões fechadas com temperatura de óleo de 45 a 90°C*

$$V_{50} = 100/v^{0,4} \text{ a } 200/v^{0,4}$$

v [m/s] =	0,25	0,4	0,63	1,0	1,6	2,5	4,0	6,3	10	16	25	40	63
V_{50} desde	175	145	120	100	83	69	57	47	39	32	27	22	18
a	350	290	240	200	166	138	114	94	78	64	54	44	36

TABELA 22.29 — *Valores de M_{ens} para óleos usuais em transmissões.*

Transmissões para	Classe SAE* ou V_{50} (cSt)	M_{ens} (kgfm) para óleos minerais		
		sem aditivos	pouco aditivos	com aditivo EP
Veículos automotores	SAE 80 ··· 90	—	30,8 ··· 54,5	46,1 ··· acima de 54,5
Indústria	40 ··· 120 cSt	6,0 ··· 17,4	17,4 ··· 39,3	46,1 ··· acima de 54,5
Turbinas a vapor	30 ··· 60 cSt	3,5 ··· 9,4	13,4 ··· 30,8	39,3 ··· 54,5
Redutores hidráulicos	10 ··· 28 cSt	1,4 ··· 6,0	9,4 ··· 24,1	30,8 ··· 46,1

*Ver DIN 51 511 e 51 512.

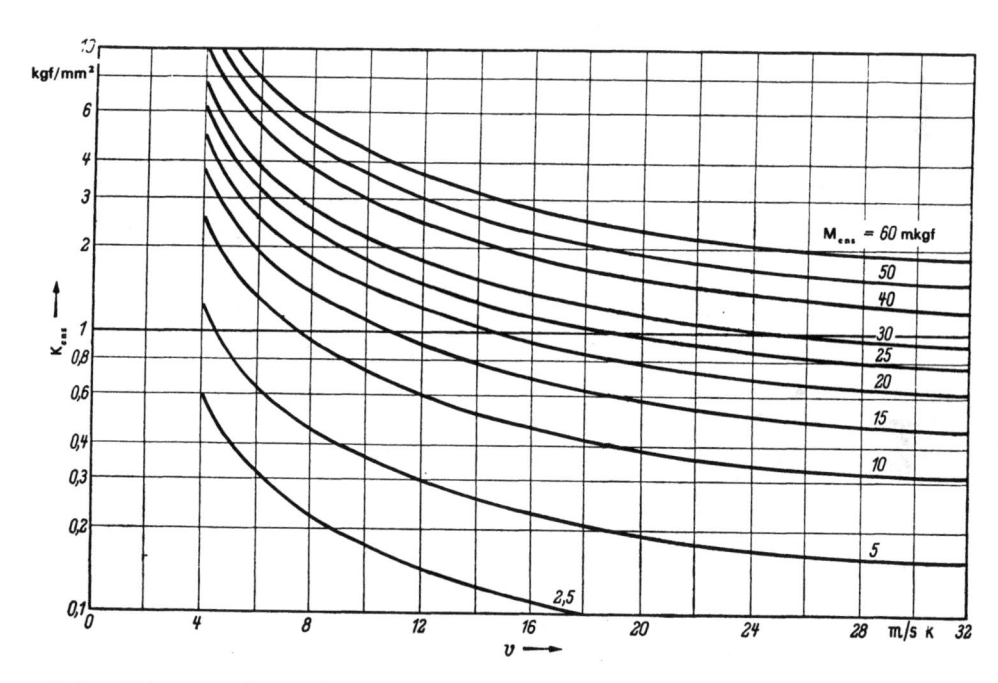

Figura 22.43 — Valores aproximados de ensaio para a carga de engripamento k_{ens}, para diferentes óleos de engrenagens, em função de M_{ens} (mkgf) e v

Coeficiente $y_F = \left(\dfrac{12,7}{d_{b1}} \dfrac{i+1}{i}\right)^2 \left[1 + \left(\dfrac{e_{max}}{10}\right)^4\right] \sqrt{m_n}$ com $e_{max} = e_{1n} \cos^2 \beta_g \pi m \cos \alpha_0 = \varepsilon_{2n} \cos^2 \beta_g \pi m \cos \alpha_0$

Adotar o valor máximo! Aproximadamente, tem-se $e_{max} \leqq h_{k\,max} \cos \beta_0/\mathrm{sen}\,\alpha_{0n}$. Para engrenagens cônicas deslocadas, tem-se e_{max}, segundo a Eq. (7), do Cap. 23, para engrenagens helicoidais, deve-se usar e_{max}, segundo Eq. (33) do Cap. 25. M_{ns} é o momento de torção para a carga de engripamento, obtido no ensaio normal A da FZG [22/193 e 194]

22.8. BIBLIOGRAFIA

[22/1] *BUDNIK, A.:* Stand der Verzahnungsnormung und ihre Entwicklung. Z. VDI 97 (1957) pp. 339-343.

2. *Manuais*, ver também pág. 144

[22/2] *BUDNIK, A.:* International Conference on Gearing. Setembro 1958. The Inst. Mech. Engs. London 1959.
[22/3] *BERGERE, J.:* Résistance et encombrement des engrenages. Paris: Dunot 1948.
[22/4] *BUCKINGHAM, E.:* Analytical Mechanic of Gears. New York/Toronto/London 1949.

*Trabalhos da FZG (Forschungsstelle für Zahnrader und Getriebebau, T. H. München).

[22/5] *DIETRICH, G.:* Berechnung von Stirnrädern mit geraden Zähnen. Düsseldorf: VDI-Verlag 1952.

[22/6] *DUDLEY, D. W.:* Practical Geral Design: New York 1954.

[22/7] *HENRIOT, G.:* Traité théoretique et practique des Engrenages, vol. I 1949. vol. II 1950. Paris: Dunot.

[22/8] *KECK, K. F.:* Die Zahnradpraxis. Teil I: Geradzahnstirnräder. München 1956.

[22/9] *LENTŻ, A.:* Zahnräder- und Getriebeberechnung. vol. 2 do Lanz-Forschung. Mannheim 1951.

[22/10] *MERRITT, H.:* Gears. London 1955.

[22/11] *NIEMANN, G. e H. GLAUBITZ:* Fachtagung Zahnradforschung 1950. Braunschweig: Vieweg 1951.

[22/12] *RITTER, R.:* Zahnradgetriebe, 2.ª ed. Zürich: Leemann-Verlag 1952.

[22/13] — : Zahnräder in der Werkstatt. Zürich 1952.

[22/14] *SCHIEBEL, A. e W. LINDNER:* Zahnräder, 1.º vol.: Stirn-und Kegelräder. Berlin/Göttingen/Heidelberg: Springer 1954: 2.º vol.: Stirn-und Kegelräder mit schrägen Zähnen, Schraubgetriebe. Berlin: Springer 1957.

[22/15] *THOMAS, A. K.:* Die Tragfähigkeit der Zahnräder, 2.ª ed. München 1954.

[22/16] *TRIER, H.:* Die Kraftübertragung durch Zahnräder, 3.ª ed. Berlin 1955.

3. *Configuração e Construção*, ver também págs. 149 e 207

[22/19] *ABT, E. H.:* Hardened and ground marine gears. Marine Eng. and Naval Arch. (1958) pp. 482-488.

[22/20] *ALTMANN, F. G.:* Zahnradumformer für aussergewöhnlich grosse Übersetzungen. In: Getriebe. Berlin: VDI-Verlag 1928.

[22/21] *BARWIG, H.:* Stoeckicht-Planetengetriebe, Konstruktion vol. 6 (1954) pp. 377-384.

[22/22] *GASPAROVIC, N.:* Die günstigste Aufteilung des Übersetzungsverhältnisses bei mehrstufigen Stirnradgetrieben. Masch.-Bau u. Wärmewirtschaft, vol. 12 (1957) p. 286.

[22/23] *GAUNITZ:* Duo-Umlauftriebe mit grosser Übersetzung. Konstruktion vol. 4 (1952) p. 149.

[22/24] *GREUDA, H.:* Verzahnung in Uhren und feinmechanischen Geräten. Z. VDI vol. 78 (1934) p. 1174.

[22/25] *HÄNCHEN:* Gewichts- und Kostenvergleich von Getriebewellen. Werkst. u. Betr. vol. 91 (1958) pp. 30-32.

[22/26] *HANSEN, D. C.:* Getriebe aus Normelementen. Z. VDI vol. 97 (1955) pp. 203-204.

[22/27] *HAMPP. W.:* Wälzlager in Getrieben. Z. VDI vol. 97 (1955) pp. 861-868.

[22/28] *HIERSIG, H. M.:* Leistungssteigerung an hochbelasteten Zahnrädern. Stahl u. Eisen 1949, p. 695.

[22/29] — : Wege zur Weiterentwicklung der Stirnradverzahnung. Z. VDI vol. 51 (1949) p. 559-566.

[22/30] *HOWARD, R.:* Erhöhung der Widerstandsfähigkeit gegen Oberflächenermüdung durch Balligkeit. Machine mod. vol. 44 (julho 1950) pp. 15-16. (Resumo, ver Werkstattstechn. u. Maschinenbau 1952, p. 301).

[22/31] *JUNGKUNZ, E.:* Zahnradgetriebe für die Hauptantriebe in Walzwerken. Z. VDI vol. 98 (1956) pp. 346-348.

[22/32] *KAISER, W.:* Neuere Entwicklungen im Bau von Zahnradgetrieben. Techn. Mitt Krupp, Techn. Ber, vol. 8 (1940) p. 37.

[22/33] *KNIBBE, K.:* Entwurf hochtouriger Zahnräder. J. aeronaut. Soc. dezembro 1939, pp. 67-71.

[22/34] *LEHR, E.:* Dauerhaltbarkeit von Ritzelwellen. Z. VDI vol. 81 (1937) p. 117.

[22/35] *MAIER, A.:* Neuere Entwicklungen im PKW-Getriebebau. Automobiltechn. Z. vol. 55 (1953) pp. 205-213.

[22/36] — : Entwicklungen im Nutzfahrzeug-Getriebebau. Automobiltechn. Z. Vol. 57 (1955) pp. 241-253.

[22/37] *McFARLAN , F. R.:* Aircraft Engine Gears. A. A. E. Journ. vol. 53 (1945) n.º 9.

[22/38] Federnder Ritzelantrieb. Konstruktion vol. 1 (1949) p. 191.

[22/39] Schiffsturbinengetriebe (também planetários). Jb. schiffbautechn. Ges. (abril 1952). Resumo, ver: Z. VDI vol. 94 (1952) p. 219.

[22/40] *NEUFELD, J.:* Bauarten, Berechnung, Konstruktion und Herstellung grosser Schiffs-Zahnradgetriebe Konstruktion. vol. 6 (1954) pp. 417-428.

[22/41] *NOACK, G.:* Grundsätze bei der Ausbildung von Bahngetrieben. AEG–Mitt. vol. 42 (1952) p. 268-271.

[22/42] *OELSCHIG, W.:* Grundsätze für den Bau von Schiffszahnradgetrieben, insbesondere für Turbinenanlagen. Schiffbautechn. vol. 5 (1955) pp. 281-284.

[22/43] *PERRET, W.:* Wechselgetriebe mit Umlaufrädern. Forsch. Ing.-Wes. 23 (1957) pp. 102-106 e 149-156.

[22/44] *REICHENBÄCHER, H.:* Gestaltung von Fahrzeuggetrieben. Berlin: Springer 1955.

[22/45] *ROGERSON, J.:* Betrachtungen über Schiffsgetriebe. Power Transmission vol. 24 (1955) p. 286 e 916 a 921.

[22/46] — : Some Observations on Marine Gearing. Trans. Inst. Marine Engr. vol. 67 (agôsto 1955) n.º 8.

[22/47] *SCHMIDT, H.:* Geschweisste Zahnräder und Getriebkästen. Elektroschweissung 1940, pp. 73-77.

[22/48] *SELL, W.:* Dichtringe in Getrieben. Z. VDI vol. 97 (1955) pp. 226-230.

[22/49] *STEPHAN, E.:* Stufengetriebe mit der kleinsten Zähnezahlsumme. Werkstattstechn. u. Maschinenbau fasc. 1, pp. 1-6.

[22/50] *STOECKICHT, W.:* Planetengetriebe, Kraftübertragung bei grossen Leistungen. VDI-Tagungsheft 2, Antriebselemente, pp. 139-148. Düsseldorf 1953.

[22/51] *STUMPF, E.:* Entwicklungsmerkmale des Nutzfahrzeugbaus. Z. VDI vol. 96 (1954) p. 871-884.

[22/52] — : Zahnräder aus hochwertigem Gusseisen. Werkst. u. Betr. 1949. p. 178.

[22/53] *THOMAS, W.:* Der Aufbau von Zahnradgetrieben nach dem Baukastenprinzip. Z. VDI vol. 97 (1955) pp. 199-203.

[22/54] *WACKER, F.:* Schrägzahnräder mit sehr kleinen Zähnezahlen. Z. VDI vol. 95 (1953) p. 166.

[22/55] *WAHL, C. G.:* Zahnradgetriebe mit nitrierten Verzahnungen für hohe Umfangsgeschwindigkeiten. VDI-Z. vol. 100 (1958) p. 252-254. Além disso: Schiffsgetriebe, Stand und Entwicklungstendenzen, BBC-Nachr. vol. 41 (1959) p. 102-109.

[22/56] *WAHL, C. G. e M. WEHRLIN:* Brown Boveri-Zahnradgetriebe. Brown Boveri Mitt. vol. 42 (1955) pp. 417 a 425.

[22/57] *WALKER, H.:* Gear Tooth Deflection and Profile Modification. Engineer 1938, pp. 409 e 434.

[22/58] — : Trends in Gearing. Engineer vol. 187 (1949) pp. 290-292.

[22/59] *WEBER, C. e K. BANASCHEK:* Formänderung und Profilrücknahme bei gerad- und schrägverzahnten Stirnrädern. Braunschweig: Vieweg 1953.

[22/60] *WIELAND, H.:* Vorteile bei der Wahl der Übersetzungsverhältnisse nach der geometr. Reihe ZN 600. Industrieblatt vol. 55 (1955) pp. 587-590.

[22/61] *WINTER, F. W.:* Zahnradgetriebe für die Übertragung grosser Leistungen. Industr. Kurier, Technik und Forschung (1959) pp. 477-478.

[22/62] *WISSMANN, K.:* Wirtschaftliche Gestaltung brenngehärteter Zahnräder. Industrieblatt 57 (1957) pp. 553 a 556.

[22/63] *WOLF, A.:* Die Grundgesetze der Umlaufgetriebe. Braunschweig: Vieweg 1954.

[22/64] — : Zur Normung von Hüttenkrangetrieben. Stahl u. Eisen vol. 77 (1957) pp. 33-36.

[22/65] — : Zahnrädergetriebe in der Feinwerktechnik. Stuttgart 1954.

[22/66] *WOLFSTIEG, W.:* Stirnräder mit keilförmig ausgebildeten Zähnen. Z. VDI vol. 94 (1952) p. 547, Fig. 3.

[22/67] *WOLKENSTEIN, R.:* Zur Frage der konstruktiven Gestaltung von Planetengetrieben. Z. VDI vol. 99 (1957) pp. 1 245-1 249.

4. *Resistência no pé do dente,* ver também pág. 150, têmpera de engrenagens

[22/73] *ALMEN, J. O.:* Durability of Automobile Gears. Automot. Ind. 16 e 23. Novembro 1935.

[22/74] — : Dauerhaltbarkeit von Zahnrädern von Kraftwagengetrieben. Automot. Ind. Setembro e outubro 1937, pp. 426-432 e 488-493.

[22/75] *BAGH, P.:* Erfahrungen mit 58 Cr V 4 als Zahnradwerkstoff. Konstruktion vol. 4 (1952) p. 333.

[22/76] *BRUGGER, H.:* Das höchstbelastbare Zahnrad im Flugzeugbau. Z. VDI vol. 100 (1958) pp. 353-356.

[22/77] — : Die Prüfung von Zahnradwerkstoffen. Automobiltechn. Z. vol. 51 (1949) p. 29.

[22/78] — : Laufversuche an gehärteten Zahnrädern. Automobiltechn. Z. vol. 57 (1955) pp. 128-132.

[22/79] *CANDEE, A. H.:* Tabellen zur Berechnung der Dicke von Evolventenzähnen. Z. Konstruktion vol. 9 (1957) pp. 36-37.

[22/80] *DOLAN, Th. J. e E. BROGHAMER:* Eine fotoelastische Studie der Spannungen in Hohlkehlen von Radzähnen. AGMA-Meeting. Out. 1941.

[22/81] *GLAUBITZ, H.:* Beurteilung von Spannungen in Getriebezähnen auf Grund spannungsoptischer Messungen. Werkstattstechn. u. Maschinenbau 48 (1958) pp. 216-222.

[22/82] *JACOBSEN, M. A.:* Biegespannung in Stirnradzähnen. Chartered Mechan. Engr. vol. 2 (1955) pp. 141-143.

[22/83] *KELLEY, B. W. e R. PEDERSEN:* Zahnfussfestigkeit bei neuzeitlichen Getriebekonstruktionen. In: Getriebe-Kupplungen, Antriebselemente. Braunschweig: Vieweg 1957.

[22/84] *MEINGAST, H. M. e H. GLAUBITZ:* Einfluss von Wärmebehandlung, Werkstoff und Chargeneigenschaften auf die Festigkeitseigenschaften des Zahnrades. Härtereitechn. Mitt. vol. 4 (1950) pp. 127-144.

[22/85] *MERRIT, H. E.:* Gear Tooth Stresses and Rating Formulae. Engineer vol. 193 (1952) pp. 341-343 e 384 a 387.

[22/86]*NIEMANN, G.:* Zu Fragen der Zahnfussbeanspruchung pp. 154-158. In: Getriebe — Kupplungen — Antriebselemente. Braunschweig: Vieweg 1957.

[22/87]*NIEMANN, G. e H. GLAUBITZ:* Zahnfussfestigkeit geradverzahnter Stirnräder. Z. VDI vol. 92 (1950) pp. 923-932.

[22/88]*NIEMANN, G. e H. RETTIG:* Untersuchungen an Blechzahnrädern. Mitt. Forsch.-Ges. Blechverarb. Setembro 1956.

[22/89] *STRAUB, J. C.:* Oberflächenverdichtung von Zahnrädern. Mechan. Engng. vol. 73 (1951) n.º 7, p. 565 (resumo: Konstruktion 1952, p. 155).

[22/90] *STUMPF, E.:* Entwicklungsmerkmale des Nutzfahrzeugbaus Z. VDI vol. 96 (1954) pp. 871-884 (Aqui: capacidade de carga de engrenagens de veículos automotores, pp. 879-881).

[22/91] *THIEMIG, W.:* Zahnflanken-Zurücklegungen. Automobiltechn. Z. vol. 56 (1954) pp. 99-101.

[22/92] *THUM, A. e K. RICHARD:* Betriebsbeanspruchung beim Zahnrad und Ermittlung seiner werkstoffgerechten Belastungswerte. Schweizer Arch. angew. Wiss. Techn. vol. 18 (1952) pp. 309-321. [Resumo: Konstruktion vol. 6 (1954) p. 36].

[22/93] — : Gestaltfestigkeit und Verschleissverhalten hochfester Getriebezahnräder. Schweizer Arch. angew. Wiss. Techn. vol. 19 (1953) pp. 267-278.

[22/94] *ULRICH, M.:* Steigerung der Dauerschwingungsfestigkeit von Zahnrädern durch besondere Gestaltung. Härtung und Bearbeitung des Zahngrundes. Luftwissen vol. 9 (1942) pp. 11-13.

[22/98] *WITT, A.:* Ermittlung des Zahnfussbeiwertes zur Berechnung der Zahnfussbeanspruchung profilverschobener Zahnräder. Automobiltechn. Z. vol. 59 (1957) p. 76.

5. *Resistência dos flancos,* ver também pág. 148, têmpera das engrenagens

[22/104] *ALMEN, J. O.:* Die Bestimmung der Spannungen aus Ermüdungsprüfungen. J. Soc. automot. Engrs. Fevereiro 1942, pp. 52-61.

[22/105] *BALJIMOW, P. F.:* Zur Berechnung von Zahnrädern mit Schräg- und Pfeilverzahnung. Nachrichtenbl. Metallind. (em russo) 1940, n.º 3.

[22/106] *BEECHING, R. e W. NICHOLLS:* A Theoretical Discussion of Pitting Failures in Gears. Instn. mechan. Engr. vol. 148 (1948) pp. 317-326.

[22/107] *BLOK, H.:* Gear wear as related to viscosity of oil. In: J. T. BURWELL: Mechanical Wear; Amer. Soc. Metal, Cleveland/Ohio 1950.

[22/108] *BRAND, R. V.:* Contact Stresses in Gears. Trans. ASME vol. 53 (1931) p. 667.

[22/109] *BUCKINGHAM, E.:* Surface Fatique of Plastic Material, Progress Report. Trans. ASME vol. 66 (1944) pp. 279-310.

[22/110] *BUCKINGHAM, E. e G. I. TALBOURDET:* Recent Roll Tests on Endurance Limits of Materials. In: J. T. BURWELL Jr.: Mechanical Wear; Amer. Soc. Metals, Cambridge 1950.

[22/111] *ERMANN-JESNITZER, F. e K. WEIGEL:* Untersuchungen zur Pittingbildung. Werkst. e Betr. vol. 91 (1958) pp. 461-469.

203

[22/112] *FINK, W., e U. HOFFMANN:* Abnützung von Zahnrädern, Z. VDI vol. 77, p. 978.

[22/113] *FÖPPL, L, e K. HUBER:* Der Gültigkeitsbereich der Elastizitätstheorie. Forsch.-Arb. Ing.-Wes. vol. 12 (1941) pp. 261-266.

[22/114] *GLAUBITZ, H.:* Walzenpressungsformeln für normale Gradstirnräder. Automobiltechn. Z. Vol. 45 (1942) pp. 515-523.

[22/115] — : Über die Bedeutung des hydrodynamischen Schmieröldruckes auf die Beanspruchung von Zahnflanken. Öl u. Kohle. vol. 39 (1943) pp. 980-999.

[22/116] — : Zahnrad-Versuchsergebnisse zum Schlupfeinfluss auf die Walzenfestigkeit von Zahnflanken. Forsch. Ing.-Wes. vol. 14 (1943) pp. 24-29.

[22/117] *HEITGER, H. J.:* Beiträge zum Problem des Verschleisses durch Grübchenbildung. Diss. TH. Aachen 1957.

[22/118] *HELBIG, F.:* Grübchenbildung an Wälzflächen. Z. Werkstattstechn. u. Maschinenbau 39 (1949) pp. 111-115 (ver também Diss. TH. Braunschweig 1943).

[22/119] *HERMANN, H.:* Das Eindringen einer Walze in eine ebene Unterlage. Phys. Z. vol. 42 (1941) pp. 337-381.

[22/120] *HOWARD, R.:* Erhöhung der Widerstandsfähigkeit gegen Oberflächenermüdung durch Balligkeit. Machine mod. 44 (julho 1950) pp. 15-16. (Resumo: Werkstattstechn. u. Maschinenbau 1952, p. 30).

[22/121] *KANOS, F.:* Dauerfestigkeit von Laufflächen gegenüber Grübchenbildung Z. VDI vol. 85 (1941) pp. 341 a 344.

[22/122] *KARAS, F.:* Werkstoffanstrengung beim Druck achsparalleler Walzen nach den gebräuchlichen Festigkeitshypothesen. Forsch. Ing.-Wes. vol. 11 (1940) pp. 334-339.

[22/123] — : Der Ort grösster Beanspruchung in Walzverbindungen mit verschiedenen Druckfiguren. Forsch. Ing.-Wes. vol. 12 (1941) p. 237.

[22/124] — : Elastische Formänderung und Lastverteilung beim Doppeleingriff gerader Stirnräder. VDI-Forschungsh. 406 (1941).

[22/125] — : Dauerfestigkeit von Laufflächen gegenüber Grübchenbildung. Z. VDI vol. 85 (1941) pp. 341-344.

[22/126] — : Berechnung der Walzenpressung an Schrägzähnen von Stirnrädern. Halle 1949.

[22/127] *LÖFFLER, J.:* Die Spannungsverteilung in der Berührungsfläche gedrückter Zylinder auf Grund spannungsoptischer Messungen. Diss. TH. Dresden 1938.

[22/128] *MEDAHL, A.:* The Brown Boveri Testing Apparatus for Gear Wheel Material. Engineering vol. 148 (julho 1939) pp. 63-66.

[22/129] — : Prüfung von Zahnradmaterial mit dem Brown-Boveri-Apparat. BBC-Mitt. 1939, p. 230. Schweizer Arch. angew. Wiss. Techn. vol. 6 (1940) p. 285.

[22/130] — : Testing Gear Material. Autom. Engr. vol. 31 (março 1941) pp. 97-99.

[22/131] *MERRIT, H. E.:* Worm Gear Performance. Proc. Instn. mech. Engrs. vol. 129 (1935) pp. 127-194.

[22/132] — : Gear Tooth Stresses and Rating Formulae. Enginner vol. 193 (1952) pp. 341-343 e 384-387.

[22/133] *NIEMANN, G.:* Zahnräder auf Walzenpressung und Lebensdauer berechnet. Werkst. u. Betr. vol. 71 (1938) pp. 29-31.

[22/134] * — : Walzenpressung und Grübchenbildung bei Zahnrädern. In: Maschinenelemente-Tagung Düsseldorf 1938, pp. 38-42. Berlin: VDI-Verlag 1940.

[22/135] * — : Walzenfestigkeit und Grübchenbildung von Zahnrad- und Wälzlagerwerkstoffen. Z. VDI vol. 87 (1943) pp. 521-523.

[22/136] *NIEMANN, G. e H. GLAUBITZ:* Zahnflankenfestigkeit geradverzahnter Stirnräder. Z. VDI 1951, pp. 121 a 126.

[22/137] *NISHIHARA, T. e T. KOBAYASHI:* Pitting of steel under lubricated rolling contact and allowable pressure on tooth profiles. Trans. Soc. mechan. Engr. Japan vol. 3 (1937) pp. 292-298.

[22/138] *OSIPJAN, A. F.:* Die Erforschung der Entstehung der Pittings in Zahnrädern. Westnik Metallopromyschlennosti 1939, n.º 1.

[22/139] *PETRUSEVICH, A. J.:* Berechnung von Getrieben auf Lebensdauer. Nachrichtenbl. Maschinenbau 1942. n.º 1 (em russo).

[22/140] — : Einige Besonderheiten der Kontaktermüdung. In: WEIBULL, ODQUIST: Kolloquium über Ermüdungsfestigkeit, pág. 197. Berlin: Springer 1956.

[22/141] *RASMUSSEN, A. C.:* Gear Calculations Based on Dynamic Loading and Wear Resistance. Mechanist, agôsto 1939, pp. 372-374.

[22/142] *SAWERIN, M. M.:* Die Kontaktfestigkeit des Materials. Moskau 1946.

[22/143] *SCHMIDT, H.:* Vermeidung von Grübchenbildung bei ungehärteten Zahnrädern für Schiffsgetriebe. Maschinenbautechn. 5 (1956) p. 144-148.

[22/144] *THUM, A. e K. RICHARD:* Betriebsbeanspruchung beim Zahnrad und Ermittlung seiner werkstoffgerechten Belastungswerte. Schweizer Arch. angew. Wiss. Techn. vol. 18 (1952) pp. 309-321. (Resumo: Konstruktion vol. 6 (1954) p. 36).

[22/145] — : Gestaltfestigkeit und Verschleissverhalten hochfester Getriebezahnräder. Schweizer Arch. angew. Wiss. Techn. vol. 19 (1953) pp. 267-278.

[22/146] *TRUBIN, K. G.:* Pittings von Zahnrädern, ihr Entstehungsgrund und ihre Verhütung. Westnik Metallopromyschlennosti 1940, n.º 2, pp. 28-45.

[22/147] — : Die Kontaktermüdung der geradzähnigen Zahnräder. Moskau 1952.

[22/148] *TUSCHY, H.:* Gleit-Wälz-Versuche an Stahlrollen. Diss. TH. Danzig 1937.

[22/149] *UGGLA, W. R.:* Det Hertzka och det hydrauliska kuggtrycket. Tekn. Tidskr. Stockholm 21-1-1939.

[22/150] *ULRICH, M.:* Zur Frage der Grübchenbildung bei Zahnrädern. Z. VDI vol. 78 (1934) pp. 53-55.

[22/151] *WAY, S.:* Pitting Due Rolling Contact. J. appl. Mechan. vol. 2 (1935) pp. A 49-58 e A 110.

[22/152] — : Pitting of gears due to rolling contact. Trans. Amer. Soc. mech. Engrs. 1935, p. A 49.

[22/153] *WAY, St.:* Westinghouse Roller and Gear Pitting Tests, AGMA, Annual Meeting maio 1940, Pittsburgh (USA).

6. *Limite de carga de desgaste*, ver também pág. 147   Lubrificação

[22/158] *ALMEN, J. O.:* Surface Deterioration of Gear Teeth. In: Mechanical Wear. Published by the American Society for Metals, Cleveland 1950.

[22/159] *ARCHER, S.:* Some Teething Troubles in Post-War Reduction Gears. Trans. Inst. Mar. Eng. Setembro 1956.

[22/160] *ARNDT, W.:* Der VKA-Stufentest. Diss. TH. Hannover 1957.

[22/161] *BLACK, A. R. e T. W. HAVELY:* Development an Application of Anti-Wear Turbine Oil. ASME 1953.

[22/162] *BLOK, H.:* Measurement of Temperature Flashes on Gear Teeth under Extreme Pressure Conditions. Proceedings of the General Discussion of Lubrication and Lubricants, vol. 2. London: Instit. of Mechan. Engin. 1937.

[22/163] — : Grenzen der Getriebeentwicklung, bedingt durch die Fressgefahr des Zahnradwerkstoffes. In: Zahnräder, Zahnradgetriebe, pp. 81-104. Braunschweig: Vieweg 1955.

[22/164] *BORSOFF, V. N., J. B. ACCINELLI e A. G. CATTANEO:* The Effect of Oil Viscosity on the Power Transmitting Capacity of Spur Gears. Trans. ASME vol. 73 (julho 1951) n.º 5, p. 687.

[22/165] *BORSOFF, V. N. e SOREM:* Effect of Lubricant on Gear Performance. Iron Steel Engr. Fevereiro 1953.

[22/166] *BORSOFF e SOREM:* Getriebeschmierung und Zahnradschäden. Machine design, junho 1953. pp. 304-316.

[22/167] *BORSOFF, V. N. e F. C. YOUNGER:* Scoring and Wear of Spur Gears. Shell Development Company, Emeryville, California (USA), Paper P-311.

[22/168] — : Scoring and Wear of Spur Gears. Lubrification Engineering vol. 9 (1953) p. 259.

[22/169] *DARLINGTON, W. H.:* Some Considerations of Wear in Marine Gearing. Trans. Inst. Mar. Eng. Setembro 1956.

[22/180] *HUGHES, J. R. e R. TOURRET:* Mechanische Prüfung von Schmierstoffen für Getriebe. Engineering vol. 175 (1953) n.º 4 542. (Resumo: Konstruktion 1954, pp. 200-203 e 314.)

[22/181] *HUGHES, J. R. e F. H. WAIGHT:* Die Schmierung von Stirnradgetrieben. Erdöl u. Kohle, vol. 12 (1959) pp. 630-635.

[22/182] *HUTT, E. T.:* Lubrication and the Load Carrying Capacity of Gears. Lubrication Engineering 1952, fasc. 8, p. 180.

[22/183] *KELLEY, B. W.:* Eine neue Betrachtung der Fressvorgänge bei Zahnrädern. S. A. E.-Trans. 1953, pp. 154-164.

[22/184] — : Die mechanische Prüfung der Zahnrad-Schmiermittel. Engineering 1953.

[22/185] *LANE, T. B. e J. R. HUGHES:* A Study of the Oil Film Formation in Gears by Electrical Resistance Measurements. Brit. J. appl. Physics. vol. 3 (1952) nº 10.

[22/186] *MACKRODT, W.:* Untersuchungen und Erfahrungen mit modernen Bahngetrieben. Braunkohle, Wärme u. Energie vol. 4 (1952) p. 147.

[22/187] *McBRIDE e H. D. MANSION:* The Effect of Oil Viscosity on Gear Scuffing. The Motor Industry Research Association n.º 1946/R/2.

[22/188] *McEWEN, E.:* Effect of Variation of Viscosity with Pressure on the Load Carrying Capacity of the Oil Film Between Gear Teeth. Gear Lubrication Symposium Inst. Pet., London 1952.

[22/189] *MANSION, H. D.:* Some Factors Affecting Gear Scuffing. J. Inst. Petroleum vol. 38 (1952) n.º 344.

[22/190] — : Some Factors Affecting Gear Scuffing. Gear Lubrication Symposium Pet., London 1952.

[22/191] *MONK, J., L. J. THOMAS e C. C. ATKINSON:* Recent Developments in Naval Propulsion Gears. The Society of Naval Architects and Marine Engineers n.º 6, 1952.

[22/192]*NIEMANN, G. e H. RETTIG:* Der FZG-Zahnrad-Kurztest zur Prüfung von Getriebeölen. Erdöl u. Kohle Jg. 7 (1954) pp. 640-642.

[22/193]*— : Die Schmierung als Belastungsgrenze bei Zahnradgetrieben. In: VDI-Berichte (Reibung und Schmierung) vol. 20 (1957) pp. 133-140.

[22/194]*NIEMANN, RETTIG, LECHNER:* Zur Prüfung von Getriebeölen im Zahnrad-Verspannungsprüfstand, Stand der Erfahrungen. Erdöl u. Kohle 12 (1959) p. 472-480.

[22/195]*RETTIG, H.:* Verschleiss und Fresskennwerte von Zahnrädern. Das Industrieblatt, pp. 497-503. Dezembro 1954.

[22/196] *RYDER, E. A.:* A Test for Aircraft Gear Lubricants. ASTM Bull. Setembro 1952, n.º 184, p. 41.

[22/197] *SCHNEIDER, A.:* Beobachtungen bei der Prüfung von Hochdruck-Schmiermitteln. Automobiltechn. Z. 56 (1954) pp. 309-312.

[22/198] *STEINBACH, H. L.:* Die Entwicklung von EP-Ölen für Reduktionsgetriebe an Dampfturbinen und hydr. Drehmomentwandler. Erdöl y Kohle. vol. 12 (1959) pp. 297-406.

[22/199] *TUPLIN, W. A.:* Gleit-Wälz-Verhältnis und Wahl der Kopfhöhe für günstigste Zahnradschmierung. Machine Design. vol. 26 (1954) pp. 125-131.

7. *Fôrças dinâmicas nos dentes*

[22/204] *ATTIA, A.:* Dynamische Kräfte bei geradverzahnten Stirn-Stirnrädern. Resumo, ver Konstruktion vol. 11 (1959) pp. 367-368.

[22/205] *DUNCAN, J. P.:* Untersuchung der Drehschwingungsverhältnisse von Schiffsgetrieben. Engineering vol. 179 (1955) pp. 404-409 e 4 653.

[22/206] *HARRIS, S.:* Dynamische Zahnkräfte geradwezahnter Stirnräder. Ist. Mechan. Eng. Proc. 172 (1958) n.º 2, pp. 87 -112.

[22/207]*NIEMANN, G. e H. RETTIG:* Dynamische Zahnkräfte. Z. VDI 1957, pp. 89-96 e 131-138.

[22/208]*— : Errors induced dynamic gear tooth loads. International conference on gearing. Setembro 1958. The Inst. Mech. Engs. London 1959.

[22/209] *PETRUSSEVICH, GENKIN, GRINKIEWICZ:* Dynamische Zusatzkräfte in den Zahnrädern mit geraden Zähnen. Moskau, Verlag Akad. d. Wissenschaften 1955.

[22/210] *RASMUSSEN, A. C.:* Zahnradberechnung nach der dynamischen Belastung und dem Verschleisswiderstand. Machinist, agôsto 1939, pp. 372-375 e 391-392.

[22/211] *RESWICK, J. B.:* Dynamische Belastungen von Stirnrädern mit Gerad- und Schrägverzahnung. Trans. ASME vol. 77 (1955) pp. 635-644.

[22/212]*RETTIG, H.:* Dynamische Zahnkraft. Diss. TH. München 1956.

[22/213] *THIEL, R.:* Messen dynam. Vorgänge in Getrieben. Z. VDI vol. 99 (1957) pp. 231-237.

[22/214] *TUPLIN, W. A.:* Dynamische Belastung von Getriebezähnen. Machine Design vol. 25 (1953) n.º 10, pp. 203-211 [Resumo: Konstruktion vol. 6 (1953) p. 314.]

[22/215] — : Gear-Tooth Stresses at high Speed. Proc. Instn. mechan. Engr. vol. 163 (1950) n.º 59, pp. 162-175.

[22/216] *ZEMAN, J.:* Dynamische Zusatzkräfte in Zahnradgetrieben. Z. VDI vol. 99 pp. 244-254.

8. Engrenagens com dentes inclinados

[22/221] *DIETRICH, G.:* Berechnung von Stirnrädern mit geraden und schrägen Zähnen. Düsseldorf 1952.

[22/222] *KARAS, F.:* Berechnung der Walzenpressung an Schrägzähnen von Stirnrädern. Halle 1949.

[22/223] *MÖNCH e ROY:* Spannungsoptische Untersuchung eines schrägverzahnten Stirnrades. Z. Konstruktion vol. 9 (1957) pp. 429-438.

[22/224]*NIEMANN, G. e H. GLAUBITZ:* Schrägverzahnte schmale Stirnräder. Z. VDI vol. 93 (1951) p. 215.

[22/225]*NIEMANN, G. e W. RICHTER:* Tragfähigste Evolventen-Schrägverzahnung. In: Zahnräder, Zahnradgetriebe. Braunschweig: Vieweg 1954.

[22/226] *SCHMITTER, W. P.:* Determing Capacity of helical and herringbone Gearing. Machine Design 1934, n.º 6/7.

[22/227] *TUPLIN, W. A.:* Tragfähigkeit bei Schrägverzahnung. Machine Design, abril 1951, p. 173.

9. Deslocamento de perfil e engrenamento de maior capacidade de carga, ver também pág. 145, engrenamento de evolventes

[22/231] *BERGSTRÄSSER, M.:* Evolventegeometrie für Stirnradgetriebe. VDI-Forschungsh. 436. Düsseldorf 1952.

[22/232] — : Evolventen-Geradverzahnung mit genormtem 20°-Werkzeug. In: Zahnräder, Zahnradgetriebe, pp. 23-28. Braunschweig: Vieweg 1955.

[22/233] — : Zahnräder mit Profilverschiebungen. Z. Konstruktion vol. 7 (1955), pp. 336-342.

[22/234] *ERNEY, G.:* Grenzen des Betriebseingriffswinkels für schrägverzahnte Stirnräderpaare. Z. Konstruktion 10 (1958) pp. 55/61.

[22/235] *HOFER, H.:* Verzahnungskorrekturen an Zahnrädern. Automobiltechn. Z. vol. 49 (1947) pp. 19-20, vol. 50 (1948) pp. 44-46.

[22/236] *KECK, K. F.:* Bestimmung der Profilverschiebungsfaktoren bei V-Null- und Zahnstangengetrieben. Werkst. u. Betr. (1952) pp. 533/537.

[22/237] *KIESSEL, H.:* Über die Grenzen der Profilverschiebung bei evolventenverzahnten Geradstirnrädern. Konstruktion vol. 7 (1955) pp. 7-12 e 46-53.

[22/238] *KORHAMMER, A.:* Geometrische Berechnung profilverschobener Zahnradpaare mit einfachen Tabellen. Werkstattblatt 269-271, München: Hanser 1957.

[22/239] *MARTIN, L. D.:* Eingriffswinkel bei Getriebezahnrädern. Machine Design. vol. 26 (1954) pp. 129-135.

[22/240]*NIEMANN, G. e H. WINTER:* Profilverschobene Verzahnungen. Z. VDI vol. 97 (1955) pp. 185-198.

[22/241]* — : Tragfähigste Evolventen-Geradverzahnung. In: Zahnräder, Zahnradgetriebe, pp. 37-52. Braunschweig: Vieweg 1955.

[22/242] *RESCHENBERG, H.:* Vereinfachte genaue Berechnung der Profilverschiebung für Stirnräder... Werkst. u. Betrieb, 91 (1958) pp. 181/184.

[22/243] *SZENICZEI, L. e G. ERNEY:* Grenzen des Betriebseingriffswinkels für geradverzahnte Stirnräderpaare. Z. Konstruktion vol. 8 (1956) pp. 418-422.

[22/244] *TALKE, K.:* Zum Entwurf korrigierter Zahnräder mit Evolvente-Innenverzahnung. Konstruktion vol. 5 (1953) pp. 327-335.

[22/245] *THOMAS, W.:* Korrigierte Zahnräder für Seriengetriebe. In: Zahnräder, Zahnradgetriebe, pp. 32-39. Braunschweig: Vieweg 1955.

[22/246]*WINTER, H.:* Die tragfähigste Evolventen-Geradverzahnung Braunschweig: Vieweg 1954.

[22/247]* — : Ein neues Verfahren zur Ermittlung der tragfähigsten Evolventen-Zahnform. Industrieblatt. Dezembro 1954, pp. 504-507.

[22/248]* — : Vorzugssysteme profilverschobener Verzahnungen (Normungsvorschlag). Konstruktion vol. 7 (1955) pp. 69-75.

10. Cálculo das engrenagens cilíndricas, ver também 4 a 9 e 11

[22/254] *BAJIMOW, P. F.:* Berechnung der Zähne von Zahnrädern für Getriebe. Nachrichtenbl. Metallind. 1940, n.º 3 (em russo).

[22/255] *BENSINGER, W. D.:* Konstruktion und Berechnung von hochbelasteten Zahnrädern (auch profilverschobene Verzahnungen). Automobiltechn. Z. vol. 54 (1952) p. 256.

[22/256] *BERGSTRÄSSER, M.:* Beanspruchungsbeiwerte für Stirnradgetriebe. Z. VDI vol. 96 (1954) pp. 946-950.

[22/257] *DIETRICH, G.:* Zur Tragfähigkeitsberechnung von Stirnrädern Z. VDI vol. 98 (1956) pp. 337-345.

[22/258] *DOLAN. T. J.:* Der Einfluss gewisser Veränderlicher auf den Entwurf von Zahnrädern auf Festigkeit. J. appl. Physics, agôsto 1941, pp. 584-591.

[22/259] *HIERSIG, H. M.:* Praktische Berechnung der Stirnradverzahnung. Braunschweig: Vieweg 1954.

[22/260] — : Zur Frage der Überlastbarkeit von Zahnradgetrieben. Z. VDI vol. 96 (1954) pp. 221 a 225.

[22/261] *HOFER, H.:* Vorlaufige und verbesserte Zahnrad-Berechnungsarten. Automobiltechn. Z. vol. 49 (1946) pp. 4 e 24.

[22/262] *KECK, K. F.:* Über die Bestimmung der Beanspruchungsvergleichswerte bei Geradzahnstirnrädern. Automobiltechn. Z. vol. 52 (1950) p. 8.

[22/263] *LENTZ, A.:* Zahnräder und Getriebeberechnung. Lanz-Forschung vol. 2 Mannheim 1951.

[22/264] MERRIT, H. E.: Gear Tooth Stresses and Rating Formulae. Engineer vol. 193 (1952) pp. 341-343 e 384-387.

[22/265]*NIEMANN, G. e H. WINTER: Einheitliche Tragfähigkeitsberechnung von Stirnrädern. In: Getriebe —
— Kupplungen — Antriebselemente, pp. 108-122. Braunschweig: Vieweg 1957.

[22/266] PETRUSEWITSCH, A. N.: Berechnung von Getrieben auf Lebensdauer Nachrichtenbl. Maschinenbau
1942, n.º 1 (em russo).

[22/267] RASMUSSEN: Gear Calculation based on Dynamic Loading and Wear Resistance. Machinist, agôsto 1939,
pp. 372-374.

[22/268] RASMUSSEN, A. C.: Zahnradberechnungen nach der dynamischen Belastung und dem Verschleisswiderstand. Machinist, agôsto 1939. pp. 372-375 e 391-392.

[22/269] SCHMITTER, W. P.: Deteiming Capacity of helical and herringbone Gearing. Machine Design 1934, n.º 6/7.

[22/280] STUMPF, E.: Entwicklungsmerkmale des Nutzfahrzeugbaus. Z. VDI vol. 96 (1954) pp. 871-881.

[22/281] THOMAS, A. K.: Die Berechnungsweise der zulässigen Zahnbeanspruchung. Werkzeugmaschine vol. 47
(1943) pp. 1-8.

[22/282] TUPLIN, W.: Machinery's Gear Design Handbook. London 1944.

[22/283]*WEBER, C. e W. THUSS: Belastungsgrenzen bei gerad- und schrägverzahnten Stirnrädern. Braunschweig:
Vieweg 1952.

[22/284] WISSMANN, K.: Berechnung und Konstruktion von Zahnrädern für Krane und ähnliche Maschinen.
Diss. TH. Berlin 1930.

[22/285] ZEMAN, J.: Die Abnutzung als Berechnungsgrundlage für Maschinenteile. Motortechn. Z. 1942. pp. 372
a 381.

11. Diversos

[22/289] ARCHER, S.: Some teething Troubles in post war Reduction Gears. Transact. Inst. of Marine Eng. 14-2-1956.

[22/290] FREEMAN: Balligschaben von Marinegetrieben. Automotiv Industries, 1.º Abril 1952, pp. 50-52 e 82.

[22/291] BRUGGER, H.: Die Prüfung von Zahnradwerkstoffen. Automobiltechn. Z. vol. 51 (1949) p. 29.

[22/292] CAMERON, A.: Schwingungen in Schiffsgetriebeanlagen. In: Getriebe — Kupplungen — Antriebselemente.
Braunschweig. Vieweg 1957.

[22/293] DARLINGTON, H.: Some Considerations of Wear in Marine Gearing. Transact. Inst. of Marine Eng., 14
de fevereiro de 1956.

[22/294] DUDLEY, D. M.: Verteilung der Zahnbelastung entlang eines Ritzels. Journal of Applied Mechanics, setembro 1946, pp. A 246-249.

[22/295] FRANK, H.: Presstoffzahnräder. Berlin: VDI-Verlag 1940.

[22/296] GERLACH, A.: Über die Kräfte in Zahnradgetrieben von Schleppern. In: Grundlagen der Landtechnik,
fasc. 7 (13. Konstrukteurheft). Düsseldorf: VDI-Verlag.

[22/297]*GLAUBITZ, H.: Zahnradwerkstoffprüfung und berechnung. Automobiltechn. Z. vol. 53 (1951) pp. 63 e 85.

[22/298] JOUGHIN, J. H.: Naval Gearing — War Experiences an Present Development. Proc. Inst. Mech. Eng. (1951)
vol. 164, pp. 157-176.

[22/299] KRAEMER, M.: Presstoffzahnräder. Kunststoffe 1941, p. 85.

[22/230] KRÜGER, G.: Verdrehflankenspiel der Stirnräder. Z. Konstruktion vol. 9 (1957) pp. 366-368.

[22/231] MANHAGEN, J. e H. R. MILLS: The Rise-Testing-Machine for Gear Materials and Lubricants. J. Instn.
Automobile Engr. 1945.

[22/232] MAYLAHN, K.: Zahnradbaustoffe aus Kunststoff. Werkst. u. Betr. vol. 88 (1955) pp. 647-649.

[22/233] MÜLLER G.: Die Berechnung geräuscharmer Zahnräder aus Schichtpresstoffen. Resumo, ver Konstruktion
vol. 11 (1959) p. 277.

[22/234] Ermüdungsprüfmaschinen für Zahnradgetriebe. Mech. Engng. vol. 76 (1954) pp. 829-830.

[22/235]*NIEMANN, G. e H. RETTIG: Gusseisen mit Kugelgraphit als Zahnradwerkstoff. VDI-Berichte vol. 27,
pp. 39/40 Düsseldorf 1958.

[22/236] OPITZ, H. e F. BLASBERG: Festigkeiten und Verschleiss von Zahnrädern aus geschichteten Kunstharz-
presstoffen. Dtsch. Kraftfahrtechn. Forsch. 1939, fasc. 36.

[22/237] OPITZ, H. e H. REESE: Verschleissverhalten von Kunststoffzahnrädern. VDI-Z. vol. 86 (1942) p. 638.

[22/238]*RETTIG, H. e H. WINTER: Zahnräder aus nichtmetallischen Werkstoffen. Maschinenmarkt Jg. 59 (1953)
n.º 78, pp. 16-23.

[22/239] ROGERSON, J.: Some Obsevations on Marine Gearing. Trans. Inst. Marine Engr. vol. 67 (agôsto 1955) n.º 8.

[22/240] TANK, G.: Untersuchung von Beschleunigungs- und Verzögerungsvorgängen an Planetengetrieben. Z. VDI
vol. 96 (1954) p. 305.

[22/241] ULRICH, M. e H. GLAUBITZ: Prüfung von Zahnrädern. Automobiltechn. Z. Beiheft n.º 1. Stuttgart 1949.

[22/242] ULRICH, M. e FR. MÜLLER: Festigkeit von Zahnrädern aus Kunstharz-Presstoffen. Z. VDI vol. 86 (1942)
p. 638.

[22/243]*WINTER, H.: Untersuchungen an Kunststoffzahnrädern. In: Zahnräder, Zahnradgetriebe, pp. 157-161.
Braunschweig: Vieweg 1955.

[22/244] ZICKEL, H.: Untersuchungen an Kunststoff-Zahnrädern. In: Zahnräder, Zahnradgetriebe, pp. 155-156.
Braunschweig: Vieweg 1955.